国家"十五"科技攻关项目(2005BA813B-3-09、2005BA813B-3-16)
国家自然科学基金仪器专项(50427401)
教育部新世纪优秀人才支持计划(NCET-07-0799)
北京市科技新星计划(2006A081)
中国博士后科学基金资助项目(2002032120)
国家自然科学基金项目(51304212)
中央高校基本科研业务费项目
中国矿业大学(北京)研究生教材及学术专著出版基金

煤岩破坏电磁辐射效应及其应用

Effect of Electromagnetic Emission of Rock or Coal Fracture and Its Applications

聂百胜 何学秋 朱郴韦 著

科学出版社

北京

内 容 简 介

煤与瓦斯突出、冲击矿压等煤岩动力灾害现象严重威胁着煤矿的安全高效生产。本书在大量实验室试验和现场试验的基础上，结合信号处理、损伤力学、物理化学和电磁动力学等多学科的理论研究，比较系统地论述煤岩破坏电磁辐射的基本规律，揭示煤岩等多孔介质破坏过程与电磁辐射信息之间的关系，建立三维煤岩力电耦合的损伤力学模型，对其中的参数进行计算，利用该模型和试验结果建立煤岩动力灾害预警准则，并提出对煤岩体应力的测试方法，对煤岩体电磁辐射场进行模拟和验证，对电磁辐射天线进行模拟分析和选型，对电磁辐射天线进行测试分析。同时开发了矿用高速电磁辐射信号测试及分析系统，对煤矿井下工作面煤岩体和干扰噪声电磁辐射信号进行测试，分析其频谱特征；对煤岩样及煤矿掘进巷道的力电耦合场进行模拟；在煤矿井下对电磁辐射测试煤岩体应力状态和预测煤岩动力灾害进行试验研究，验证试验和理论分析结果。

本书可供从事煤岩动力灾害现象（煤与瓦斯突出、冲击矿压、矿山压力显现等）、电磁天线测试及分析、岩土工程等领域研究的科技工作者、研究生、本科生等阅读参考。

图书在版编目(CIP)数据

煤岩破坏电磁辐射效应及其应用=Effect of Electromagnetic Emission of Rock or Coal Fracture and Its Applications/聂百胜，何学秋，朱栩韦著. —北京：科学出版社，2016.3
 ISBN 978-7-03-047631-9

Ⅰ. ①煤… Ⅱ. ①聂… ②何… ③朱… Ⅲ. ①煤岩-影响-电磁辐射-辐射效应-研究 Ⅳ. ①P618.11

中国版本图书馆 CIP 数据核字(2016)第 047235 号

责任编辑：吴凡洁　陈构洪　乔丽维 / 责任校对：胡小洁
责任印制：徐晓晨 / 封面设计：耕者设计工作室

科学出版社 出版
北京东黄城根北街 16 号
邮政编码：100717
http://www.sciencep.com

北京京华虎彩印刷有限公司 印刷
科学出版社发行　各地新华书店经销

*

2016 年 3 月第 一 版　　开本：720×1000 1/16
2016 年 5 月第二次印刷　印张：22 1/4
字数：425 000

定价：138.00 元
(如有印装质量问题，我社负责调换)

前　言

　　煤岩动力灾害现象是煤岩体在外界应力作用下短时间内发生的一种具有动力效应和灾害后果的现象。煤岩动力灾害事故的危害是巨大的，不但造成大量的人员伤亡，还会造成巨大的财产和经济损失。如何有效预防煤岩动力灾害现象一直是煤矿生产中需要解决的技术难题。煤岩电磁辐射是煤岩体受载变形破裂的过程中以电磁波的形式向外辐射能量的一种现象或过程。煤岩电磁辐射现象的研究为煤岩动力灾害预测提供了新的技术手段，因其非接触、动态、连续监测的特点，受到研究人员的广泛关注。

　　作者及其课题组长期从事煤岩电磁辐射效应及其应用的研究。研究团队在国家"十五"科技攻关项目（2005BA813B-3-09、2005BA813B-3-16）、国家自然科学基金仪器专项（50427401）、教育部新世纪优秀人才支持计划（NCET-07-0799）、北京市科技新星计划（2006A081）、中国博士后科学基金资助项目（2002032120）、国家自然科学基金项目（51304212）、中央高校基本科研业务费项目、中国矿业大学（北京）研究生教材及学术专著出版基金等的资助下，经过连续的攻关研究，在煤岩破裂电磁动力学的理论研究及工程应用方面取得了大量的研究进展。本书对此进行了比较详尽的论述，希望能对从事这一领域研究的科技工作者有所启示。

　　本书的主要内容是煤岩破坏电磁辐射的基本规律及现场应用，重点阐述煤岩体变形破坏与电磁辐射信息之间的关系，建立煤岩力电耦合模型及动力灾害预警准则，并进行现场应用。全书共10章。第1章介绍矿山煤岩动力灾害及煤岩电磁效应的研究现状，对本书研究内容进行介绍。第2章试验研究单轴加载单一和组合煤岩变形破裂过程、煤岩冲击过程、摩擦过程、蠕变过程、松弛过程、卸载过程以及循环加载过程电磁辐射特征。第3章试验研究不同瓦斯吸附压力条件下煤岩单轴压缩破坏过程中的电磁辐射信号特征，分析孔隙瓦斯对电磁辐射信号特征的影响。第4章采用谱分析技术和希尔伯特-黄变换分析研究组合煤岩破坏过程中电磁辐射信号的能量特征和频率特征。第5章分析煤岩电磁辐射信号采集过程噪声来源和采掘工作面不同噪声源频谱特征，提出电磁辐射监测抗干扰技术和基于小波变换的电磁辐射信号降噪方法。第6章研究煤岩变形破裂过程电磁辐射自适应神经网络预测的原理及特点，并应用于声发射和电磁辐射序列的预测。第7章借助HFSS三维结构电磁场仿真软件对均匀、线性、各向同性煤岩中的电磁辐射场进行仿真模拟，分析煤岩及其周围空间电场和磁场的变化分布规律。第8章基于煤岩强度的统计损伤理论建立三维煤岩力电耦合的损伤力学模型，对试验结果进行模拟,建立煤岩动力灾害的电磁辐射预警准则。第 9 章在现场应用电磁辐射测试系统测试煤体的应力状态分布,在线连续监测巷道围岩的稳定性。第 10 章利用电磁辐射监测系统对矿山煤与瓦斯突出、冲击矿压等煤岩动力灾害现象进行预测预报。

衷心感谢周世宁院士、宋振骐院士、谢和平院士、彭苏萍院士、袁亮院士、张铁岗院士和何满潮院士等的帮助和支持;感谢王恩元教授给予的指导和长期以来的帮助;感谢科技部、教育部、国家自然科学基金委员会、北京市科学技术委员会、中国博士后科学基金等对本书研究工作的资助和支持;感谢中国矿业大学(北京)、中国矿业大学、中国煤炭科学研究总院、山西晋煤集团、河北峰峰集团等单位的大力支持;感谢陈文学博士、何俊博士、李刚博士、刘芳彬博士、翟盛锐博士、张世杰博士、付京斌博士、刘文波硕士、曹民远硕士、窦军武硕士等参与的部分研究工作。在本书的编写过程中参阅了大量的国内外有关专业文献,谨向文献的作者表示感谢。

由于作者水平有限,加之很多内容仍需今后进一步深入研究探索,不足之处在所难免,敬请读者不吝指正。

作　者

2015 年 10 月

目　　录

前言

第1章　绪论 ··· 1
 1.1　矿山煤岩动力灾害研究进展 ··································· 1
  1.1.1　煤与瓦斯突出现象 ··· 1
  1.1.2　煤与瓦斯突出机理研究现状 ······························ 2
  1.1.3　冲击矿压机理研究进展 ···································· 8
 1.2　煤岩电磁效应研究现状 ··· 11
  1.2.1　电磁辐射在地震预报方面研究现状 ····················· 11
  1.2.2　煤岩电磁辐射机理研究现状 ······························ 13
  1.2.3　煤岩电磁辐射特征研究现状 ······························ 14
  1.2.4　电磁辐射预测预报煤岩灾害动力现象研究现状 ······· 15
  1.2.5　目前电磁辐射需要研究的课题 ··························· 17
 1.3　本书主要研究内容 ·· 18

第2章　受载煤岩电磁辐射的试验研究 ······························· 19
 2.1　试验系统、试验方案及试验样品 ······························ 19
  2.1.1　试验样品及其制备方法 ···································· 19
  2.1.2　试验系统 ·· 21
  2.1.3　试验研究内容 ·· 23
 2.2　单轴压缩电磁辐射特征 ··· 24
  2.2.1　单轴压缩煤岩混凝土电磁辐射的试验结果 ············ 24
  2.2.2　煤样受载后快速卸载过程的电磁辐射时序试验结果 ·· 32
  2.2.3　煤岩样冲击过程的电磁辐射特征 ························ 33
  2.2.4　煤岩摩擦过程的电磁辐射特征 ··························· 35
 2.3　组合煤岩破坏过程的电磁辐射特征 ·························· 38
  2.3.1　组合煤岩样单轴压缩下应力分析 ························ 38
  2.3.2　组合煤岩的单轴强度条件分析 ··························· 40
  2.3.3　受载组合煤岩的电磁辐射试验结果 ····················· 41
 2.4　煤岩电磁辐射幅值规律 ··· 45
  2.4.1　单轴压缩煤岩混凝土电磁辐射的幅值变化特征 ······· 45
  2.4.2　单轴压缩组合煤岩电磁辐射的幅值变化特征 ·········· 48

2.4.3　冲击过程电磁辐射的强度变化特征 ·· 50
　　2.4.4　摩擦过程电磁辐射的强度变化特征 ·· 53
2.5　煤岩流变破坏电磁辐射记忆效应规律 ·· 54
　　2.5.1　循环加载应力的确定 ·· 54
　　2.5.2　煤岩破坏电磁辐射记忆效应试验结果 ······································· 55
　　2.5.3　瓦斯、水对煤岩破坏电磁辐射记忆效应的影响 ························· 61
2.6　小结 ·· 63

第3章　含瓦斯煤岩受载破坏电磁辐射试验研究 ·· 65
3.1　试验系统及方案 ·· 65
　　3.1.1　试验系统 ·· 65
　　3.1.2　试验方案 ·· 70
3.2　试样制备及试验准备 ·· 71
3.3　煤岩力学特性及电磁辐射特征 ··· 72
　　3.3.1　煤岩单轴压缩破坏力学特性及电磁辐射特征 ······························ 72
　　3.3.2　含瓦斯煤岩单轴压缩破坏的变形特征 ·· 79
　　3.3.3　孔隙瓦斯对煤岩峰值强度的影响 ··· 81
　　3.3.4　孔隙气体对煤岩弹性模量的影响 ··· 83
　　3.3.5　含瓦斯煤岩受载破坏过程中的电磁辐射特征 ······························ 84
3.4　小结 ·· 88

第4章　煤岩电磁辐射信号频谱特征研究 ·· 90
4.1　组合煤岩电磁辐射试验研究 ··· 90
　　4.1.1　组合煤岩样的制作 ·· 90
　　4.1.2　单一煤体单轴压缩电磁辐射信号特征 ·· 91
　　4.1.3　组合煤岩电磁辐射信号特征 ·· 93
4.2　煤岩变形破坏电磁辐射信号频谱分析 ·· 95
　　4.2.1　煤体单轴压缩电磁辐射信号频谱分析 ·· 95
　　4.2.2　组合煤岩变形破坏电磁辐射信号频谱分析 ······························· 101
　　4.2.3　傅里叶谱与功率谱的对比分析 ·· 112
4.3　基于小波变换的电磁辐射信号特征分析 ·· 112
　　4.3.1　基于小波的电磁辐射信号特征分析的基本方法 ······················· 112
　　4.3.2　煤体单轴压缩电磁辐射信号小波特征频谱分析 ······················· 113
　　4.3.3　组合煤岩电磁辐射信号小波特征频谱分析 ······························· 122
　　4.3.4　频谱分析与小波分析的结果比较 ··· 137
4.4　基于希尔伯特-黄变换(HHT)电磁辐射频谱分析 ······································ 137
　　4.4.1　HHT分析法 ·· 137

            4.4.2 电磁辐射信号的 HHT 分析 ……………………………………… 142
    4.5 小结 …………………………………………………………………… 158
第 5 章 煤岩电磁辐射信号噪声频谱特征及抑制研究 ……………………………… 159
    5.1 煤岩电磁辐射信号的传播途径 ………………………………………… 159
    5.2 煤岩电磁辐射信号采集过程噪声分析 ………………………………… 160
        5.2.1 电磁辐射信号实验室采集过程中噪声来源 …………………… 160
        5.2.2 电磁辐射信号现场采集过程中噪声来源 ……………………… 161
    5.3 煤岩电磁辐射监测抗干扰技术 ………………………………………… 161
        5.3.1 屏蔽技术 ………………………………………………………… 161
        5.3.2 滤波技术 ………………………………………………………… 162
    5.4 电磁辐射信号的小波降噪方法 ………………………………………… 163
        5.4.1 小波变换降噪模型和降噪过程 ………………………………… 163
        5.4.2 小波变换降噪阈值选取与确定 ………………………………… 165
    5.5 基于小波理论的电磁辐射信号降噪 …………………………………… 167
        5.5.1 单一煤样电磁辐射信号的小波去噪 …………………………… 167
        5.5.2 组合煤岩电磁辐射信号的小波去噪 …………………………… 171
    5.6 工作面电磁辐射信号的噪声抑制技术 ………………………………… 177
        5.6.1 不同噪声源的电磁辐射信号频谱特征 ………………………… 177
        5.6.2 工作面电磁辐射信号去噪 ……………………………………… 185
    5.7 小结 …………………………………………………………………… 190
第 6 章 煤岩变形破坏电磁辐射的非线性预测方法 ………………………………… 192
    6.1 煤岩破裂过程声发射和电磁辐射信号的混沌特征 …………………… 192
        6.1.1 关联维数及其计算 ……………………………………………… 192
        6.1.2 声发射和电磁辐射信号的混沌特征 …………………………… 194
    6.2 煤岩变形破坏电磁辐射的神经网络预测方法研究 …………………… 195
    6.3 自适应 BP 神经网络的基本原理及实现步骤 ………………………… 196
    6.4 煤岩变形破裂电磁辐射自适应神经网络预测原理 …………………… 198
        6.4.1 电磁辐射参数时间序列维数的选定 …………………………… 198
        6.4.2 自适应神经网络预测原理 ……………………………………… 198
    6.5 自适应神经网络在煤岩电磁辐射信号预测中的应用 ………………… 199
    6.6 小结 …………………………………………………………………… 201
第 7 章 煤岩电磁辐射接收天线特征参数及模拟研究 ……………………………… 202
    7.1 引言 …………………………………………………………………… 202
        7.1.1 天线定义 ………………………………………………………… 202
        7.1.2 天线基本参数 …………………………………………………… 204

7.1.3　天线极化波 ………………………………………………… 209
　7.2　煤岩电磁辐射接收天线特征参数及测量方法 ………………… 210
　　7.2.1　电磁辐射接收天线设计原则 ……………………………… 211
　　7.2.2　电磁辐射接收天线基本特性 ……………………………… 213
　　7.2.3　电磁辐射接收天线参数测量 ……………………………… 216
　7.3　煤岩电磁辐射接收天线模拟技术 ……………………………… 220
　　7.3.1　HFSS 软件及其相关技术定义 …………………………… 220
　　7.3.2　煤岩电磁辐射场仿真研究 ………………………………… 222
　　7.3.3　电磁辐射接收天线仿真研究 ……………………………… 227
　7.4　小结 ……………………………………………………………… 237
第8章　煤岩力电耦合模型及动力灾害预警准则 ……………………… 239
　8.1　引言 ……………………………………………………………… 239
　　8.1.1　损伤力学及其发展 ………………………………………… 239
　　8.1.2　煤岩强度的统计损伤理论 ………………………………… 241
　　8.1.3　煤岩材料的损伤力学模型 ………………………………… 241
　　8.1.4　基于 Weibull 分布的煤岩强度统计损伤模型 …………… 242
　　8.1.5　基于正态分布的煤岩强度统计损伤模型 ………………… 244
　　8.1.6　三维煤岩力学损伤本构关系 ……………………………… 245
　8.2　煤岩力电耦合的损伤力学模型 ………………………………… 247
　　8.2.1　基于电磁辐射脉冲数的一维煤岩力电耦合模型 ………… 248
　　8.2.2　基于电磁辐射脉冲数的三维煤岩力电耦合模型 ………… 249
　　8.2.3　基于电磁辐射强度的煤岩力电耦合模型 ………………… 252
　8.3　力电耦合模型相关参数计算 …………………………………… 253
　　8.3.1　力电耦合模型的相关参数意义 …………………………… 253
　　8.3.2　力电耦合模型参数的计算方法 …………………………… 253
　　8.3.3　计算结果 …………………………………………………… 253
　8.4　煤岩力电耦合模型的应用 ……………………………………… 255
　　8.4.1　煤岩均匀性对电磁辐射的影响 …………………………… 255
　　8.4.2　不同围压对煤岩电磁辐射的影响 ………………………… 256
　　8.4.3　单轴压缩煤岩样突然卸载时的电磁辐射特征 …………… 257
　　8.4.4　循环加载过程的电磁辐射特征 …………………………… 258
　8.5　矿山煤岩电磁辐射预警准则 …………………………………… 259
　　8.5.1　电磁辐射监测预警指标 …………………………………… 259
　　8.5.2　煤岩动力灾害电磁辐射预警准则 ………………………… 259
　　8.5.3　预警临界值及动态趋势系数的确定 ……………………… 261

8.5.4　煤岩动力灾害电磁辐射预警技术 …………………………………… 262
　8.6　小结 ………………………………………………………………………… 263
第9章　电磁辐射监测煤岩体应力状态技术及应用 ………………………………… 264
　9.1　电磁辐射评价煤岩体应力状态技术原理 …………………………………… 264
　9.2　煤岩体前方应力区域电磁辐射评价技术 …………………………………… 268
　　9.2.1　掘进工作面应力状态电磁辐射测试 ……………………………………… 269
　　9.2.2　回采工作面前方应力状态电磁辐射测试 ………………………………… 271
　9.3　采掘应力场电磁辐射监测评价技术 ………………………………………… 274
　　9.3.1　掘进巷两帮应力状态电磁辐射监测技术 ………………………………… 274
　　9.3.2　回风巷煤壁应力状态电磁辐射监测技术 ………………………………… 277
　9.4　回采工作面周期来压电磁辐射监测技术 …………………………………… 278
　　9.4.1　回采工作面前方非接触式电磁辐射测试结果 …………………………… 278
　　9.4.2　回采工作面非接触式电磁辐射测试结果 ………………………………… 281
　　9.4.3　回采工作面顶板周期来压钻孔电磁辐射测试结果 ……………………… 282
　9.5　小结 ………………………………………………………………………… 285
第10章　煤岩电磁辐射监测技术的应用研究 ……………………………………… 286
　10.1　电磁辐射监测技术 ………………………………………………………… 286
　10.2　电磁辐射测试装备 ………………………………………………………… 287
　　10.2.1　KBD5便携式电磁辐射监测仪的组成及功能 …………………………… 287
　　10.2.2　KBD7煤岩动力灾害非接触电磁辐射监测仪 …………………………… 292
　10.3　电磁辐射监测技术在煤与瓦斯突出预测中的应用 ……………………… 297
　　10.3.1　3$_2$48运输联巷基本情况 ………………………………………………… 297
　　10.3.2　KBD7电磁辐射监测仪测试与分析 ……………………………………… 298
　　10.3.3　电磁辐射的影响因素分析 ………………………………………………… 307
　　10.3.4　电磁辐射规律分析与实施步骤 …………………………………………… 313
　10.4　电磁辐射监测技术在冲击矿压预测中的应用 …………………………… 317
　　10.4.1　冲击矿压发生前后的电磁辐射变化规律 ………………………………… 317
　　10.4.2　电磁辐射与微震震级间的关系 …………………………………………… 319
　10.5　煤岩电磁辐射监测技术发展趋势 ………………………………………… 320
　　10.5.1　"智慧线"通信技术 ……………………………………………………… 320
　　10.5.2　"智慧线"技术在煤岩电磁辐射监测中的应用 ………………………… 322
　10.6　小结 ………………………………………………………………………… 324
参考文献 …………………………………………………………………………………… 325

Contents

Preface
Chapter 1　Introduction ·· 1
　1.1　Advances in coal or rock dynamic disasters research ················· 1
　　　1.1.1　The phenomenon of coal and gas outburst ···························· 1
　　　1.1.2　The review of mechanism of coal and gas outburst ················ 2
　　　1.1.3　The review of mechanism of rock burst ································ 8
　1.2　The situation of the electromagnetic emission of coal or rock ······ 11
　　　1.2.1　The review of electromagnetic emission (EME) in earthquake prediction
　　　　　 ·· 11
　　　1.2.2　The review of EME mechanism of coal or rock ···················· 13
　　　1.2.3　The review of EME characteristics of coal or rock ················ 14
　　　1.2.4　The review of EME in prediction of coal or rock dynamic disasters ······ 15
　　　1.2.5　The research topic of EME ·· 17
　1.3　The research contents ·· 18
Chapter 2　EME experimental study of coal or rock under load ·················· 19
　2.1　Experimental system and test plan ··· 19
　　　2.1.1　Test samples and their preparation method ·························· 19
　　　2.1.2　Experimental system ··· 21
　　　2.1.3　Experimental research contents ·· 23
　2.2　Characteristics of EME under uniaxial compression ······················ 24
　　　2.2.1　EME experimental results of coal, rock and concrete under uniaxial compressive ·· 24
　　　2.2.2　EME experimental results of coal during quick uploading ······ 32
　　　2.2.3　EME characteristics of coal or rock in the impact process ····· 33
　　　2.2.4　EME characteristics of coal or rock in the friction process ···· 35
　2.3　EME characteristics of coal-rock combination fracture ················· 38
　　　2.3.1　Stress analysis of coal-rock combination under uniaxial compression ··· 38
　　　2.3.2　Strength analysis of coal-rock combination under uniaxial compression ·· 40
　　　2.3.3　EME experimental results of coal-rock combination under load ········· 41

2.4 EME amplitude law of coal or rock 45
　　2.4.1　EME amplitude variation of coal, rock and concrete under uniaxial compressive 45
　　2.4.2　EME amplitude variation of coal-rock combination under uniaxial compressive 48
　　2.4.3　EME intensity variation in the impact process 50
　　2.4.4　EME intensity variation in the friction process 53
2.5 EME memory effect law of coal or rock rheological fracture 54
　　2.5.1　Cyclic loading stress 54
　　2.5.2　EME memory effect experimental results of coal or rock fracture 55
　　2.5.3　Influence of gas and water on EME memory effect of coal or rock fracture 61
2.6 Summary 63

Chapter 3　EME experimental study of coal or rock containing gas fracture 65
3.1 Experimental systems and test plan 65
　　3.1.1　Experimental system 65
　　3.1.2　Experimental plan 70
3.2 Preparation of samples and experimental 71
3.3 Mechanical properties and EME characteristics of coal or rock 72
　　3.3.1　Mechanical properties and EME characteristics of coal or rock under uniaxial compression 72
　　3.3.2　Deformation characteristics of coal containing gas under uniaxial compressive 79
　　3.3.3　Influence of pore gas on the peak intensity of coal or rock 81
　　3.3.4　Influence of pore gas on the elastic modulus of coal or rock 83
　　3.3.5　EME characteristics of coal or rock containing gas fracture 84
3.4 Summary 88

Chapter 4　EME spectral characteristics of coal or rock 90
4.1 EME experimental study of coal-rock combination 90
　　4.1.1　Preparation of coal-rock combination samples 90
　　4.1.2　EME characteristics of coal under uniaxial compression 91
　　4.1.3　EME characteristics of coal-rock combination fracture 93
4.2 EME spectrum analysis of coal or rock fracture 95
　　4.2.1　EME spectrum analysis of coal under uniaxial compression 95

  4.2.2 EME spectrum analysis of coal-rock combination fracture 101
  4.2.3 Comparison between the Fourier spectrum and power spectrum 112
 4.3 Analysis of EME based on wavelet transform 112
  4.3.1 Basic analysis method of EME based on wavelet transform 112
  4.3.2 EME wavelet spectrum analysis of coal under uniaxial compression 113
  4.3.3 EME wavelet spectrum analysis of coal-rock combination fracture ... 122
  4.3.4 Comparison between the spectral analysis and wavelet analysis 137
 4.4 EME spectrum analysis based on Hilbert-Huang Transform (HHT) 137
  4.4.1 HHT Method 137
  4.4.2 HHT analysis of EME 142
 4.5 Summary 158

Chapter 5 Noise spectral characteristics in EME of coal or rock and its suppression 159

 5.1 EME pathways of coal or rock 159
 5.2 Noise analysis in EME of coal or rock during signal acquisition process 160
  5.2.1 Noise sources in EME during signal acquisition process at the laboratory 160
  5.2.2 Noise sources in EME during signal acquisition process on site 161
 5.3 Jamming technology of EME monitoring of coal or rock 161
  5.3.1 Shielding technology 161
  5.3.2 Filtering Technology 162
 5.4 De-noising method of EME using wavelet transform 163
  5.4.1 De-noising mode and process using wavelet transform 163
  5.4.2 Threshold of de-noising using wavelet transform 165
 5.5 De-noising of EME based on wavelet theory 167
  5.5.1 EME de-noising of coal using wavelet transform 167
  5.5.2 EME de-noising of coal-rock combination using wavelet transform 171
 5.6 De-noising technology of EME in coal face 177
  5.6.1 EME spectral characteristics of different noise sources 177
  5.6.2 De-noising of EME in coal face 185
 5.7 Summary 190

Chapter 6　EME nonlinear prediction method of coal or rock fracture ········ 192
 6.1　Chaos characteristics of acoustic emission and EME of coal
   or rock fracture ·· 192
  6.1.1　Correlation dimension and its calculation ··························· 192
  6.1.2　Chaos characteristics of acoustic emission and EME ················ 194
 6.2　EME neural network prediction method of coal or rock
   fracture ·· 195
 6.3　The basic principle and implementation steps of adaptive BP
   neural network ··· 196
 6.4　Principles of adaptive neural network prediction for EME of
   coal or rock fracture ·· 198
  6.4.1　Time series dimension of EME parameters ···························· 198
  6.4.2　Principles of adaptive neural network prediction ·················· 198
 6.5　Applications of adaptive neural network prediction in EME of
   coal or rock ·· 199
 6.6　Summary ··· 201

**Chapter 7　Characteristic parameters and simulation study of EME receiving
     antenna of coal or rock** ·· 202
 7.1　Introduction ·· 202
  7.1.1　Antenna definition ··· 202
  7.1.2　The basic parameters of antenna ······································ 204
  7.1.3　Antenna polarized wave ··· 209
 7.2　Characteristic parameters and measurement of EME receiving
   antenna of coal or rock ··· 210
  7.2.1　Design principles of EME receiving antenna ························· 211
  7.2.2　Basic characteristics of EME receiving antenna ······················ 213
  7.2.3　Parameter measurement of EME receiving antenna ················ 216
 7.3　Simulation technology of EME receiving antenna of coal or rock ······ 220
  7.3.1　HFSS software and its technical definition ··························· 220
  7.3.2　EME filed simulation study of coal or rock ·························· 222
  7.3.3　Simulation study of EME receiving antenna ························· 227
 7.4　Summary ··· 237

**Chapter 8　Electromechanical coupling model for EME of coal or rock and
     guidelines of disaster warning** ··· 239
 8.1　Introduction ·· 239

- 8.1.1 Damage mechanics and its development ……………………………… 239
- 8.1.2 Statistical damage theory of coal or rock strength ………………… 241
- 8.1.3 Damage mechanics model of coal or rock materials ……………… 241
- 8.1.4 Statistical damage model of coal or rock strength based on the Weibull distribution ………………………………………………………… 242
- 8.1.5 Statistical damage theory of coal or rock strength based on normal distribution ………………………………………………………… 244
- 8.1.6 Damage Mechanical model of three dimensional coal or rock ……… 245

8.2 Damage mechanics model of coal or rock based on electromechanical coupling model ………………………………………………………… 247
- 8.2.1 1-D electromechanical coupling model of coal or rock based on the pulses of EME ……………………………………………………… 248
- 8.2.2 3-D electromechanical coupling model of coal or rock based on the pulses of EME ……………………………………………………… 249
- 8.2.3 Electromechanical coupling model of coal or rock based on the intensity of EME …………………………………………………… 252

8.3 Parameters calculation of electromechanical coupling model …… 253
- 8.3.1 Parameters significance of electromechanical coupling model ……… 253
- 8.3.2 Parameters calculation ……………………………………………… 253
- 8.3.3 Calculation results …………………………………………………… 253

8.4 Application of electromechanical coupling model of coal or rock ……………………………………………………………………… 255
- 8.4.1 Influence of the uniformity of coal or rock on the EME …………… 255
- 8.4.2 Influence of different confining pressure on the EME of coal or rock ………………………………………………………………… 256
- 8.4.3 Characteristics of EME when uniaxial compression sudden unloading of coal or rock ……………………………………………………… 257
- 8.4.4 Characteristics of EME during cyclic loading ……………………… 258

8.5 EME warning criteria of coal or rock ……………………………… 259
- 8.5.1 Early warning indicators of EME monitoring ……………………… 259
- 8.5.2 EME warning criteria of coal or rock dynamic disasters …………… 259
- 8.5.3 Warning thresholds and dynamic trends coefficients ………………… 261
- 8.5.4 EME warning technology of coal or rock dynamic disasters ……… 262

8.6 Summary ………………………………………………………………… 263

Chapter 9　EME monitoring technology of coal or rock stress and applications ······ 264
9.1　Technical principles of coal or rock stress evaluation by EME ··· 264
9.2　EME monitoring technology of stress region in front of coal or rock ······ 268
9.2.1　EME monitoring of stress state on the excavation face ······ 269
9.2.2　EME monitoring of stress state in front of working face ······ 271
9.3　EME monitoring technology of mining stress field ······ 274
9.3.1　EME monitoring technology of stress state in cutting roadway ······ 274
9.3.2　EME monitoring technology of stress state in return airway ······ 277
9.4　EME monitoring technology of cycle pressure in working face ······ 278
9.4.1　Non-contact monitoring results of EME in front of working face ······ 278
9.4.2　Non-contact monitoring results of EME in working face ······ 281
9.4.3　EME monitoring study of periodic roof pressure in working face ······ 282
9.5　Summary ······ 285

Chapter 10　Field applications of EME monitoring technology of coal or rock ······ 286
10.1　EME monitoring technology ······ 286
10.2　EME monitoring equipment ······ 287
10.2.1　KBD5 portable EME monitor ······ 287
10.2.2　KBD7 non-contact EME monitor ······ 292
10.3　EME monitoring technology in coal and gas outburst prediction ······ 297
10.3.1　Basic situation of transportation lane 3_248 ······ 297
10.3.2　EME test and analysis using KBD7 monitor ······ 298
10.3.3　Factors analysis of EME ······ 307
10.3.4　Law analysis and implementation steps of EME ······ 313
10.4　EME monitoring technology in rock burst prediction ······ 317
10.4.1　Variation of EME before and after rock burst occurred ······ 317
10.4.2　Relationship between EME and magnitude of microseismic ······ 319
10.5　Trends of EME monitoring technology ······ 320
10.5.1　"The Smartcable" communication technology ······ 320
10.5.2　EME monitoring technology based on "The Smartcable" ······ 322
10.6　Summary ······ 324

References ······ 325

第1章 绪 论

煤岩动力灾害现象是煤岩体在外界应力作用下短时间内发生的一种具有动力效应和灾害后果的现象。煤岩动力灾害现象范围很广,涉及许多自然灾害和工程领域,前者如地震、火山喷发、山体或边坡滑移等,后者如桥梁垮塌、隧道失稳等,在煤矿井下主要有煤(岩)与瓦斯(甲烷或二氧化碳)突出、冲击矿压(又称冲击地压、岩爆或矿震)、顶板塌陷等。煤(岩)与瓦斯突出是矿井含瓦斯煤岩体呈粉碎状态从煤岩层中向采掘空间急剧(数秒到数分钟完成)运动并伴随着大量瓦斯喷出的一种强烈的动力过程。冲击矿压和煤与瓦斯突出相似,只是没有瓦斯气体的参与,或极少有瓦斯气体的参与,通常是在煤岩力学系统达到强度极限时,聚积在煤岩体中的弹性能量以急速、猛烈的形式释放,造成煤岩体的振动和破坏。这些动力灾害事故将煤岩、瓦斯抛向井巷,同时发出强烈声响,造成支架与设备、井巷的破坏以及人员的伤亡等。有时这类灾害还会诱发其他煤矿事故,扩大事故范围,因此煤岩动力灾害事故的危害是巨大的,不但造成大量的人员伤亡,而且会造成巨大的财产和经济损失。所以如何有效预防煤岩动力灾害现象是煤矿生产中需要解决的技术难题。近年来,煤岩电磁辐射现象的研究为煤岩动力灾害预测提供了新的技术手段,得到了比较快速的发展。本章将从矿山煤岩动力灾害现象及其研究现状、煤岩电磁辐射效应研究进展进行论述。

1.1 矿山煤岩动力灾害研究进展

1.1.1 煤与瓦斯突出现象

煤与瓦斯突出灾害给煤矿安全生产特别是井下工作人员的生命财产造成了极其严重的威胁,自1834年法国伊萨克矿发生世界上第一次突出以来,几乎在每个产煤国家都发生过。国有矿井中高瓦斯和突出矿井占50%以上,新中国成立以来发生煤与瓦斯突出事故1万余次,占世界突出总数的1/3以上。世界上最大的突出是1969年7月13日在苏联顿巴斯加加林矿井-710m水平主石门揭穿厚为1.03m的煤层时发生的,突出煤量为14000t,突出瓦斯量大于250万 m^3。发生在中国的最大型突出是1975年8月8日在四川天府矿务局三汇坝一矿主平硐(+280m)用震动性放炮揭穿6号煤层时发生的,突出煤岩12780t(其中煤约占60%,矸石约占40%)、瓦斯140万 m^3。

我国的煤与瓦斯突出现象主要是煤与甲烷突出,也有4处矿井曾发生过30多次煤、岩与二氧化碳突出。我国不同地区煤与瓦斯突出具有不同的特点,华南地区突出矿井数多,约占突出矿井总数的60%以上,突出次数占全国突出总数的60%以上,而且突出强度大,全国特大型突出的80%发生在华南地区。我国煤与瓦斯突出的始突深度在不同地区差异很大,华南地区东部一般为100m,最浅的是白沙矿务局里王庙矿,仅50m,华南地区西部一般为100～200m;华北地区则为150～400m,始突深度最大的是抚顺老虎台矿,达640m。

煤与瓦斯突出有时还会带来其他事故,如瓦斯窒息和瓦斯爆炸。2004年10月20日22时9分,河南郑州大平煤矿在距地表深612m的21岩石下山掘进工作面发生特大型延期性煤与瓦斯突出,突出煤岩量约1894t,瓦斯量25万 m^3,煤与瓦斯突出之后,当天22时40分引发瓦斯爆炸,造成148人死亡,32人受伤,直接经济损失3935.7万元。2008年9月21日1时30分,河南省登封市郑州广贤工贸有限公司新丰二矿发生特别重大煤与瓦斯突出事故,突出的瓦斯使一副巷中的12人窒息死亡,高浓度瓦斯流经其他区域,又造成25人死亡,7人受伤。2011年11月10日6时19分,云南省曲靖市师宗县私庄煤矿发生特别重大煤与瓦斯突出事故,造成43人死亡,直接经济损失3970万元。

煤与瓦斯突出灾害造成如此巨大的损失,严重威胁煤矿的安全生产,因此,各国研究者开展了大量的研究工作,对突出机理、预测和防治方法进行了深入的分析和实践。本节将着重论述突出机理和预测方法的研究进展。

1.1.2 煤与瓦斯突出机理研究现状

煤与瓦斯突出机理是预防的基础,自1834年法国塞纳煤田伊萨克矿首次发生突出以来,各国的研究者为认识突出机理付出了艰辛的努力,取得了很大的进步。影响较大的概括起来主要有以瓦斯为主的假说、以地压为主的假说和化学本质假说等单因素假说、综合假说和流变假说。到目前为止,化学本质假说在现场观察和实验室两个方面都没有得到支持,而以瓦斯为主和以地压为主的突出假说只是从一个侧面来说明突出的内在机制[1-7]。

1. 瓦斯主导作用假说

1) 瓦斯包说

苏联的沙留金和英国的威廉姆斯认为,煤层内存在着积聚高压瓦斯的空洞,其压力超过煤层强度减弱区域煤的强度极限,当工作面接近这种瓦斯包时,煤壁发生破坏并抛出煤炭。

2) 粉煤带说

苏联的贝可夫、东德的鲁夫、英国的布列克斯和日本的植木七郎认为,由于地质构造或矿山压力作用,煤被破碎成粉状,这些粉煤极易放出瓦斯。一旦采掘活动接近这些地带时,粉煤在不大的瓦斯压力作用下也能与瓦斯一起喷出。

3) 煤孔隙结构不均匀说

苏联的克里切夫斯基等认为,煤层中存在着透气性变化剧烈的区域,在这些区域的边缘,瓦斯流动速度变化很大。如果透气性小的煤恰好是坚硬的煤而透气性大的煤是不坚硬的煤,那么当巷道接近这两种煤的边界时,瓦斯的潜能就能使煤突出。

4) 突出波说

苏联的赫里斯基阿诺维奇认为,瓦斯潜能要比煤的弹性变形能大10倍,在煤强度低的地区,煤层中瓦斯压力大于煤的极限破坏强度。当巷道接近这一地区时,在瓦斯压力作用下,可产生连续破碎煤体的"突出波",从而引起突出。苏联的阿莫索夫认为,由于均匀排放瓦斯的裂缝系统被封闭和堵塞,在煤层中便形成增高的瓦斯压力带,从而引起突出。

5) 闭合孔隙瓦斯释放说

苏联的舍尔巴尼认为,近工作面地带,由于煤吸收和解吸瓦斯的周期性,其机械强度降低,包含在闭合孔隙中的瓦斯,在孔隙壁的闭合面与敞开面之间可产生很大的压力差,当煤体破坏时,便被解吸的瓦斯抛向巷道。

6) 瓦斯膨胀说

苏联的尼柯林认为,煤层中存在瓦斯含量增高带,因而引起煤体膨胀和煤层应力增高,该处煤层透气性接近于零。当巷道掘进时,其应力急剧降低,便造成煤的破碎和突出。

7) 卸压瓦斯说

苏联的里热夫斯基认为,突出煤层富含瓦斯,但透气性较低,瓦斯难以涌出。采掘工作可使其局部卸压,迅速卸压的瓦斯造成涌出的瓦斯压力升高,使粉碎的煤迅速抛出。

8) 火山瓦斯说

日本的栗原一雄认为,瓦斯突出的动力来源于煤层内的游离瓦斯,突出时瓦斯压力能达到数百个大气压。由于火山活动,煤受到二次热力变质,产生瓦斯和热流体带来的岩浆瓦斯,从而在煤层内,特别是在断层部分形成高压区,当进入这些地带采掘时,即能引发突出。

9) 地质破坏带说

日本的兵库信一郎认为,由于有地质破坏带的存在,潜藏着一定数量的高压瓦斯,岩壁裂缝增多,如覆盖层的阻力与瓦斯压力的平衡遭到破坏,便会发生突出。

10) 瓦斯解吸说

德国的克歇尔认为,卸压时煤的微孔隙扩张,孔隙吸附潜能降低,吸附瓦斯解吸,吸附瓦斯的内能转化为游离瓦斯压力,使瓦斯压力增高,可破坏不坚硬的煤而引起突出。

2. 地压主导作用假说

1) 岩石变形潜能说

苏联的别楚克和阿尔沙瓦、法国的莫连、加拿大的伊格拿季叶夫等认为,突出的发生是变形的弹性岩石所积聚的潜能引起的,这些岩石位于煤层周围,而这种潜能是以往的地质构造运动造成的。当巷道掘到该处时,弹性岩石会像弹簧一样伸张,从而破坏和粉碎煤体并引起突出。

2) 应力集中说

苏联的别洛夫和卡尔波夫认为,在回采工作面前方的支承压力带,由于厚弹性顶板的悬顶和突然沉降引起附加应力,煤体在这种集中应力作用下产生移动和遭到破坏。如果再施加动荷载,煤体就会冲破工作面壁而发生突出,煤突出时伴随大量瓦斯涌出。

3) 剪切应力说

苏联的叶弗夫认为,煤在突出前的破碎始于最大应力集中处,且是在剪切应力作用下发生的。

4) 塑性变形说

苏联的瓦尔琴认为,在压应力作用下,突出煤层发生弹塑性变形,使巷道周围煤体突然破碎引起突出。

5) 振动波动说

苏联的奥西波夫认为,突出过程的发展是外力震动引起煤体和围岩的震动波动过程的发展,由于岩石的潜能和煤体的破坏而维持和发展了这一过程。

6) 冲击式移近说

苏联的包利生科认为,在突出中起主导作用的是地压,具体地说是顶底板的冲击式移近。冲击式移近发生的可能性及大小则取决于岩体的性质、巷道参数、掘进方式和速度。突出的条件是,煤层紧张程度增大,煤层边缘有脆性破坏,从破坏的煤中涌出的瓦斯有一定压力。

7) 拉应力波说

苏联的梅德维杰夫认为,突出煤层的力量是拉应力波,而这个拉应力波是脆性材料在地压作用下储蓄了大量的弹性能,当巷道工作面附近的煤体由三向受力状态转化为复杂受力状态时,掘进工作面破坏了平衡,造成能量释放而产生的。在拉应力波的作用下,煤破碎并抛出,而瓦斯的迅速排放又使动力效应更猛烈。

8) 应力叠加说

日本的矢野贞三认为,突出是由地质构造应力、火山与岩浆活动的热力变形应力、自重应力、采掘压力和放顶动压等叠加而引起的,突出危险煤层具有特殊的分枝性裂隙的显微结构。

9) 放炮突出说

日本的桥本清认为,大多数瓦斯突出包括冲击地压主要是爆破的应力作用造成的。

10) 顶板位移不均匀说

日本的小田仁平次认为,瓦斯突出是由煤层顶底板不规则和不连续移动而引起的一种动力现象,顶底板移近速度值增加又下降后,才发生突出。

3. 综合作用假说

该类假说认为突出是下列因素综合作用的结果:地压、包含在煤体中的瓦斯、煤的物理力学性质。各种综合假说都承认,突出是综合因素作用的结果,但对各种因素在突出中所起的作用却说法不一。例如,法国的研究者(伯兰、耿代尔等)认为瓦斯因素是主要的,苏联的霍多特和包布罗、日本的矶部俊郎及英国的鲍来等大多数研究者认为地压是主要的,即地压是发动、发展突出的主导因素,瓦斯是帮助突出发展的因素。

1) 振动说

苏联的克沃鲁奇科认为,煤和瓦斯突出的形成不是一个单独的过程,而是由与围岩对煤层的振动作用有关的三个连续阶段组成的。第一阶段,煤受到来自围岩方面的压力作用而破坏,煤层体积缩小,游离瓦斯压力增大且一部分转为吸附状态;第二阶段,卸压,煤层体积膨胀,瓦斯压力降低,瓦斯解吸;第三阶段,饱含粉碎的煤和大量游离瓦斯的煤层又再次受压,瓦斯压力再次增大。当巷道接近上述破坏带时,处于高压的粉煤和瓦斯混合物就可能冲破煤壁而发生突出。因此认为,瓦斯是造成突出的主体,煤粉碎、瓦斯解吸和瓦斯煤混合物喷出所需的能量由煤层的围岩通过振动来传递。

2) 分层分离说

苏联的佩图霍夫等认为,突出分三个阶段。准备阶段:工作面附近的煤层始终处于地压作用下,造成发生突出的条件,增加瓦斯向巷道方向渗透的困难,促使煤层保持高的瓦斯压力、煤体强度降低,煤柱易于从煤体分离。颗粒分离波的传播阶段:突出时,颗粒的分离过程是一层一层进行的。当突出危险带表面急剧暴露时,瓦斯压力梯度作用使分层承受拉伸力,拉伸力大于分层强度时就发生分层从煤体上的分离。分层分离是突出的重要组成部分及影响着突出的主要特征。瓦斯和颗粒混合物的运动阶段:从煤体分离的煤颗粒和瓦斯急速冲向巷道,随着混合物的运动,瓦斯进一步膨胀、速度继续加快。当其遇到阻碍时,速度降低而压力升高,直到增高的压力不能超过破坏条件,过程才停止。

3）破坏区说

日本的矶部俊郎认为，典型的冲击地压是由应力集中所造成的破坏现象，而典型的瓦斯突出是瓦斯压力作用的结果，在煤矿中还有介于二者之间的现象，称为冲击地压式的突出，或突出式的冲击地压。无论突出还是冲击地压，首先必须破坏煤体，而煤体的破坏过程是一致的，在非均质体内，各点强度不同，在高压力作用下，由强度最小的点先发生破坏，并在其周围造成应力集中，如果邻点的强度小于这个集中应力，就会被破坏且形成破坏区。这种破坏区，煤强度显著下降，进而变成无应力区。此区内的吸附瓦斯由于煤破坏时释放的弹性能供给热量而解吸，煤粒间的瓦斯使煤的内摩擦力下降，而处于易流动状态。当这种粉碎的煤瓦斯流喷射出来时，便形成了突出。

4）动力效应说

英国学者鲍来认为，掘进巷道时，煤体的应力由三向变为双向或单向，煤结构遭到动力破坏，吸附瓦斯迅速解吸并大量涌出，从而释放出足够的能量把碎煤抛出。

5）游离瓦斯压力说

法国的耿代尔认为，突出是煤质、地应力、瓦斯压力综合作用的结果，但瓦斯因素是主要的，煤体内游离瓦斯气体压力是发动突出的主要力量，解吸的吸附瓦斯仅参与突出煤的搬运过程。如果工作面前方过载应力区的围岩突然破坏垮落，将出现动态的突出。

6）能量说

苏联的霍多特[8-10]研究认为，突出是煤的变形潜能和瓦斯内能突然释放所引起的近工作面煤体的高速破碎。只有当煤中应力状态突然改变时，煤层可能产生高速破碎，下述原因可引起煤中应力状态的突然改变：①煤层中坚硬区段或坚硬包裹体的承载能力以脆性破碎形式消失了；②围岩作用于煤层的动载荷；③放炮（含震动爆破）落煤时，巷道迅速进入煤层；④放炮揭开煤层。

地应力与瓦斯压力在上述过程中起到本质作用，而煤和围岩构造的非均质性是突出的最普遍原因。1979年霍多特又进行了补充：①煤体的破坏分为两类，第一类是转变为临界状态的破坏；第二类是煤体破碎成煤块和煤粉。在自然条件下，静态加载时只产生第一类破坏；第二类破坏必须具有其他条件。外部因素（工作面推进速度、爆破影响、承压与卸压）作用于煤层时，若煤层本身的潜能转变为破坏功的速度大于临界状态（第一类破坏）的发展速度，则工作面附近的煤出现第二类破坏。所述外部因素可以成为激发和发展突出的条件。②第二类破坏的发展速度和破碎程度，足以不断形成瓦斯放散表面和能使煤悬浮的瓦斯流。③更加强调了瓦斯在突出时的作用，他认为无论游离瓦斯还是吸附瓦斯，都参与突出的发展。

应该说，霍多特提出的能量假说使突出的综合假说更为完善。综合假说认为，突出是地压、包含在煤体中的瓦斯、煤的物理力学性质、煤的微观结构、宏观结构、煤层构造及煤的自重力等因素综合作用的结果。这些假说的共同点是承认突出是瓦斯、地应力和煤的物理力学性质三个因素综合作用的结果，其分歧点是哪种因素起主要作用。这些综合假说都无一例外地忽略了时间因素对突出的影响，没有说明含瓦斯煤体的破坏过程和具体条件。

7）流变假说

何学秋和周世宁通过含瓦斯煤样在三轴受力状态下流变特性的研究，得出了含瓦斯煤流变行为的数学模型，提出了含瓦斯煤突出的流变机理。在煤岩流变力学理论基础上提出的突出流变假说包含了时间和空间因素。突出流变假说认为[5,6,11]，含瓦斯煤体在外力的作用下，当达到或超过其屈服载荷时，明显地表现为时间上的三个阶段，即变形衰减阶段、均匀变形阶段和加速变形阶段。其中的第Ⅰ、Ⅱ两阶段对应于煤与瓦斯突出的准备阶段，第Ⅲ阶段是煤与瓦斯突出的发生发展阶段，突出是含瓦斯煤体快速流变的结果。如果外加载荷未达到屈服载荷，那么流变具有衰减的特征，将不会发生突出。流变假说较为圆满地阐明了突出机理，其最大的特点是运用流变学的观点分析了突出过程中含瓦斯煤在应力和孔隙气体作用下的时间和空间过程，从而解释了综合作用假说所能解释的全部突出现象，而且解释了其他假说不能解释的现象，如石门的自行揭开和延时突出等。

8）球壳失稳说

蒋承林、俞启香等[12,13]认为在突出过程中，地应力首先破坏煤体，使煤体产生裂纹，形成球盖状煤壳；然后煤体向裂隙内释放并积聚起高压瓦斯，瓦斯使煤体裂纹扩张并使形成的煤壳失稳破坏并抛向巷道空间，使应力峰值移向煤体内部，继续破坏后续的煤体，形成一个连续发展的突出过程。地应力破坏煤体后如果裂隙中没有聚积足够的瓦斯压力，则裂纹将不会大面积扩展，暴露面附近已被地应力破坏的煤体将承受一定的切向应力和径向应力而不会被抛出，动态应力场逐渐趋向于稳态应力场，暴露面将处于稳定状态，其内部的瓦斯气体将以缓慢的方式向巷道释放。如果煤体在地应力作用下破坏后能快速释放出足够的瓦斯量并积聚起较高的瓦斯压力使煤体撕裂，并使球盖状煤壳失稳抛出，则突出必定发生。从整个突出过程来看，突出的发生与发展是以球盖状煤壳的形成、发展及失稳抛出为特点的。该假说主要是通过突出后的形状分析得出的，是一种从结果推出条件的方式。

9）力学破坏

胡千庭[14]认为突出是一个力学破坏过程，通过对突出过程的分析，认为突出的发动和发展是两个存在较大差别的突出过程，应该分别进行研究。初始失稳条件、破坏的连续进行条件和能量条件是突出发生的三个必要条件。突出的发动是从工作面周围支承压力极限平衡区煤壁的失稳开始的，煤的应变软化与流变特性则是这种失稳的基础。突出的发展是煤壁由浅入深逐渐破坏并抛出的过程，煤体的破坏主要是在瓦斯压力作用下的拉伸破坏。在突出发展前期，孔洞内气压和孔洞壁孔隙瓦斯压力相差很大，且孔洞壁受到堆积碎煤的反作用力较小，孔洞壁煤体将呈剧烈的粉化破坏；在突出发展后期，孔洞壁煤壁将出现层裂破坏。通过简化的突出模型，给出了突出发生的能量条件的解析表达式，并解释了突出时瓦斯涌出量相对于抛出煤体瓦斯含量成倍增加的原因。

10) 其他研究成果

日本的氏平增之[15]在实验室模拟了煤与瓦斯突出。中国科学院力学所的郑哲敏院士、俞善炳、丁晓良和丁雁生等[16-20]对突出进行了一维及二维模拟试验与理论研究，认为煤的破碎启动与瓦斯渗流的耦合是煤与瓦斯突出的内在因素；中国矿业大学的梁冰[21]提出了考虑时间效应的突出失稳破坏机理和判据。蔡成功[22]、郭德勇等[23]通过突出模拟试验发现，在煤与瓦斯突出过程中发生了黏滑失稳现象，根据此现象结合煤与瓦斯相关因素提出了煤与瓦斯突出黏滑机理，对煤与瓦斯突出中的一些现象进行了合理的解释。另外，还有许多学者分别从不同角度对煤与瓦斯突出机理进行了研究、解释[24-30]，为突出机理的研究提供了不同的方法，并取得了很多成果。

1.1.3 冲击矿压机理研究进展

冲击矿压第一次发生在1738年的英国南史塔福煤田[31]。200多年来，其危害几乎遍布世界各个采矿国家。我国最早记录的冲击矿压是1933年辽宁抚顺的胜利煤矿，自此以来，冲击矿压在北京、辽源、通化、阜新、北票、枣庄、大同、开滦、天府、南桐、徐州、大屯、新汶等矿务局相继发生。1949～1985年，我国矿山遭受岩爆破坏的巷道总计达13km，同时还造成回采工作面停产1300多天。我国煤矿自1949年以来累计发生过4000多次冲击矿压，造成数以百计的人员伤亡。作为采矿诱发的地震，与大地地震相比，虽然震级不大，但是由于其震中距地表近，属浅层地震，其危害性非常严重。图1-1为按里氏震级划分的世界部分国家和我国部分矿井发生冲击矿压的最大强度。目前，我国最大的冲击矿压是在北京门头沟矿发生的，震级为3.8级，不仅给井下生产和设施造成了严重的破坏，而且波及地面，震坏、震裂房屋达100余间，有感震动半径竟达5km。因为冲击矿压发生后会造成煤体裂隙发育，使其中的瓦斯大量涌出，也会诱发瓦斯灾害事故。2005年2月14日14时49分38.6秒，辽宁省阜新市孙家湾煤矿海州立井发生了震级为2.7级冲击地压（据阜新市地震局资料），冲击地压发生后11分钟发生特别重大瓦斯爆炸事故，死亡214人，受伤30人。2011年11月3日19时45分，河南省义马煤业集团公司千秋煤矿21221工作面运输巷发生冲击地压事故，其威力相当于4级地震，事故造成10人死亡，64人受伤。

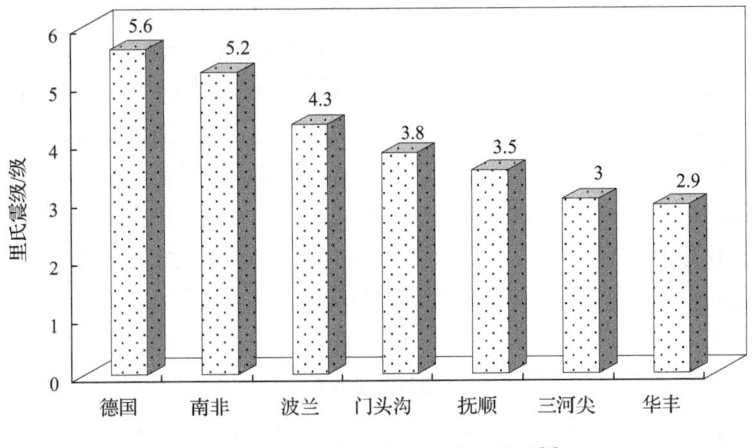

图 1-1 发生冲击矿压的最大强度[7]

冲击矿压是矿山开采中发生的煤岩动力现象之一。这种动力灾害通常是在煤岩力学系统达到强度极限时，聚集在煤岩体中的弹性能量以突然、急剧、猛烈的形式释放，在井巷发生爆炸性事故[7,32]。冲击矿压发生机理复杂，各国学者在对冲击矿压现场调查及实验室研究的基础上，从不同角度相继提出了一系列的重要理论，如强度理论、刚度理论、能量理论、冲击倾向理论、"三准则"理论、突变和变形系统失稳理论等。

强度理论、刚度理论、能量理论、冲击倾向理论从不同的煤岩力学特性和能量角度解释冲击矿压产生的机理，大量的文献资料对其进行了详细的论述[33-38]。强度理论认为井巷和采场周围产生应力集中，当应力达到煤岩体的强度极限时，煤岩体就会突然发生破坏，形成冲击矿压。强度理论具有简单、直观和便于应用的特点，但其只能判断煤岩体是否破坏，不能回答破坏的形式是静态破坏还是动态破坏。刚度理论是 Cook 等根据刚性压力机理论得到的，该理论认为矿体结构的刚度大于矿体负载系统的刚度是发生冲击矿压的必要条件。刚度理论用于判别煤柱稳定性具有简单、直观的特点，但没有正确反映煤岩体本身在矿体-围岩系统中不但能积蓄能量，而且可以释放能量这一基本事实。能量理论认为，矿体-围岩系统在其力学平衡状态破坏时释放的能量大于所消耗的能量时发生冲击矿压。能量理论从能量转化的角度解释冲击矿压的成因，是冲击矿压理论研究的一大进步。但能量理论没有说明矿体-围岩系统平衡的性质及其破坏条件，特别是围岩释放能量的条件。冲击倾向性是指煤(岩)介质产生破坏的固有能力或属性。冲击倾向理论是波兰和苏联学者提出的，我国学者在这方面做了大量的工作，提出了煤样动态破坏时间(DT)、弹性能指数(W_{ET})、冲击能指数(K_E)三项指标综合判别煤的冲击倾向的试验方法。

国内一些学者在总结以上机理模型的基础上提出了结合强度理论、能量理论和冲击倾向理论为一体的"三准则"冲击矿压机理模型。该模型认为,强度准则是煤体的破坏准则,而能量准则和冲击倾向性是突然破坏准则。三个准则同时满足,才是发生冲击矿压的充分必要条件。该模型比较全面地揭示了冲击矿压的发生机理。作为模型,相对来说是完善的,但这只是一个原则性的表达式,特别是强度准则和能量准则,由于影响因素众多,各参数几乎无法确定,因此该模型的实际应用难度很大,这正是目前预测方法和冲击矿压理论之间脱节的重要原因。

稳定性理论应用于冲击矿压问题最早可追溯到20世纪60年代中期Cook的研究。Lippman将冲击矿压处理为弹塑性极限静力平衡的失稳现象,提出了煤岩冲击的"初等理论"[7]。章梦涛[39]根据煤岩变形破坏的机理,提出了冲击矿压失稳理论。目前,冲击矿压的失稳理论发展较快,围岩表面裂纹的扩展规律、能量耗散和局部围岩稳定性的研究已取得了一定的进展。Dyskin等[40]认为压应力集中造成初始裂纹以稳定的方式平行于最大压应力方向扩展,这种扩展与自由表面相互作用加速了裂纹的增长并最终导致失稳扩展,裂纹面出现分离,分离层屈曲破坏形成冲击矿压。缪协兴等[41]、张晓春等[42,43]、冯涛等[44]建立了煤矿片帮型冲击矿压和岩爆的层裂板结构失稳模型。齐庆新等[45-47]在煤与岩以及煤层之间摩擦滑动试验研究的基础上,提出了煤矿冲击矿压的黏滑失稳机制。唐春安[48]、潘一山等[49,50]、徐曾和等[51-53]、费鸿禄等[54]、秦四清等[55]、潘岳等[56]建立了煤岩体突变模型,从顶底板压力、刚度和煤岩扩展耗能等影响煤岩体的控制因素定性解释发生冲击地压的机理。

煤炭在我国国民经济中占有举足轻重的地位,在我国生产和消费的一次性商品能源中煤炭约占74%,发电能源中有78%是煤炭提供的,此外,煤炭还提供了我国70%的化工原料。近年来我国煤炭产量日益增长,据统计,煤炭产量从2000年的12.99亿t快速增长到了2013年的36.8亿t,年平均增长1.83亿t,如图1-2所示。目前我国的煤炭95%是由井工生产的,灾害严重,近年来,随着采掘深度和强

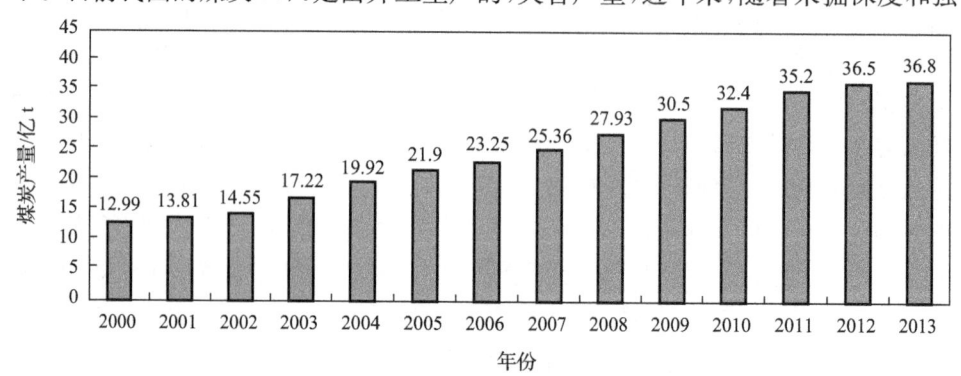

图1-2 2000~2013年我国的煤炭产量

度的不断加大,矿井煤岩动力灾害越发严重,据统计,2010年全国煤与瓦斯突出矿井数量为1044个,占全国煤矿总数的8.1%,高瓦斯矿井2197个,约占矿井总数的17%。针对我国严重的含瓦斯煤岩动力灾害,应该结合前人研究结果和其他动力灾害预测的新理论、新方法深入研究含瓦斯煤岩动力灾害预测的新技术和方法。

1.2 煤岩电磁效应研究现状

煤岩动力灾害现象是煤岩体在内外物理化学及应力综合作用下快速破裂的结果,是典型的不可逆能量耗散过程。在这些过程中,煤岩体自外界获得的能量和地层形成过程中存储的能量将以各种形式耗散,如弹性能、压缩气体的膨胀能、热能、声能和电磁能等形式,电磁辐射(electromagnetic emission,EME)就是一种重要的能量耗散形式[57]。煤岩电磁辐射是煤岩体受灾变形破裂过程中向外辐射电磁能量的一种现象,与煤岩体的变形破裂过程密切相关。煤岩电磁辐射的研究是从地震工作者发现震前电磁异常变化后开始的。我国和苏联是开展较早的国家,日本、希腊、美国、瑞典、德国等也开展了这方面的研究[58,59]。

1.2.1 电磁辐射在地震预报方面研究现状

电磁辐射在地震预报方面已经进行了较为广泛的应用[60-62],国内外学者也多次举办这方面的会议。例如,1998年7月21~25日在台湾召开的西太平洋地球物理学术讨论会上,进行了地震电磁学的专题讨论,报告与讨论了地震电磁前兆研究的新成果与新进展[63]。1999年7月18~30日在英国爱丁堡举行的第22届IUGG大会上,召开了监测地震与火山喷发的电磁方法专题讨论会[64]。2000年9月19~22日在日本东京电气通信大学召开了"国际地震电磁学学术讨论会",来自中国、美国、新西兰、澳大利亚、墨西哥、英国、法国、意大利、希腊、土耳其、印度、俄罗斯、乌克兰以及日本等国家的130多位专家学者参加了这次国际地震电磁学学术讨论会。会议与电磁辐射有关的内容有小波分析与震磁效应、岩石破裂过程电阻率变化的机理、岩石破裂的超低频电磁前兆、火山活动引起的地磁与地电观测、与地震电信号有关的磁信号、地磁脉动幅度及极性的时空变化与地震、超低频地磁地电及其与地震活动的关系等。上述国际学术讨论会表明,应用电磁辐射方法预测地震的研究,具有坚实的物理基础。地震现场的观测研究表明,震磁前兆是客观存在的。实践显示,应用电磁方法预测地震的研究收到了一定的实效,并具有良好的研究前景。

在利用观测地球表面及研究地球内部结构和地球动力学的新空间科技长时间连续监测地震的地球物理参数(张应力、地形变、电磁场、地震波等)来进行地震的预测预报方面也进行了较多的研究。卫星技术相对于地面观测的主要优点是在全球范围内进行长时间周而复始的便于集成的观测,利用卫星技术从空间监测地面变形(甚长基线干涉测量技术、卫星激光测距仪、GPS、雷达成像仪),在时空上连续观测同活断层的地震周期、火山喷发前的隆起、滑坡相联系的地表位移,以及同地质构造裂缝相关的电磁信号(该信号也是一种与地震和火山喷发相联系的区域张应力变化的有效指标)。日本初步建立的卫星综合地震预测系统运转以来,已经积累了若干地震过程的资料。该系统由10多颗卫星和地面电子接收分析系统组成,其任务是收集地下潜在震源区(特别监视区在东海)上空大气层和电离层电磁异常信号,同时连续观测地壳应力变化的图像,通过地面计算机程序来预测地震。近年来,日本卫星观测报告论述了与地震相关的电离层电子浓度和磁层中低频电磁辐射异常以及等离子体扰动的物理现象。日本星际24卫星和俄日法陆地震源电磁辐射探测卫星在1989年11月16日~12月31日28次5.2~6.1级地震前观测到ULF-ELF($f<100Hz$)及VLF($f=10\sim15kHz$)的电磁辐射(ULF指超低频,ELF指极低频,VLF指甚低频),出现概率最大是在主震前12~14h内,这种观测结果在国际同行中引起了震动。在1994年1月的北岭地震和1995年1月阪神地震前,相关的卫星测量也证实了这种现象的存在,而且国际合作联测计划吸引了一些发展中国家的参加。俄罗斯正在研制地震预测卫星,目前已进入联测阶段。卫星地震监测必须国际合作,才能够降低费用、提高准确性。

  Gokhberg等[65]曾经利用AE-C和ISSE-2卫星接收到的信息分析得出在震中上空出现的等离子浓度上升了20%。Larkina等[66,67]在分析Intercosmos 19卫星经过地震带附近检测到的数据时发现低频(0.1~16kHz)无线电辐射有异常增加;他们还将测得的震中上空的能量粒子流与电磁辐射的VLF脉冲进行了直接对比,发现两者在地震上空十分对应。Gasev等[68]、Maltseva[69]、Korepanov[70]也进行了卫星预测地震的理论研究。在强的地震活动期间,Isaev等[71]用Cosmos-1809卫星在中亚Caucasus上空获得的ELF辐射、等离子浓度、电离层氦和氩浓度的变化等数据发现了小幅度的等离子体的不规则变化,氩浓度的变化处于3%~8%,沿卫星轨道4~10km的特征带与震中区域连结的地磁场是活跃的,同时有与地震相关的ELF辐射,并基于实际试验数据建立了这些辐射的经验模型。2000年9月19~22日在日本东京召开的"国际地震电磁学学术讨论会"上,Hayakawa教授首先作了地震遥感前沿课题的进展报告,报道了该课题在1996~2000年所获得的新的科研成果:①闪电探测,应用VLF/LF方法监测与地震相关的电离层扰动;②电离层等离子体扰动与波辐射的卫星观测;③利用GPS接收器绘制电离层密度;④VLF/ELF及VLF与声频辐射的地面测量;⑤地温遥测。

  卫星测震存在的主要困难是尚未完全确立地震的空间物理现象的本质。目前研发的卫星预测技术需要解决的主要课题[72]是:①高质量的观测事例,虽然报告了若干卫星观测到的地壳活动、来自震中区的电磁辐射异常、短波红外辐射以及电离层参数异常等空间物理现象,但都存在着不确定性,因此需要积累真实的现象事例;②提高分析质量,主要弄清信噪比的量值;③在潜在震源区进行卫星测震报震研究,日本东海地区、美国隐伏逆冲断层圣安德烈斯断层、板块内和板块滑动边缘区、削减带是经过论证的震源区,剔除因飞抵这些地区卫星轨道不稳定带来的误差;④卫星观测技术的改进,如用蒸汽辐射仪与 GPS 的接收仪同时观测探索提高 GPS 准确定位精度的方法并提高其使用率;⑤改进红外遥感测震报震的技术;⑥用物理和数学计算方法建立地震的空间物理现象的关系模型,并提出实验室模拟技术方案。目前关键的问题是在地下物理过程与空间反应过程之间建立合理的关系,靠分析把前兆信息凸显出来,虽有初步的程序,但尚未完全得到证实,需要大力推进研发和国际合作。

1.2.2 煤岩电磁辐射机理研究现状

关于煤岩电磁辐射的机理,国内外众多学者提出了不同观点。Nitsan[73]最先提出压电效应是产生电磁辐射的原因。但另外一些试验结果,例如,Шевцов 等[74]、李均之等[75]研究表明,含压电材料和不含压电材料的岩石都有电磁辐射产生。Гохберг 等[76]认为,岩石的力电效应(包括压电效应、斯捷潘诺夫效应、摩擦起电、双电层的破坏和断裂)和动电效应均可能是电磁辐射源。佩列利曼和哈季阿什维利[77]认为,产生电磁辐射主要有五种机制。Ogawa 等[78]认为,岩石破裂时产生新生表面,其裂缝的两侧壁面带有相反的电荷,它相当于一个偶极子充电和放电,向外辐射电磁信号。Cress 等[79]认为,岩石破裂时有新生碎片,这种碎片的表面有静电荷分布,带电岩石碎片的转动、振动和直线运动是产生低频电磁辐射的主要原因,断裂面上电荷分离产生强电场使壁面间的气体击穿是产生高频电磁辐射的原因。

Frid 等[80]和 Rabinovitch 等[81]认为,电磁辐射信号随裂缝发展而增加,是由于裂缝破坏了原有的原子键,形成了新的原子键,产生电磁辐射,并且新原子键内原子在非稳定位置的振荡又形成了表面振动电磁辐射。他们分析了岩石破裂过程古登堡-里克特关系与电磁辐射信号贝尼奥夫应变释放曲线的相关性,认为岩石破坏从宏观尺度(地震)与微观尺度(破碎)上看具有共同的产生机理[82]。

郭自强等进行了岩石破裂的光声效应[83]、电子发射[84]、电声效应[85]的试验研究,提出了电子发射的压缩原子模型[86],认为当岩石受到压缩时,在局部区域形成应力集中,一些原子的外壳电子有可能获得高的动能逃逸出来,形成电子发射。朱元清等[87]提出了岩石破裂的电磁辐射是裂隙尖端电荷随着裂纹的加速扩展运动而产生的假说。

何学秋和刘明举[88]认为,应力诱导偶极子的瞬变、裂隙边缘分离电荷随裂隙的加速运动以及裂隙壁面分离电荷的弛豫等的综合作用产生煤岩变形破裂过程中的电磁辐射。王恩元等[89,90]认为煤岩材料变形破裂时产生的电磁场有两种形式[91]：一种是应力诱导极化在试样表面积累电荷引起的库仑场（或静电场）；另一种是带电粒子作变速运动而产生的电磁辐射，是脉冲波。对煤岩损伤中超低频的电磁辐射，认为来自于煤岩加压过程中电荷的移动和金属矿物的压磁效应。聂百胜[92,93]认为，电磁辐射的产生机理及机制是复杂的，瞬变电偶极子、电荷变速运动、裂隙壁面振荡 RC 回路的能量耗散过程等都会产生电磁辐射。

1.2.3 煤岩电磁辐射特征研究现状

关于岩石破裂电磁辐射的频段，Nitsan[73]和 Warwick 等[94]在花岗岩宏观破裂时观测到 1~7MHz 的电磁信号。Cress 等[79]在不含石英的玄武岩试样破裂时观察到了低频电磁辐射和可见光，认为近区电场的频率为 kHz 数量级。Yamada 等[95]在花岗岩破裂试验中记录到声发射和低频电磁辐射，电磁辐射的频率为 0.5~1.0MHz。Frid 等[96-101]研究了花岗岩、石灰岩、钠钙玻璃样品、陶瓷等不同材料破裂过程中电磁辐射的特点。

郭自强等[102]的研究结果表明，近区电磁场的频率特性与试样尺寸和初始裂纹长度有关，利用典型试验样品和花岗岩初始裂纹计算出近区电磁场的频率为 50kHz~1MHz。朱元清等[87]通过计算认为岩石破裂电磁辐射的截止频率为 1.5MHz。钱书清等[103]通过大尺寸岩石试样的破裂试验记录到 VLF、MF、HF 和 VHF 不同波段的电磁辐射信号。王恩元等[104,105]通过煤岩破裂电磁辐射试验证明，煤岩断裂破坏电磁辐射是频带很宽的信号，电磁辐射频谱并不是一成不变的，随着载荷的增加而发生规律性的变化，基本呈现"M"形变化，并应用煤体破裂产生 1~500kHz 频段电磁辐射这一技术研制出 KBD5 和 KBD7 监测仪。聂百胜等[92,106,107]、撒占友等[108,109]对煤样在充气、含不同水分等情况下进行了不同加载过程的试验，通过滤波后的频谱分析得出，在不同的加载过程中不同煤样的电磁辐射频率有一定的阶段特征，充气和含水分不同都对电磁辐射信号有一定的影响，虽然可以监测到高于 1MHz 的电磁辐射信号，但主频段基本在 1MHz 以下。

Rabinovitch 等[110]、Frid 等[111]对花岗岩受压断裂时电磁辐射信号的研究表明，电磁辐射与泊松比相关，但与杨氏模量关系不明显，脉冲振幅反比于频率。他们还在现场研究了煤的物理力学状态（水分含量、孔结构等）、受力状态瓦斯、煤层注水对工作面 EMR 强度的影响，分析了压缩、钻探、爆破过程中电磁辐射信号的特点[112-114]。

中国矿业大学何学秋教授领导的课题组[88,106,115]研究了利用小波分析理论对电磁辐射信号进行去噪的处理方法；研究了电磁辐射的记忆效应[116,117]，并利用电磁辐射对混凝土隧道应力进行了估算；研究了煤体剪切过程电磁辐射和声发射的特征，并分析了剪切过程电磁辐射产生的机制[118,119]；并对电磁辐射在冲击矿压、煤与瓦斯突出中的应用进行了进一步的分析和应用[120-122]；对孤岛煤柱、易突出煤的电磁辐射效应进行了研究[123,124]；基于煤岩电磁辐射的力-电耦合机理和统计损伤力学理论研究[125,126]；煤岩体不同变形破裂过程的电磁辐射效应[127]。王恩元等[128-130]研究了受载煤岩变形破裂过程中电磁辐射的动态非线性特征、多重分形特征和时间序列混沌特性，以煤岩体加卸载循环过程中产生的滞回环为桥梁建立了受载煤岩体电磁辐射能与耗散能之间的关系[131,132]。

1.2.4 电磁辐射预测预报煤岩灾害动力现象研究现状

一直以来，矿井煤岩动力灾害的预测一般通过对煤岩动力灾害机理中的某一指标或多个指标进行测定，形成灾害危险性的单指标或综合指标的判据准则，即常规预测方法。近年来，随着采矿地球物理学的发展，地球物理方法逐步开始应用于煤岩动力灾害的预测，并得到国内外学者的广泛关注。

1. 常规预测研究

常规预测的指标、方法根据煤岩动力灾害的发生、发展机理不同而有所不同。在我国，借鉴苏联的煤层突出危险性预测经验，基于综合假说和流变假说原理，根据预测的范围和精度，将突出预测分为区域预测和工作面预测两类。

区域预测主要是根据煤与瓦斯突出规律，综合区域瓦斯地质、开采技术条件和突出危险性综合预测指标，对矿井、煤层和煤层区域的突出危险性进行判断，一般在地质勘探、新井建设、新水平和采区开拓时进行。目前，广为采用的方法有单项指标法（瓦斯指标、煤层性质指标、地应力指标）、瓦斯地质单元法和综合指标法等。Paul[133]、Noack 等[134]、王佑安等[135,136]学者研究了瓦斯含量指标。于不凡[137]详细讨论了瓦斯压力指标，认为瓦斯压力不能单独用作突出预测指标。苏联学者提出了反映煤层性质的预测指标主要有煤的坚固性系数 f、瓦斯放散初速度 ΔP、煤的破坏类型、煤的变质程度和煤的电导率等，其中煤的结构指标在国内外应用较为广泛。彭立世[138]提出了瓦斯地质单元法，把煤层按照突出危险程度划分为不同的瓦斯地质单元，从而实现了突出的区域预测。典型的综合指标法是煤炭科学研究总院抚顺分院[139]提出的 D、K 综合指标法。该法是综合分析煤层赋存深度 H、瓦斯压力 P、煤的坚固性系数 f 和煤的瓦斯放散初速度 ΔP 等因素的预测方法。

工作面预测主要是在煤与瓦斯突出区域预测的基础上，根据工作面前方煤层突出预测指标值大小预测采掘工作面煤与瓦斯突出危险性[140]。工作面突出危险性常规预测法可分为钻屑指标法、钻孔瓦斯涌出初速度法、R 值综合指标法以及利用瓦斯涌出量变化判断等方法。其中，钻屑指标综合考虑每米钻孔最大钻屑量 S_{max}、钻屑瓦斯解吸指数 K_1、钻屑瓦斯解吸衰减系数 c 和启动解吸仪 2min 时的解吸仪读数 h_2。钻孔瓦斯涌出初速度[141]主要考虑了煤层瓦斯含量和瓦斯放散速度的影响。R 值综合指标法考虑了最大钻屑量和钻孔瓦斯涌出初速度的影响。根据采掘工作面放炮后 30min 内瓦斯涌出量异常变化特征,德国学者提出了 V_{30} 指标,即采掘工作面放炮后 30min 内的瓦斯涌出量与落煤量的比值,其临界指标值是 40%的可解吸瓦斯含量。

另外,冲击矿压的常规预测方法主要有综合指数法、测量法和钻屑量法[142,143]等。

综合指数法是根据对影响冲击矿压的地质(如开采深度、煤层的物理力学特性、顶板岩层的结构特征、地质构造等)和开采技术(如上覆煤层停采线、残采区、采空区、煤柱、老巷、开采区域的大小等)等因素的分析,确定各因素对冲击矿压的影响程度及其冲击危险指数,然后综合评价冲击矿压危险状态的一种区域预测方法。

测量法主要是测量岩体的变形和巷道的压缩情况。这些量的速度增长及随时间的变化可很好地反映冲击矿压危险的实际情况。另外,采面顶板动力现象的观察及声响也可提供一系列冲击矿压危险信息。测量法也可作为顶板塌陷、围岩变形等煤岩动力灾害的预测方法。

煤的冲击倾向性和支承压力分布带特征是预测冲击矿压的主要依据。支承压力带参数的测定一般可用钻屑法探测。

2. 电磁辐射预测预报研究

目前用电磁辐射法预测预报矿井煤岩体动力灾害现象的研究取得了很大的进展。Poturayev 等[144]描述了岩石受压下电磁辐射和声发射的研究。结果显示,利用声发射和电磁辐射的联合特征来监测邻近工作面易突出煤层的应力状态是可能的。Хамиащвили 测定了矿井采煤过程中由爆破引起的矿山冲击及塌陷时的电磁辐射谱,在实验室测定了不同岩石及复合岩层(煤层在砂岩中间)破坏时的电磁辐射。

Frid 等[145-150]用谐振频率为 100kHz 的天线测定了在各种采煤工作面条件下的天然电磁辐射,并用电磁辐射脉冲数指标确定了工作面前方岩石突出的危险程度,认为岩石和瓦斯突出灾害的增加改变了采矿工作面附近岩石的不同地球物理参数,可以依靠岩石破裂产生的电磁辐射方法进行岩石与瓦斯突出预测。Bahat 等[151]提出可以利用电磁辐射脉冲周期与脉冲频率的比值来计算岩石裂缝大小。Фрид 等对井下煤层电磁辐射进行了研究,试验证明,在煤层中打钻后钻孔口的电磁辐射脉冲数异常增大。

中国矿业大学何学秋等分析了煤与瓦斯突出过程中的能量耗散,提出电磁辐射是很有前景的非接触预测方法[152-154]。何学秋和刘明举[88]分析了电磁辐射法预测煤与瓦斯突出的原理,并利用钻孔电磁辐射接收系统测定了采掘工作面前方的电磁辐射,进行了突出危险性评价。重庆煤炭科学研究所对煤矿井下掘进工作面前方煤体内电磁辐射进行了测定,考察了掘进过程中电幅度与钻屑量、瓦斯涌出初速度、钻孔排放措施之间的关系以及突出前后电幅度的变化,他们使用的仅为电幅度一项指标。

王恩元[91]研究发现煤岩破裂过程电磁辐射信号的时间序列符合赫斯特统计规律,说明受载煤岩的变形破裂过程中,电磁辐射信号基本呈逐渐增强的趋势,这对预测预报煤岩动力灾害现象具有重要意义。Wang 等[155,156]和 Chen 等[157]分析了煤岩体破裂过程中电磁辐射的特征,并列举实例分析了电磁辐射法预测预报煤与瓦斯突出的原理和技术,采用电磁辐射幅值和脉冲数两项指标预测突出、冲击矿压等煤岩动力灾害现象。聂百胜[93]得出了煤岩单轴应力和电磁辐射的耦合方程。李成武等[158]和邢云峰[159]研究了煤与瓦斯突出前兆低频电磁信号在煤层中的传播衰减规律,提出了一种利用电磁信号能量来确定局部震源方位的方法。在此基础上,中国矿业大学电磁辐射研究课题组研制了 KBD5 型和 KBD7 型电磁辐射监测仪,用于矿井煤与瓦斯和冲击矿压的预测预报[160-162]。

窦林名、姚精明等[7,163]研究了煤岩突变过程中的声电效应规律,并在冲击矿压预测中进行了成功的应用。王先义[164]研究了煤岩在蠕变、松弛、快速卸载过程中的电磁辐射特征,以及煤岩在不同受载条件下(包括单轴压缩、摩擦、冲击等)和不同变形破裂阶段的电磁辐射特征,利用模糊数学的方法研究了电磁辐射预测突出指标临界值确定方法,并在矿井下进行了验证。王云海[165]在试验基础上研究了冲击煤和非冲击煤的电磁辐射阶段特征,提出了应用煤岩破坏电磁辐射指数评价煤岩的冲击破坏。肖红飞等[166,167]进一步研究了煤岩电磁辐射的力电效应,并用 FLAC 程序对煤岩体破坏的三维力电效应进行了模拟。撒占友等[108]根据监测的煤与瓦斯突出工作面电磁辐射强度和脉冲数,结合常规预测指标和采掘工作面的地质资料、突出征兆等,建立了神经网络判识模型。魏建平等[168,169]研究了电磁辐射变化多重分形和尖点突变特征以及煤岩体广义流变模型,并编制了煤岩电磁辐射连续监测软件。黄宇峰[170]设计了一种利用电磁辐射监测技术预测预报煤与瓦斯突出的监测仪器。

矿山煤岩动力灾害的准确预测预报必须建立在对灾害发生过程的合理解释基础上,中国矿业大学何学秋教授[171]提出了考虑时间因素的流变机理,半定量化地解释了动力灾害发生的过程,解释了其他机理无法解释的许多现象,如延期突出、突出孔洞等。电磁辐射取得了很大的进展,但是还有许多课题需要进一步分析和研究,如煤岩体流变过程的电磁辐射特征、煤岩体受载变形破裂过程的预测识别、现场电磁辐射的干扰特征等。

1.2.5 目前电磁辐射需要研究的课题

目前电磁辐射对煤岩动力灾害的准确预报必须进行长时间连续监测,采取将电磁辐射监测设备输出信号接入现有矿井监测系统的方式是发展趋势,如何从监测到的信号识别并有效滤除现场机器设备及采掘设备、人员工作对电磁辐射的干扰,从真实信号时间序列的特征识别动力灾害发生的前兆是目前研究的关键技术。目前实验室和现场需要进行的主要电磁辐射课题有:煤岩体流变过程(包括蠕变和松弛)的电磁辐射特征;复合煤岩体受载变形破裂过程的电磁辐射特征;煤岩体变形破裂过程的识别;煤岩电磁辐射信号的记忆效应研究。现场电磁辐射需要进行的研究课题有:现场电磁辐射干扰信号的识别与滤除;现场煤岩动力灾害发生过程的电磁辐射信号的判识。

1.3 本书主要研究内容

针对目前电磁辐射的研究现状及需要研究的课题,本书提出如下研究内容。

(1) 改造并建立先进的试验系统,由于实验室电磁辐射的干扰源较多,如空间电磁辐射、无线电干扰、各种机器杂波的干扰等,所以滤除干扰源产生的干扰信号是必要的。因此,建立屏蔽室系统(内部为零磁空间),将试验和测试系统放入其中是最为可靠的手段。

(2) 试验研究受载组合煤岩层、摩擦过程、冲击过程电磁辐射特征及规律,电磁辐射的记忆效应和煤岩体流变过程(包括蠕变和松弛)的电磁辐射特征和规律,不同瓦斯吸附压力条件下受载煤岩的电磁辐射特征和规律。

(3) 研究煤岩破裂过程电磁辐射信号的幅值规律、频谱规律、混沌特征及神经网络预测方法,为判定煤岩变形破裂状态奠定基础。

(4) 建立三维煤岩的损伤力学模型,对煤岩变形破裂电磁辐射脉冲数、强度与加载应力的关系进行模拟计算,并基于力电耦合模型分析三维应力下的电磁辐射特征。

(5) 基于仿真技术优化接收天线的选择,开展现场电磁辐射应用研究,对矿山煤与瓦斯突出、冲击矿压等煤岩动力灾害现象进行预测预报。

(6) 探讨利用电磁辐射监测煤岩体应力状态技术,研究分析现场煤岩应力状态和顶板稳定性的电磁辐射监测技术方法。

第 2 章 受载煤岩电磁辐射的试验研究

煤岩变形破裂过程电磁辐射规律对研制电磁辐射监测仪表以及进行煤岩动力灾害预报具有重要的意义。在不受干扰的"零磁"空间中才能真正接收到煤岩辐射的微弱电磁信号,本章在屏蔽室内对单轴加载单一和组合煤岩变形破裂过程、煤岩冲击过程、摩擦过程、蠕变过程、松弛、卸载过程以及循环加载过程电磁辐射特征进行试验研究。

2.1 试验系统、试验方案及试验样品

2.1.1 试验样品及其制备方法

1) 单一煤岩、混凝土试样及其制备方法

试验所需煤样分为两种:一种是原煤试样,它是由井下采取大块煤体并用岩芯管取样加工制成的;另一种是成型煤样,它是由原煤磨成细小的煤粒用特制的模具加工而成的。混凝土试样是由水泥和细砂用特制的模具加工而成的。岩石样品是用岩芯管取样加工制成的。

对于易突出的Ⅲ类和Ⅳ类软分层煤样,强度很低,层理紊乱,手捻可以成粉末,目前尚无法成功地采集Ⅲ类和Ⅳ类软分层煤的原煤试样。粉煤压制成型的成型煤样是煤矿井下该类软煤的理想替代材料,其力学性质取决于煤的种类和成型压力,适当的成型压力可使成型煤样与井下真实软煤具有相同的力学特性。成型煤样的制作方法是:将所取的煤样用球磨机磨成煤粉,筛出粒径在 0.5mm 以下的煤粒。为提高粉煤的黏结,便于成型,在压制型煤前加入 5%~7.5%的煤焦油,调匀后放入型煤模具,再在 145MPa 的高压下压制成型,在达到成型压力后保持成型压力 30min,最后压制成 $\phi50\text{mm}\times100\text{mm}$ 的圆柱形煤样,考虑到型煤中加入了一定的煤焦油,型煤制好后,放入真空干燥箱中干燥,真空度不小于 700mmHg(1mmHg= 1.33322×10^2Pa),温度在 120℃左右,时间为 6h。

混凝土试样的制作方法是:选取 450 号水泥和粒度为 0.1~0.5mm 的砂子,制作时两者的重量比为 1∶1,加入适量水后,使水泥和砂子混合均匀,用专用的模具加工成 $\phi50\text{mm}\times100\text{mm}$ 的圆柱形混凝土试样,成型后在自然状态下干燥。

煤样分别采自淮南潘三矿、邢台东庞矿、阳泉一矿、义马千秋矿、兖州东滩矿、

芙蓉矿区和徐州三河尖矿等矿区,岩样采自四川芙蓉矿务局白皎煤矿具有严重突出危险的 20112 瓦斯巷顶板(泥岩)和白皎矿 2084 瓦斯巷底板(砂岩)。煤样的工业分析如表 2-1 所示,其中 W_{ad}、A_d、V_{daf} 分别表示煤的水分、灰分和挥发分。煤岩试样、混凝土加工成 ϕ50mm×100mm 的圆柱形样品,对于摩擦使用的煤岩样制成底面为 50mm×50mm、高为 100mm 的长方体。

表 2-1 煤样采集地点及工业分析

采样地点	工业分析		
	W_{ad}/%	A_d/%	V_{daf}/%
淮南潘三矿 C_{13} 煤	1.35	17.35	32.46
邢台东庞矿 2 号煤	2.98	10.85	31.59
阳泉一矿 3 号煤	2.11	9.76	7.23
义马千秋矿 2 号煤	3.17	8.64	35.26
白皎矿 20112 瓦斯巷(k3 层)	1.62	31.59	9.48
白皎矿 2084 瓦斯巷(k1 层)	1.78	20.16	11.32

2) 组合煤岩样及其制作方法

组合煤岩样由顶板岩、煤层、底板岩按一定的方式黏结而成,即每一试样由顶板泥岩、煤层、底板砂岩黏结组成,黏结剂是型号为 CH31A、CH31B 的双管胶。在黏结煤岩之前对该胶的黏结强度进行了测试,测试方法如图 2-1 所示,测得的该种黏结剂的抗剪度为 τ_{max}=3.78MPa,满足试验要求。试验用的组合煤岩样的形状、尺寸如图 2-2 所示。

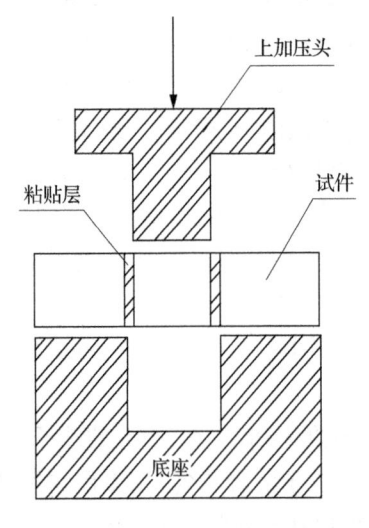

图 2-1 黏结剂剪切强度测试装置

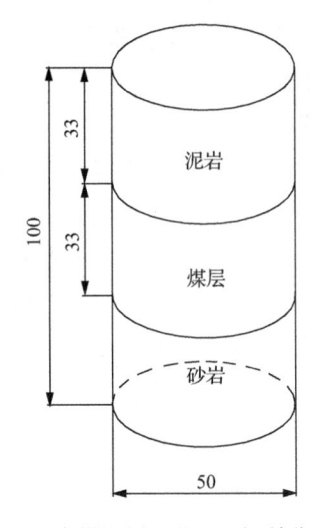

图 2-2 组合煤岩样形状、尺寸(单位:mm)

2.1.2 试验系统

试验系统的详细布置及配置见文献[92]的叙述,在上述试验系统中,我们改造了加载系统,增加了屏蔽系统(零磁空间),信号采集系统采用了 A-ER 声电动态采集系统并进行了能够采集电磁辐射波形的系统配置。试验系统框图及实物图如图 2-3 和图 2-4 所示。

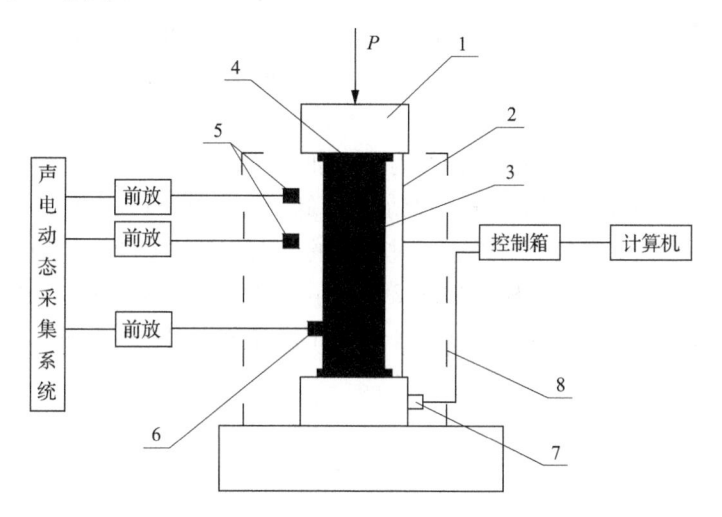

图 2-3 电磁辐射试验系统框图
1-压机压头;2-引伸计;3-煤岩样;4-绝缘纸;5-电磁辐射接收天线;
6-声发射传感器;7-压力传感器;8-屏蔽网

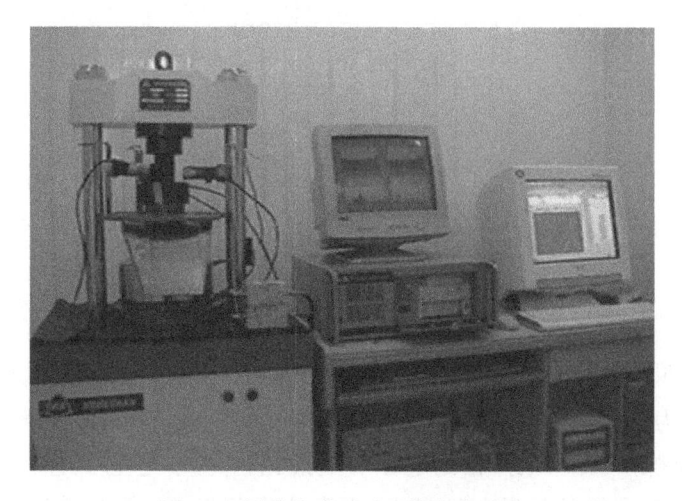

图 2-4 屏蔽室内试验系统实物照片

1) 加载系统

试验中加载系统由 TYE-300 型压力试验机、控制箱、计算机、MaxTest 压力机控制软件组成。试验过程中压力机压头产生的压力和位移分别经压力传感器、引伸计以模拟电信号传至控制箱,控制箱转换成数字信号传送至计算机,计算机的 MaxTest 软件自动采集存储这些数据信号;同时 MaxTest 软件根据人工指令经过控制箱自动压机加载。试验过程中,根据不同的煤岩样及试验内容的不同,加载速度不完全相同,一般为 0.1~0.2mm/min 或 0.1~0.2kN/s。试验中采取以下几种加载方式:应力匀速加载、应变匀速加载、长时间蠕变加载或分级蠕变加载、松弛加载等。

进行电磁辐射记忆效应研究时,为了更加准确测量及控制应力和应变的测量,利用液压伺服试验压力机对煤样采取加载—卸载—加载循环试验。

另外,为了试验研究煤岩样摩擦过程中的电磁辐射特征,特设计了专用夹具施加侧压力 F,摩擦煤岩样的模型如图 2-5 所示。冲击试验采用的是手持重锤冲击煤岩样,接收无线放置于煤岩样四周 1~2cm 处接收煤岩样受到冲击过程中所产生的电磁辐射信号。

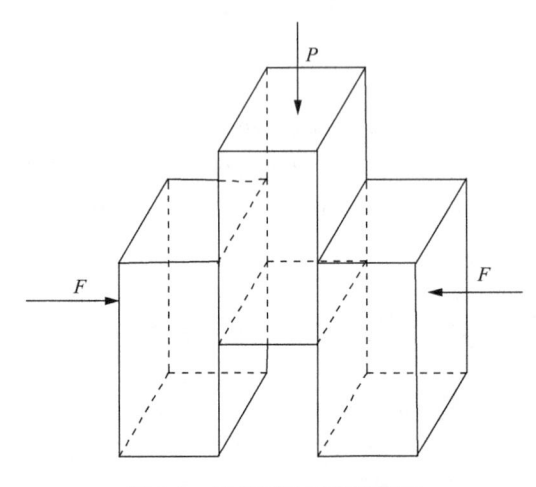

图 2-5 摩擦试验煤岩样模型

2) 屏蔽系统

研究表明,煤岩体在变形及破坏过程中产生的电磁辐射很弱,其主频段在低频范围,因此,为了减少工业用电、无线电广播等比较强的外界环境干扰,要求接收系统高增益、低噪声,并采取严格的电磁屏蔽措施。为此,建立了电磁辐射屏蔽室,9kHz 以上的频段屏蔽效果大于 85dB,屏蔽室内部基本可视为零磁空间。整个试验过程均是在电磁屏蔽实验室中进行的,另外为进一步防止测试设备所产生噪声的干扰,试验时将电磁辐射信号接收天线、声发射探头、引伸计、压力传感器、压机压头等一起放入用网格尺寸为 0.5mm 的双层铜网制作的屏蔽电缆中,电缆屏蔽层直接接地。为了区分信号的来源,在屏蔽铜网层外也安装了几个磁棒天线,以与网内天线接收的信号进行对比。当使用伺服试验系统加载时,由于加载系统比较庞大,只能使用双层铜网进行屏蔽。

3）电磁辐射接收天线和声发射传感器

电磁辐射接收天线分三种:磁棒天线、线圈天线和宽频带天线等。磁棒天线接收频率为 10kHz、20kHz、50kHz、100kHz、150kHz、800kHz、1MHz;线圈天线是圆形天线,其接收频率为 20kHz、200kHz、600kHz、1MHz;宽频带天线采用了圆弧形、圆筒形及平面铜板天线,由电路板加工而成。试验时,有选择地选用三个电磁辐射天线和一个声发射传感器,并根据需要来设定天线位置及布置方式。通常,天线布置在试样周围或压力缸内,距离试样 0.5～2cm,圆筒形天线直接套在圆柱形试样上,磁棒天线垂直于试样水平放置,平面板和圆弧形天线平行于试样长轴方向垂直放置或靠在试样壁面上。声发射传感器用于接收煤岩变形破坏产生的声发射信号,其谐振频率分别为 7.5kHz、50kHz 和 140kHz,其中 7.5kHz 声发射传感器为美国产,50kHz 和 140kHz 声发射传感器为沈阳产。测试过程中,声发射传感器通过胶带固定在煤岩试样壁面上,用凡士林耦合剂耦合,确保煤岩破坏过程中产生的弹性波良好传播而被传感器接收。

4）采样速率

采样速率(sample rate)分为 100kSa/s、200kSa/s、500kSa/s、1MSa/s、2MSa/s、5MSa/s、10MSa/s 和 20MSa/s。采样速率直接关系到信号的截止频率和每个采样事件中信号的时间长度。由于一个周期至少需要两个信号点来描述,所以接收到的信号的最大频率为采样频率的 1/2。因此,采样速率越高,每个采样事件中包含的时间长度越短;采样速率越低,每个采样事件中包含的时间长度越长。

2.1.3 试验研究内容

研究单一煤岩样、混凝土和组合煤岩样受载变形过程中电磁辐射的特征;研究煤岩样受载摩擦、蠕变、应力松弛过程中电磁辐射的特征;研究煤岩样受到一定的荷载后突然快速卸载后电磁辐射的变化规律,以及对煤样突然加载(如采用重锤冲击)过程中电磁辐射的规律;研究煤岩流变电磁辐射的记忆效应。运用流变力学、电磁动力学、分形动力学、断裂力学、损伤理论、煤化学、近代数学等对煤岩电磁辐射产生的机理和规律进一步研究,在此基础上进一步研究电磁辐射法预测煤与瓦斯突出、冲击矿压的理论和方法。

2.2 单轴压缩电磁辐射特征

2.2.1 单轴压缩煤岩混凝土电磁辐射的试验结果

利用不同频率的电磁辐射接收天线在屏蔽室内对混凝土、煤岩在单轴受载情况下的电磁辐射进行了试验,典型试验结果如图 2-6～图 2-10 所示,煤样、混凝土、泥岩试样加载采用匀应变加载,砂岩加载采取匀速率加载。

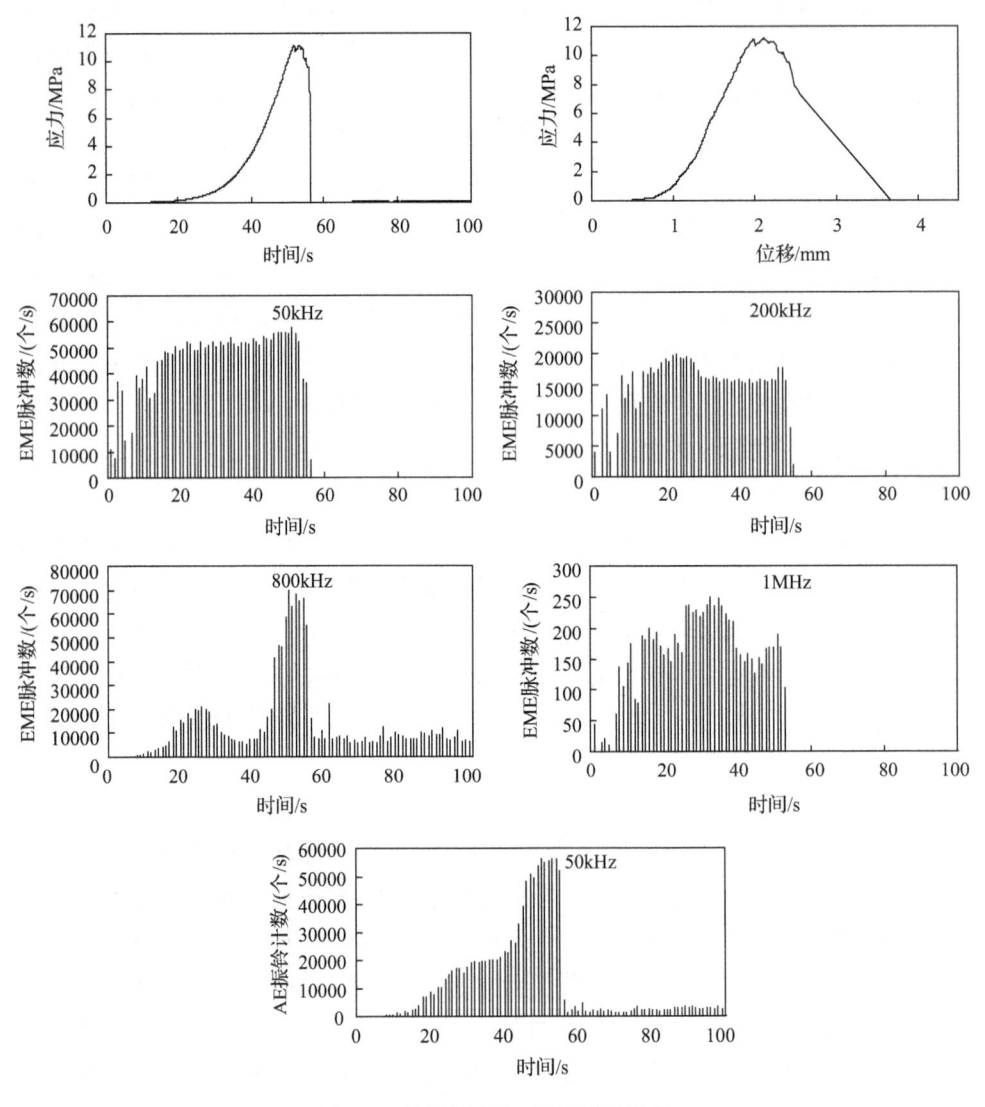

图 2-6 单轴压缩 k1 煤样试验结果

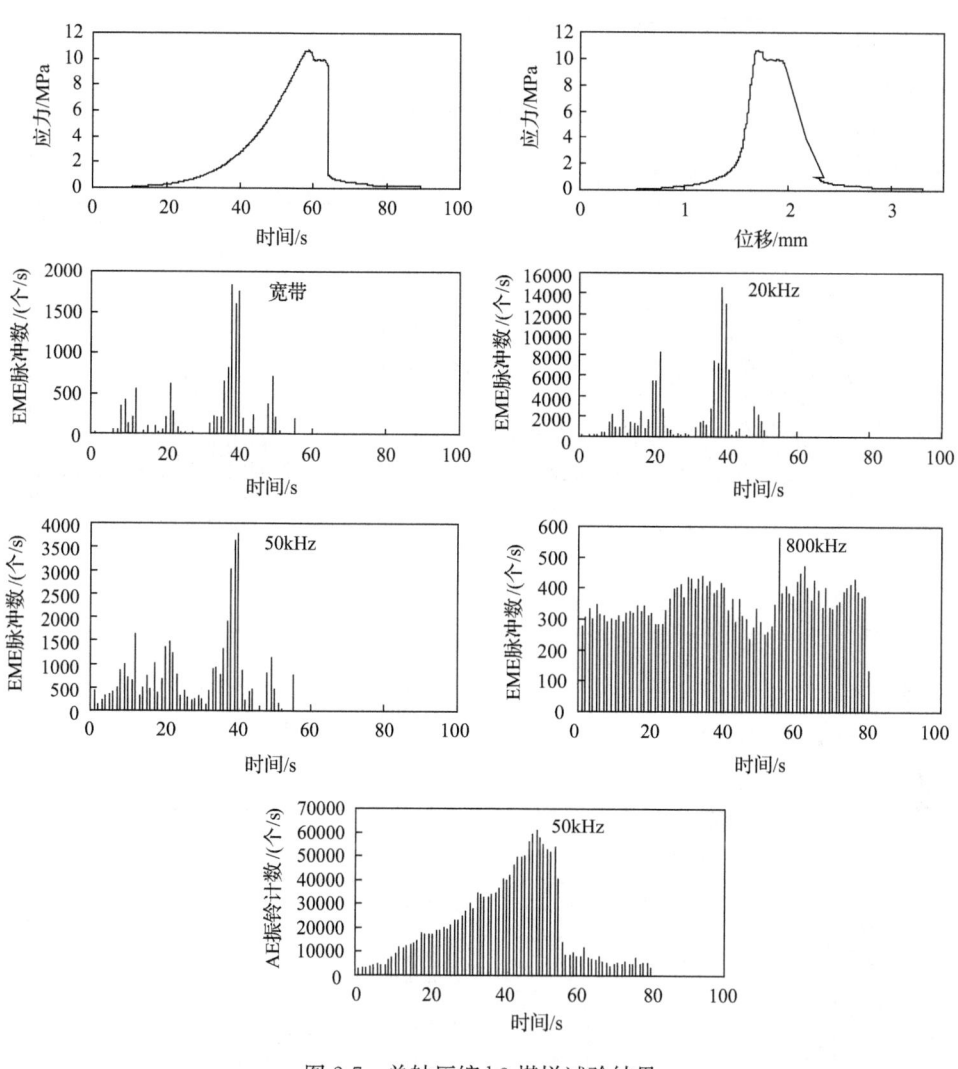

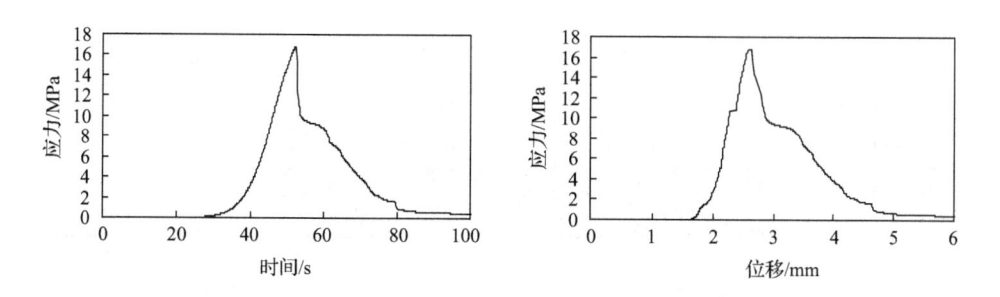

图 2-7　单轴压缩 k3 煤样试验结果

图 2-8 单轴压缩混凝土试验结果

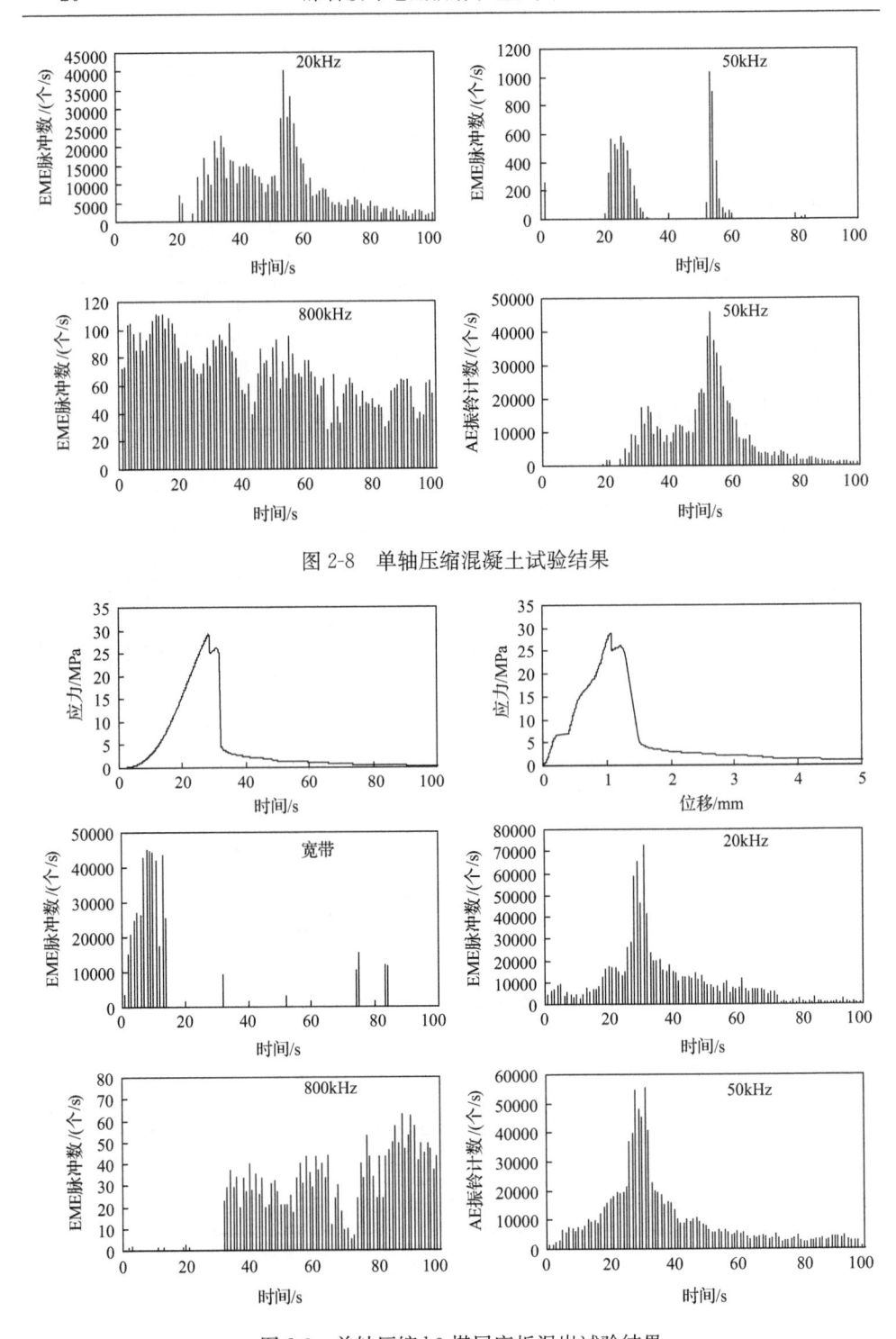

图 2-9 单轴压缩 k3 煤层底板泥岩试验结果

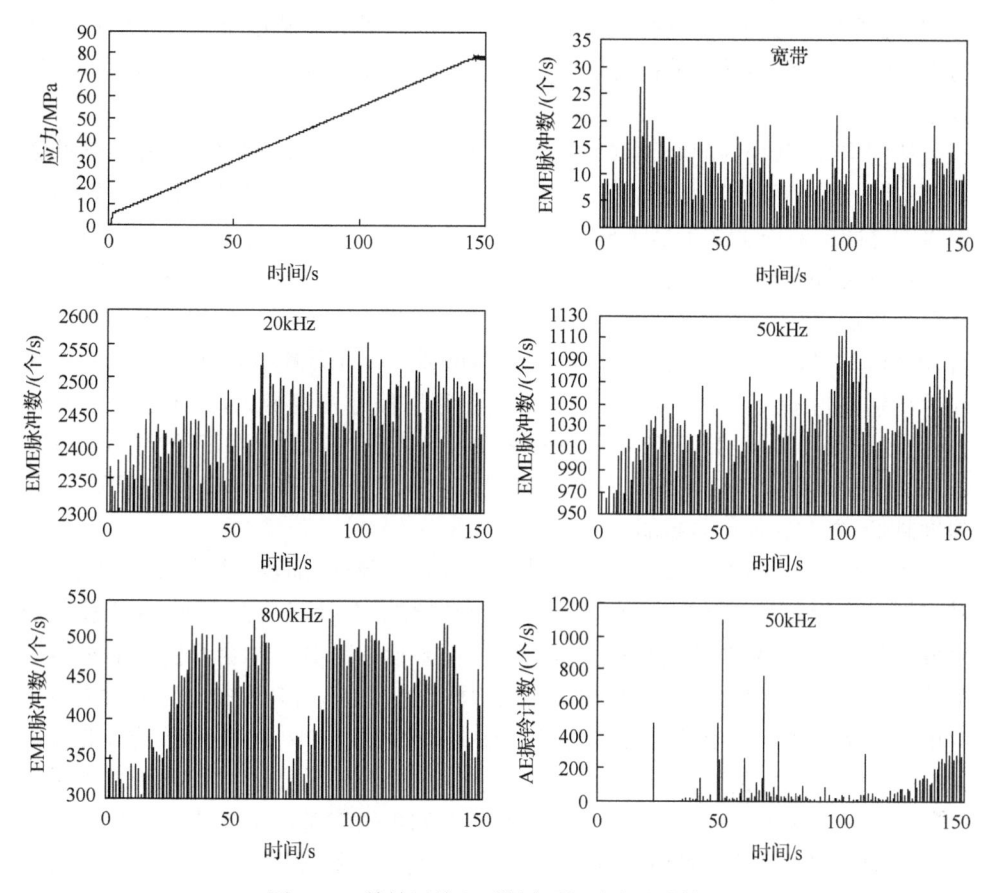

图 2-10 单轴压缩 k3 煤层顶板砂岩试验结果

从单轴试验结果可以看出,不同频带天线接收的电磁辐射信号变化趋势比较一致,只是脉冲数的大小不同。脉冲数能够反映出煤岩、混凝土材料发生破坏及裂纹的频次,但大小与所选择的门限大小有关,所以它是相对量,其变化趋势能够反映所在通道接收天线接收的电磁辐射信号与应力之间的关系,只有在同样门限及放置位置相同时才能够比较不同天线接收信号的强弱。在试验进行时,主要是根据试验环境当时的噪声背景进行设置,以恰好滤除掉噪声为准,所以对不同天线设置的门限一般不同,可以用接收的电磁辐射幅值或强度(是绝对量)来进行定量比较,电磁辐射幅值的规律见第 3 章。从不同天线接收的受载煤岩破坏过程电磁辐射的脉冲数可以看出,电磁辐射与应力整体上具有对应关系:煤岩变形破裂越剧烈,脉冲数也越大,一般是宽频带接收的电磁辐射脉冲数最大,其他点频天线接收的结果是频率越低,电磁辐射脉冲数越大。这说明对于不同种类的煤岩体,电磁辐射的主频率不同。所以必须研究煤岩体受载变形破坏时电磁辐射的频谱变化规律,在现场进行煤岩动力灾害预报时选用的天线频率尽量满足所测对象变形破坏的主频带,以达到所接收的信息能够真实反映煤岩体或混凝土建筑物的变形破坏状态。

从同样频带(均为 50kHz)的电磁辐射和声发射试验结果来看,两者的脉冲数一般不同,这说明电磁辐射和声发射产生的机理和机制不尽相同。电磁辐射与煤岩强度之间的对应关系不是十分明显,这说明电磁辐射脉冲数的大小与煤岩强度的关系不大,可能与煤岩的结构类型,特别是煤岩中的孔隙、裂隙等缺陷的含量(即孔隙率)以及煤岩组分有很大的关系。从图中还可以看出,单一试样随着加载的进行,电磁辐射脉冲数在出现一定时间的逐渐增强后就逐渐减小或消失,间隔一段时间后特别是当 $\sigma=(70\%\sim80\%)\sigma_c$ 以后电磁辐射信号快速增大,到主破裂时达最大值;主破裂后继续加载压碎试样的过程中均有间断的电磁辐射信号产生,其脉冲数比主破裂时低。这说明同一种类的煤岩样在其组分、加载条件相同的情况下,其强度越低,电磁辐射信号越弱。

煤岩变形破坏过程可以分为裂纹压密、表观线弹性、加速非弹性变形、破坏及其发展四个阶段,煤岩体中含有大量的孔隙和裂隙,在外载荷作用下,这些孔隙裂隙发生闭合,在加载初期,裂隙闭合,裂隙壁面附近的部分煤体会发生变形和微破裂或损伤,会产生电磁辐射。在裂纹压密阶段,基本上所有频带的电磁辐射天线接收的电磁辐射和声发射信号都是逐渐增加的。图 2-11~图 2-14 为煤、岩、混凝土试样从加载到破坏的弹性模量随时间的变化曲线,可以看出,在该阶段弹性模量变化不大或基本不变,而该阶段产生的电磁辐射和声发射基本上随应力增加而成正比例增加。在表观线弹性阶段,应力-应变曲线是连续的,但从微观上看,煤体的变形及破坏是不连续的,是阵发性的,从弹性模量随时间的变化曲线可以看出,在线弹性阶段,弹性模量也不是不变的,这说明煤岩体的变形破坏是不均匀和不连续的,只有当煤体中的变形能积累到一定程度时,才能引起破裂,而每一次的破裂均会引起弹性能的释放,产生声发射和电磁辐射。当煤体中裂纹尖端附近的能量不足以使微裂纹继续扩展时,裂纹扩展中止,煤体中继续积累能量,在该阶段声发射和电磁辐射较为平静。所以在该阶段电磁辐射脉冲数增大之后有一段较小的平静区。在加速非弹性变形阶段,由于煤岩体中已经形成了一定数目的微裂纹,承载能力降低,煤岩体积累了足够的能量,内部变形破坏加速,煤岩体中产生大量的微裂纹并汇合、贯通。在该阶段中,特别是该阶段的后期,即使保持恒载,煤岩体也会发生变形,即发生流变破坏。该阶段电磁辐射和声发射急剧增加。煤岩体的塑性越强,该阶段越明显,对于完全脆性的煤岩体,甚至不出现该阶段。在煤岩体破坏及其发展阶段,煤岩体中大量的裂隙互相汇合、贯通,煤岩体失稳破坏,破坏时刻电磁辐射和声发射脉冲数达到最大,之后下降。从该阶段煤岩体弹性模量随时间变化曲线可以看出,该阶段弹性模量出现一个较大幅度的增加然后降低,这说明,在煤岩体破坏前需要克服一个支撑整个煤体的较为坚硬的"煤岩单元",它的破坏才可能导致煤体完全破坏。之后煤岩体的弹性模量降低,煤体发生破坏,说明在该阶段的后期只需要较小的应力,煤岩体就会发生破坏。

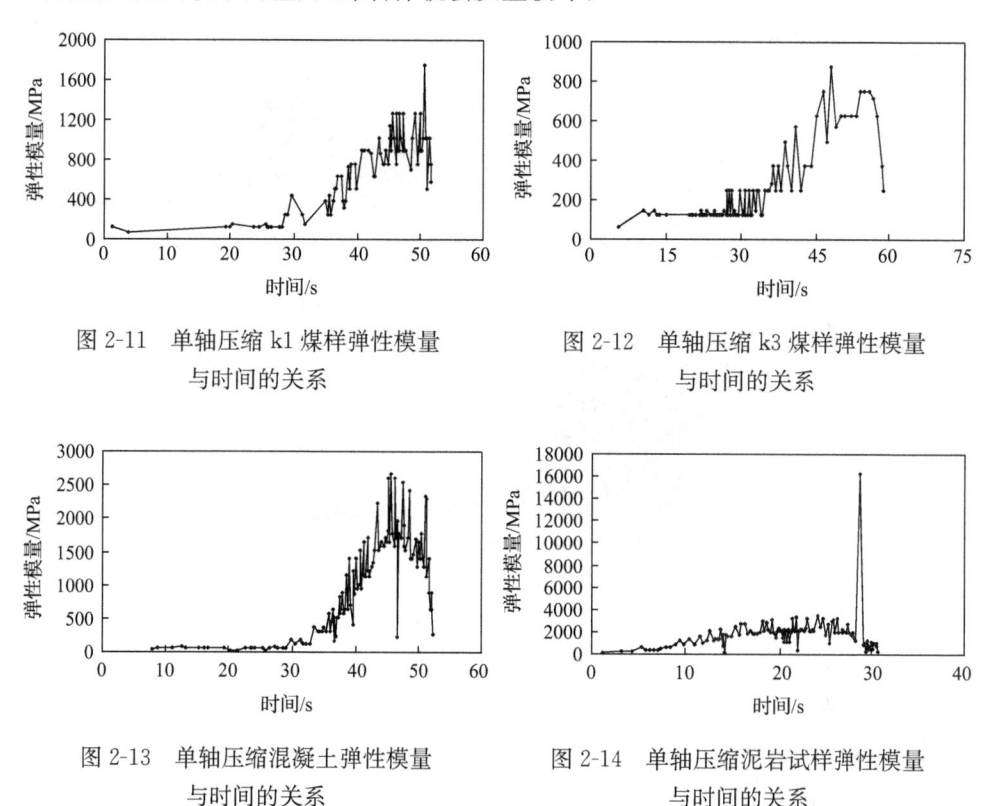

图 2-11 单轴压缩 k1 煤样弹性模量与时间的关系

图 2-12 单轴压缩 k3 煤样弹性模量与时间的关系

图 2-13 单轴压缩混凝土弹性模量与时间的关系

图 2-14 单轴压缩泥岩试样弹性模量与时间的关系

煤矿井下煤体已经处于受载的第二或第三阶段。处于第二阶段,即处于表观线弹性阶段的煤体,如果其载荷不会增加,就不会有破坏的危险性。进入第三阶段的煤体,就已经进入危险状态。所以声发射和电磁辐射事件数或强度急剧增加时,表明煤体已经进入危险状态,此时应该采取措施,使煤体卸压,从而防止动力灾害的发生。

为了考察不同加载速率和煤岩强度对电磁辐射信号的影响,在加载速率 $v=6.7\times10^{-6}$ m/s 时对三块权台原煤进行了试验,结果如图 2-15～图 2-17 所示;在加载速率 $v=5\times10^{-6}$ m/s 时对一块煤样进行了试验,结果如图 2-18 所示。从图中可以看出,对同一类煤样在相同加载速率加载时,强度越大的产生的电磁辐射强度和脉冲数也越大,如 1# 煤样强度为 22.15MPa,2# 煤样强度为 17.51MPa,3# 煤样强度为 16.89MPa,电磁辐射的最大强度分别为 78dB、64dB、48dB,脉冲数最大值分别为 685 个/s、586 个/s、548 个/s。这说明,加载速率越快,煤岩变形速率越快,或者说煤岩内部单元体应力变化率越大,煤岩强度越大,产生的电磁辐射信号也越强。这与其他研究者的结果是一样的。

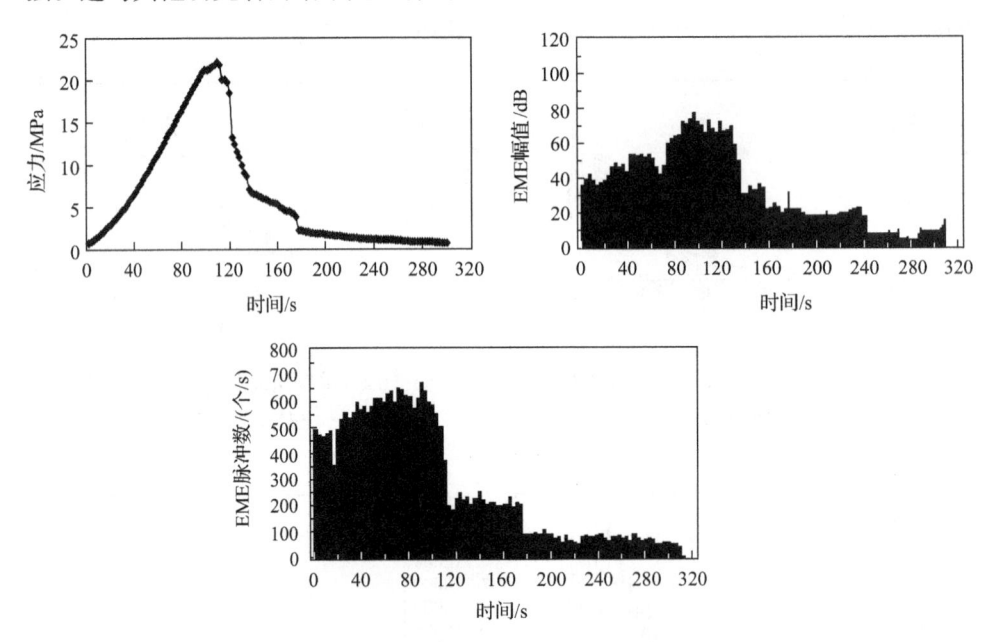

图 2-15 权台原煤 1# EME 试验结果

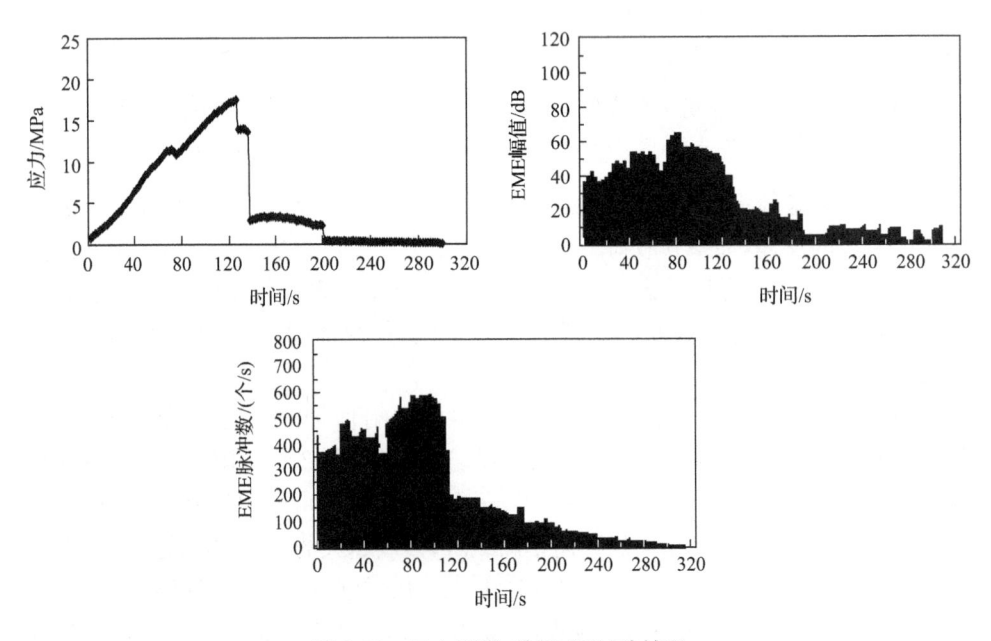

图 2-16 权台原煤 2# EME 试验结果

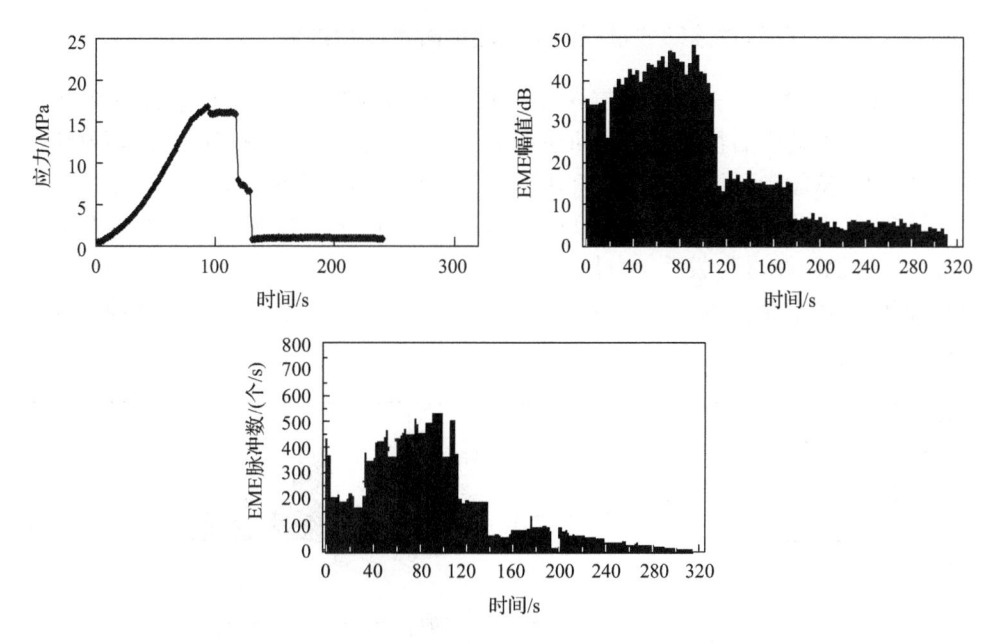

图 2-17 权台原煤 3# EME 试验结果

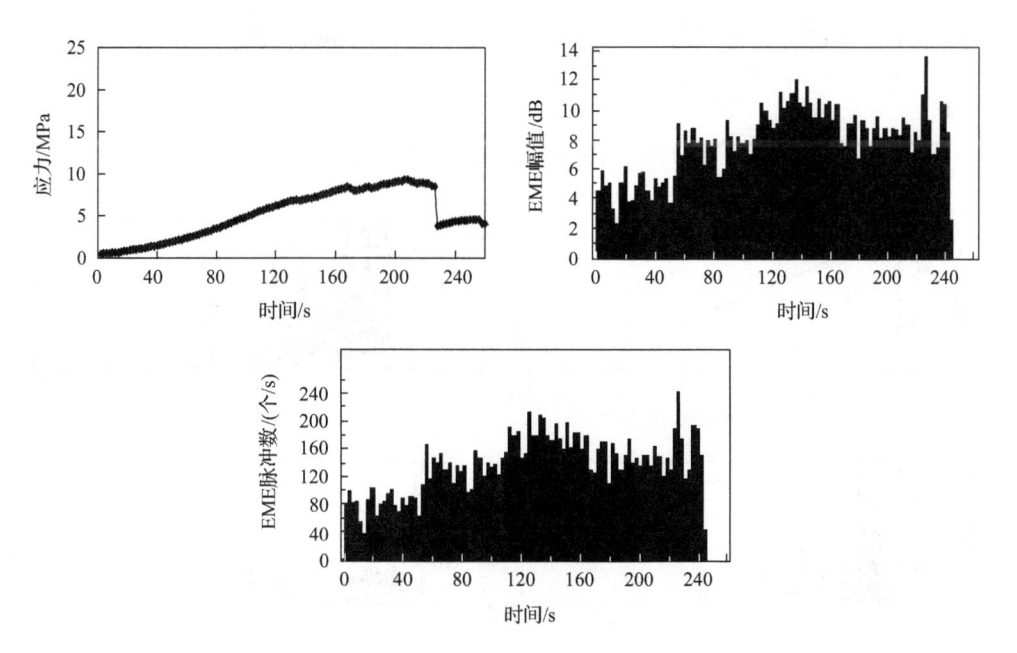

图 2-18 权台原煤 4# EME 试验结果

2.2.2 煤样受载后快速卸载过程的电磁辐射时序试验结果

图 2-19 和图 2-20 分别是屏蔽室内煤样、砂岩试样在受到其单轴抗压强度 70%～80%的荷载后快速打开压机主回油阀迅速卸载过程中测得的电磁辐射脉冲数时序图。从图中可以看出，除 50kHz、200kHz 的点频磁棒天线和弧形宽带天线测得较小的电磁辐射脉冲数外，800kHz、1MHz 的点频磁棒天线均未测得电磁辐射信号，这说明煤岩受载后应力得到迅速释放过程中产生的电磁辐射脉冲数较小，频率范围也较小而且主要是低频信号，而且随着卸载的进行，电磁辐射脉冲数逐渐减少。

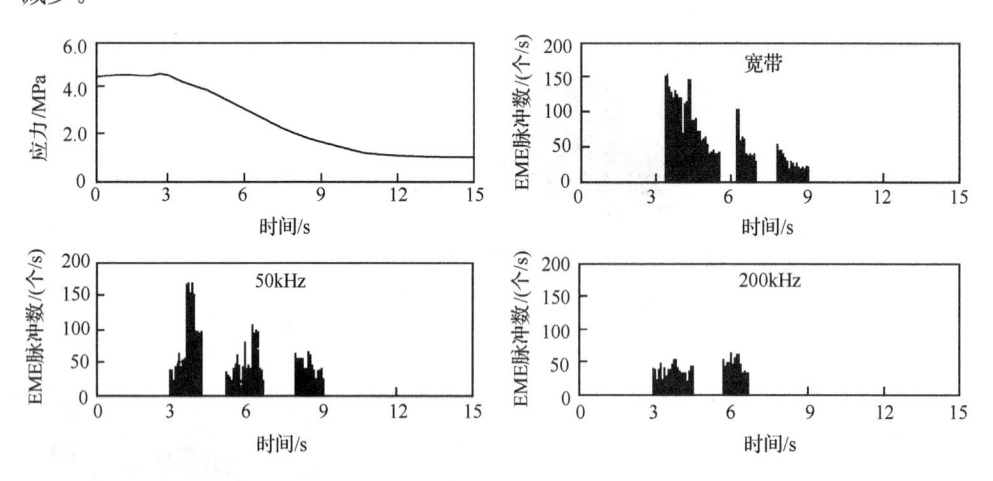

图 2-19 k3 煤样受载后快速卸载试验结果

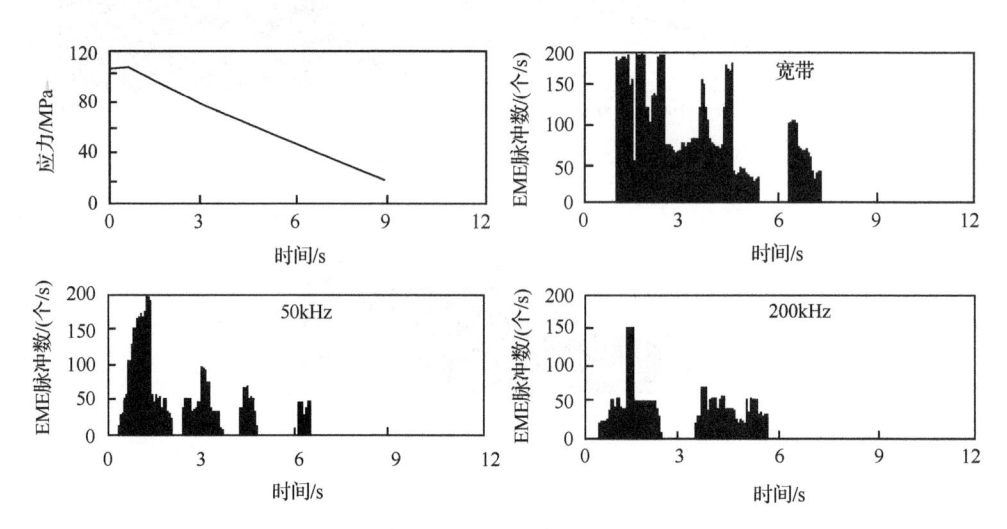

图 2-20 砂岩试样受载后快速卸载试验结果

2.2.3 煤岩样冲击过程的电磁辐射特征

在屏蔽室内进行了煤岩样受到冲击时的电磁辐射试验,用手握重锤由低到高冲击试样,直到试样破坏。图 2-21～图 2-24 是用重锤冲击煤、混凝土、砂岩试样过程中测得的电磁辐射和声发射脉冲数时序图,冲击的力量由小到大,直至试件破坏。从这四幅图可以看出,电磁辐射信号与声发射信号完全同步,电磁辐射无论是 50kHz 点频,还是 2.5MHz 点频以及弧形宽带天线均测得明显信号。这说明煤岩样受到冲击过程中产生的电磁辐射信号主要是由煤内部裂隙产生、扩展以及闭合等因素引起的,电磁辐射信号的频谱较宽,脉冲数较大。整体来看,煤样的脉冲数大于砂岩的脉冲数,砂岩的脉冲数大于混凝土的脉冲数。在冲击的时刻,脉冲数出现较大的增加,冲击过后,脉冲数很小或基本没有。另外,煤样和混凝土试样的脉冲数比砂岩更丰富,这是由于煤样、混凝土试样由大量的颗粒组成,冲击的过程是其内部颗粒相互摩擦、挤压进而出现裂纹的过程,其塑性较大,裂纹扩展较慢,冲击后一段时间内变形还在持续,而砂岩脆性较大,冲击时,裂纹扩展较快,所以在脉冲数统计的时间内扩展基本结束。

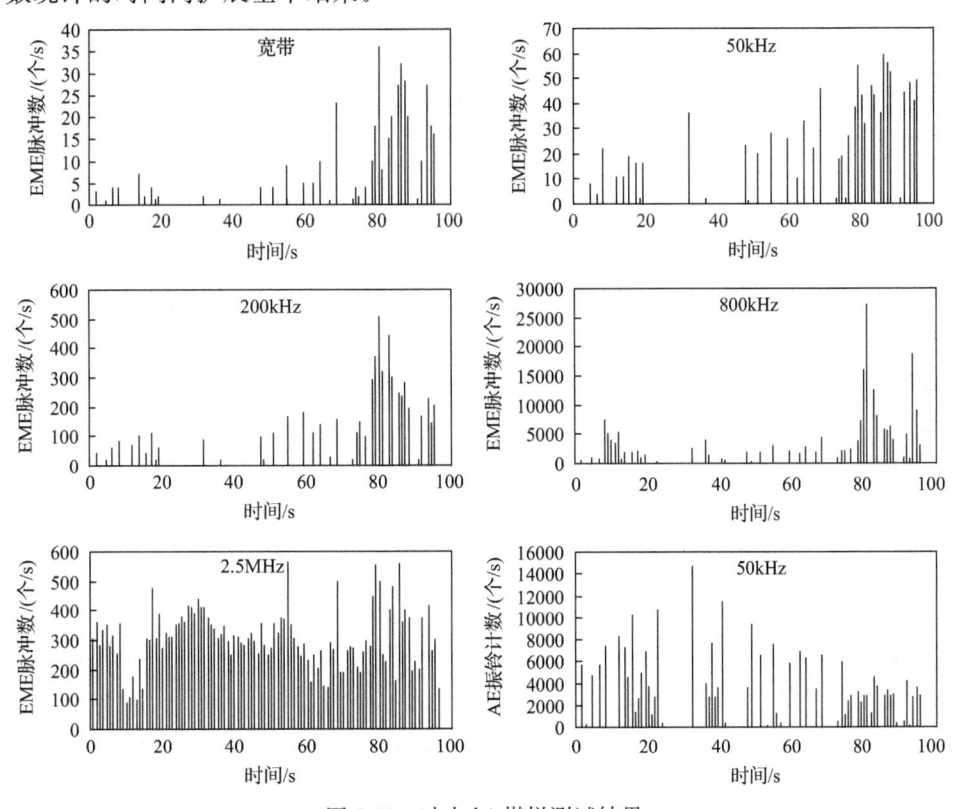

图 2-21 冲击 k1 煤样测试结果

图 2-22 冲击 k3 煤样测试结果

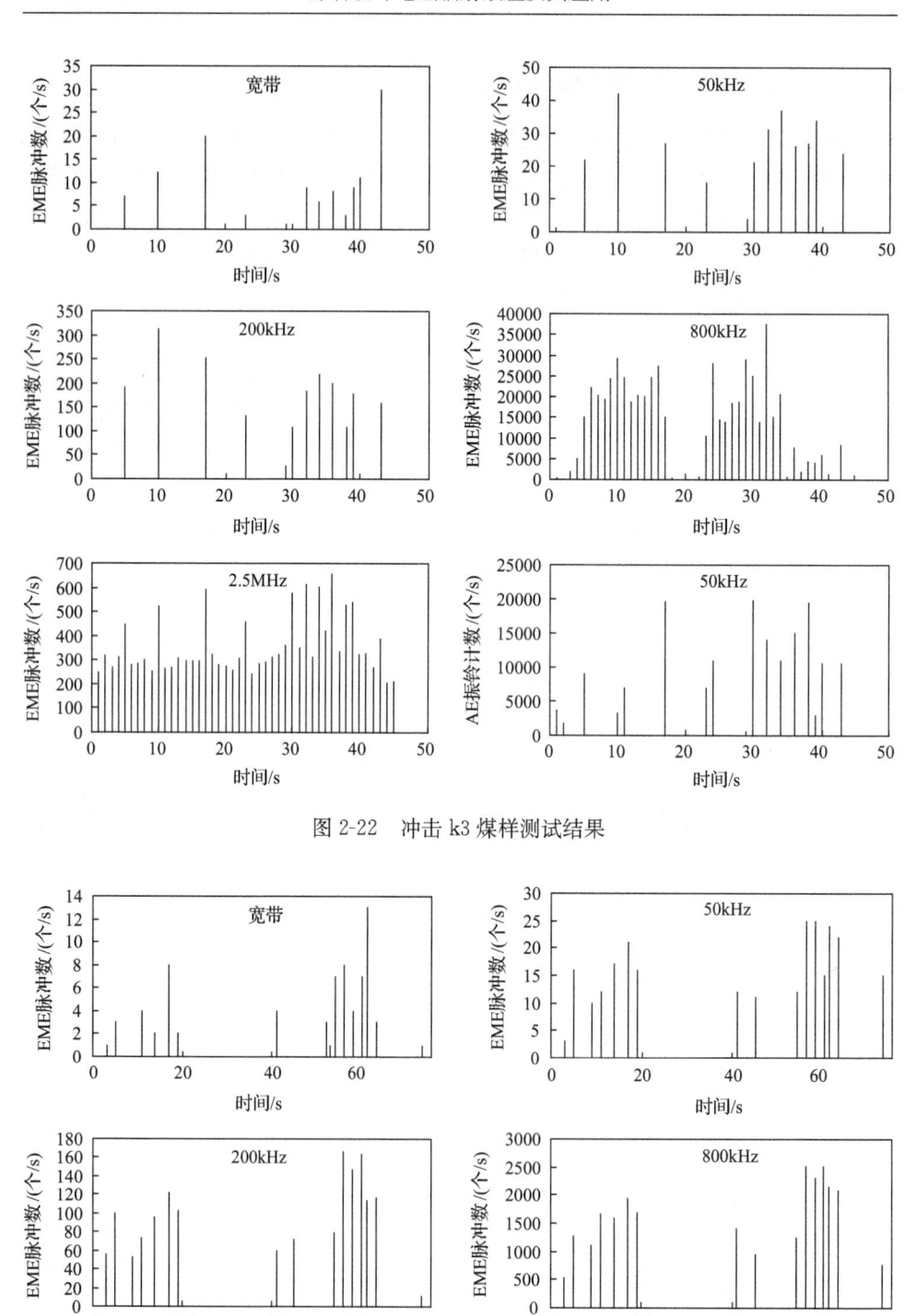

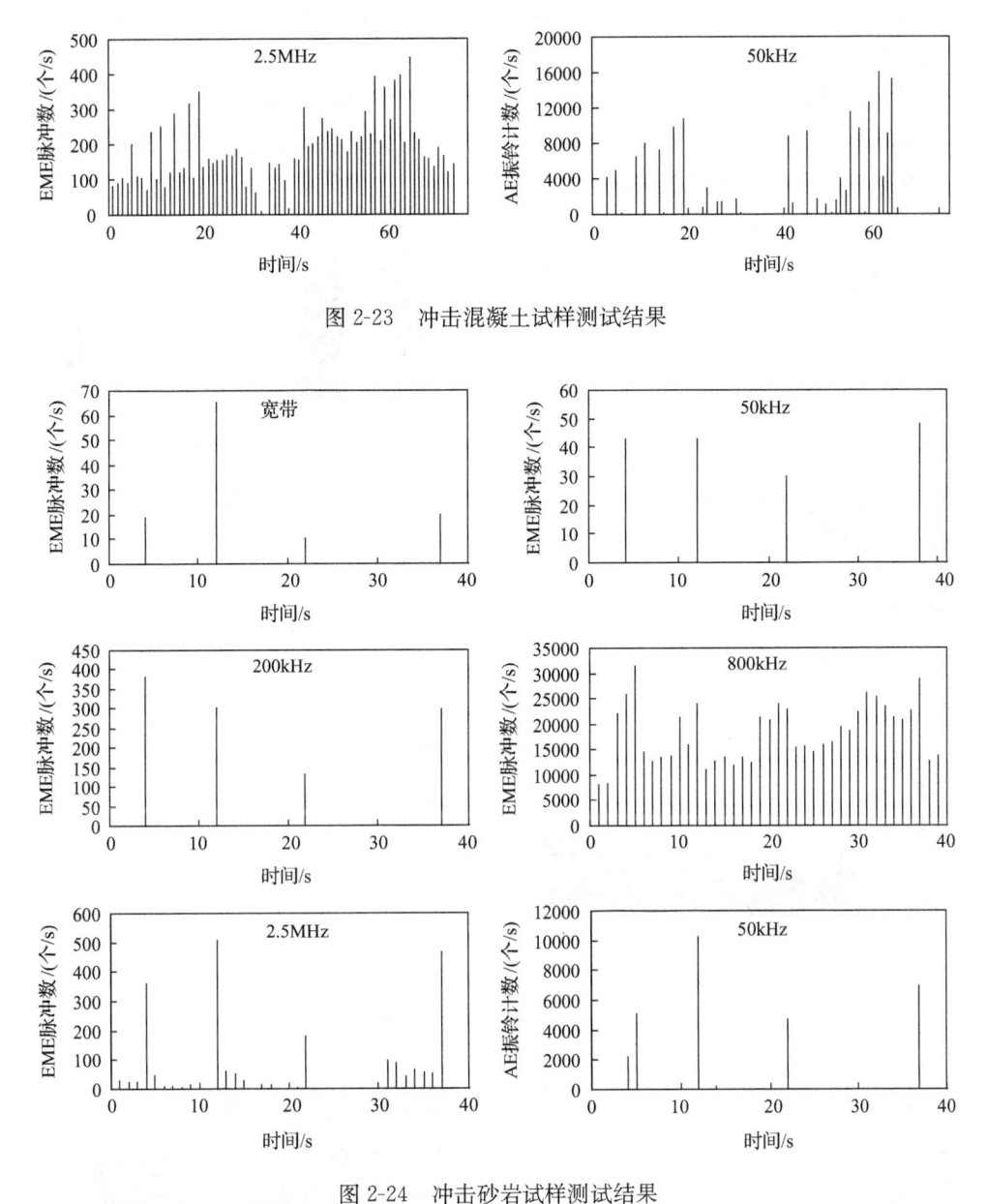

图 2-23 冲击混凝土试样测试结果

图 2-24 冲击砂岩试样测试结果

2.2.4 煤岩摩擦过程的电磁辐射特征

采用图 2-5 所示的煤岩样摩擦试验模型研究了煤岩样摩擦过程中的电磁辐射特征,将按图组装成的煤岩样模型放置到压机上匀应变加载(加载速率为 5mm/min)

进行摩擦试验,加载完成预定的摩擦长度段就停止试验,试验结果如图 2-25～图 2-28 所示。可见,在整个摩擦试验过程中,无论宽带天线还是点频天线,都测试到了电磁辐射信号,这些信号的脉冲数随着时间的增加是间断出现的,无明显的增大或减小的趋势。有时也会出现持续的连续信号,这是由于这些频带的天线接收的电信号一直没有来得及消退。

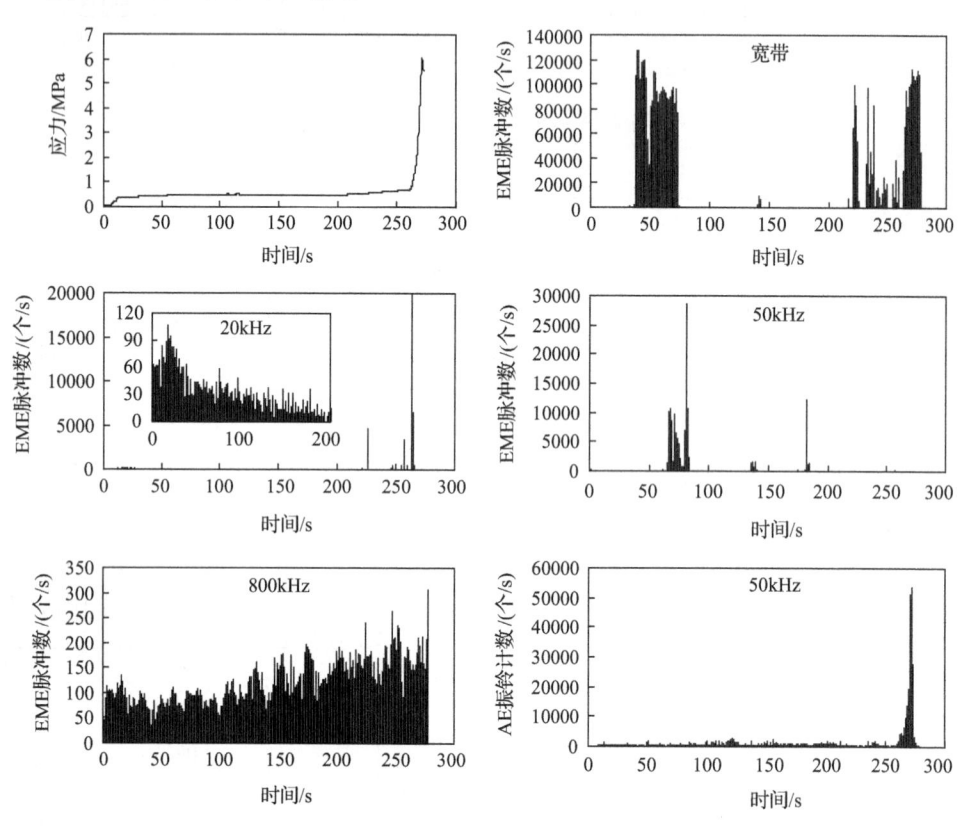

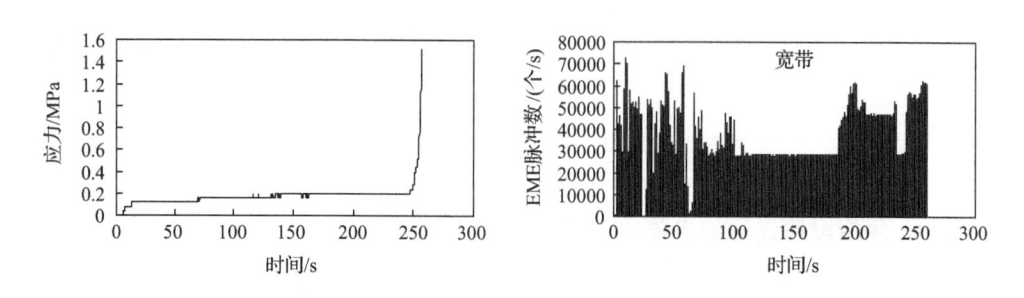

图 2-25 k1 煤样间摩擦试验结果

图 2-26　泥岩、k1 煤样、砂岩间摩擦试验结果

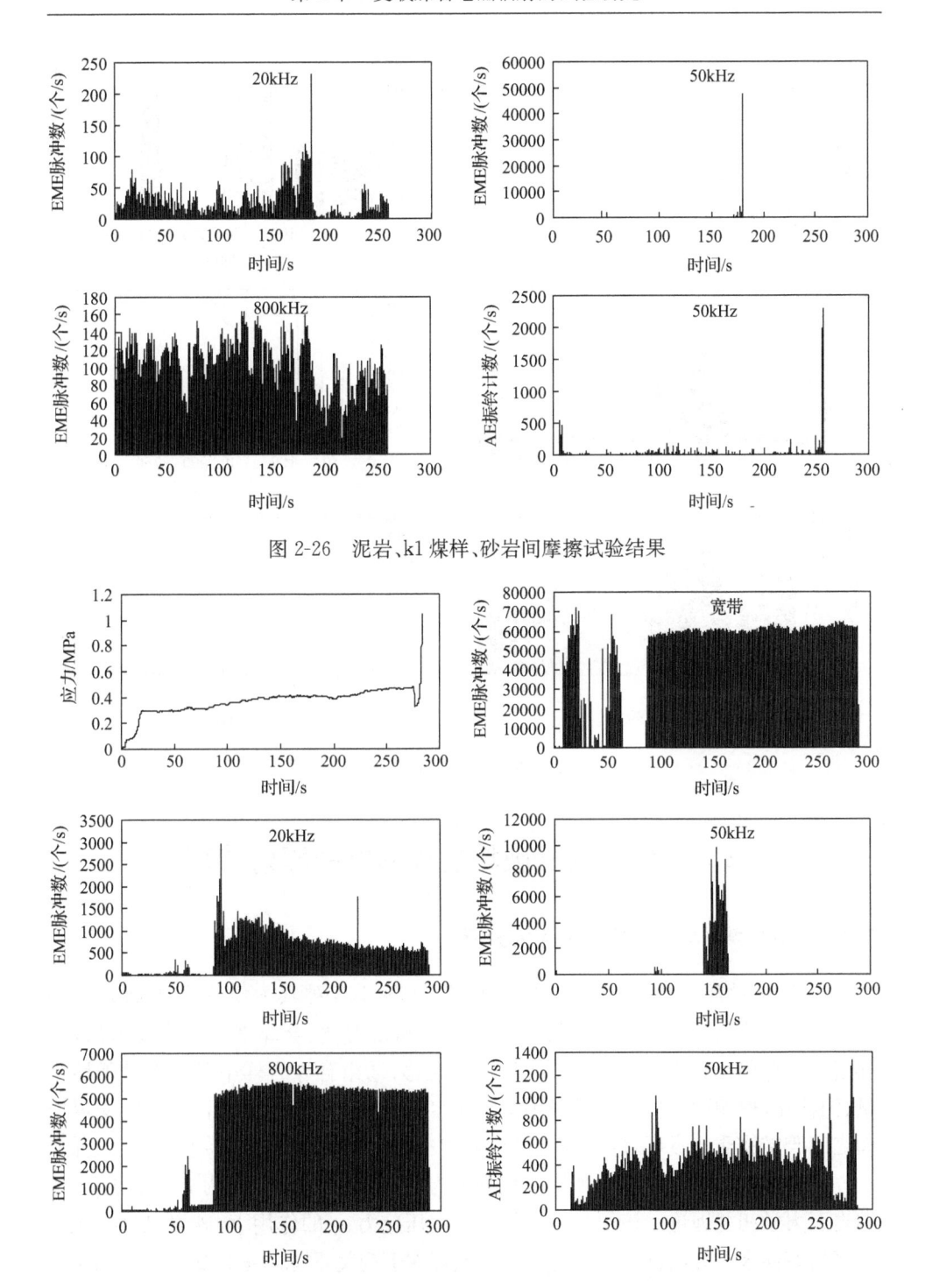

图 2-27　k3 煤样间摩擦试验结果

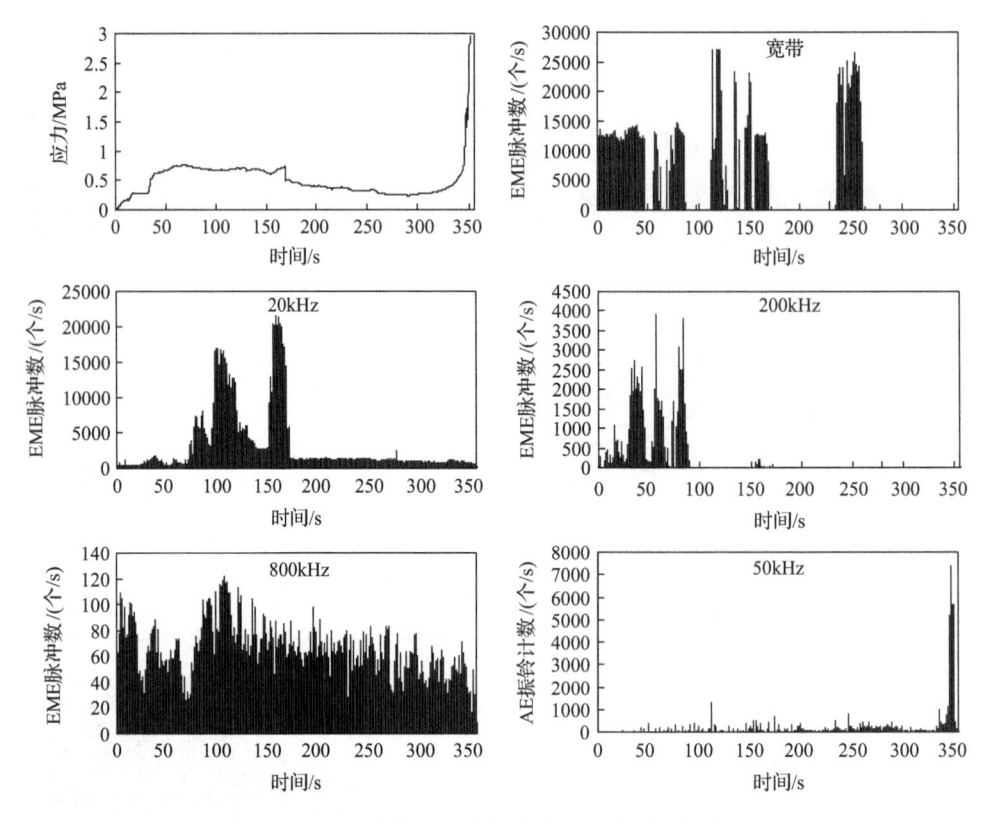

图 2-28　泥岩、k3 煤样、砂岩间摩擦试验结果

2.3　组合煤岩破坏过程的电磁辐射特征

2.3.1　组合煤岩样单轴压缩下应力分析

组合煤岩样由砂岩、煤层、泥岩组成,见图 2-2,对其力学性质先做如下假设[172]:①认为岩石与煤层交界层面之间具有黏结力,组合煤岩样受力变形后,相邻岩石与煤层在其交界层面处不产生相对滑移;②组合煤岩样中各岩石的弹性模量、泊松比、剪切弹性模量以及极限破坏程度等不相同;③忽略岩石与煤层交界层面之间胶结物质的宽度,即认为组合煤岩体中的各组成部分是直接黏合在一起的。

已知砂岩、煤层、泥岩的弹性模量分别为 E_S、E_M、E_N,泊松比为 μ_S、μ_M、μ_N。根据岩石力学相关理论。该层状煤岩体在轴向压应力 σ_1 的作用下,砂岩、煤层、泥岩不同岩石在水平方向(即 2、3 方向)的形变存在下列关系:$\varepsilon_{2S}=\varepsilon_{3S}<\varepsilon_{2N}=\varepsilon_{3N}<\varepsilon_{2M}=\varepsilon_{3M}$。在砂岩、煤层交界层面处和煤层、泥岩交界层面处,由于横向应变的相互约

束,在两侧岩石间将产生黏结约束应力。在砂岩、煤层交界层面处取出一变弹性模量三维单元体,如图 2-29(a)所示。可知由于黏结约束关系,砂岩将产生横向拉应力,煤层将产生横向压应力,并且在岩石交界层面处不会因黏结约束关系而产生剪切应力。

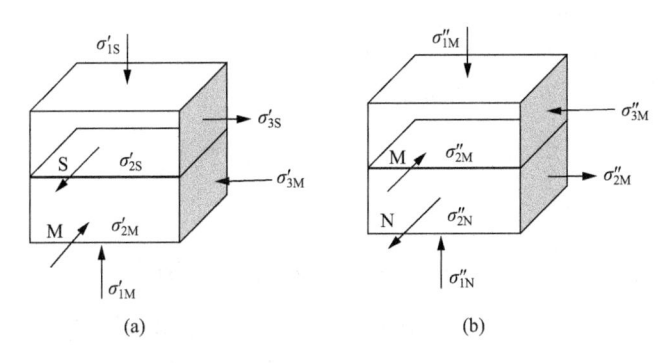

图 2-29 砂岩、煤层交界面和煤层、泥岩交界面变弹性模量三维单元体

通过对变弹性模量三维单元体的变形连续条件和静力平衡条件等力学分析,可得以下应力应变关系:

$$\begin{cases} \varepsilon'_{2S} = \varepsilon'_{2M} = \varepsilon'_2 \\ \varepsilon'_{3S} = \varepsilon'_{3M} = \varepsilon'_3 \\ \varepsilon'_2 = \varepsilon'_3 \end{cases} \tag{2-1}$$

$$\begin{cases} \sigma'_{1S} = \sigma'_{1M} = \sigma'_1 \\ \sigma'_{2S} = \sigma'_{2M} = \sigma'_2 \\ \sigma'_{3S} = \sigma'_{3M} = \sigma'_3 \\ \sigma'_2 = \sigma'_3 \end{cases} \tag{2-2}$$

式中,ε'_{2S}、ε'_{2M}、ε'_{3S}、ε'_{3M} 分别为砂岩、煤层部分在 2、3 方向的应变;σ'_{2S}、σ'_{2M}、σ'_{3S}、σ'_{3M} 分别为砂岩、煤层部分在 2、3 方向受到的约束应力;σ'_{1S}、σ'_{1M} 分别为砂岩、煤层在 1 方向上的正压力。

根据广义胡克定律,砂岩、煤层部分在 2、3 方向的应变分别为

$$\begin{cases} \varepsilon'_{2S} = \dfrac{1}{E_S}[-\sigma'_{2S} - \mu_S(\sigma'_{1S} - \sigma'_{3S})] \\ \varepsilon'_{2M} = \dfrac{1}{E_M}[\sigma'_{2M} - \mu_M(\sigma'_{1M} - \sigma'_{3M})] \end{cases} \tag{2-3}$$

$$\begin{cases} \varepsilon'_{3S} = \dfrac{1}{E_S}[-\sigma'_{3S} - \mu_S(\sigma'_{1S} - \sigma'_{2S})] \\ \varepsilon'_{3M} = \dfrac{1}{E_M}[\sigma'_{3M} - \mu_M(\sigma'_{1M} - \sigma'_{2M})] \end{cases} \tag{2-4}$$

由式(2-1)~式(2-4)可得砂岩、煤层交界面处的应力为

$$\begin{cases} \sigma'_{2S} = \sigma'_{2M} = \sigma'_{3S} = \sigma'_{3M} = \sigma'_2 = \sigma'_3 = K_{SM}\sigma_1 \\ \sigma'_{1S} = \sigma'_{1M} = \sigma_1 \end{cases} \quad (2\text{-}5)$$

式中，$K_{SM} = \dfrac{E_S \mu_M - E_M \mu_S}{E_S(1-\mu_M) + E_M(1-\mu_S)}$。

同理可得煤层、泥岩交界面处的应力关系为

$$\begin{cases} \sigma''_{2M} = \sigma''_{2N} = \sigma''_{3M} = \sigma''_{3N} = \sigma''_2 = \sigma''_3 = K_{MN}\sigma_1 \\ \sigma''_{1M} = \sigma''_{1N} = \sigma_1 \end{cases} \quad (2\text{-}6)$$

式中，$K_{MN} = \dfrac{E_N \mu_M - E_M \mu_N}{E_N(1-\mu_M) + E_M(1-\mu_N)}$，如图 2-29(b)所示。

由式(2-5)和式(2-6)可看出,由于岩石交界层面处的黏结约束关系,砂岩变成三向拉应力状态,煤层变成三向压应力状态,泥岩变成三向拉应力状态。说明砂岩、煤层、泥岩交界层面处的应力状态发生了变化。

位于各岩石交界层面处区域以外的砂岩、煤层、泥岩,由于未受到黏结约束效应力,或受到的黏结约束效应较小,所以认为这些岩石仍处于受 σ_1 作用的单向压应力状态。

2.3.2　组合煤岩的单轴强度条件分析

根据岩石力学莫尔强度理论,如果已知水平层状岩体中各岩石的单轴抗压强度,则砂岩、煤层、泥岩的莫尔强度条件表达式分别为

$$\sigma_{1Sj} = \frac{1+\sin\varphi_S}{1-\sin\varphi_S}\sigma_{3j} + R_{cS} \quad (2\text{-}7)$$

$$\sigma_{1Mj} = \frac{1+\sin\varphi_M}{1-\sin\varphi_M}\sigma_{3j} + R_{cM} \quad (2\text{-}8)$$

$$\sigma_{1Nj} = \frac{1+\sin\varphi_N}{1-\sin\varphi_N}\sigma_{3j} + R_{cN} \quad (2\text{-}9)$$

式中, σ_{1j}、σ_{3j} 分别表示岩石处于极限应力平衡状态下对应的两个极限主应力;R_{cS}、R_{cM}、R_{cN} 分别表示砂岩、煤层、泥岩的单轴抗压强度;φ_S、φ_M、φ_N 分别表示砂岩、煤层、泥岩的内摩擦角。

在砂岩、煤层交界面处,如果砂岩、煤层分别处于极限应力平衡状态,则由式(2-5)可得砂岩、煤层的极限应力强度为

$$\begin{cases} \sigma_{1Sj} = \sigma'_{1S} \\ \sigma_{3Sj} = \sigma'_{3S} = K_{MN}\sigma'_{1S} < 0 \end{cases} \quad (2\text{-}10)$$

$$\begin{cases} \sigma_{1Mj} = \sigma'_{1M} \\ \sigma_{3Mj} = \sigma'_{3M} = K_{MN}\sigma'_{1M} > 0 \end{cases} \quad (2\text{-}11)$$

将式(2-7)和式(2-8)分别代入式(2-10)和式(2-11),经过计算得出砂岩、煤层岩石的轴压极限强度分别为

$$\sigma'_{1Sj} = \frac{R_{cS}}{1 + \alpha_S K_{SM}} \quad (2\text{-}12)$$

$$\sigma'_{1Mj} = \frac{R_{cM}}{1 - \alpha_M K_{SM}} \quad (2\text{-}13)$$

在煤层、泥岩交界面处,如果煤层、泥岩分别处于极限应力平衡状态,同样经过计算可得出煤层、泥岩的轴压极限强度分别为

$$\sigma''_{1Mj} = \frac{R_{cM}}{1 - \alpha_M K_{MN}} \quad (2\text{-}14)$$

$$\sigma''_{1Nj} = \frac{R_{cN}}{1 + \alpha_N K_{MN}} \quad (2\text{-}15)$$

由式(2-12)~式(2-15),可得如下强度关系:

$$\begin{cases} \sigma'_{1Sj} < R_{cS} \\ \sigma'_{1Mj} > R_{cM} \end{cases} \quad (2\text{-}16)$$

$$\begin{cases} \sigma''_{1Mj} > R_{cM} \\ \sigma''_{1Nj} < R_{cN} \end{cases} \quad (2\text{-}17)$$

式(2-16)表明,砂岩、煤层交界层面处,砂岩的轴压极限强度有所降低,其值小于砂岩单一岩石的单轴抗压强度 R_{cS};煤层的轴压极限强度有所提高,其值大于单一煤层的单轴抗压强度 R_{cM}。所以,在此处砂岩强度降低,煤层强度提高。式(2-17)表明,煤层、泥岩交界层面处,煤层的轴压极限强度大于单一煤层的单轴抗压强度 R_{cM};泥岩的轴压极限强度大于泥岩单一岩石的单轴抗压强度 R_{cN}。所以,在此处煤层强度提高,泥岩强度降低。

在岩石交界层面区域以外的砂岩、煤层、泥岩仍处于单向压应力状态,这些区域的砂岩、煤层、泥岩仍为单轴抗压强度,其值分别为 R_{cS}、R_{cM}、R_{cN}。

2.3.3　受载组合煤岩的电磁辐射试验结果

煤岩动力灾害现象是煤层在顶板、底板围压作用下产生的快速的动力现象,研究组合煤岩样受载电磁辐射的规律具有重要的意义。为了模拟煤矿井下的条件,我们研究了组合煤岩样受载电磁辐射的特征。

在屏蔽室内进行了组合煤岩层电磁辐射试验,加载采用匀应变加载,加载速率

为 3～4mm/min，结果如图 2-30～图 2-33 所示。从应力与时间的关系曲线可以看出，组合煤岩样的破坏过程是逐次渐进进行的，即随着载荷的增加，强度较低的煤首先破坏，出现了第一次明显的卸载和大位移过程，在应力和时间关系曲线上就出现了第一个应力先上升然后又下降的波形；以后随载荷的继续增加，煤除部分碎块被挤压掉落外，余下的被压碎成粉饼状并逐渐被压缩密实而继续传递压力。在这个压碎密实过程中，伴随着煤碎粒的摩擦挤压过程。随煤的逐步压实，泥岩、砂岩中的应力又得以逐步增加，达到一定程度后强度次之的泥岩破坏，接着出现第二次

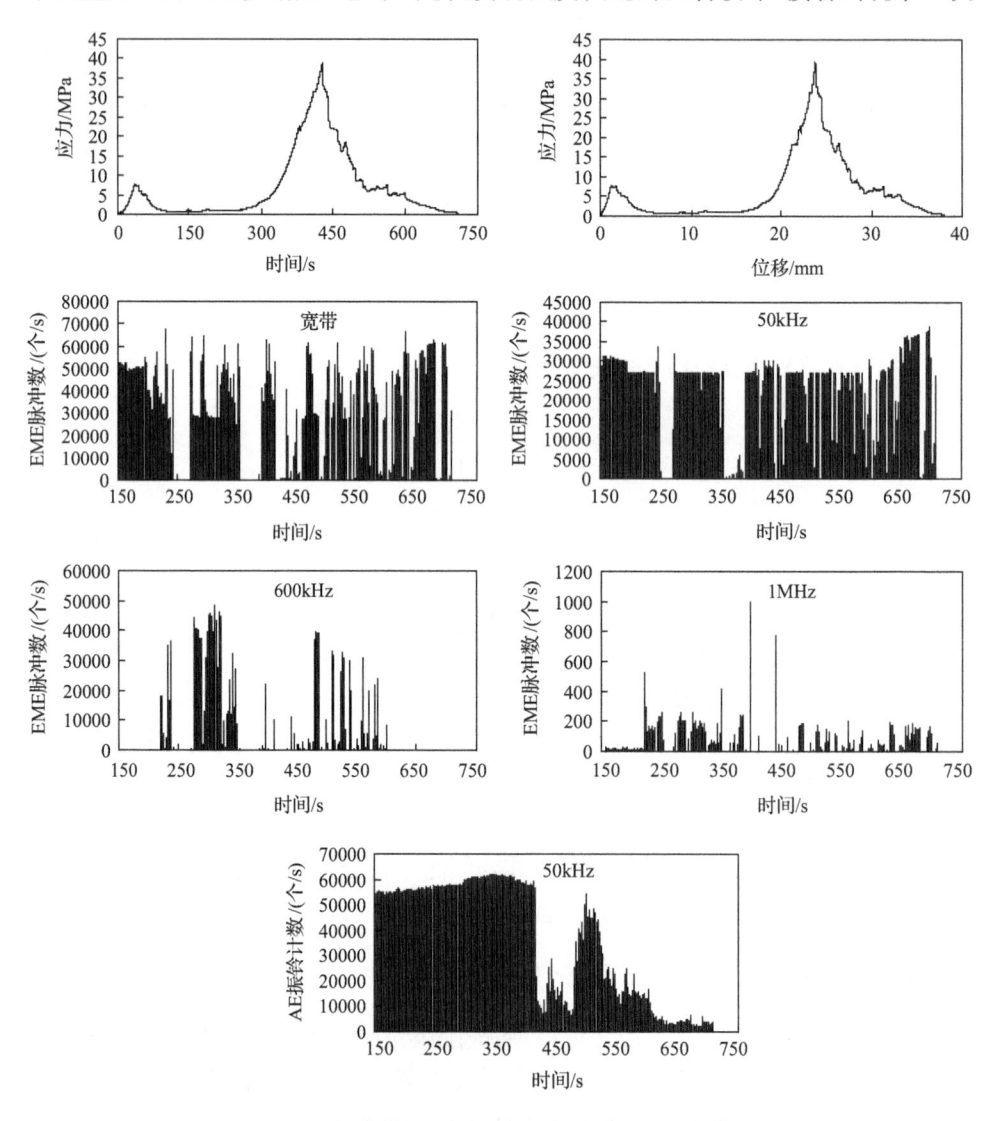

图 2-30　复合煤样(砂岩＋k1 煤层＋砂岩)试验结果

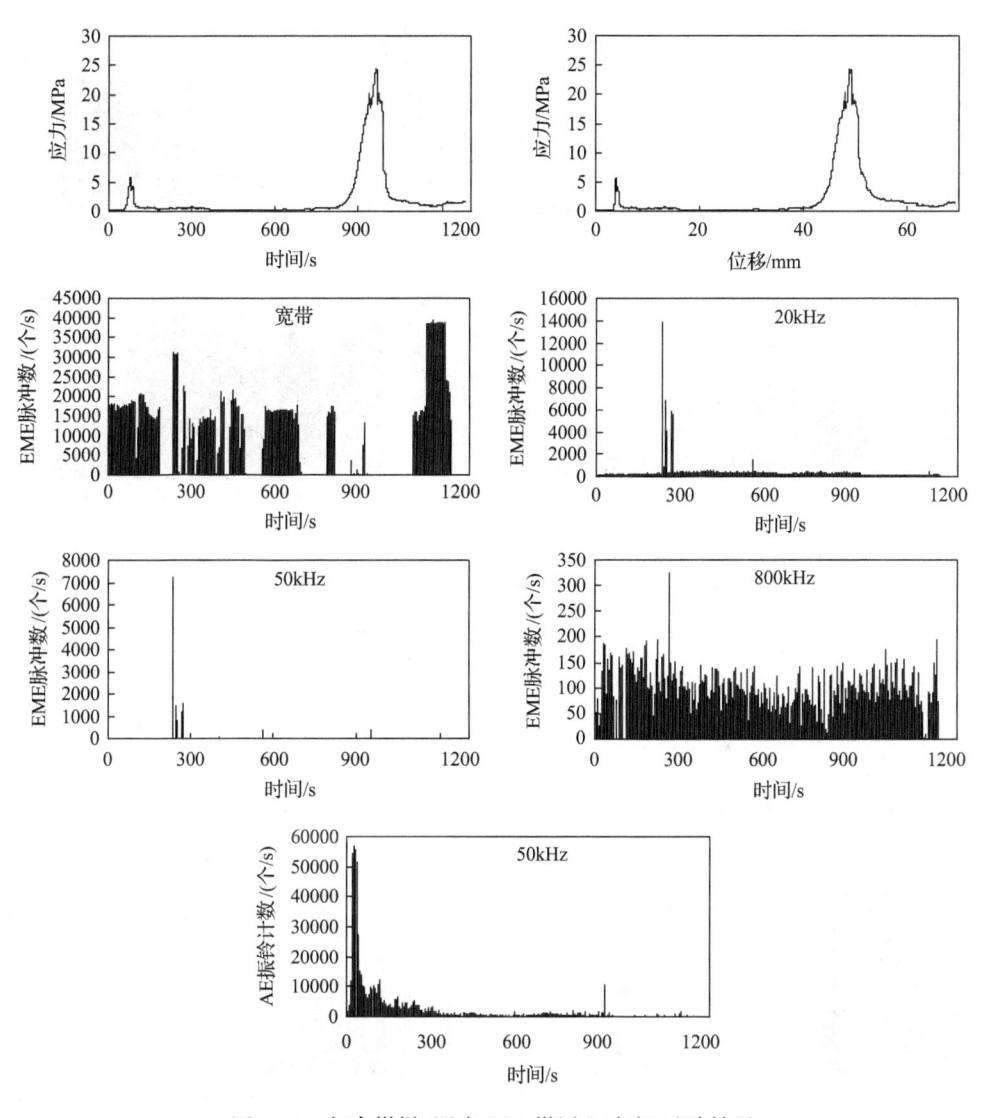

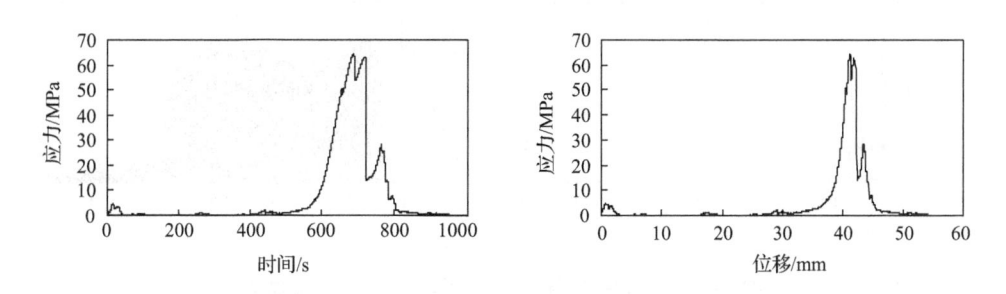

图 2-31 复合煤样（泥岩＋k1 煤层＋砂岩）试验结果

图 2-32　复合煤样(砂岩＋k3 煤层＋砂岩)试验结果

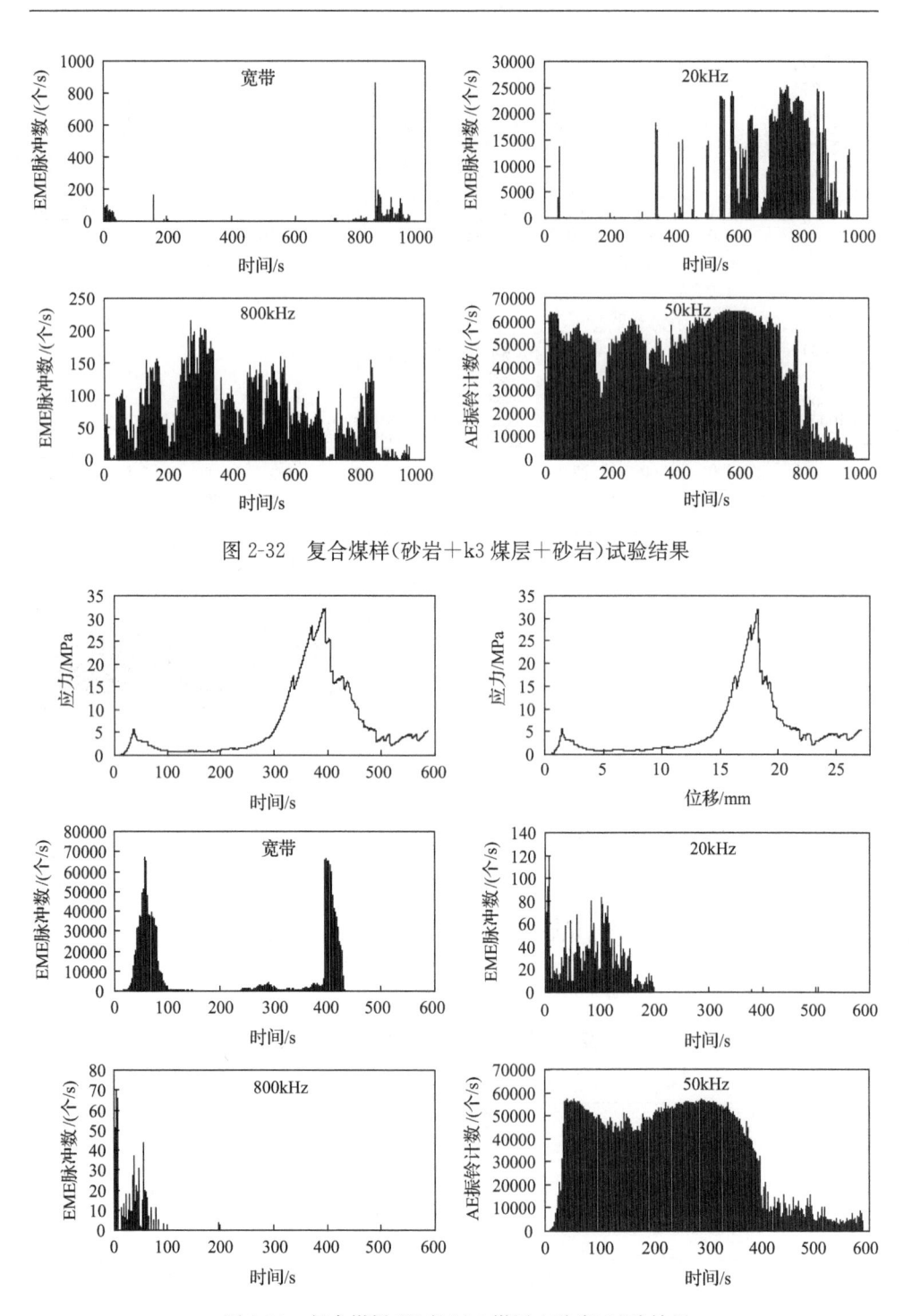

图 2-33　复合煤样(泥岩＋k3 煤层＋砂岩)试验结果

显著卸载和大位移过程,应力、时间关系曲线图上表现出第二个应力呈逐步上升后又下降的波形。以后由于受最大位移的限制,压机自动保护停止加载而结束试验。从应力与时间曲线图上可见,煤破坏时的应力值大于单一煤样的强度值,而泥岩破坏时的强度值小于单一泥岩样的强度值。

比较组合煤岩样电磁辐射信号与单一煤岩样可见,组合煤岩样煤变形及主破裂前后的电磁辐射脉冲数变化规律与单一煤样大致相同,煤主破裂后在被继续加压压碎密实过程中仍有电磁信号,甚至此时的电磁辐射和声发射信号比煤主破裂时的脉冲数强度还大(图 2-30~图 2-33),这说明在煤压碎密实过程产生的电磁辐射强度很高,这是因为此时煤颗粒之间相互摩擦、挤压产生了大量自由电荷,在摩擦面上积累,形成了较强的双电层,发生弛豫从而向外辐射。煤碎屑被压密实后应力开始出现较快增加至泥岩发生主破裂的过程中产生的电磁辐射脉冲数与单一泥岩受载变形破裂产生的脉冲数相近。这说明组合煤岩变形破裂过程中的电磁辐射脉冲数与单一煤岩大致相同,分析其原因可能是组成复合样的煤、岩样与单一煤、岩样在组分、结构和所含的孔隙等均大致相同。另外还可以看出,煤样变形产生的电磁辐射脉冲数并不比岩石变形产生的小,这也说明电磁辐射与不同种类煤岩的强度并没有直接关系,只有同一种类同样结构的煤岩才能够比较强度和电磁辐射的关系。

2.4 煤岩电磁辐射幅值规律

2.4.1 单轴压缩煤岩混凝土电磁辐射的幅值变化特征

我们还对单轴加载过程煤岩混凝土电磁辐射强度(也称幅值)时间序列进行了试验测定,结果如图 2-34~图 2-37 所示。结果表明,强度时间序列与同频带脉冲数时间序列比较一致,而且也是随着加载过程应力的增加而增大。在裂纹压密阶段,基本与应力成比例增加,在表观线弹性阶段,往往出现一个降低区域,直到加速非弹性变形阶段和破裂发展阶段又增大,破裂后一般减小。随加载过程的进行,电磁辐射幅值也是脉冲式的,这与脉冲数变化规律相似,与煤岩裂纹扩展需要能量的积累是有密切关系的。声发射强度基本与应力成正比,这与声发射是由于裂纹扩展的产生机理一致。另外,从电磁辐射幅值的大小来看,最大幅值并不一定出现在破裂时刻,许多时候出现在加载初期,而且各个频带的幅值变化规律也不尽相同,这正反映了在变形破裂不同时期,电磁辐射频率分布不同,所以要对不同加载阶段的电磁辐射频谱进行分析。

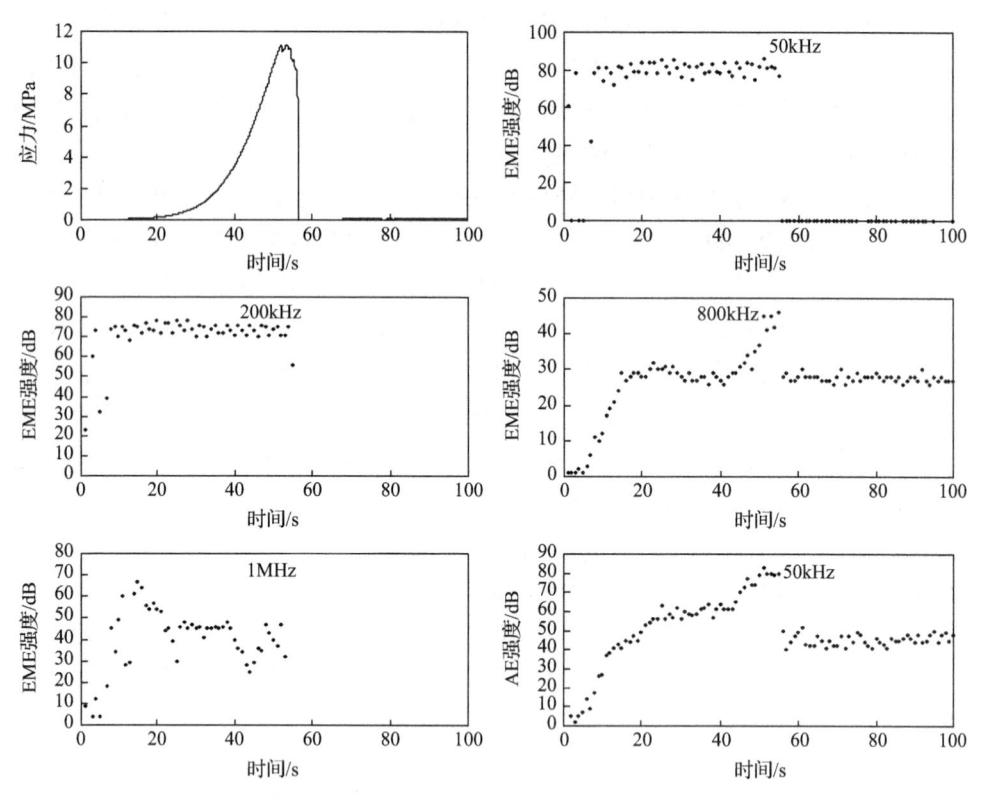

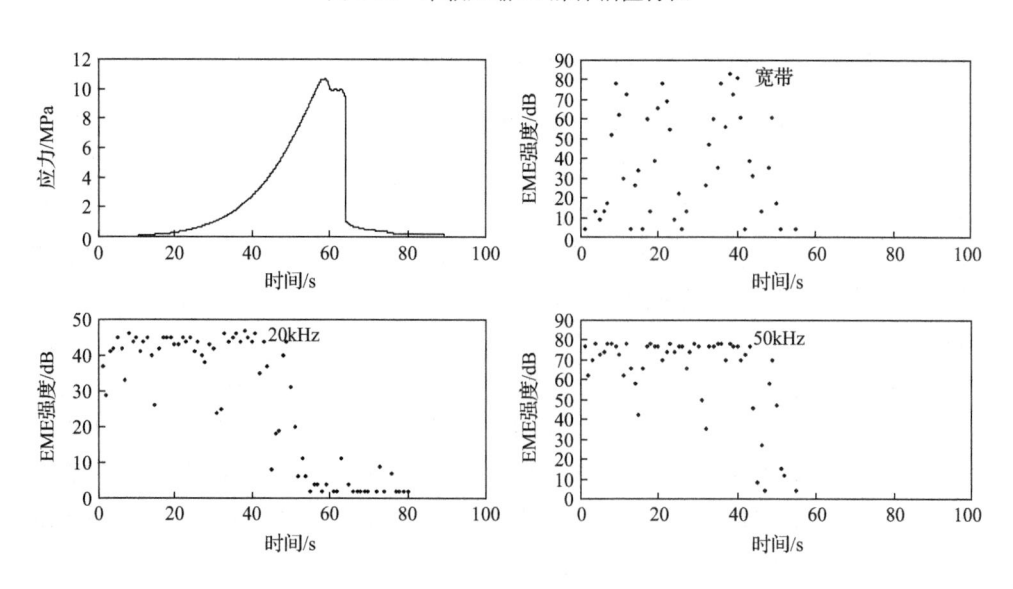

图 2-34 单轴压缩 k1 煤样幅值特征

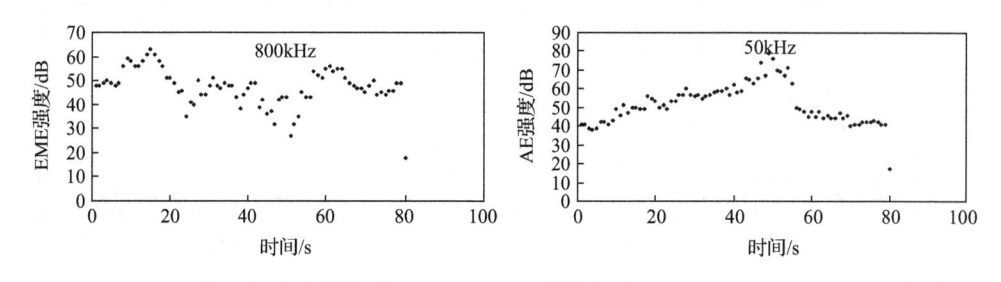

图 2-35　单轴压缩 k3 煤样幅值特征

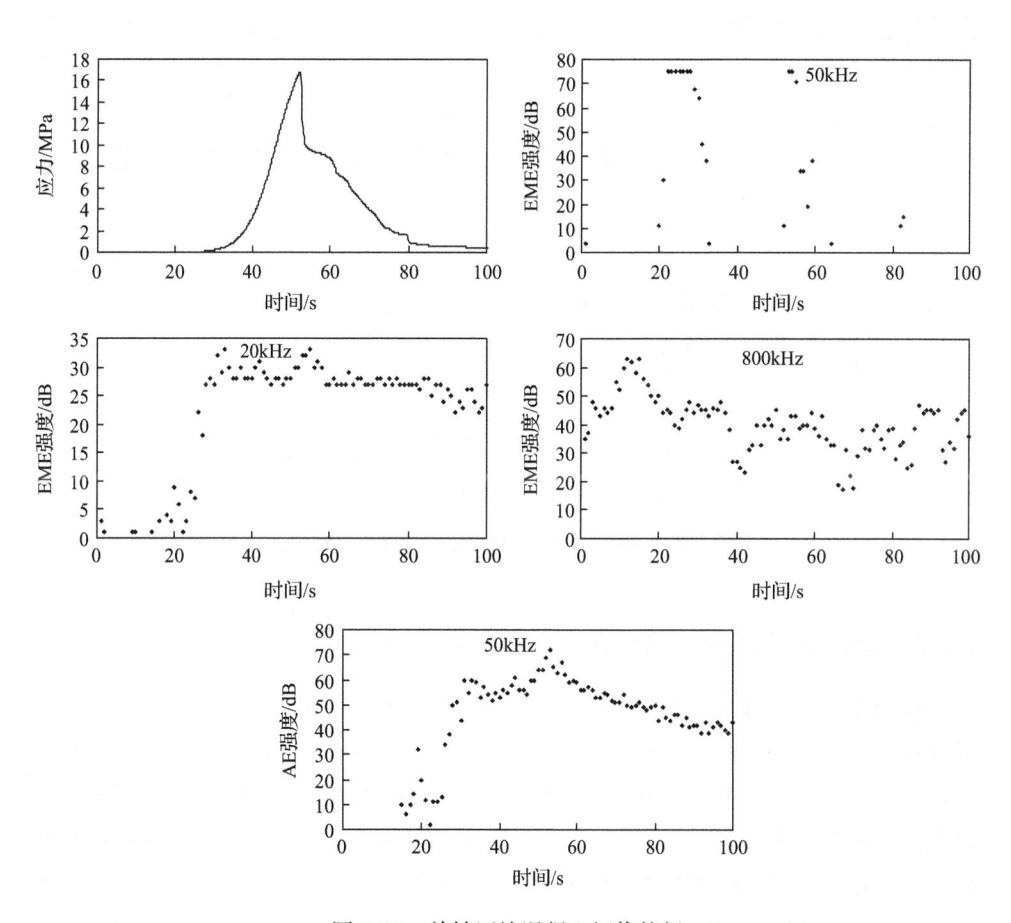

图 2-36　单轴压缩混凝土幅值特征

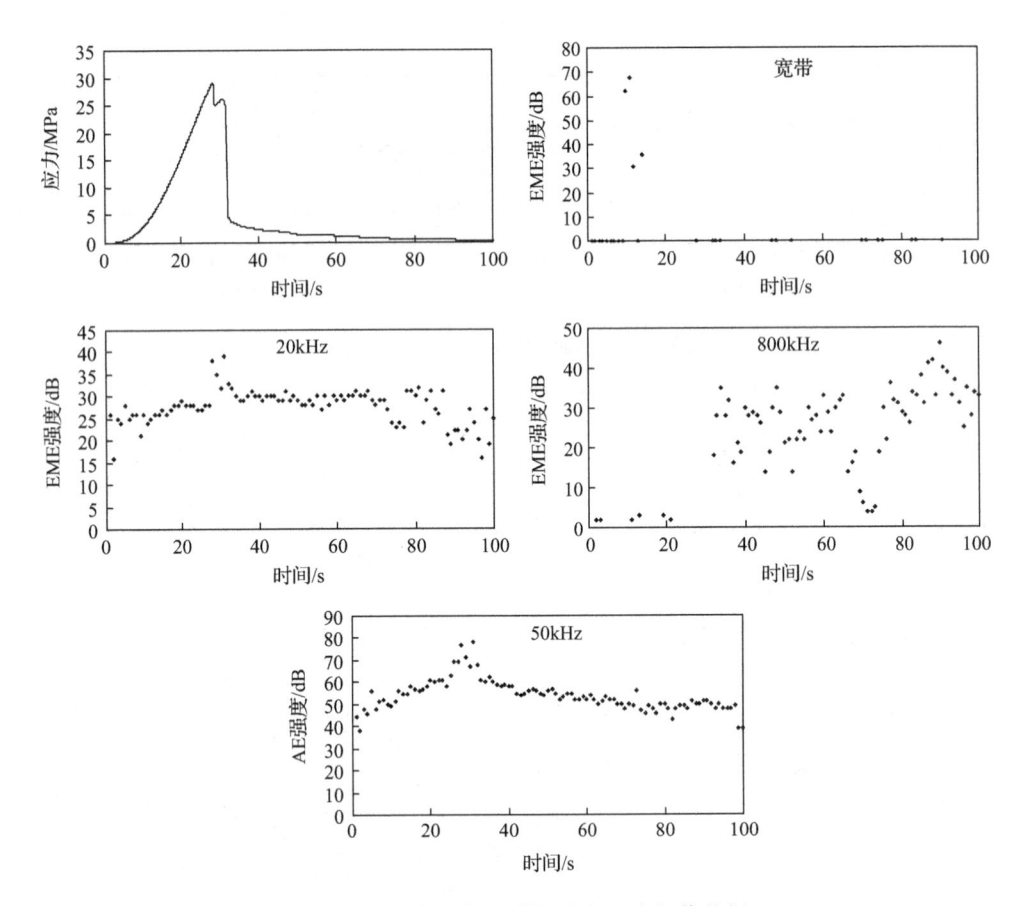

图 2-37　单轴压缩 k3 煤层底板泥岩幅值特征

2.4.2　单轴压缩组合煤岩电磁辐射的幅值变化特征

单轴压缩组合煤岩电磁辐射幅值随时间变化特征如图 2-38 和图 2-39 所示，可以看出，幅值时间序列与脉冲数时间序列也十分一致。从幅值的大小来看，煤和岩石的强度在数值上并没有很大差别，这说明，电磁辐射信号的强弱与不同种类煤岩的强度关系不是很大。在煤体压碎并不断压实的过程中也产生电磁辐射，其幅值也较大，这也说明了煤体颗粒挤压、摩擦对电磁辐射有很大贡献。与单一煤岩体一样，每一种天线接收到的电磁辐射幅值随时间变化规律并不一致，这也说明了在加载的各个阶段电磁辐射频带是变化的。

第 2 章　受载煤岩电磁辐射的试验研究

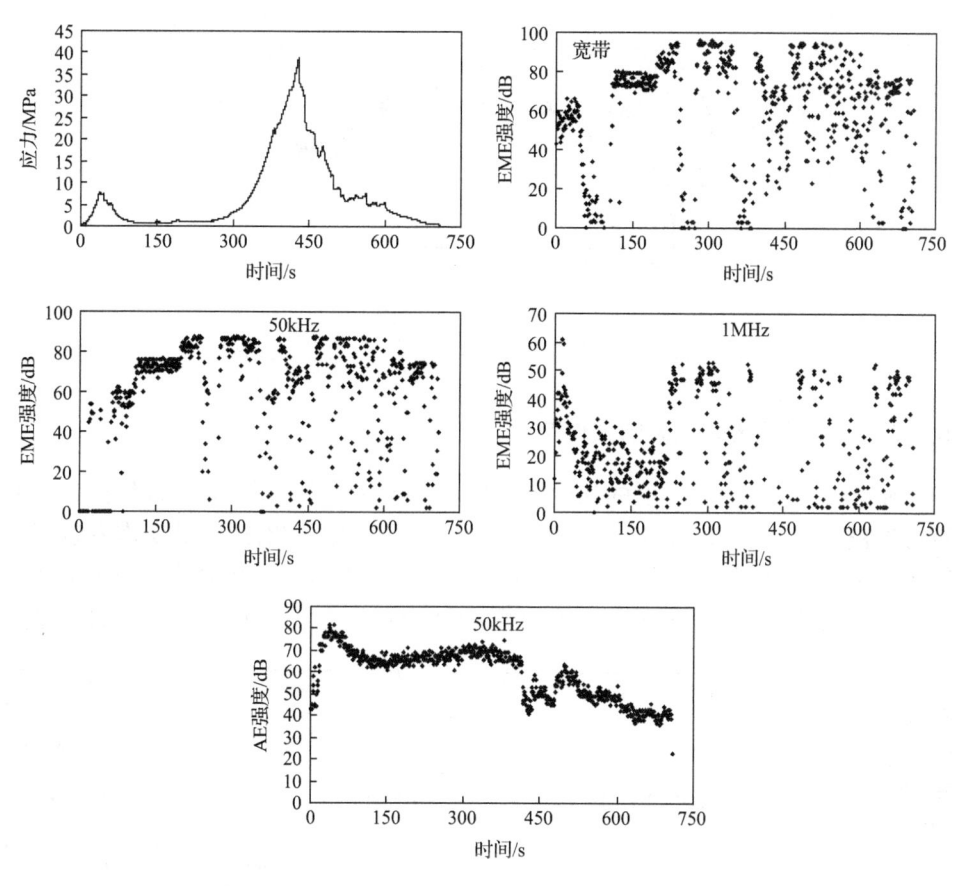

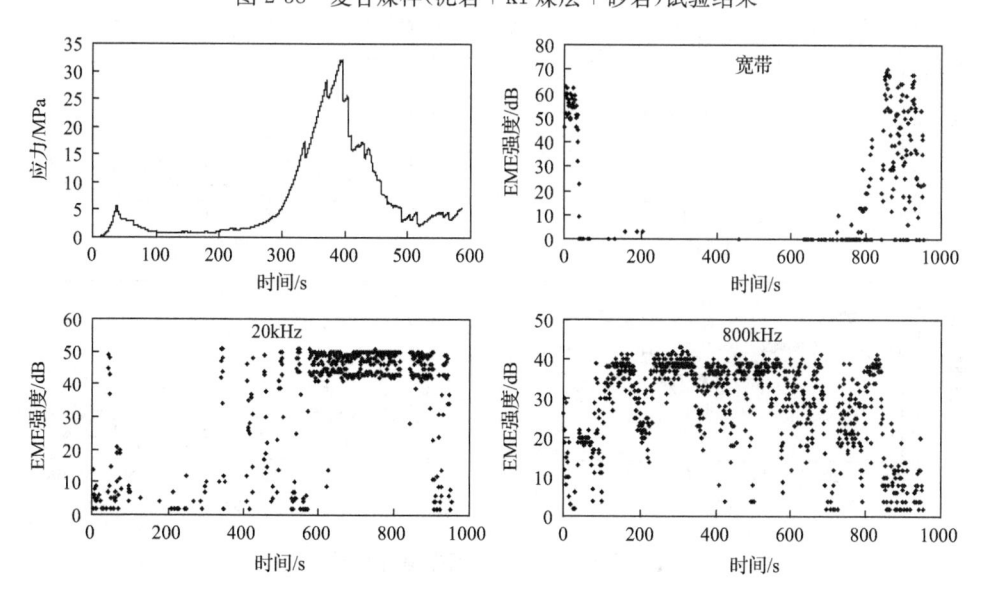

图 2-38　复合煤样(泥岩＋k1 煤层＋砂岩)试验结果

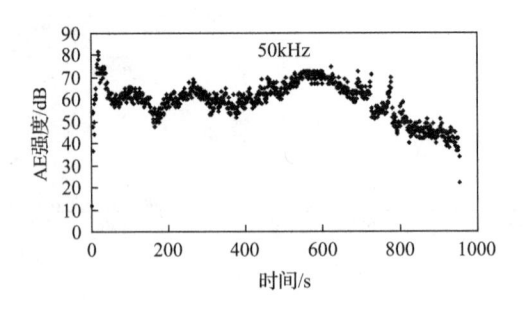

图 2-39 复合煤样(砂岩+k3 煤层+砂岩)试验结果

2.4.3 冲击过程电磁辐射的强度变化特征

冲击破坏过程电磁辐射的强度特征如图 2-40～图 2-43 所示。可以看出,冲击破坏过程宽带、50kHz、200kHz 天线接收的电磁辐射幅值相比,50kHz 声发射幅值较低,低于单轴加载煤岩的电磁辐射和声发射幅值,其他频带的幅值与单轴加载相近。这可能是由于单轴加载是连续加载,分离电荷能够持续积累,而冲击过程是间

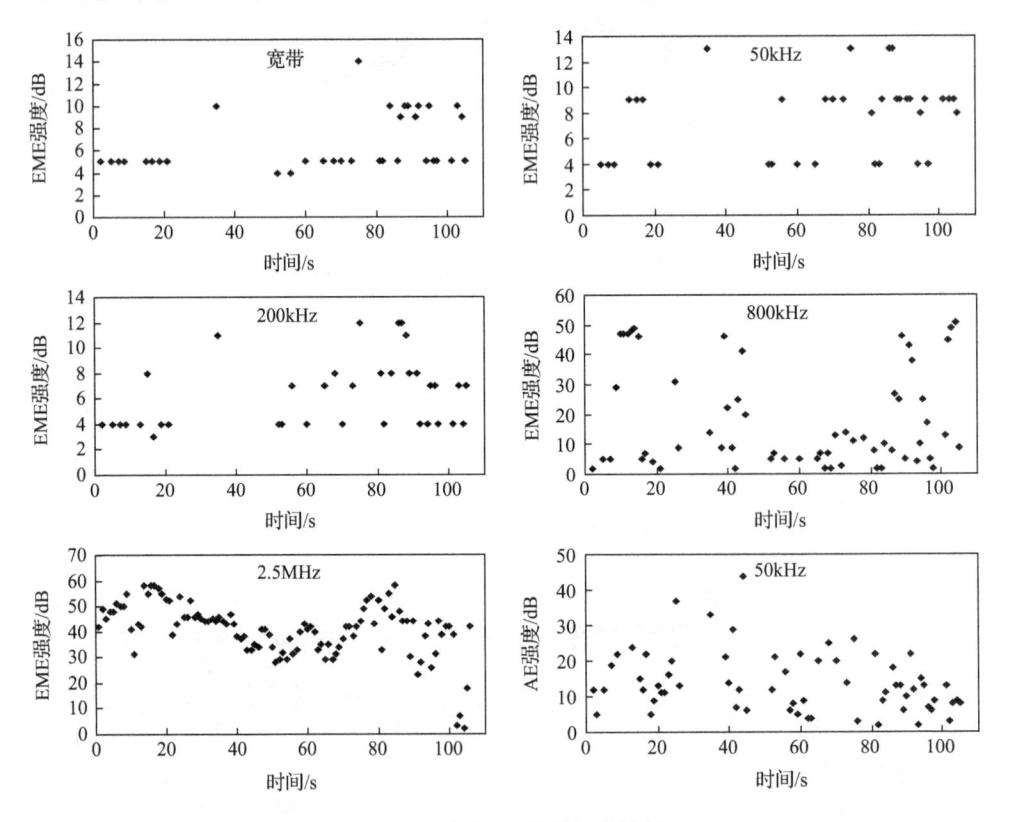

图 2-40 冲击 k1 煤样幅值特征

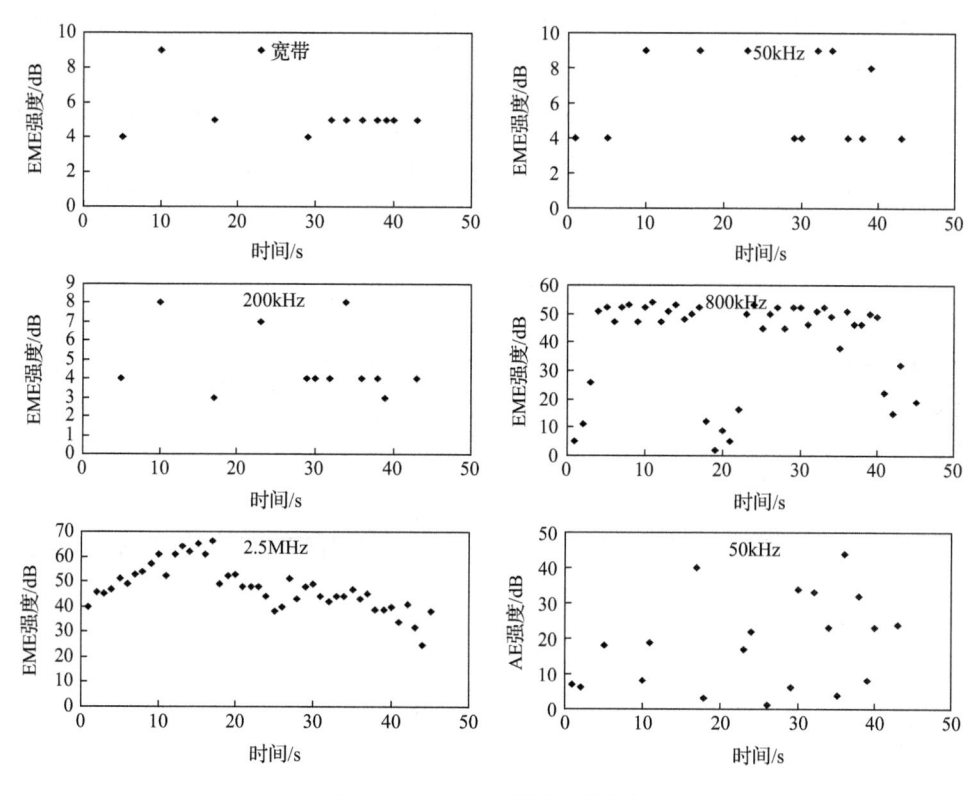

图 2-41 冲击 k3 煤样幅值特征

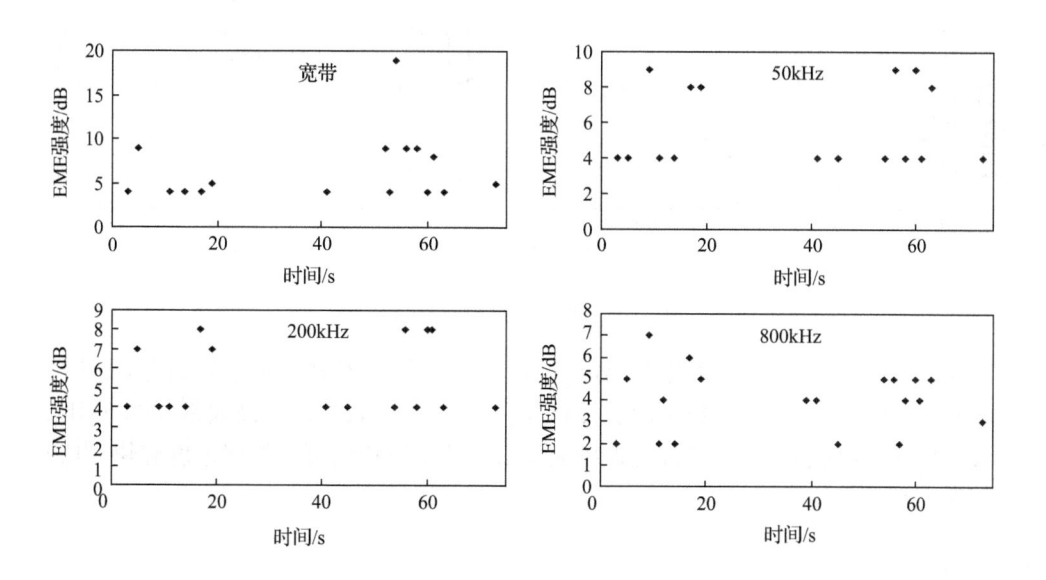

图 2-42　冲击混凝土试样幅值特征

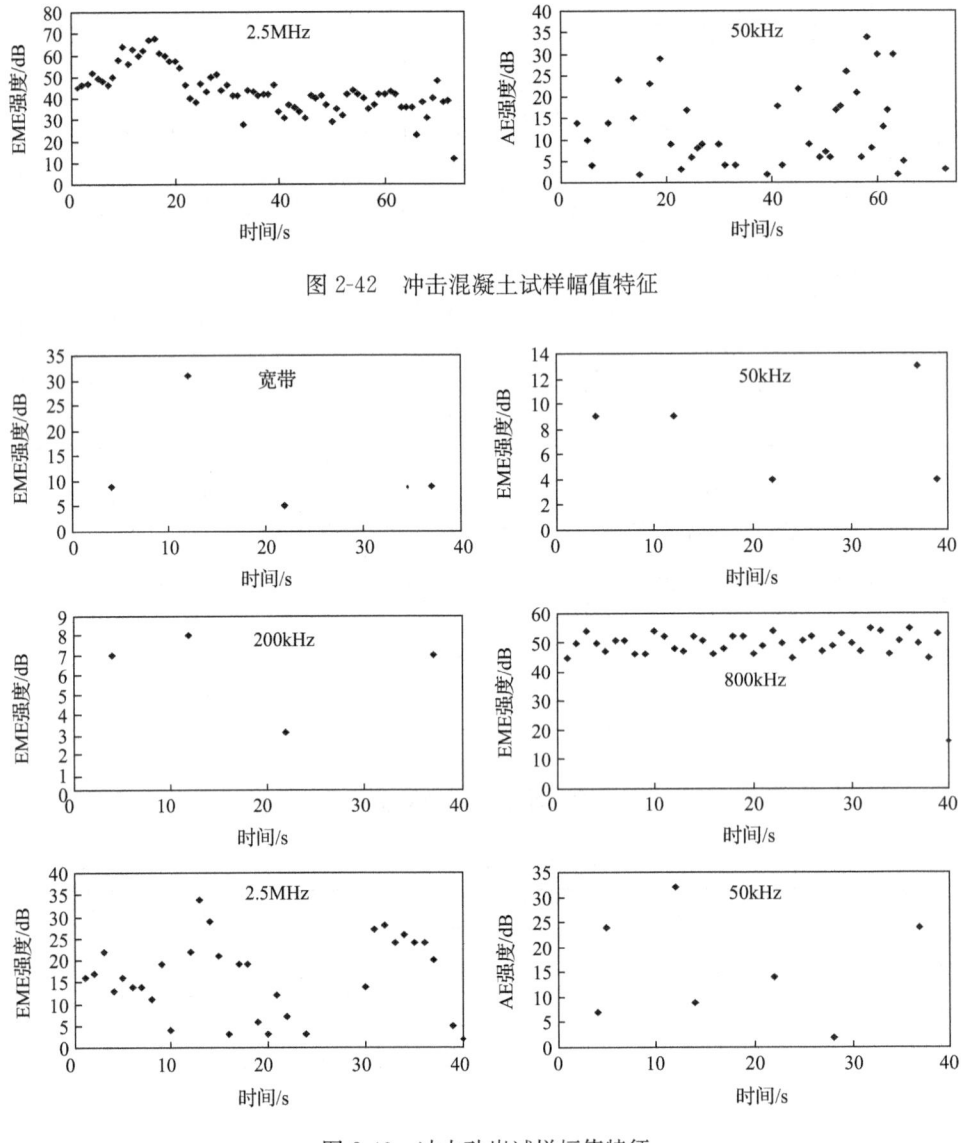

图 2-43　冲击砂岩试样幅值特征

歇式进行的,重锤落下时产生分离电荷,随后拿起重锤,分离电荷逐渐消退,无法持续积累,所以电荷产生的数量较少,因此电磁辐射强度较低。较高频带如 2.5MHz 天线接收的电磁辐射强度较高,这可能是由于冲击时煤岩裂纹扩展速度较快,电磁辐射主频较高。

2.4.4 摩擦过程电磁辐射的强度变化特征

k1 煤样间、k3 煤样间摩擦过程电磁辐射的幅值分别如图 2-44 和图 2-45 所示。可以看出,摩擦过程电磁辐射幅值数值与单轴压缩煤体产生的电磁辐射幅值近似。研究表明[92],由于摩擦会在摩擦面上形成分离电荷,逐渐积累会形成双电层,双电层的变化会向外辐射电磁波,而双电层对受载非均质的煤岩体具有重要的贡献。可见,摩擦过程电磁辐射对煤岩体变形破裂产生电磁辐射的贡献十分重要。研究摩擦过程的电磁辐射特征对揭示电磁辐射产生机理具有重要的作用。

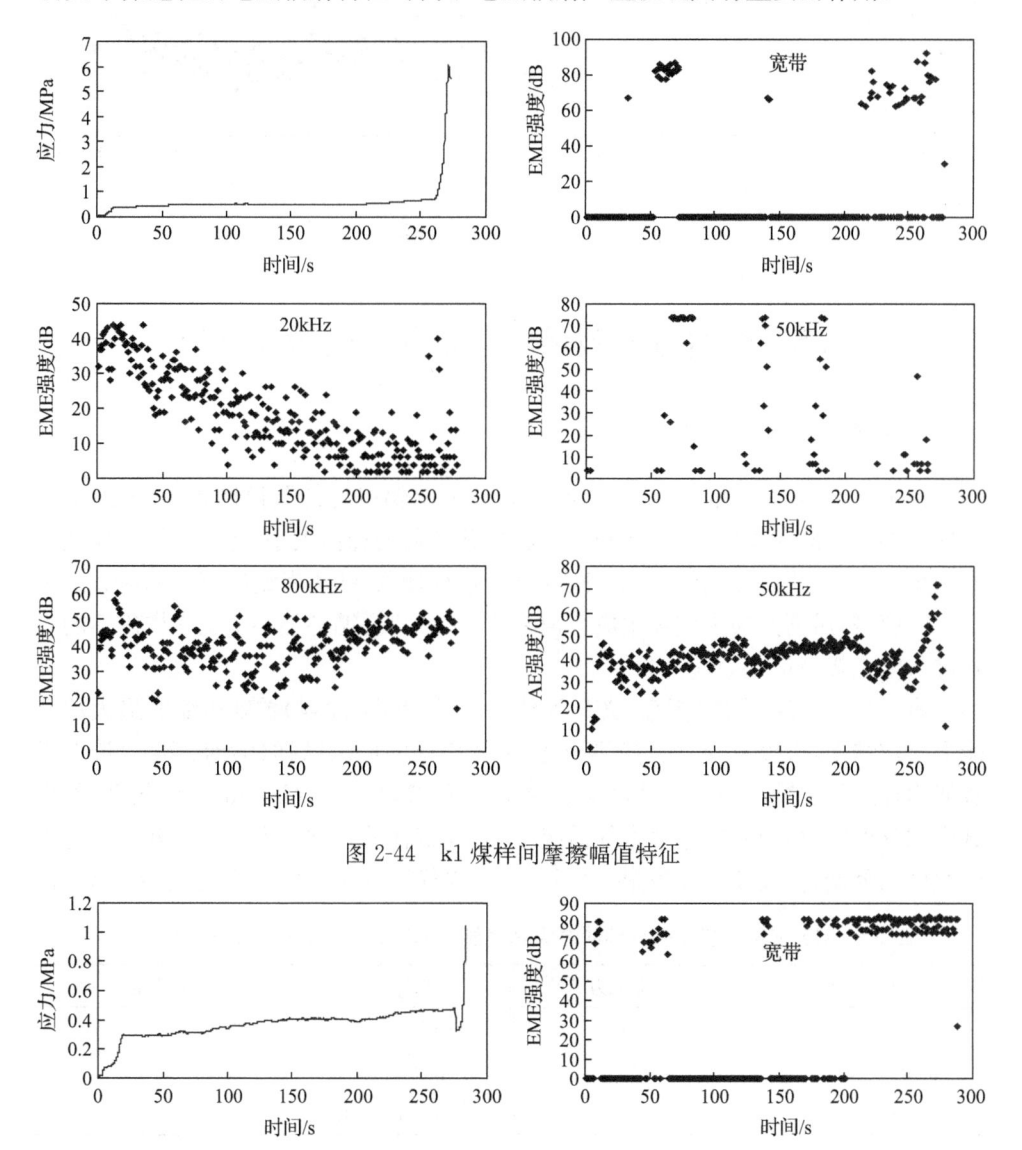

图 2-44 k1 煤样间摩擦幅值特征

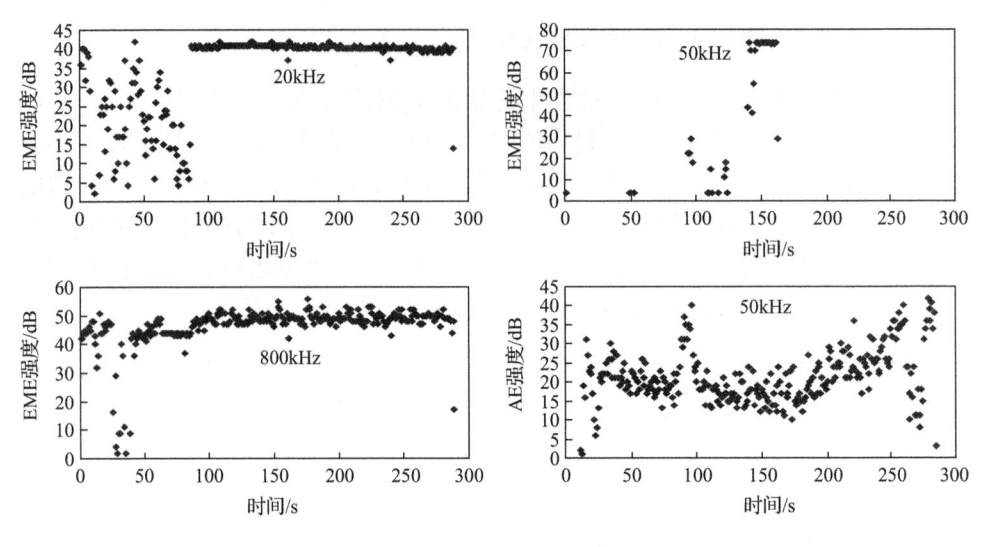

图 2-45　k3 煤样间摩擦幅值特征

2.5　煤岩流变破坏电磁辐射记忆效应规律

2.5.1　循环加载应力的确定

为考察不同加卸载阶段的煤岩流变破坏电磁辐射特征及记忆效应,需准确弄清煤样的最大破坏主应力,以便确定各次加卸载荷的峰值大小。试验时,首先选择同种煤样 3~5 块以相同的速率一次性全程连续加载,初步考察出煤样的最大破坏主应力值,然后据此最大破坏主应力值采用分 2~4 次循环加卸载至煤样破坏的方式进行电磁辐射记忆效应试验。

表 2-2 为邢台、淮南、阳泉、义马等矿区煤样(型煤、原煤)单轴压缩的最大承载能力测定结果,可以发现,煤与瓦斯突出矿井煤层的原煤试样(淮南、阳泉)最大承载能力远远低于冲击地压矿井煤层的原煤试样(义马);型煤试样的强度较低,原煤试样的强度相对较高;在饱含水的情况下,原煤试样的单轴压缩最大承载能力有不同程度的降低;在瓦斯气体吸附平衡状态下,煤样周围是一定压力的瓦斯气体,形

表 2-2　部分矿区煤样单轴压缩的最大承载能力测定结果(规格 $\phi 50mm \times 100mm$)

煤样类别	最大承载能力/kN	煤样类别	最大承载能力/kN
邢台东庞矿型煤	3.60	阳泉一矿原煤	24.3
淮南潘三矿原煤	25.2	淮南潘三饱水原煤	22.8
淮南潘三矿型煤	2.40	义马千秋饱水原煤	37.1

成围压,原煤试样的单轴压缩最大承载能力有不同程度的升高,气体围压升高,最大承载能力亦呈升高趋势。

2.5.2 煤岩破坏电磁辐射记忆效应试验结果

1. 煤岩破坏电磁辐射记忆效应特征

本节主要对撒占友博士[173]的部分试验数据进行分析和讨论。为考察煤岩试样在单轴压缩状态下电磁辐射记忆效应特征及瓦斯、水对煤岩电磁辐射记忆效应的影响,选择了邢台东庞矿、淮南潘三矿、阳泉一矿、兖州东滩矿、义马千秋矿和徐州三河尖矿等矿井的型煤或原煤试样 60 多块,在循环加载-恒载-卸载和加载-卸载等方式下进行了煤岩破坏电磁辐射和声发射记忆效应试验,循环加卸载方式下的部分典型试验结果如图 2-46~图 2-49 所示。

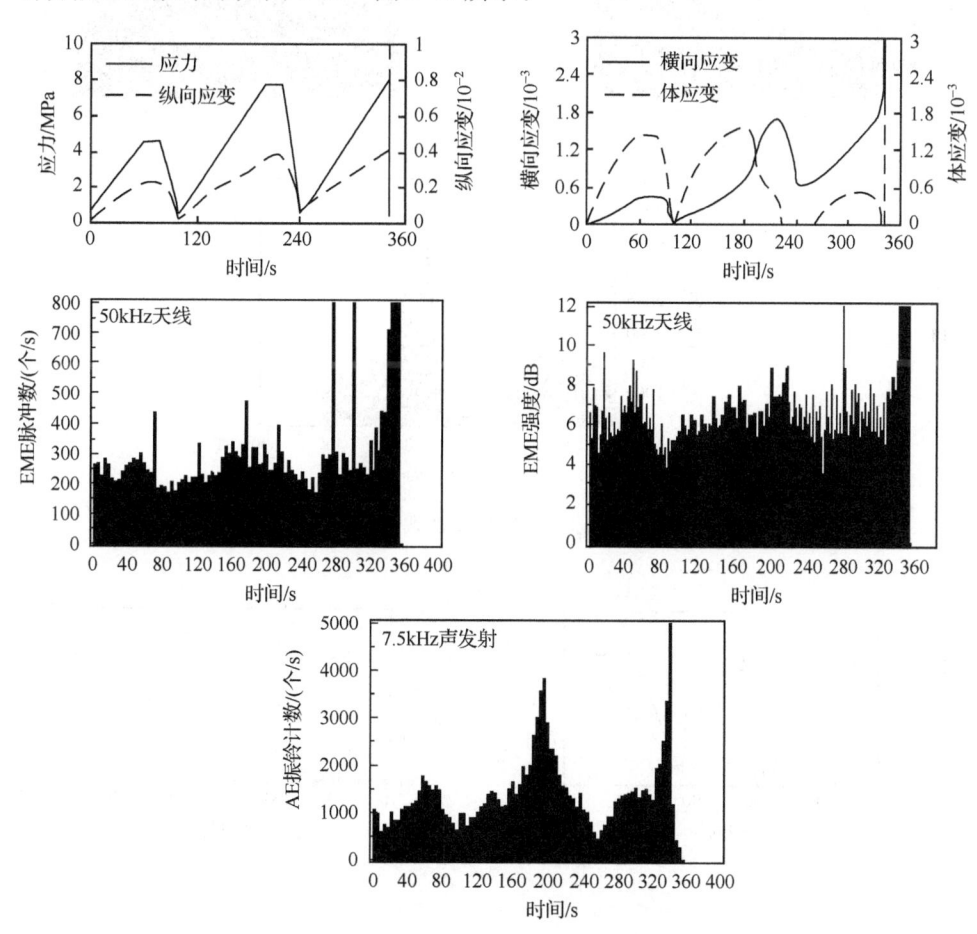

图 2-46 阳泉原煤单轴反复加载-恒载-卸载试验

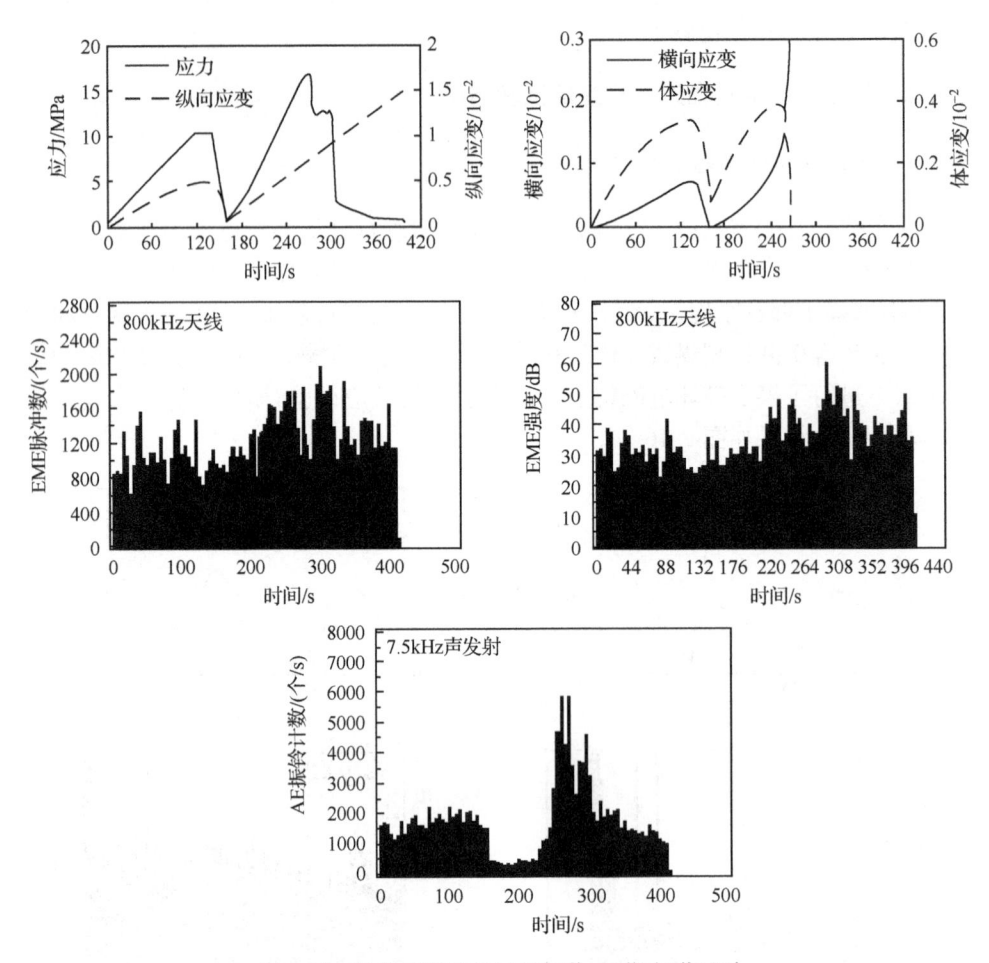

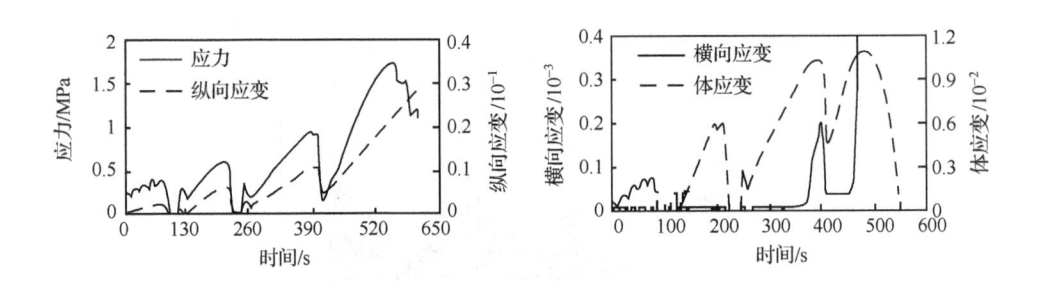

图 2-47 淮南原煤单轴反复加载-恒载-卸载试验

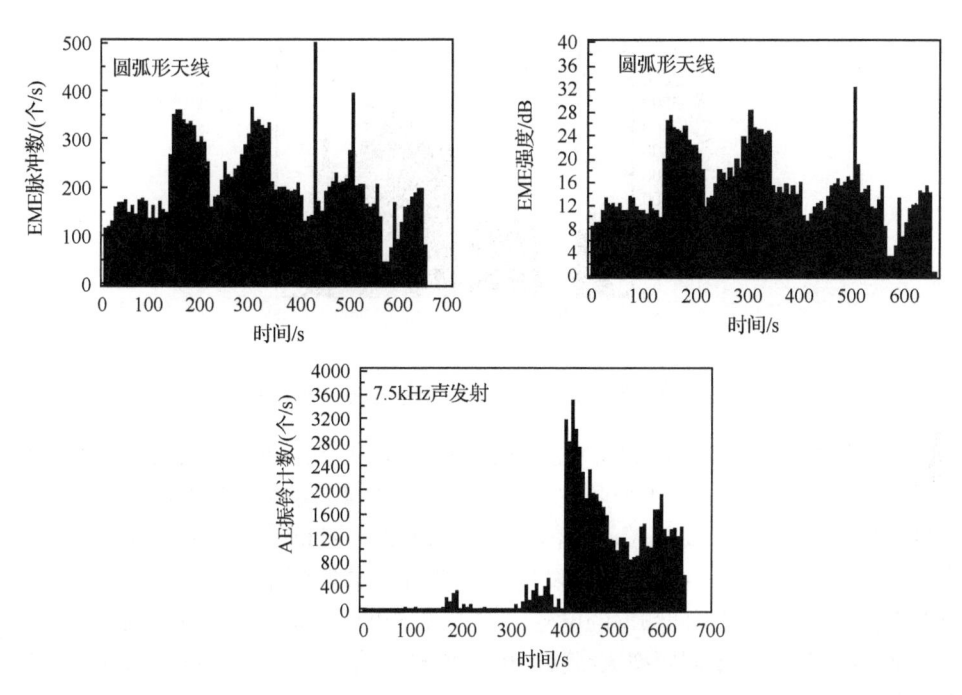

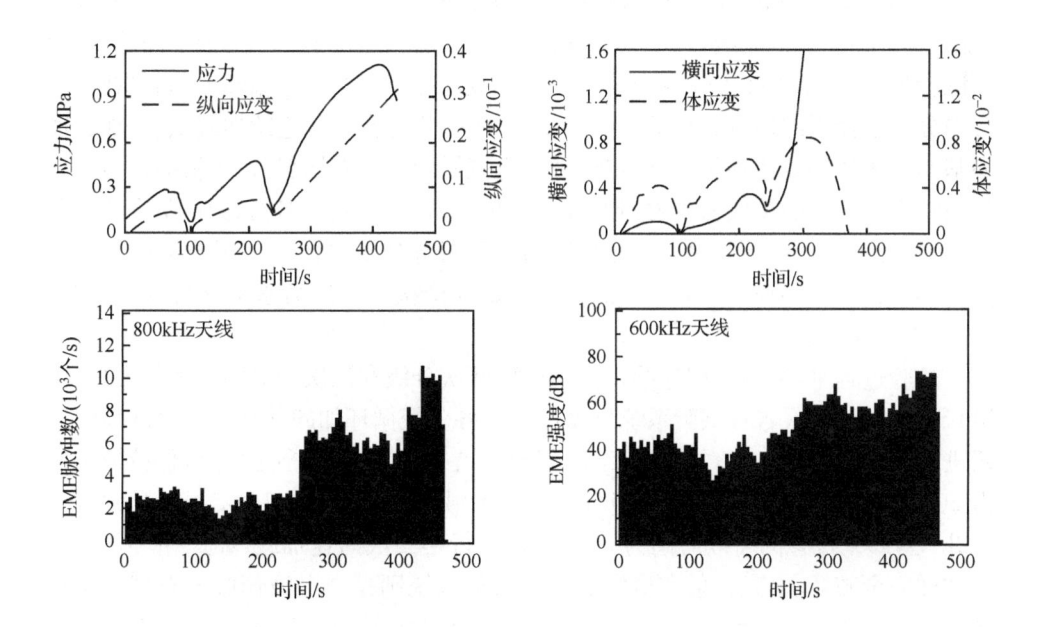

图 2-48　邢台型煤单轴反复加载-恒载-卸载试验

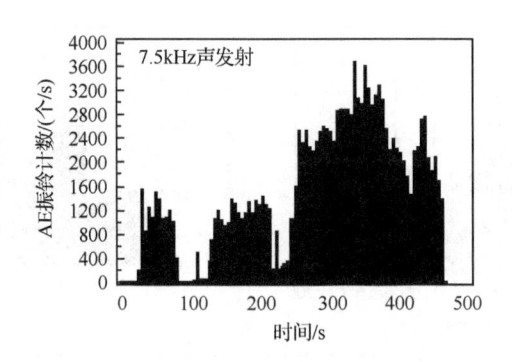

图 2-49　淮南型煤单轴反复加载-恒载-卸载试验

每个试验过程的具体加载方式见各自图中的应力-时间曲线,试验过程中同时选用 3 个电磁辐射天线和 1 个声发射传感器来接收煤岩破坏产生的电磁辐射和声发射信号,电磁辐射天线的频率如前节所述,但以 50kHz、800kHz 的磁棒点频天线和圆弧形铜板宽频天线为主,声发射传感器选用谐振频率为 7.5kHz 的美国产声发射探头。为说明不同频率的电磁辐射天线均可反映煤岩破坏电磁辐射记忆效应特征,图中给出了不同频率天线接收的电磁辐射信号的脉冲数、强度或能量数的变化曲线。

在实验室条件下,煤岩破坏过程可分为以下几个阶段:裂纹压密阶段、表观线弹性变形阶段、加速非线弹性变形阶段和破坏及其发展阶段。在电磁辐射记忆效应试验过程中,基本按上述四个阶段进行分级加卸载。在进行循环加卸载试验前,首先分别选择不同地点和种类的煤岩试样 3~5 块进行全程连续加载试验,加载速率基本与循环加载速率相当,确定该种煤岩试样的最大破坏载荷,再根据初步确定的该种煤岩试样的最大破坏载荷的 30%、50% 和 80% 确定各分级阶段的最大载荷。尽管同一地点和同一种类的煤样,但由于各煤岩试样内部微裂隙结构不尽相同,其最大破坏载荷亦各不相同,故很难保证完全按上述应力水平进行分级,如图 2-46~图 2-49 的应力-时间曲线。

试验过程中,采用全程连续、一次分级、两次分级和三次分级四种加载方式,由 MTS815 电液伺服岩石试验系统自动控制。各分级循环加卸载是在一次试验中连续进行的,即第一次匀速加载(持续时间 60s 或 120s)到最大预定值后,保持恒定应力 20s(或至最大设定值后直接卸载),然后卸载(原煤卸载至 1.0kN,型煤卸载至 0.2kN),卸载过程的持续时间为 20s,接着进行第二次匀速加载,如此循环往复直至试样完全破坏;电磁辐射和声发射信号采集系统则是与电液伺服岩石试验系统同时开始采集至试验结束,其包含了各阶段电磁辐射和声发射信号变化的所有信息。

图 2-46~图 2-49 及其他煤岩试样循环加卸载电磁辐射记忆效应试验结果表

明,煤岩、混凝土变形破坏电磁辐射记忆效应取决于前期加载所达到的最高应力水平,当前期加载的应力水平超过某一范围时,记忆效应即将消失;煤岩、混凝土损伤破坏过程的不可逆性决定了电磁辐射过程的不可逆性,这亦是出现煤岩、混凝土破坏电磁辐射记忆效应现象的直接原因。电磁辐射信号不仅在煤岩、混凝土损伤破坏过程中产生,而且在变形过程中亦有微弱电磁辐射产生,故在循环加卸载过程中,即使施加的载荷尚未达到先期的最高应力水平,相对较弱的电磁辐射信号始终存在,甚至出现短暂的突然增大现象。

煤岩、混凝土变形破坏电磁辐射及声发射信号特征不仅与其所受到的载荷大小及变形速率有关,而且与煤岩结构、非均质程度及原生孔(裂)隙分布有关。对于同一煤岩介质,所受载荷大小及作用时间不同,其变形破坏程度不同。在煤岩、混凝土变形破坏过程中,只要不产生微裂纹及其扩展即不会产生弹性能释放,也就不会产生声发射信号;而煤岩、混凝土电磁辐射信号不仅在微裂纹及其扩展的破坏过程中产生,而且在损伤变形过程中同样产生。电磁辐射记忆效应和声发射 Kaiser 效应是煤岩试样变形破坏电磁辐射和声发射信号的重要特征。煤岩破坏电磁辐射记忆效应是指煤岩当再次加载到先前经受过的应力水平后电磁辐射信号突然连续增强的现象,即煤岩电磁辐射具有记忆先前承受的最大应力的能力。

煤岩结构的多孔(裂)隙、非均质和强度低的特点决定了其电磁辐射过程具有特殊性。在循环加载过程中,煤岩试样的微变形和薄弱面的微破坏,均会有电磁辐射信号产生,出现局部破坏或外界突变电信号的干扰亦会引起电磁辐射信号突然增强现象,但这种信号持续时间相对极为短暂,不能作为恢复有效电磁辐射信号的标志。通过对原煤试样、型煤试样的电磁辐射记忆效应试验结果分析,我们认为对于原煤、型煤试样可以用以下两个特征判断是否出现有效电磁辐射信号,均是以电磁辐射脉冲数-时间曲线图为参照系:①连续性准则,即当载荷增加时,高于加载前期相对较弱的电磁辐射信号的脉冲数曲线是连续的;②脉冲数突然增加准则,即当载荷增加时,电磁辐射脉冲数迅速增大并超过加载前期相对较弱电磁辐射信号脉冲数的30%。

当这两个条件同时满足时,便可认为已经恢复了有效电磁辐射。根据这两个判别标准,对原煤、型煤试样在单轴循环加卸载电磁辐射过程进行分析即可确定每一加载循环电磁辐射对先期最大应力 P 的记忆效应点,现将图 2-46~图 2-49 中的各物理参数的记忆点和记忆误差状况列于表 2-3 和表 2-4 中。

2. 煤岩电磁辐射记忆效应规律

由图 2-46~图 2-49 及其他原煤、型煤和混凝土的单轴压缩电磁辐射记忆效应试验结果分析,得到不同加载循环和阶段电磁辐射及其记忆效应变化规律如下。

表 2-3 煤岩试样反复加卸载电磁辐射和声发射记忆点状况表

试样名称	记忆点特征参数				
	加载次数	1	2	3	4
阳泉原煤	施加最大应力 P/MPa	4.671	7.738	7.961	—
	应力水平 P/P_f/%	58.67	97.19	100	—
	P 声发射 Kaiser 点/MPa	—	4.869	2.764	—
	P 电磁辐射记忆点/MPa	—	4.281	2.000	—
淮南原煤	施加最大应力 P/MPa	10.361	16.718	—	—
	应力水平 P/P_f/%	61.96	100	—	—
	P 声发射 Kaiser 点/MPa	—	11.825	—	—
	P 电磁辐射记忆点/MPa	—	8.116	—	—
邢台型煤	施加最大应力 P/MPa	0.380	0.562	0.923	1.732
	应力水平 P/P_f/%	21.94	32.45	53.29	100
	P 声发射 Kaiser 点/MPa	—	0.401	0.596	0.167
	P 电磁辐射记忆点/MPa	—	0.322	0.344	0.728
淮南型煤	施加最大应力 P/MPa	0.291	0.453	1.115	—
	应力水平 P/P_f/%	26.10	40.63	100	—
	P 声发射 Kaiser 点/MPa	—	0.206	0.226	—
	P 电磁辐射记忆点/MPa	—	0.285	0.283	—

表 2-4 煤岩破坏电磁辐射和声发射记忆效应点误差状况表

试样名称	记忆效应点特征参数误差/%				
	加载次数	1	2	3	4
阳泉原煤	P 声发射 Kaiser 点	—	42.39	−64.28	—
	P 电磁辐射记忆点	—	−8.35	−74.15	—
淮南原煤	P 声发射 Kaiser 点	—	14.13	—	—
	P 电磁辐射记忆点	—	−21.67	—	—
邢台型煤	P 声发射 Kaiser 点	—	5.53	6.05	−81.97
	P 电磁辐射记忆点	—	−15.26	−38.79	−21.13
淮南型煤	P 声发射 Kaiser 点	—	−29.20	−50.11	—
	P 电磁辐射记忆点	—	−2.06	−37.53	—

（1）在线弹性变形破坏前，当循环加载应力达到先期加载应力的最大值之前时，电磁辐射和声发射信号基本不出现迅速连续增强现象，但电磁辐射信号始终存在，而当应力、应变接近或超过先期最大值时，其信号突然连续增强；在保持恒定应

力时,电磁辐射和声发射信号变化相对平稳;卸载时出现电磁辐射信号瞬时突然增强而后减弱的现象,偶尔出现几簇声发射信号。

(2) 型煤、原煤和混凝土试样在单轴压缩循环加载过程中,电磁辐射和声发射均具有明显的记忆先期最大应力能力,但记忆的准确程度各有不同。

(3) 电磁辐射记忆效应和声发射 Kaiser 效应对各状态参量的记忆具有较好的一致性,但电磁辐射记忆效应常常呈现超前性,声发射 Kaiser 效应常常呈现滞后性。

(4) 型煤、原煤和混凝土试样在先期最大载荷超过试样的极限破坏应力水平的 75%～80% 时卸载,在重新加载的初期即出现大量的声发射和电磁辐射信号,并随着载荷的增大而呈增强趋势,表明当加载应力超过一定水平后,煤岩、混凝土试样的电磁辐射将失去记忆能力。

(5) 加载方式中是否保持恒载对电磁辐射记忆效应基本不产生影响,即以加载-恒载-卸载和加载-卸载两种方式进行循环加载并不影响煤岩流变破坏电磁辐射记忆效应的产生。

2.5.3 瓦斯、水对煤岩破坏电磁辐射记忆效应的影响

煤系地层中,瓦斯是以吸附和游离两种状态赋存于煤体中的孔隙流体,地下水是地层中无处不在的天然资源,煤层中必然存在着瓦斯和水等孔隙流体。因此,瓦斯和水均是影响煤岩破坏电磁辐射特征的重要因素。何学秋[171]、王恩元[91]、聂百胜[92]均就瓦斯和水分对煤岩破坏电磁辐射的影响进行过研究,其研究成果表明,煤层瓦斯含量越高,煤岩破坏过程中产生的电磁辐射信号相对越强;煤层含水量越大,煤岩强度和弹性模量相对越低,受载破坏时产生的电磁辐射信号强度相对越小。瓦斯和水影响着煤岩变形破坏电磁辐射信号的产生,为了研究在瓦斯和水存在的情况下,煤岩变形破坏电磁辐射是否仍存在记忆效应,以瓦斯吸附平衡压力 2.0MPa、自然浸水 48h 的淮南和义马的原煤试样 18 块进行了电磁辐射记忆效应的试验研究,部分典型测定结果如图 2-50 和图 2-51 所示。

对含孔隙流体(瓦斯、水)的煤岩电磁辐射记忆效应的试验结果进行分析,结果表明如下。

(1) 饱含瓦斯气体的煤岩在单轴往复加载过程中电磁辐射具有记忆效应,即瓦斯气体基本不影响煤岩电磁辐射的记忆能力。

(2) 饱水程度对煤岩电磁辐射记忆效应产生影响,含水量越高,在单轴循环加载过程中电磁辐射记忆效应越不明显,甚至失去记忆能力。

出现上述现象的原因可能是煤岩破坏电磁辐射记忆效应是对煤岩体先期受载产生损伤破坏程度的反映,先期施加最大应力并卸载后,瓦斯气体始终游离或吸附于煤岩试样中,煤岩试样并不会因为含有瓦斯气体而继续发生损伤破坏,更不会改

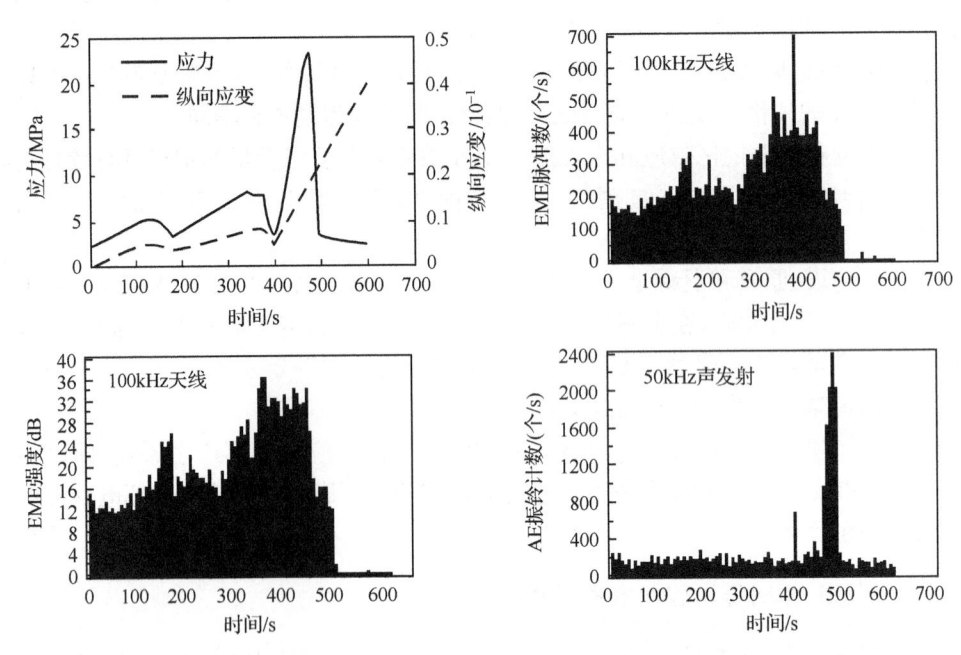

图 2-50　淮南原煤单轴反复加载-恒载-卸载试验（瓦斯吸附平衡压力 2.0MPa）

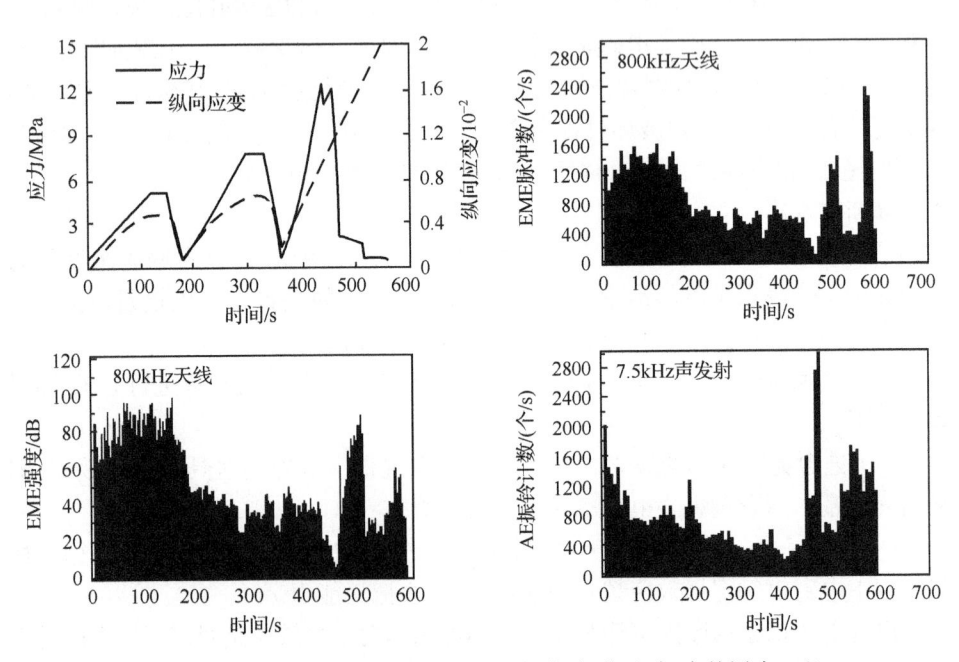

图 2-51　义马浸水原煤单轴反复加载-恒载-卸载试验（自然浸水 48h）

变煤岩试样内部结构,故含瓦斯煤岩体在单轴应力状态下电磁辐射存在记忆效应,对于含水煤岩试样,水使煤岩试样强度弱化,特别是高岭石、石膏等黏土矿物成分高的煤岩,饱水后黏度增强,在单轴压缩过程中,与非含水煤的微元结构破坏过程必然存在一定程度的差异,弹性变形阶段的损伤破坏的不可逆性不明显,因此,单轴循环加载过程中,含水程度越高的煤,其电磁辐射记忆效应越不明显。

2.6 小　　结

通过对单轴加载单一和组合煤岩变形破裂过程、煤岩冲击过程、摩擦过程、蠕变过程、松弛、卸载过程以及循环加载过程电磁辐射特征的试验研究,得出以下结论。

(1) 建立了在屏蔽室("零磁空间")内的煤岩电磁辐射的试验系统,试验研究了单一煤样和组合煤岩样单轴压缩下的电磁辐射特征,并对煤岩冲击过程、摩擦过程、卸载过程、蠕变和松弛等过程进行了试验;在伺服机试验台对电磁辐射的记忆效应规律进行了研究。

(2) 单轴压缩单一煤样的试验结果表明,在煤岩的裂纹压密阶段,电磁辐射呈增加趋势;在表观线弹性阶段,会出现电磁辐射脉冲数增大后有一段较小的平静区;在加速非弹性变形和破裂及其发展阶段,电磁辐射急剧增大,破坏后电磁辐射脉冲数减小。对同一类煤样加载速率不同的电磁辐射试验结果表明,加载速率越快,煤岩强度越高,电磁辐射脉冲数和强度越大。单轴压缩煤岩的突然卸载过程产生的电磁辐射脉冲数较小,而且频率范围也较低,随着卸载的进行,电磁辐射脉冲数逐渐减少。

(3) 组合煤岩样的试验结果表明,破坏过程是逐次渐进进行的,受载过程中首先是强度较低的煤样破坏,接着煤样碎屑逐渐压密,随后强度次之的岩石发生破坏。组合煤岩两次破坏过程的电磁辐射脉冲数并没有相差很大,而且在煤样破坏后的挤压、摩擦阶段,也出现了较大电磁辐射脉冲数,这说明,摩擦过程对电磁辐射的贡献很大。层状组合煤岩体与各单一岩石的强度具有明显差异,主要原因是岩石交界层面处的横向应变约束效应。

(4) 冲击过程的电磁辐射的频率较高,用 2.5MHz 的天线也接收到了信号。该过程煤样、混凝土试样的电磁辐射信号比较丰富,而砂岩电磁辐射脉冲数较少。这与煤岩内部的结构有很大关系。

(5) 摩擦过程的电磁辐射脉冲数变化较小,而其数值并不比单轴压缩产生的小,同样也说明了摩擦形成的双电层对电磁辐射的重要贡献。

(6) 煤岩蠕变过程电磁辐射信号几乎都出现在应变发生变化的一段时间内,而在应力恒定发生流变时产生的很少,而且以低频为主,松弛过程产生的电磁辐射脉冲数随应力的减小而减小,主要是低频信号。

（7）煤样循环加载的电磁辐射试验结果表明,电磁辐射对先前承受的最大应力具有记忆效应,该记忆效应常常具有超前性,当加载应力超过一定水平后,电磁辐射记忆效应将失去。瓦斯的存在对电磁辐射记忆效应基本没有影响,而水的存在使得该效应减弱。

第3章 含瓦斯煤岩受载破坏电磁辐射试验研究

本章开展原煤及由三种不同粒度制成的型煤煤样单轴压缩破坏力学试验,基于含瓦斯煤岩单轴压缩破坏电磁辐射试验系统,以型煤煤样为研究对象,研究不同瓦斯吸附压力条件下煤岩单轴压缩破坏过程中的电磁辐射信号特征,分析孔隙瓦斯对煤岩变形、峰值强度、弹性模量及电磁辐射信号特征的影响。

3.1 试验系统及方案

为研究不同瓦斯吸附压力条件下煤岩单轴压缩破坏过程中的电磁辐射特征,在煤岩单轴压缩破坏试验系统的基础上进行改造,制作了可以实现煤岩加载的高压密闭气室,设计了完整的试验方案,以下对试验系统及方案分别进行阐述。

3.1.1 试验系统

该试验是在中国矿业大学(北京)矿井煤岩动力灾害预警技术实验室自主设计研制的"含瓦斯煤受载破坏过程电磁辐射-声发射试验系统"的基础上进行的。整个试验系统主要包括压力加载系统、供气与气体控制系统、煤岩变形及声电采集系统,试验系统及结构如图 3-1 所示。

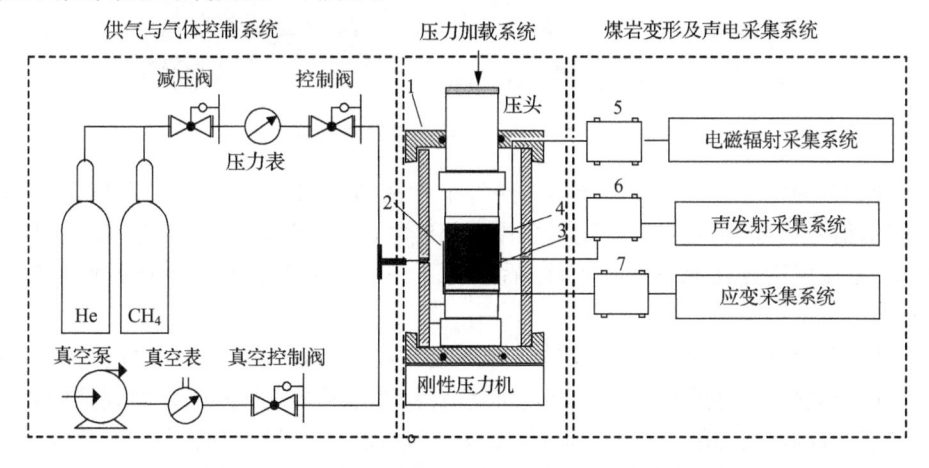

图 3-1 含瓦斯煤岩受载破坏电磁辐射试验系统结构
1-高压密闭气室;2-电阻应变片;3-声发射传感器;4-电磁辐射接收天线;
5-电磁辐射采集主机;6-声发射采集主机;7-电阻应变仪

1. 压力加载系统

压力加载系统采用的是济南天辰试验机生产的 WAW-1000 型刚性电液伺服精密试验机(electro-hydraulic servo-controlled rock mechanics testing system),如图 3-2 所示,该系统由主控计算机、数字控制器、手动控制器、液压控制器、液压作动器、液压油源以及进行各种功能的试验附件等组成,载荷精度可达±0.005kN,位移精度为±0.001mm。试验过程中可通过参数设定实现以恒定轴向应变率、恒定轴向应力率的方式对煤岩样进行加载,另外还可以通过编程设置进行三角波、正弦波、方波等自动循环加、卸载等多种加载方式。本章在对煤岩样进行单轴压缩加载过程中,采用位移加载方式施加轴向应力进行试验,原煤煤样加载速率为 0.12mm/min,型煤煤样加载速率为 0.5mm/min,加载至煤样破坏。

图 3-2 含瓦斯煤岩受载破坏电磁辐射试验系统

同时,为研究不同瓦斯吸附压力条件下含瓦斯煤岩单轴压缩破坏过程中的电磁辐射信号特征,试验系统研制了高压密闭气室,为试验提供满足要求的气体作用环境,是使煤岩样在充分吸附 CH_4 后进行下一步试验的前提。高压密闭气室如图 3-3 所示。

研制过程中,密闭气室选用 Q45 号不锈钢材料,缸体盖与缸体之间使用大小不同两个规格 O 型密封圈,缸盖的中心位置设置加载杆,通过压力加载系统将压力加载至加载杆作用到煤岩试样上,加载杆与试验体之间为动密封,采用 O 型密封圈和两个 YX 型密封圈构成的组合密封件密封,组合密封件的外侧通过螺钉固定在试验体上的小盖限位。以上设计能确保测试腔在抽真空(负压)和充瓦斯气体(正压)情况下压力稳定,均具有良好的气密性。同时,从缸体引出测量导线与缸体

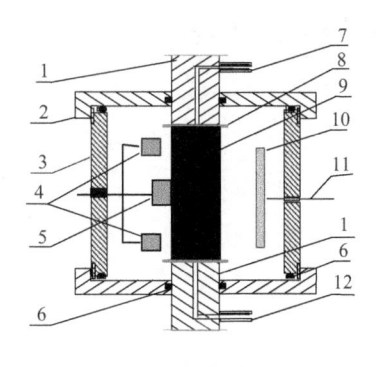

图 3-3　高压密闭气室示意图及实物图

1-压力机压头；2-缸盖；3-缸体；4-电磁辐射传感器；5-应变仪；6-密封圈；7-瓦斯入口；8-绝缘纸；9-煤样；10-磁棒天线；11-信号线；12-瓦斯出口

外的煤岩电磁辐射、电阻应变仪等测量仪器相连接，以传递电磁辐射、应变等测量信号，实现对煤岩破坏过程状态的全面测量。将气孔引出的气管分成两路，一路与抽真空设备连接，另一路与外界高压供气设备连接，以便在压力试验前按要求对测试腔进行抽真空和充瓦斯操作。

2. 煤岩电磁辐射采集系统

声发射、电磁辐射测试系统是观测孔隙气体作用下由煤岩损伤产生能量辐射特征的主要设备，由声发射传感器、电磁辐射接收天线、前置放大器、声电采集主机及声电采集分析软件 5 部分组成，如图 3-4 所示。声发射传感器、前置放大器及声电采集主机与分析系统采用德国 Vallen 公司的 AMSY-5 系列 8 通道解决方案。试验所选择的声发射传感器多为谐振频率在几十至几百 kHz 的传感器，根据煤岩类材料声发射频率范围和煤岩强度特性，所选的声发射传感器的谐振频率主要处于十几至 200kHz。本次试验所用的声发射传感器为 Vallen 公司生产的 VSH150-M，具体性能如表 3-1 所示。由于孔隙气体作用下煤岩声发射、电磁辐射向外辐射的能量相当微弱，在试验过程中选择了高输入阻抗、低噪声、低输出阻抗的前置放大器，外壳采用金属裁量，有良好的电磁屏蔽作用，保证放大电路很好地满足系统的要求，前置放大器的增益为 34dB（可调节至 40dB），电路功耗较低，主要性能指针如表 3-1 所示。

AMSY-5 声发射、电磁辐射采集主机可实现 8 通道高达 10MHz 采样速率同步数据采集，具有 24bit 精度的 A/D 转化，最多可以安装 4 个声发射通道，USB2.0 高速数据传输接口，实现主机与计算机的通讯。声电采集软件实现对数据的实时采集与存储，可以单独设定各个不同通道的采集参数，包括模拟信号增益、采集速

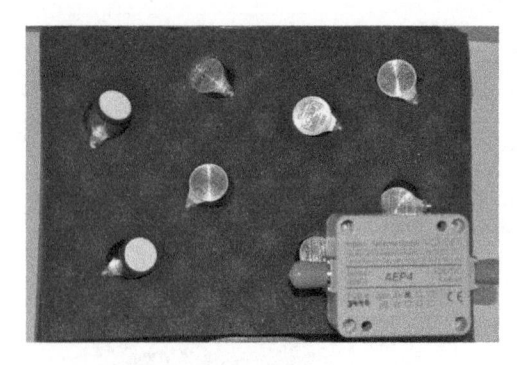

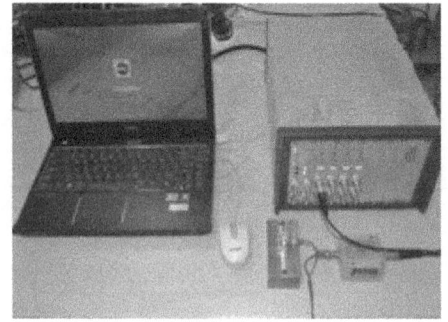

(a) VSH150-M传感器及前放　　　　(b) AMSY-5声电测试系统主机

图 3-4　Vallen AMSY-5 声电测试系统实物图

表 3-1　Vallen AMSY-5 声电测试系统配置表

名称	型号规格	功能说明
主机	MB6	4个声发射通道，USB2.0与计算机的通讯
外接参数模块	PA471	有2个特殊功能的外接参数输入板，可外接压力传感器
声发射采集卡	ASIP-2/S	每卡集成2个独立的声发射通道，采样10M/s，40MADC
波形模块	TR-2/16MB	瞬态波形记录模块16MB波形存储，每个通道8MB
声发射传感器	VSH150-M	频率：300～800kHz；尺寸：$D=3mm$，$H=3mm$
前置放大器	AEP4	带宽：2.5kHz～3MHz；增益：34dB（可以调节为40dB）；脉冲通过能力：0～400Vpp；供电：+28VDC 24mA
采集打包软件	BDSWB	基本软件包、三维图形输出、数据采集扩充软件、滤波分析软件、统计软件、分析资料能力10万个撞击/s
定位打包软件	BDSWLoc1	定位软件包：一维、二维（平面、柱面）多组多边型定位、重复定位分析、幅度修正软件
波形分析软件	VTR	Rectangle/Hammin/Hanning/Trapezium/Bartlet/Welsch可供选择，对所采集的声发射波形信号进行分析
小波分析软件	Vallen Wavelet	小波分析软件包

率、撞击定义时间（HDT）、撞击闭锁时间（HLT）等参数。同时，为分析资料的方便，可以保存设置采集参数、采集卷标等功能。采集过程中可以设置暂停、恢复和结束操作；采集数据不但可以在线实时进行分析，也可以在采集结束后进行事后处理与分析。分析软件可以实现声发射、电磁辐射资料的关联图分析、定位图分析、资料列表分析等。其中关联图分析，可以设置 X 轴和 Y 轴的坐标、显示尺度、线

性/对数显示、刷新速度、颜色、线图/点图/直方图等各种参数,可以实现多方面的需求。数据列表在采集的同时,可以实现选择显示的参数、数据的特征搜索及浏览历史数据等功能;定位图可以通过定位模型选择定位方式,不但可以实现线定位、任意三角定位等方式,还可以通过设定完成不规则试样的定位参数,如波速、距离、环绕、顶底等参数。

电磁辐射接收天线是接收煤岩向外辐射电磁辐射信号的装置,也就是通过接收天线这个装置来俘获在煤岩中的电磁能量,根据对收到的电磁信号的辐射特征分析,得出孔隙气体作用下煤岩损伤的程度。电磁辐射接收天线的接收性能及基本参量等直接关系到接收效果,并影响着测试的准确性。在对国内外天线生产厂家进行系统的考察后,从天线性能、频带宽度和天线参量要求等方面,选择了由A. H. Systems公司设计、生产的高性能的 SAS-560 环形天线,如图 3-5(a)所示。该接收天线频带范围较宽,可用于一个非常宽的磁场测试范围,不但可以作为屏蔽效能测试的设备(按照 MIL-STD285 和 NSA65-6 标准),也可以独立用于安全性指标和接收测试。SAS-560 环形天线基本参数如下:频率范围:20Hz～2MHz;阻抗:50Ω;界面:BNC,母;环直径:13.3cm;质量:0.1kg。其频率特性如图 3-5(b)所示。

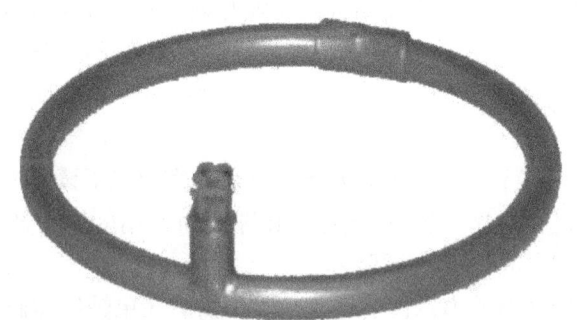

(a) A.H.Systems SAS-560环形天线

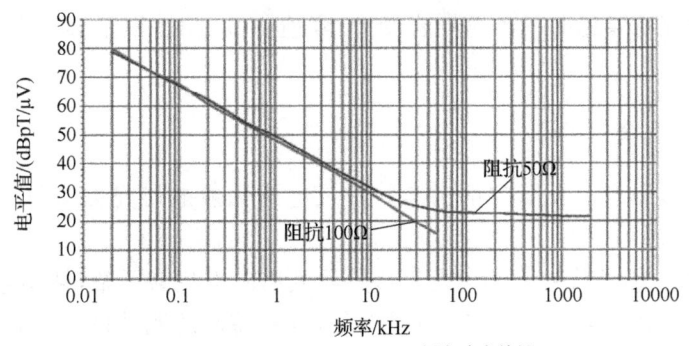

(b) A.H.Systems SAS-560频率响应特性

图 3-5 煤岩电磁辐射接收天线及频率响应

图 3-6　电磁辐射屏蔽系统

3. 电磁屏蔽系统

煤岩受载破坏过程中电磁辐射信号的辐射强度很弱,很容易受到工业用电、无线广播及电动机械等较强外界环境的干扰,这就要求煤岩电磁辐射试验过程中要采取严格的电磁屏蔽措施。本研究采用了陕西华达电磁屏蔽技术有限公司生产的电磁屏蔽室,屏蔽效果大于 80dB,试验过程中可将高压密闭气室置入屏蔽室内,通过电缆引入接口将电磁辐射测试主机与接收天线连接,如图 3-6 所示。

3.1.2　试验方案

1. 试验目的

本节试验的主要目的是研究煤岩在孔隙瓦斯气体与加载应力共同作用下,煤岩内部损伤、破裂过程中向外释放弹性能及电磁能的电磁辐射规律。

2. 试验研究内容

通过试验系统本节将遵循试验方案重点研究完成以下试验内容。

(1) 为便于进行对比分析,首先对无孔隙瓦斯作用的原煤及不同粒度型煤煤样进行单轴压缩破坏电磁辐射试验。

(2) 研究不同瓦斯压力条件下煤岩吸附平衡后在单轴压缩破坏过程中的电磁辐射信号特征。

(3) 研究孔隙瓦斯气体对煤岩变形、峰值强度、弹性模量等力学参数特征的影响。

3. 试验步骤

对于常规不含瓦斯煤岩的力学特性及电磁辐射的研究方法,具体试验步骤如下。

(1) 试验前,将煤样安装声发射传感器处用砂纸打磨平整,粘贴电阻应变片。使用凡士林将声发射传感器与煤样耦合好,并用特制的绷带将声发射传感器与煤样固定。同时,声发射传感器应该尽量安装在试样的中部,以消除试样两端和试验机接触的影响。

(2) 将煤样放置到压力机的底座上,煤样与压力机底座及压头之间用绝缘纸隔开,然后将 SAS-560 环形电磁辐射接收天线布置在距煤样 50mm 处,将压头调整到与煤样恰好接触,罩上 EME 屏蔽罩。

(3) 按照图 3-1 所示的方法连接好电磁辐射、声发射监测系统及应力-应变采集系统,确保各仪器的工作状态完好。

(4) 开启 AMSY-5 声电采集系统和高速数据采集系统,设置采样速率、触发模式,观测背景噪声设定采集门槛值。

(5) 开启应力-应变采集系统,选择合适的桥接方式及灵敏度参数、衰减系数和输出模式。

(6) 开启加载系统开始加载,然后开始采集煤岩受载过程中的电磁辐射、声发射信号,直至煤样发生破坏,试验结束后先停止信号采集再停止压力机。

(7) 更换煤岩试样进行破坏过程中的电磁辐射、声发射特性试验研究。

研究含瓦斯煤岩受载破坏过程中的电磁辐射、声发射特征,设计以下试验方案。

(1) 通过供气与气体控制系统检查高压密闭气室及管路的气密性,并确保整个系统不漏气。

(2) 将安装好声发射传感器、电阻应变片的煤样置入高压密闭气室内,然后将 SAS-560 环形电磁辐射接收天线套在煤样周围,紧盖高压密闭气室的缸盖。

(3) 使用真空泵对放有煤样的高压密闭气室抽真空,连续抽 4h 且真空度达到 10^{-3} Torr(1Torr=1.33322×10^{2} Pa)后关闭真空控制阀与真空泵。

(4) 向密闭高压气室内依次充入 1MPa、2MPa、4MPa、6MPa 的 CH_4,每个压力点平衡 24h,测定不同瓦斯压力条件下煤样受载破坏过程中的电磁辐射、声发射信号特征。

(5) 保存试验结果,进行对比分析。

3.2 试样制备及试验准备

试验使用的煤样取自山西潞安集团常村煤矿、张家口宣东煤矿原煤煤样及参考 2.3 节型煤制作方法制作的 ϕ50mm×100mm 的圆柱形型煤煤样,型煤煤样由 0.18mm、0.42mm、0.85mm 三种不同粒度压制而成。在试验开始之前,需要完成以下准备工作。

(1) 对试验煤样进行编号及准确测量煤样的直径、高度,进行记录。

(2) 取制作好的煤样,将要贴应变片的部位使用酒精清洗干净,然后用 502 胶将应变片贴好,并确保电阻应变片与煤样表面粘贴良好。为保证能采集各个方向的应变数据,在煤样中部位置对称贴两组应变片,每组中轴向和环向各一片,每个煤样共贴 4 片。然后将漆包丝与各应变片连接并焊接好后，将每组漆包丝用胶布固定在煤样表面，以防脱落。用万用表进行测量，待测量电阻位于正常数值可进行下一步试验。

（3）对接入 AMSY-5 声电采集系统和高速数据采集系统的试验煤样进行标定试验，确保声电采集系统进而高速数据采集系统正常运行。

（4）为保障试验过程中的安全性，每组试验前使用 He（或 N_2）进行气密性试验，即充入气体 10MPa 后 1h 后压力变化不超过 0.1MPa。在进行 CH_4 条件下煤岩破坏电磁辐射、声发射特征试验前测试瓦斯报警仪，并保证其在试验过程中处于正常状态。

3.3 煤岩力学特性及电磁辐射特征

3.3.1 煤岩单轴压缩破坏力学特性及电磁辐射特征

1. 煤岩单轴压缩破坏力学特性

本节试验研究了张家口宣东煤矿和潞安集团常村煤矿的圆柱形原煤煤样及参考 3.3 节的型煤制作方法制作的型煤试样。型煤试样由 0.85mm、0.42mm、0.18mm 三种不同粒度分别压制而成。煤样参考岩石力学的试验标准制作成 φ50mm×100mm 规格。共进行了 5 个煤样单轴压缩破坏试验，测试装置如图 3-7(a)所示，试样受载破坏形态如图 3-7(b)和(c)所示。

(a) 煤岩电磁辐射测试　　(b) 原煤煤样破坏形态　　(c) 0.18mm型煤破坏形态

图 3-7　单轴压缩破坏试验及煤岩破坏特征

通过煤岩单轴压缩破坏试验得到了不同类型煤样的应力-应变曲线、环向应变-轴向应变曲线、煤岩电磁辐射能量累积-轴向应变曲线及电磁辐射幅值、脉冲数等相关参数的分布特征,分别如图3-8和图3-9所示。通过单轴压缩破坏煤岩电磁辐射试验可以看出,原煤煤样受载破坏过程中会有丰富的电磁辐射信号发生,且煤岩电磁辐射信号的能量幅值分布、脉冲数分布及辐射能量累积值与加载应力的大小、煤岩破坏的程度有很好的相关性。从脉冲数来看,加载初期属于煤岩微裂隙及孔隙的压实阶段,煤岩电磁辐射的脉冲数较少,且煤岩破坏的强度幅值较低,常村煤样的脉冲数在0~10,破坏电磁辐射强度在40~62dB,宣东煤样的破坏辐射

(a) 应力-应变曲线

(b) 环向应变-轴向应变曲线

(c) EME脉冲数

(d) EME强度分布

(e) EME脉冲数累积

(f) EME辐射能量累积

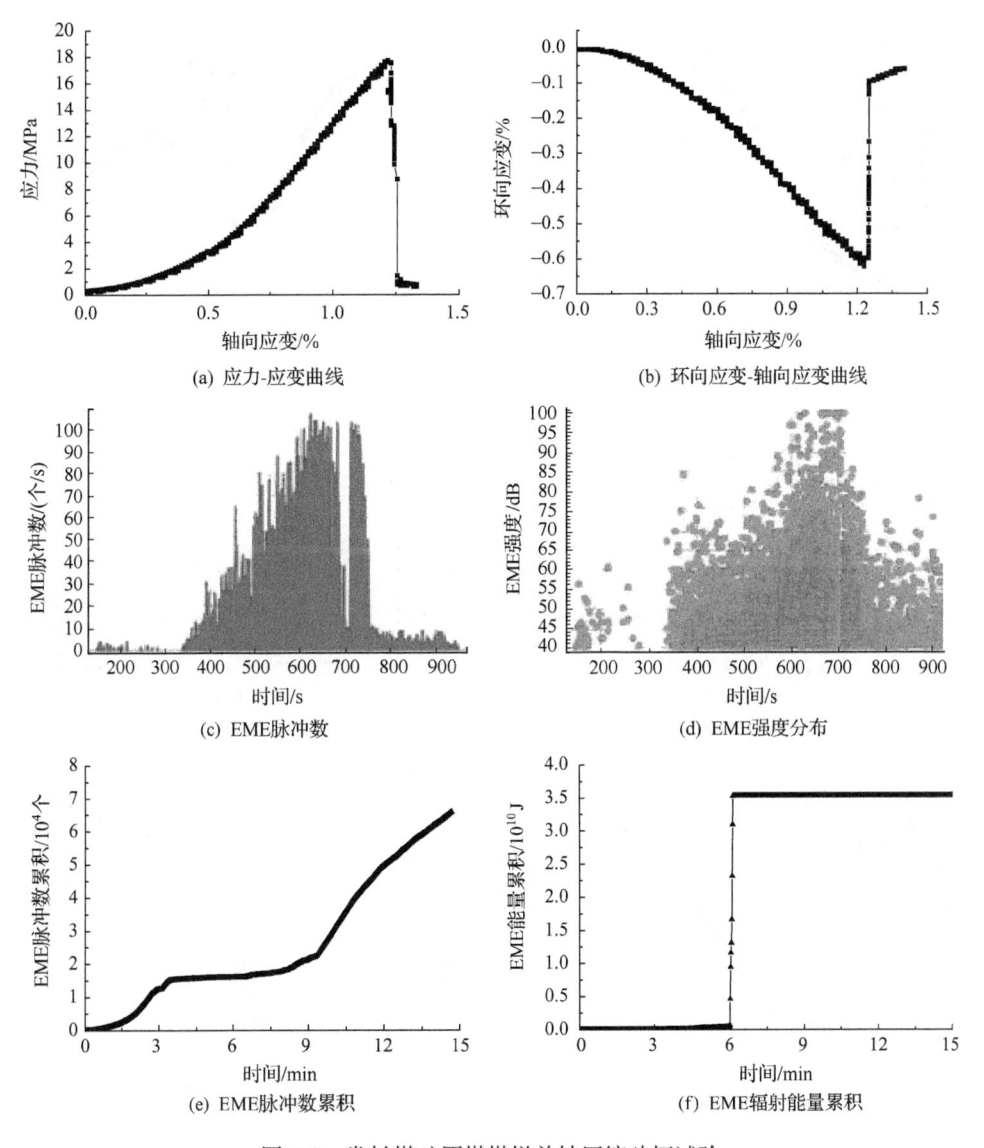

图3-8　常村煤矿原煤煤样单轴压缩破坏试验

强度在 40～65dB,煤岩微裂隙及孔隙的闭合过程比较均一;随着载荷的增加,煤岩进入线弹性阶段,煤岩电磁辐射脉冲数逐渐增多,电磁辐射事件数也越来越密集,煤岩电磁辐射强度最大可达 100dB,当加载接近峰值强度时,脉冲数幅值和强度幅值都达到最大,煤样发生破坏;进入峰后阶段后,EME 脉冲数骤降,但并未像煤岩破坏声发射现象一样无脉冲数出现,伴随峰后仍有电磁辐射脉冲数出现,分析指出可能煤岩破坏声发射与电磁辐射的产生机制不同,虽然无声发射信号出现,但由于破坏界面的摩擦等过程仍会产生电磁辐射信号。

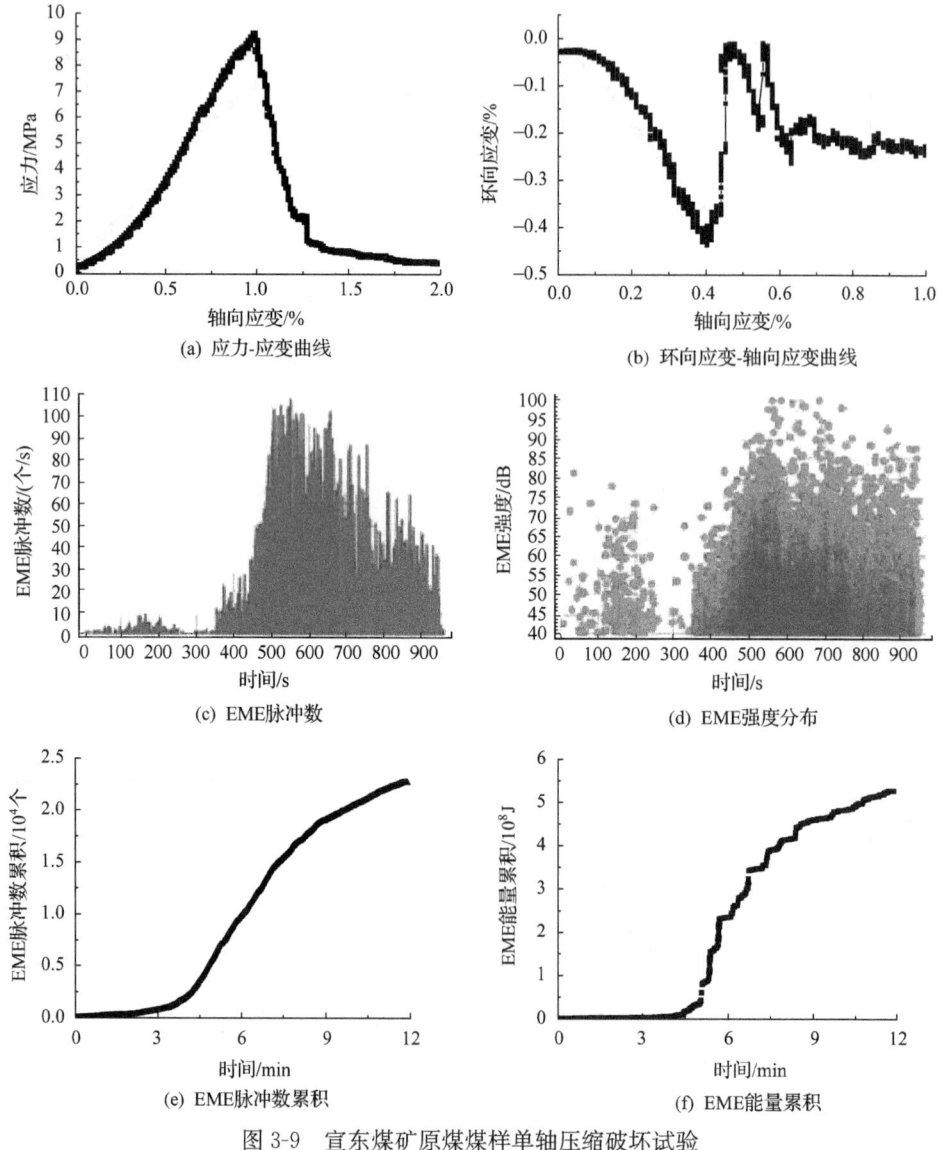

(a) 应力-应变曲线

(b) 环向应变-轴向应变曲线

(c) EME脉冲数

(d) EME强度分布

(e) EME脉冲数累积

(f) EME能量累积

图 3-9　宣东煤矿原煤煤样单轴压缩破坏试验

煤岩单轴压缩状态下宏观上表现的断裂破坏其实质是煤岩微孔隙及裂隙微观结构变形破坏的累积。通过观察，常村原煤煤样随着载荷的增加沿煤岩的节理出现了较多的微裂纹，当载荷达到其破坏强度时，煤样突然断裂破坏压力陡降，试样的破坏形式表现为轴向劈裂破坏，破裂面沿着与轴向平行的方向展开，如图 3-7(b) 所示。对于 0.85mm、0.42mm、0.18mm 三种粒度制成的不同均质度的煤样，在单轴压缩变形破坏过程中得到的载荷-应变曲线如图 3-10～图 3-12 所示。通过试验

(a) 应力-应变曲线

(b) 环向应变-轴向应变曲线

(c) EME脉冲数

(d) EME强度分布

(e) EME脉冲数累积

(f) EME辐射能量累积

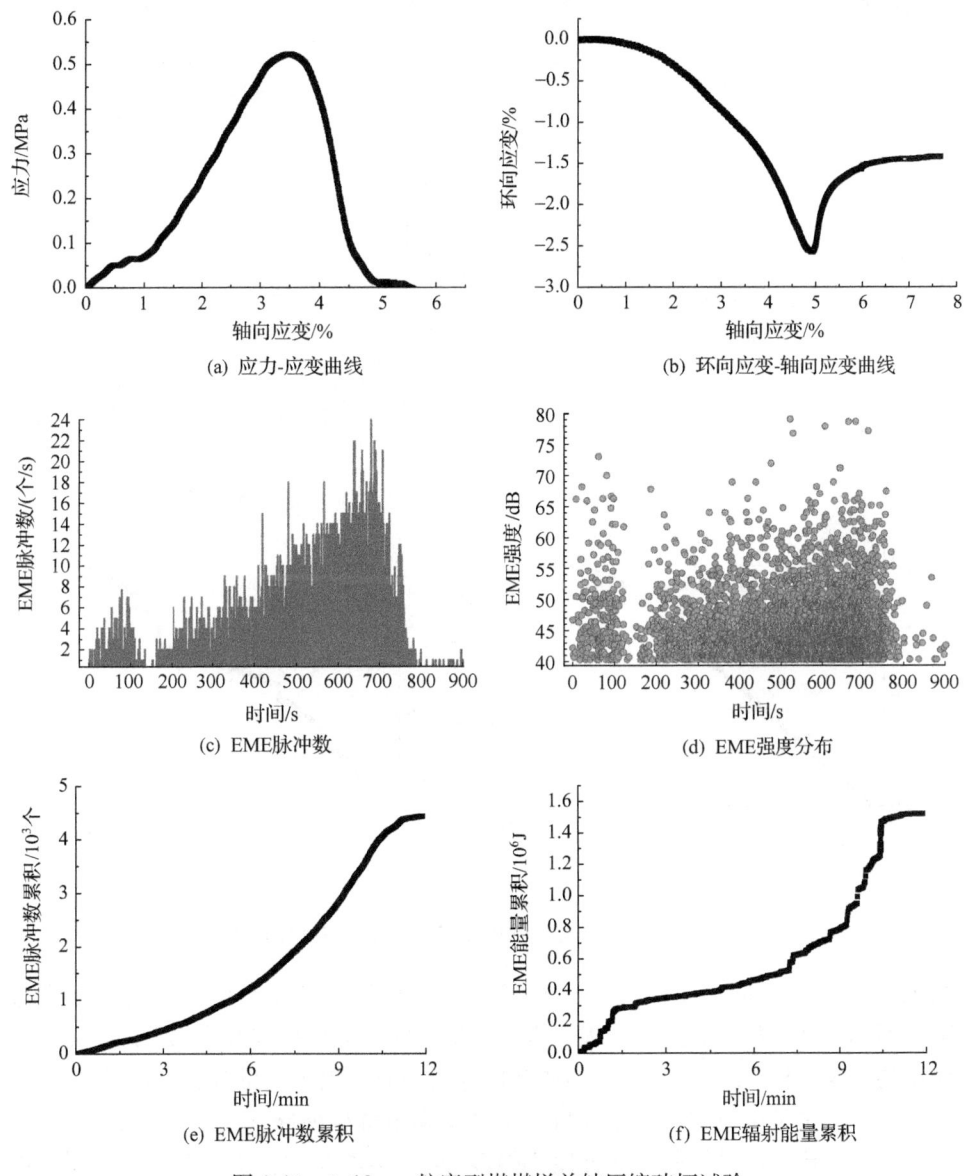

图 3-10　0.18mm 粒度型煤煤样单轴压缩破坏试验

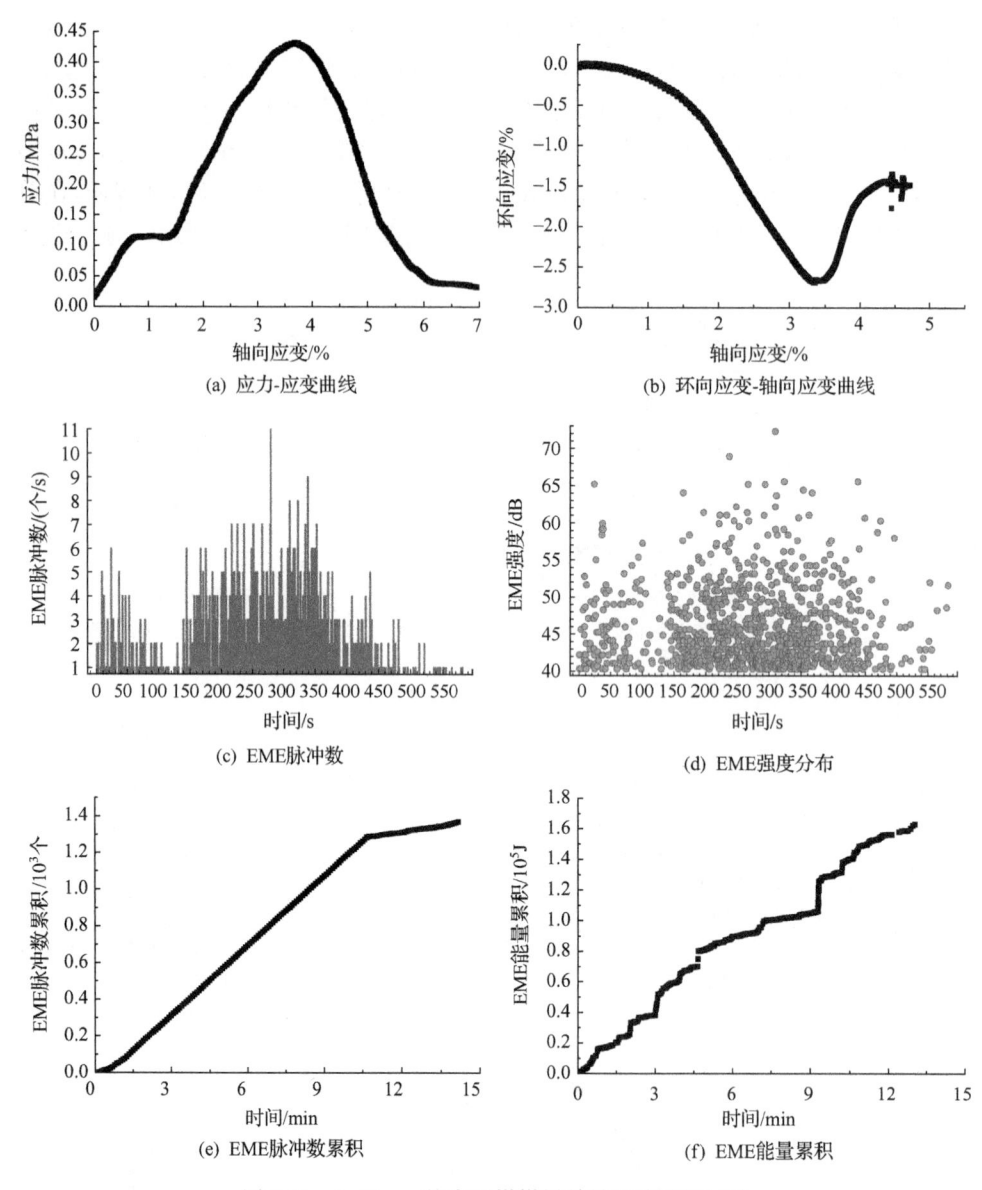

图 3-11　0.42mm 粒度型煤煤样单轴压缩破坏试验

结果可以看出,不同粒度制成的煤样,其力学性质存在较大的差别,也验证了通过采用不同粒度的粉煤制成的型煤可有效模拟不同种类煤种或遭受到不同程度破坏作用的原煤煤样,以代表具有突出倾向性煤层与非突出煤层的煤样,3.2 节型煤煤样的制作方法是可行的。对比分析原煤与型煤单轴压缩破坏过程,型煤试样的破坏强度虽然比原煤试样的破坏强度小得多,但受载破坏的应力-应变曲线和煤岩电

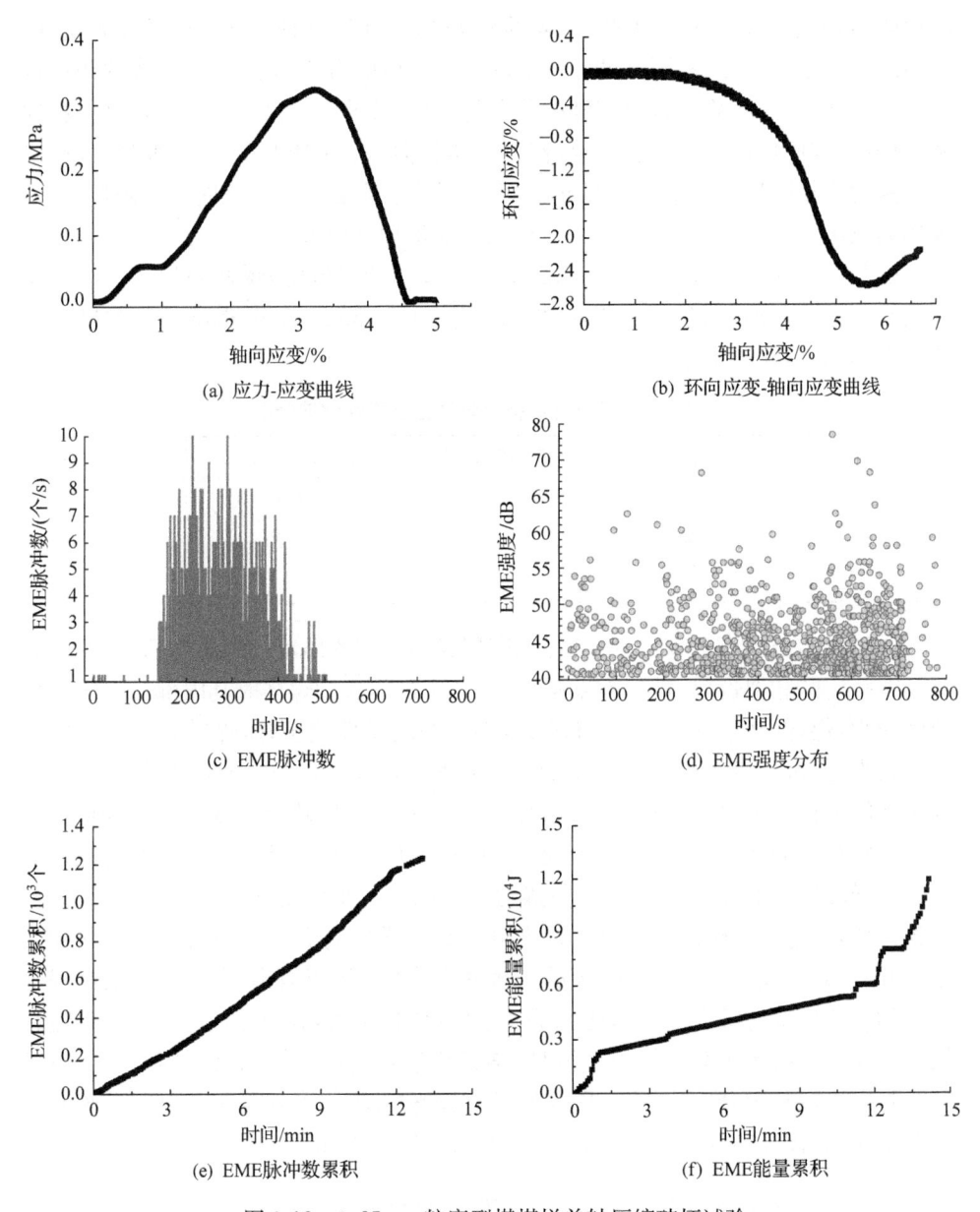

第 3 章　含瓦斯煤岩受载破坏电磁辐射试验研究

图 3-12　0.85mm 粒度型煤煤样单轴压缩破坏试验

磁辐射参数曲线与原煤试样的曲线特征具有很好的相似性。强度最大的常村煤样,破坏峰值强度出现时应力轴与应变轴是垂直的,不同之处在于型煤试样峰值强度出现后表现为峰值强度逐渐将为其残余强度。以研究型煤单轴压缩破坏的应力-应变特征及煤岩电磁辐射参数分布代替原煤受载的破坏过程是可行的。由图 3-10～图 3-12 可以看出,型煤煤样在单轴压缩破坏过程中相对于原煤煤样在其峰值强度前会产生较大的变形,型煤的应力-应变曲线特征与原煤煤样的应力-应变曲线特征基本一致,不同之处在于其峰值强度后应力并非发生陡降,煤样仍保持一定的承载能力,随着加载过程轴向位移的增加,其残余强度缓慢降至最低。在加载过程中,与原煤煤样的表现一致,都存在压密阶段、线弹性阶段、屈服阶段,型煤的屈服阶段较明显。观察其破坏形态,型煤煤样发生破坏后呈双向剪切破坏形态,破坏面发生在与煤样轴向呈45°的对称面上交汇切割而成。

试验前对煤样进行超声波波速测定,不同均质度(粒度)煤样的超声波波速特征具有明显的差别,结合试验结果(加载速率 $v=0.5$mm/min)得出不同粒度煤样的参数列表,如表3-2所示。

表3-2　不同粒度煤样力学特性及弹性波速特征

粒度/mm	峰值强度/MPa	弹性模量/MPa	超声波速/(m/s)	代表煤种
0.18	0.52	22.34	1280	非突出煤
0.42	0.43	17.89	1120	非突出煤
0.85	0.35	11.80	670	突出煤

通过试验结果可以看出,由三种粒度制成的不同均质度的煤样的载荷-变形曲线具有一定的相似性,煤样的粒度越小,在加工制作成型煤样时其内部的孔隙及裂隙就较少,煤样中颗粒的黏着力就较大,煤样的均质性就越好,煤样破坏的峰值强度也较大,通过超声波波速测试,0.18mm粒度的煤样超声波波速最大为1280m/s,与煤样的弹性模量具有正相关性;同时,粒度较小煤样的峰值应变在加载变形过程中由于颗粒间的孔隙较小,可发生较大的弹性变形,且能保持较长的支撑时间。

煤样环向应变-轴向应变关系是煤岩泊松比的主要表征,通过加载系统及应变采集系统,在进行单轴压缩试验过程中可得到煤样环向变形与轴向应变之间的关系,如图3-10～图3-12中图(b)所示。通过关系曲线可以看出,在单轴压缩过程中煤样的环向应变与轴向应变的比值是动态变化的,在加载初始阶段,环向变形随着轴向压缩变形的产生与之呈线性增加,增速比较均匀,与单轴轴向载荷-应变曲线的线弹性阶段相吻合,同时也说明煤样具有较好的均质性,伴随加载过程及轴向变形的增大,煤样环向变形的增速放缓,直至煤样发生破坏。

2. 煤岩单轴压缩破坏过程中的电磁辐射特征

试验研究了不同粒度煤样在单轴压缩变形破坏过程中的电磁辐射信号特征,试验结果如图3-10～图3-12所示。通过试验结果可以看出,伴随煤岩的单轴压缩破坏过程,煤岩内部由于孔隙的闭合及微裂纹的产生与扩展会以弹性波和电磁波的形式向外释放能量,进而产生丰富的电磁辐射、声发射信号。煤岩受载过程中的电磁辐射、声发射信号的能量辐射分布、脉冲数与载荷-应变关系曲线有很好的相关性。不同均质度的煤样在单轴受载破坏过程中,声发射、电磁辐射信号在加载初期时间数很少,在加载应力接近峰值强度的15%后进入弹性变形过程,声发射事件率明显增加,并出现了突然增加的趋势,其声发射、电磁辐射信号的累计脉冲数占到总数的40%,呈缓慢的间歇性增大趋势。在加载应力达到煤样峰值强度的86%~90%之后,煤样表现出弹塑性变形的特点。其间,声发射、电磁辐射事件数和声发射能量均达到了最高值。

同时,不同粒度煤样在受载过程中电磁辐射、声发射事件数具有较大的区别,见表3-3。组成煤样的粒度越大,电磁辐射、声发射的事件数就越大,且事件总数明显大于较小粒度组成的煤样。这是由于煤样的组成粒度较大时,在相同的成型压力条件下煤岩内部形成的孔隙与微裂隙较多且孔隙率较大,在受到单轴压缩载荷的作用下,煤样内的孔隙与微裂隙发生重新组合的数量较多且颗粒间的相互摩擦与断裂数目较多。在能量分布上,粒度较大的煤样的电磁辐射能量与释放的弹性能相对于粒度较小的煤样也相对较大。

表 3-3　不同粒度煤样单轴压缩试验及计算结果表

煤样编号	峰值强度/MPa	轴向峰值应变/%	弹性模量/MPa	EME脉冲数累积/个	EME能量累积/J
常村原煤	17.7	1.21	2270	6.61×10^4	3.5×10^{10}
宣东原煤	9.24	0.99	1210	2.27×10^4	5.28×10^8
0.18mm粒度	0.52	3.4	22.34	4.43×10^3	1.61×10^6
0.42mm粒度	0.43	3.68	17.89	1.37×10^3	1.63×10^5
0.85mm粒度	0.35	3.23	11.80	1.21×10^3	1.19×10^4

3.3.2　含瓦斯煤岩单轴压缩破坏的变形特征

本次试验为单轴压缩试验,在中国矿业大学(北京)矿井煤岩动力灾害预警技术实验室的 WAW-1000 电液伺服精密试验机上完成。试验引入2.3节所述的气体供给与控制系统、煤岩电磁辐射屏蔽系统、煤岩电磁辐射-声发射测试系统用于测定 0.85mm 粒度煤样在瓦斯压力依次分别取 1MPa、2MPa、4MPa、6MPa 条件下吸附平衡24h后煤岩加载过程的应力-应变曲线及电磁辐射特征;煤岩单轴加载控制方式为恒定轴向位移加载,轴向加载速率为 0.5mm/min;煤岩电磁辐射采集过程中通过观测背景噪声的强度分布,采集门槛值设定为 59.1dB,煤岩声发射采集门槛值设定在 40dB;煤岩电磁辐射、声发射测定脉冲数、幅值分布、脉冲数累积数及能量累积等基本参数,与前述自然状态下煤岩电磁辐射、声发射测定参数一致。

试验过程中通过供气与气体控制系统向密闭高压气室中注入不同压力的 CH_4,获得了不同粒度型煤煤样单轴压缩破坏过程中的应力-应变关系。应力-应变曲线如图 3-13 所示,峰值应变特征如图 3-14 所示。

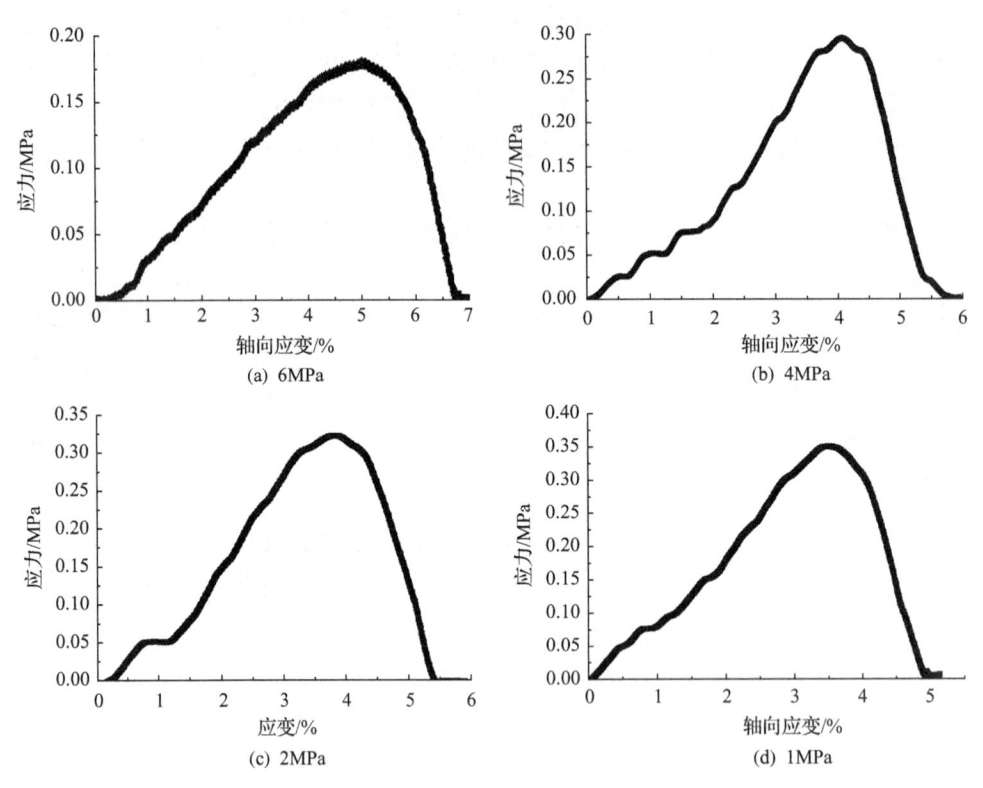

图 3-13 不同瓦斯压力条件下 0.85mm 粒度型煤煤样应力-应变曲线

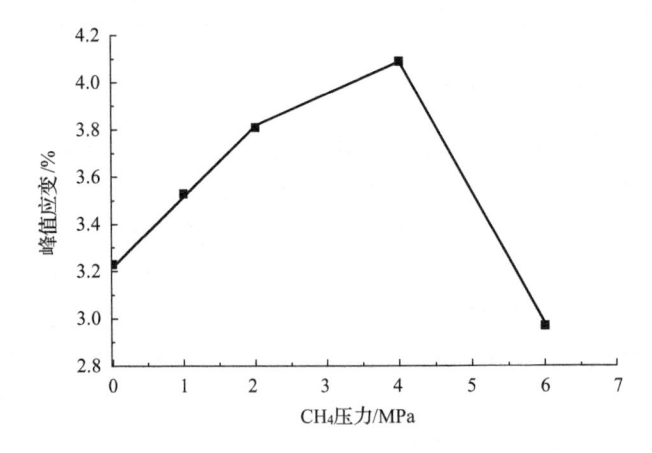

图 3-14 含瓦斯煤岩单轴压缩峰值应变特征

从试验得到的应力-应变曲线可以看出,常村煤矿原煤煤样峰值强度前的应力-应变特征属于图 3-15 中的 Ⅰ 类型,单轴抗压强度较高,峰后曲线属于脆性明显类型。宣东煤矿原煤煤样及型煤煤样的应力-应变曲线更接近图 3-15 中 II 类型曲线，表现为更多的韧性。型煤煤样的孔隙压实阶段比原煤煤样要长，说明型煤煤样的孔隙发育特征及孔隙连通状况较好。型煤煤样瓦斯吸附前后变化特征不明显，本书研究暂时还未能从该阶段分析孔隙气体作用前后煤岩内部孔隙特征的变化。弹性变形阶段的变化反映了孔隙气体对煤岩弹性模量的影响，通过计算分析，随着孔隙瓦斯压力的增大，煤岩弹性模量发生了不同程度的减小，且煤岩破坏的峰值应变也变大，说明孔隙气体对煤岩强度有一定的软化作用。对于煤岩破坏阶段，原煤煤样会发生突然性的破坏，加载载荷达到了峰值，伴随破坏过程，煤岩会发生振动、煤屑崩落，同时接收到的电磁辐射信号也较为明显。

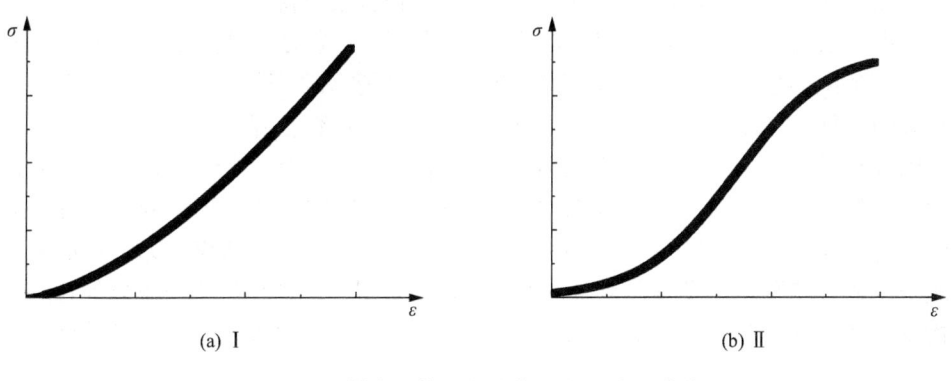

图 3-15 煤岩峰值强度前典型应力-应变曲线

3.3.3 孔隙瓦斯对煤岩峰值强度的影响

针对孔隙气体对煤岩破坏强度的影响，早在 20 世纪 60 年代煤科院抚顺研究所王佑安等[174]采用斜模剪切法测定了煤岩瓦斯吸附前后抗剪破坏强度的影响，日本的氏平增之采用煤岩三轴试验装置测定了含瓦斯煤岩的抗压破坏强度；1988 年，姚宇平和周世宁[175]在此方面开展了大量的研究工作，通过近 200 多个含瓦斯煤样的三轴抗压强度试验，得到了煤岩峰值强度与孔隙瓦斯压力和侧压之间关系的回归方程，同时对煤岩的应力-应变特征进行了拟合计算，分析了孔隙瓦斯对煤岩强度及弹性模量的作用机理。研究认为，煤岩中孔隙瓦斯压力越高，煤岩强度就越低，同等孔隙压力条件下，若定义孔隙气体作用下煤岩峰值强度的变化量为 K，则存在 $K_{CO_2} > K_{CH_4} > K_{N_2}$，即煤岩对孔隙气体的吸附性越强，孔隙气体对煤岩破坏强度降低作用越明显。姚宇平和周世宁的分析比较全面，基于孔隙气体作用下的煤岩三轴破坏试验得到了含瓦斯煤岩的莫尔应力圆，分析指出孔隙气体作用下莫尔圆包络线发生平移，且孔隙瓦斯压力越大，平移的距离就越大，平移的结果使包络线在 τ 轴的截距变小，重点说明了孔隙气体对煤岩强度的蚀损作用实质是孔隙

气体作用下使煤岩的内聚力变小。由此,推导出孔隙气体作用下煤岩单轴压缩破坏的强度特征满足

$$\sigma = A - (B\eta + 1)P \tag{3-1}$$

式中,A、B 为试验拟合参数;P 为孔隙瓦斯压力;η 表征煤岩吸附特性及吸附瓦斯对煤岩峰值强度的影响,在姚宇平、周世宁教授的试验中通过对试验结果进行拟合得到 η。

1993 年重庆大学许江等[176]采用类似的试验方法开展了含瓦斯煤的力学特性试验分析,研究结果也说明了孔隙瓦斯气体作用下煤岩材料内聚力会随孔隙压力增大而降低,表现为煤岩吸附瓦斯气体后,其峰值强度会降低。

本节根据 0.85mm 粒度型煤煤样单轴压缩试验应力-应变曲线,计算结果如表 3-4 所示。通过试验结果可以看出,煤样在瓦斯吸附条件下,其破坏强度将发生较大的变化。煤样在吸附瓦斯后,峰值强度将会明显降低,结合表 3-4 的计算结果可以分析得出,0.85mm 粒度型煤煤样在孔隙瓦斯压力为 1MPa 时煤岩的峰值强度会下降 3%,当孔隙气体升为 6MPa 时,经过 24h 吸附平衡后煤岩的单轴抗压强度相对无孔隙瓦斯作用的煤样会降低 29%。由此可见,含瓦斯煤岩力学特征发生改变的最直接原因是吸附态瓦斯。吸附态瓦斯对煤岩的蚀损作用与煤岩的孔隙结构及微裂隙特征有直接关系,从试验结果可以看出,不同均质度(粒度)的煤样,瓦斯气体对其蚀损的作用大小也不尽相同。

表 3-4　单轴压缩试验及计算结果表

煤样粒度	CH_4 压力 /MPa	\multicolumn{4}{c}{V=0.5mm/min,每压力点平衡 24h}
		峰值强度/MPa	弹性模量/MPa	I_σ/%	I_E/%
0.85mm	1	0.34	10.49	3	11.1017
	2	0.32	9.78	9	17.1186
	4	0.29	9.71	17	17.7119
	6	0.25	9.65	29	18.2203
	0	0.35	11.80	0	0

注:$I_\sigma = (\sigma_{P=0} - \sigma_p)/\sigma_{P=0}$,$I_E = (I_{P=0} - I_p)/I_{P=0}$,$V$ 为轴向加载速率。

对 0.85mm 粒度型煤煤样在不同孔隙瓦斯条件下的峰值强度分布特征进行回归计算满足

$$\sigma = A - BP^C \tag{3-2}$$

通过试验结果确定(图 3-16):A=0.35,表示煤岩无孔隙气体作用下的单轴压缩破坏峰值强度;B=0.00288、C=2.22439 表示孔隙瓦斯对煤岩强度损伤的试验参数,其物理意义有待于进一步通过大量的试验研究去验证,R^2=0.9999。

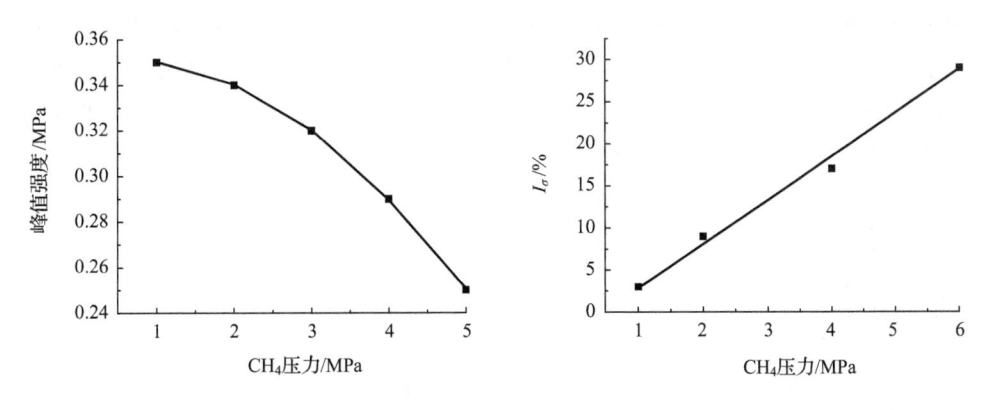

图 3-16　孔隙瓦斯对煤岩峰值强度的影响

3.3.4　孔隙气体对煤岩弹性模量的影响

煤岩材料是一种非均质的多孔介质，煤岩弹性模量是表征煤岩力学特征的主要参数。对于煤岩弹性模量，其宏观上体现了煤岩抵抗弹性变形能力的大小，从微观角度则表现为煤岩内部微孔隙、裂隙的微观组织与晶体结构。因此，研究孔隙气体作用下煤岩弹性模量的变化对认识含瓦斯煤岩的力学特性及煤与瓦斯突出灾害的防治具有重要的意义。试验测算煤岩的弹性模量有切线弹性模量法、平均弹性模量法及割线弹性模量法等多种方法，另外还可通过弹性波速特征、密度变化特征、煤岩电导率等多种理论计算模型结合试验研究去计算弹性模量。本节采用平均弹性模量的计算方法，即煤岩单轴压缩应力-应变曲线中近似直线部分的斜率来计算得到

$$E = \frac{\sigma_b - \sigma_a}{\varepsilon_b - \varepsilon_a} \tag{3-3}$$

式中，E 表示煤岩弹性模量；σ_a 表示线弹性起始阶段对应的应力；ε_a 表示线弹性起始阶段对应的应变；σ_b 表示线弹性终止点对应的应力；ε_b 表示线弹性终止点对应的应变。

表 3-4 及图 3-17 给出了试验测算的不同孔隙瓦斯压力条件下 0.85mm 粒度型煤煤样的弹性模量值。根据试验结果表 3-4 所列，对 0.85mm 粒度型煤煤样在不同孔隙瓦斯条件下的弹性模量分布特征进行回归计算满足

$$\sigma = A + B\exp\left(-\frac{P}{C}\right) \tag{3-4}$$

通过试验结果确定：$A=9.63$，表示煤岩无孔隙气体作用情况下的弹性模量；$B=2.18$、$C=0.96$ 表示煤岩弹性模量随孔隙瓦斯压力梯度及极限损伤量，$R^2=0.98$。

基于弹性波速变化，煤岩弹性模量的理论计算结果见第 2 章的试验及推导过程，在此不予赘述，就两种测算结果的差异见第 4 章模型验证部分进行的分析。在第 4 章进行模型计算时，以本节的回归计算结果作为直接模拟参数，以基于弹性波速特征计算结果定义为计算模型参数。

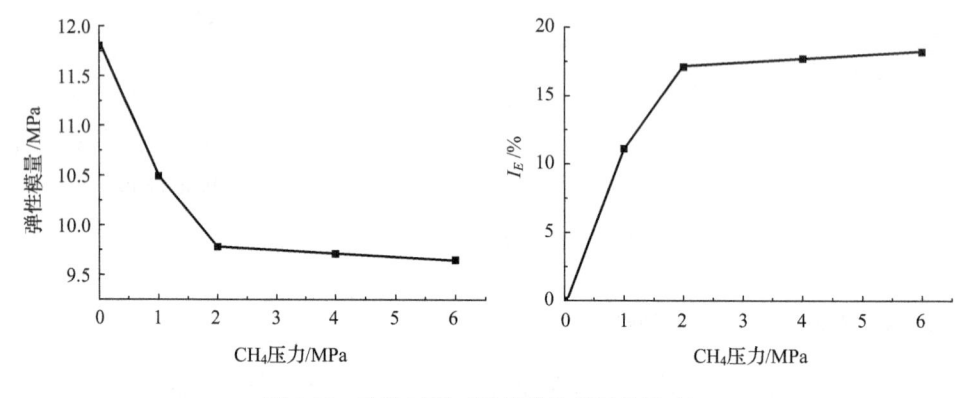

图 3-17 孔隙瓦斯对煤岩弹性模量的影响

通过分析可以看出，孔隙气体作用下煤岩的弹性模量会产生不同程度的降低，第 2 章基于弹塑性断裂力学的内聚单元模型已初步分析了孔隙气体对煤岩弹性模量的蚀损作用。关于孔隙瓦斯对煤岩弹性模量的影响，周世宁和林柏泉[177]通过含瓦斯煤力学性质试验研究发现，孔隙瓦斯的作用一定程度上会降低煤的弹性模量，同时基于伯克海姆假设理论分析了孔隙瓦斯压力与弹性模量及煤岩吸附变形之间的关系。

3.3.5　含瓦斯煤岩受载破坏过程中的电磁辐射特征

含瓦斯煤岩受载变形破坏过程中的电磁辐射试验以 0.85mm 粒度型煤煤样为研究对象，研究过程中将型煤煤样置入高压密闭气室内，通过气体供给与控制系统依次向气室内充入 1MPa、2MPa、4MPa、6MPa 纯度为 99.99% 的 CH_4，每个压力点保持 24h，待煤样瓦斯吸附平衡后进行单轴压缩破坏试验。通过图 3-18～图 3-21 可以看出，伴随含瓦斯煤岩的单轴压缩变形破坏过程有丰富的电磁辐射信号发生，与无孔隙瓦斯气体作用的煤样相比，含瓦斯煤岩的电磁辐射脉冲数比较均一，且保持在一个较小的计数范围之内，可反映出含瓦斯煤岩变形破坏过程不像原煤那样发生脆性破坏，整体表现平稳。在煤岩加载初期线弹性变形阶段内，煤岩的脉冲数中大计数事件较少，在煤岩屈服变形阶段脉冲数大计数事件明显增加，应力与脉冲数呈正相关。含瓦斯煤岩的电磁辐射能量累积突然在上升阶段与不含瓦斯煤岩区别不大，均集中在煤岩屈服阶段。

第3章 含瓦斯煤岩受载破坏电磁辐射试验研究

(a) EME脉冲数

(b) EME强度分布

(c) EME脉冲数累积

(d) EME能量累积

图 3-18 瓦斯压力 1MPa 单轴压缩破坏过程中的电磁辐射特征

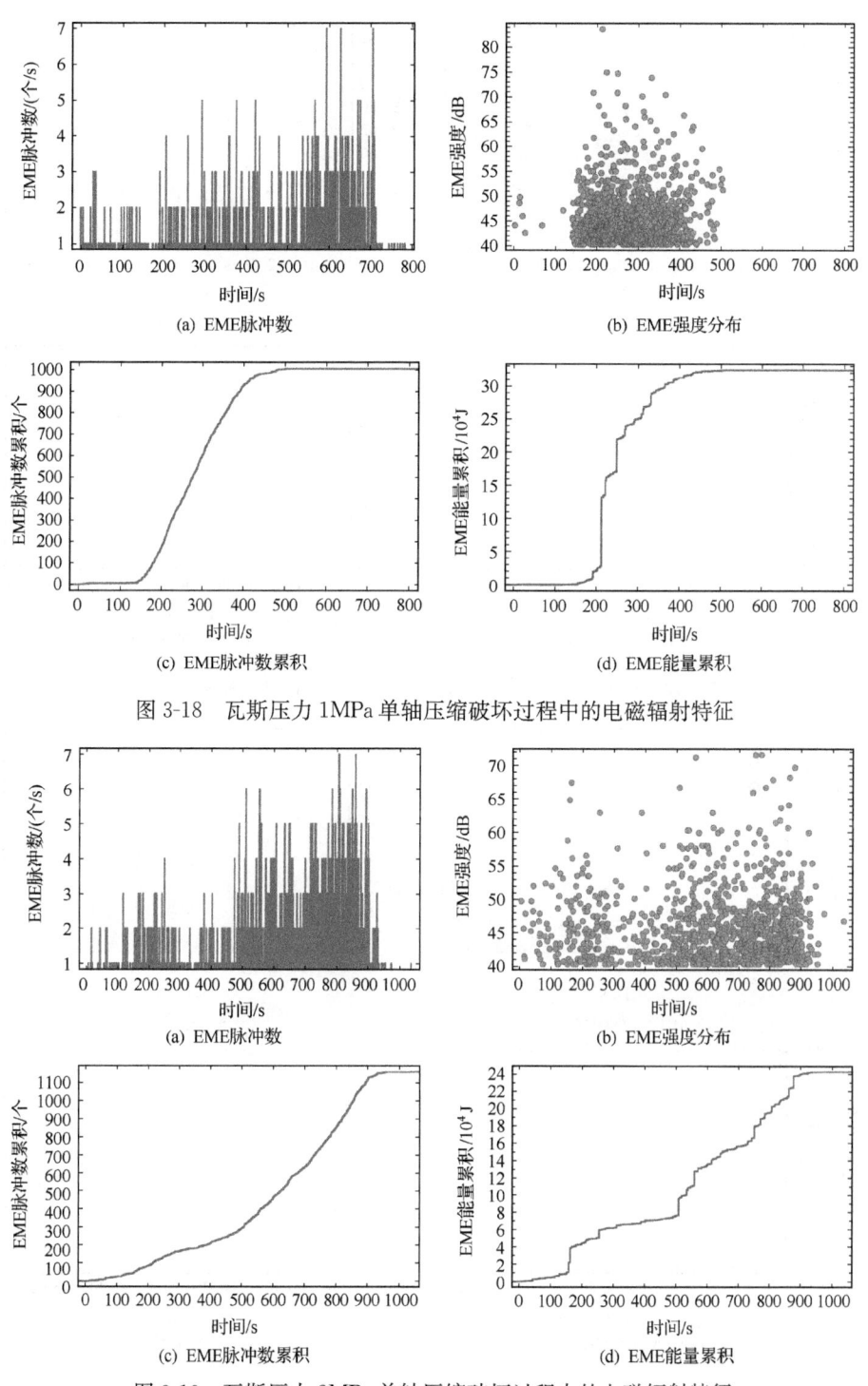

(a) EME脉冲数

(b) EME强度分布

(c) EME脉冲数累积

(d) EME能量累积

图 3-19 瓦斯压力 2MPa 单轴压缩破坏过程中的电磁辐射特征

(a) EME脉冲数

(b) EME强度分布

(c) EME脉冲数累积

(d) EME能量累积

图 3-20　瓦斯压力 4MPa 单轴压缩破坏过程中的电磁辐射特征

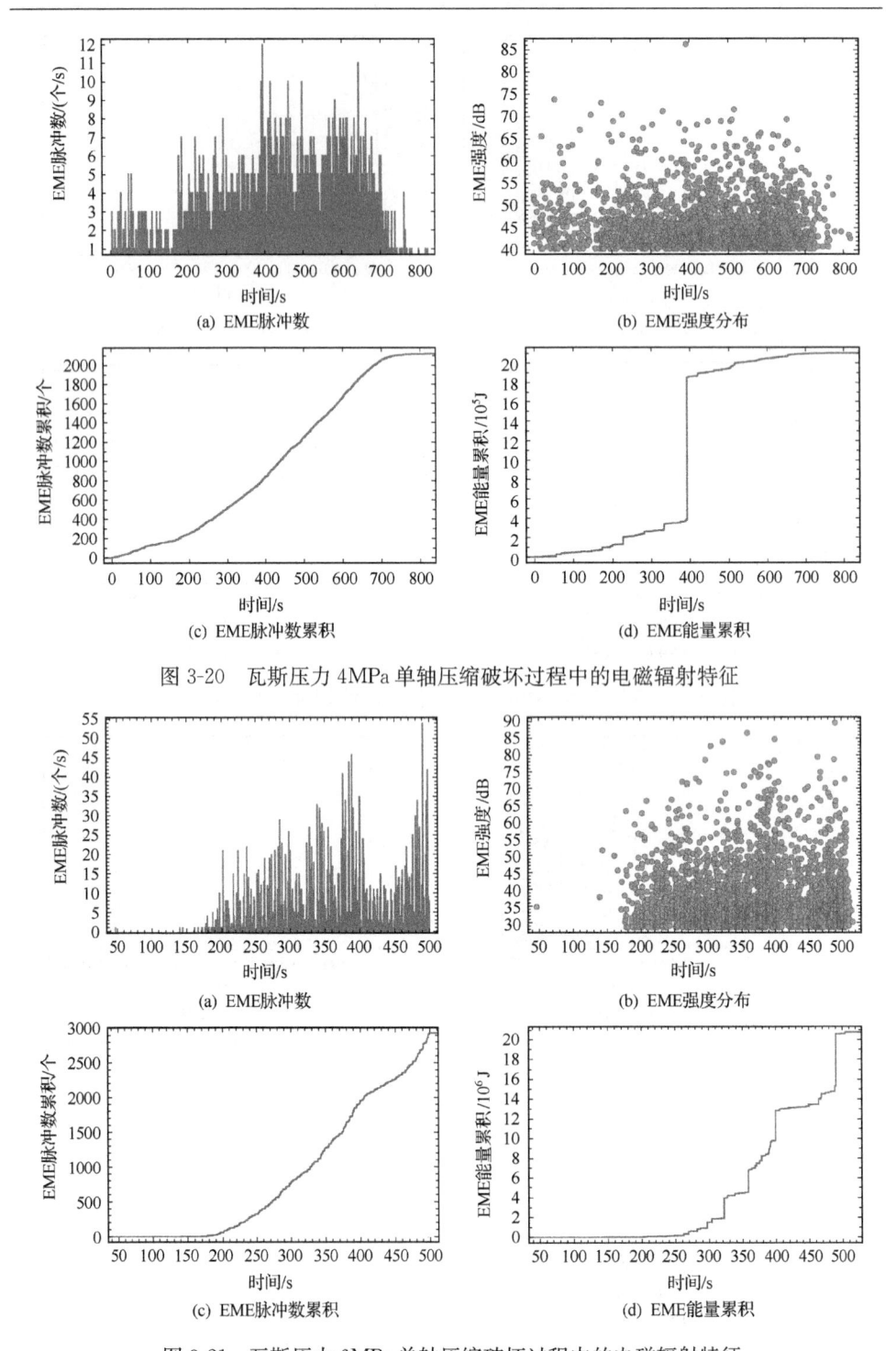

(a) EME脉冲数

(b) EME强度分布

(c) EME脉冲数累积

(d) EME能量累积

图 3-21　瓦斯压力 6MPa 单轴压缩破坏过程中的电磁辐射特征

第3章 含瓦斯煤岩受载破坏电磁辐射试验研究

瓦斯以吸附态及游离态形式存在于煤岩试样内,加载过程中孔隙瓦斯不但直接作用于煤岩微裂隙及孔隙从而影响煤岩的力学特征,同时吸附-解吸过程也影响着煤岩的力学特征及破坏过程。孔隙瓦斯对煤岩力学性质的影响及吸附-解吸过程流动、扩散势必形成了煤岩电磁辐射特征上的差异,由此可见孔隙瓦斯压力的变化对含瓦斯煤岩受载变形破坏过程中的电磁辐射信号特征。

结合图 3-18～图 3-21,表 3-5 列出了不同瓦斯压力条件下煤岩单轴压缩变形破坏过程中的脉冲数及能量累积特征。

表 3-5 单轴压缩试验及计算结果表

瓦斯压力/MPa	峰值强度/MPa	弹性模量/MPa	脉冲数累积/个	能量累积/J	幅值分布/dB
1	0.34	10.49	1000	30×10^4	40～75
2	0.32	9.78	1100	24×10^4	40～70
4	0.29	9.71	2000	20×10^5	45～70
6	0.25	9.65	3000	20×10^6	30～90
0	0.35	11.80	1200	12×10^3	40～65

由图 3-22 和图 3-23 可知,不同瓦斯压力条件下煤岩单轴压缩破坏过程中的电磁辐射脉冲数累积与能量累积具有明显的差别。0.85mm 粒度不含瓦斯煤样单轴压缩破坏过程中脉冲数累积为1200,电磁辐射能量累积为 1.2×10^4 J,随着瓦斯压力的增大,煤岩破坏电磁辐射能量累积呈增大的趋势,当孔隙瓦斯压力达到 6MPa 时,煤岩电磁辐射能量累积达到了 2×10^7 J。而脉冲数累积随着瓦斯压力的增大并非一直增大,当瓦斯压力为 1MPa 时,脉冲数累积降低至 1000,之后随瓦斯压力的增大逐步增大,当瓦斯压力达到 6MPa 时,煤岩电磁辐射脉冲数达到了 3000,孔隙瓦斯对煤岩电磁辐射幅值分布影响不大。孔隙瓦斯作用下煤岩受载破坏的电磁辐射特征与声发射还不尽一致,有待进一步深入研究。

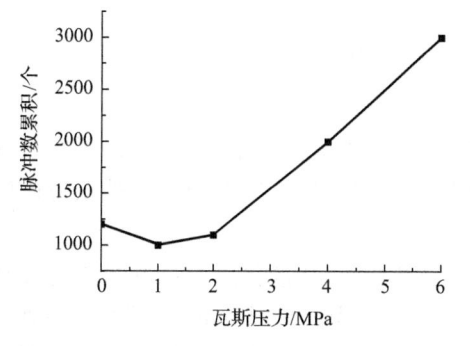

图 3-22 不同瓦斯压力下的脉冲数累积特征 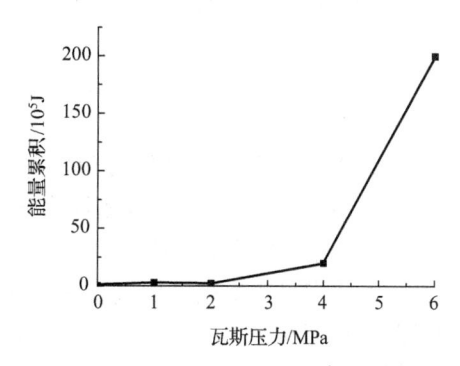　　图 3-23 不同瓦斯压力下的能量累积特征

含瓦斯煤岩的峰值强度会随着孔隙瓦斯压力的增大而降低,尹光志和赵洪宝的研究结果表明,含瓦斯煤岩随着瓦斯压力的增加,煤岩破坏过程中的声发射数呈减小的趋势,且在较大的孔隙瓦斯压力的作用下,单位应变声发射数变得很小。通过本节研究表明,煤岩电磁辐射脉冲数与声发射事件数并非完全一致,随着瓦斯压力的增大,煤岩电磁辐射脉冲数并非完全一致较少,这说明含瓦斯煤岩的电磁辐射产生机制与声发射信号的产生机制完全不同。图 3-24 和图 3-25 给出了含瓦斯煤岩峰值强度与电磁辐射脉冲数累积及能量累积的对应关系。分析认为,煤岩电磁辐射信号除与加载应力和煤岩微裂隙及孔隙结构有关外,瓦斯气体的流动及摩擦也是重要的产生原因。

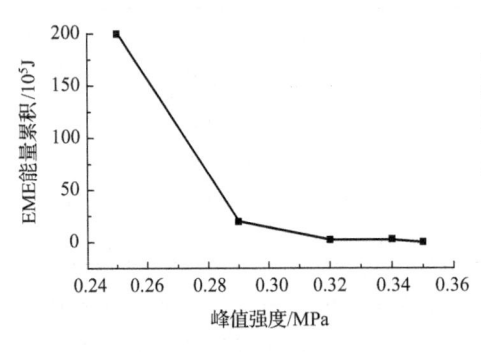

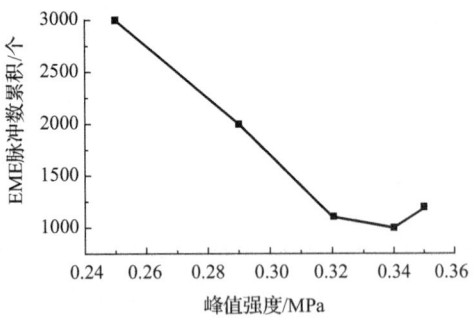

图 3-24　煤岩峰值强度与能量累积关系　　图 3-25　煤岩峰值强度与脉冲数累积关系

根据刘明举等[178]提出的孔隙瓦斯对煤岩电磁辐射影响的唯象模型认为,孔隙瓦斯对煤岩破坏电磁辐射的影响受游离态瓦斯的影响作用较小,而吸附瓦斯对煤岩电磁辐射的影响作用较大。煤岩电磁辐射受瓦斯气体的影响存在一个临界压力,在临界瓦斯压力之前,煤岩瓦斯吸附量越多,电磁辐射强度越弱,临界压力之后吸附量越多,电磁辐射强度越强,且这一临界压力受孔隙气体种类、煤岩吸附能力等因素的影响,与本节试验研究的结果相一致。

3.4　小　　结

利用含瓦斯煤受载破坏过程电磁辐射-声发射试验系统,试验研究了常村煤矿、宣东煤矿原煤及不同粒度型煤煤样单轴压缩破坏过程中的力学特性及电磁辐射特征,得出以下研究结果。

(1) 原煤煤样受载破坏过程中会有丰富的电磁辐射信号发生,且煤岩电磁辐射信号的能量幅值分布、脉冲数分布及辐射能量累积值在煤岩的压密阶段、线弹性阶段、屈服阶段具有不同的分布特征,与加载应力的大小、煤岩破坏的程度有很好的相关性。

(2) 型煤煤样的破坏强度虽然比原煤煤样的破坏强度小得多,但受载破坏的应力-应变曲线与煤岩电磁辐射参数曲线与原煤煤样的曲线特征具有很好的相似性,不同之处在于型煤煤样峰值强度出现后表现为峰值强度逐渐将为其残余强度,以研究型煤单轴压缩破坏的应力-应变特征及煤岩电磁辐射参数分布代替原煤受载的破坏过程是可行的。

(3) 煤样在吸附瓦斯后,峰值强度将会明显降低,0.85mm 粒度型煤煤样在孔隙瓦斯压力为 1MPa 时煤岩的峰值强度会下降 3%,当孔隙气体升为 6MPa 时经过 24h 吸附平衡后煤岩的单轴抗压强度相对无孔隙瓦斯作用的煤样会降低 29%,同时孔隙气体作用下煤岩的弹性模量会产生不同程度的降低,基于煤岩瓦斯吸附前后的弹性波速特征对煤岩瓦斯前后的弹性波速变化进行了定量分析,分析结果与试验测定结果相吻合。

(4) 不同瓦斯压力条件下煤岩单轴压缩破坏过程中的电磁辐射脉冲数累积与能量累积具有明显的差别。0.85mm 粒度不含瓦斯煤样单轴压缩破坏过程中脉冲数累积为 1200,电磁辐射能量累积为 1.2×10^4J,随着瓦斯压力的增大,煤岩破坏电磁辐射能量累积呈增大的趋势,当孔隙瓦斯压力达到 6MPa 时,煤岩电磁辐射能量累积达到了 2×10^7J。而脉冲数累积随着瓦斯压力的增大并非一直增大,当瓦斯压力为 1MPa 时,脉冲数累积降低至 1000,之后随瓦斯压力的增大逐步增大,当瓦斯压力达到 6MPa 时,煤岩电磁辐射脉冲数达到了 3000,孔隙瓦斯对煤岩电磁辐射幅值分布影响不大。

第4章 煤岩电磁辐射信号频谱特征研究

本章试验研究单一煤样和组合煤岩样在单轴压缩破坏过程中电磁辐射产生规律以及电磁辐射强度与加载应力之间的变化特征,采用谱分析技术和希尔伯特-黄变换分析研究组合煤岩破坏过程中电磁辐射信号的能量特征和频率特征。

4.1 组合煤岩电磁辐射试验研究

4.1.1 组合煤岩样的制作

煤岩动力灾害现象是煤岩体在外界应力或自身内部场的作用下在短时间内突然发生失稳,具有动力效应和灾害后果的现象。因此煤岩动力灾害主要发生在顶底板之间,为了更接近煤矿现场煤岩层赋存和受力的真实情况,本次试验过程中组合煤岩由顶板岩、煤层、底板岩按一定的方式黏结而成,即每一试样由顶板砂岩、煤层、底板泥岩按照1:1:1比例黏结组成组合煤岩,黏结剂为环氧树脂与乙二胺的混合物。实物及尺寸如图4-1所示。根据所用煤样的硬度,制成的组合煤岩样分为Ⅰ号和Ⅱ号,其中Ⅰ号由砂岩、中硬煤和泥岩组合而成,Ⅱ号由砂岩、硬煤和泥岩组合而成。单一煤岩试样均制成高度为100mm、直径为50mm的圆柱体,如图4-2所示,取至山西晋城成庄矿,分别标记为成庄矿7号和成庄矿8号。

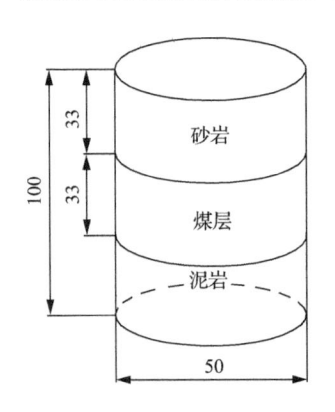

图 4-1 煤岩样形状图及破坏煤岩样

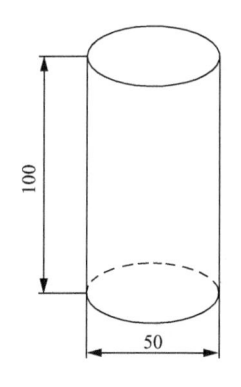

图 4-2　煤岩样形状及待测煤岩样图

4.1.2　单一煤体单轴压缩电磁辐射信号特征

对成庄矿 7 号和 8 号煤样做了单轴压缩试验,加载过程如图 4-3 所示,试验结果如图 4-4 和图 4-5 所示。从接收到的电磁辐射信号图可看出,在加载初期电磁辐射信号随应力的增加,煤体产生裂隙,电磁辐射信号逐步增大,而后由于裂隙向煤样深部发展,电磁辐射信号出现低谷,出现一段较为平静的区域;在破裂前后(7 号煤样 46s 时和 8 号煤样 41s 时),电磁辐射信号幅值和脉冲数增加,出现又一峰值;破坏后随着煤样破坏能量的释放,电磁辐射信号强度降低。这说明煤体电磁辐射是与煤体的变形破坏密切相关的,是其破坏过程中能量辐射的一种表现形式。电磁辐射信号和声发射信号在煤样发生破坏前后集中出现,反映出两者良好的同步对应关系。

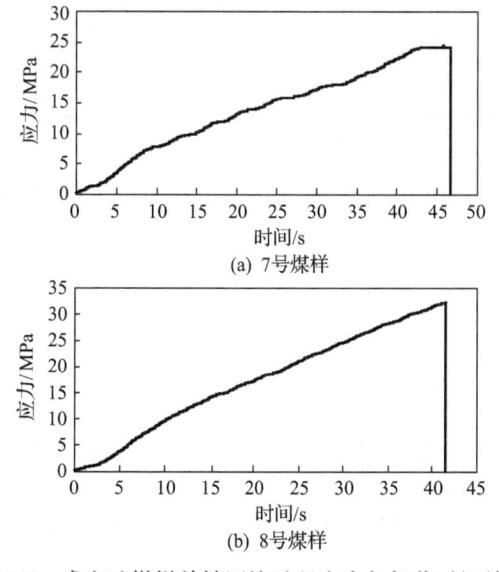

(a) 7号煤样

(b) 8号煤样

图 4-3　成庄矿煤样单轴压缩过程应力与加载时间关系

(a) EME信号幅度与时间关系图(宽频)

(b) EME信号脉冲数与时间关系图(宽频)

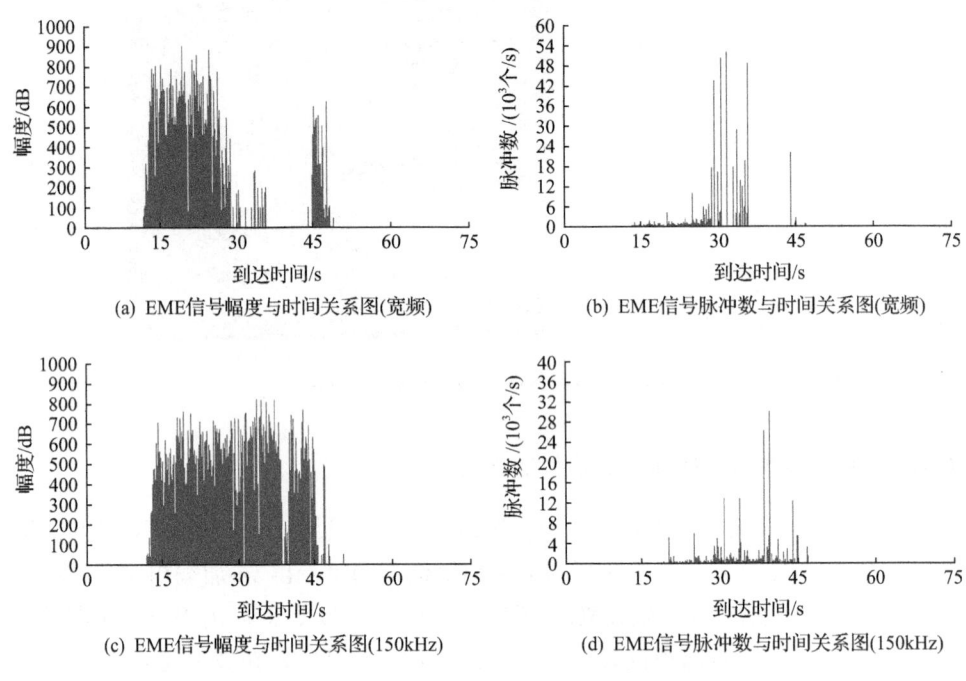

(c) EME信号幅度与时间关系图(150kHz)

(d) EME信号脉冲数与时间关系图(150kHz)

图 4-4　成庄矿 7 号煤样单轴压缩试验结果

(a) EME信号幅度与时间关系图(宽频)

(b) EME信号脉冲数与时间关系图(宽频)

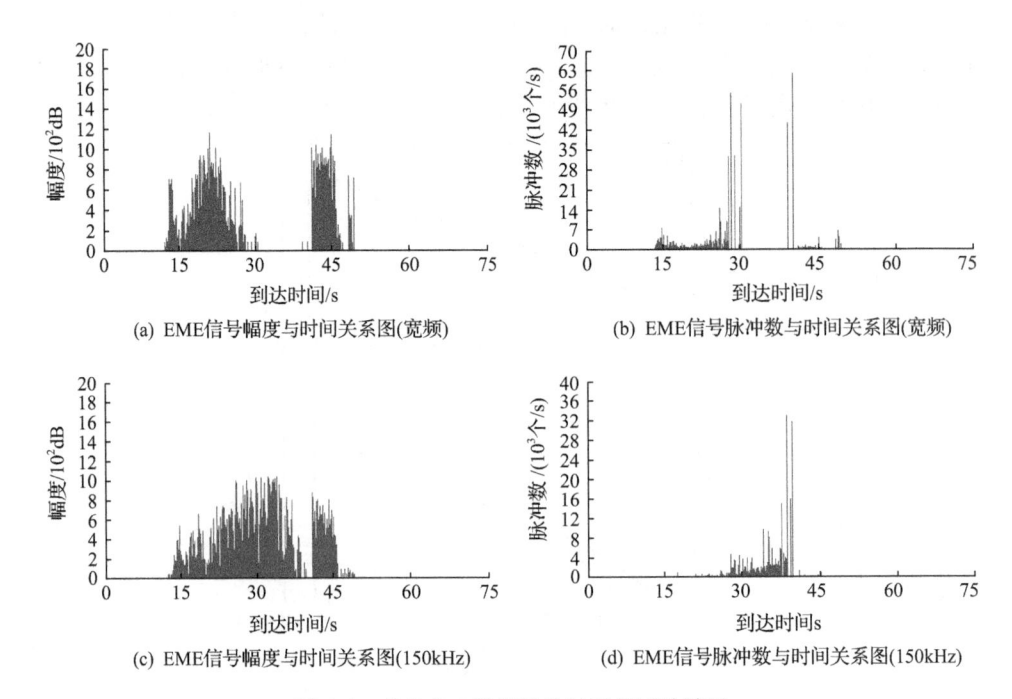

(c) EME信号幅度与时间关系图(150kHz)

(d) EME信号脉冲数与时间关系图(150kHz)

图 4-5　成庄矿 8 号煤样单轴压缩试验结果

4.1.3 组合煤岩电磁辐射信号特征

对Ⅰ号和Ⅱ号组合煤岩进行加载变形破坏的电磁辐射和声发射信号情况如图 4-6 和图 4-7 所示。对比应力变化、电磁辐射和声发射信号,组合煤岩发生首次破坏变形之前,电磁辐射和声发射信号与应力正相关,即随应力的增加,电磁辐射和声发射信号逐渐增强,直至组合煤岩体发生首次破坏变形前后,电磁辐射和声发射信号强度迅速达到较大程度。

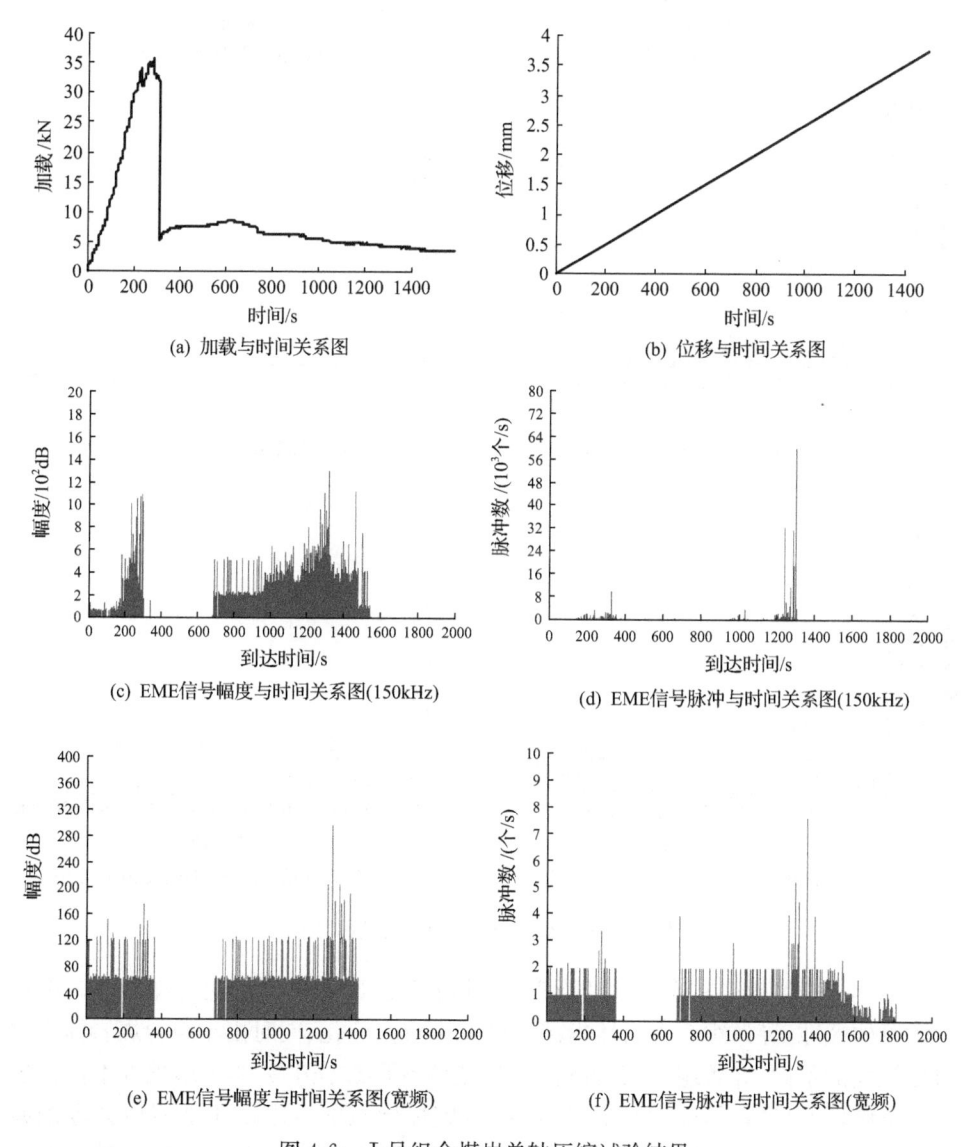

(a) 加载与时间关系图

(b) 位移与时间关系图

(c) EME信号幅度与时间关系图(150kHz)

(d) EME信号脉冲与时间关系图(150kHz)

(e) EME信号幅度与时间关系图(宽频)

(f) EME信号脉冲与时间关系图(宽频)

图 4-6　Ⅰ号组合煤岩单轴压缩试验结果

图 4-7 Ⅱ号组合煤岩单轴压缩试验结果

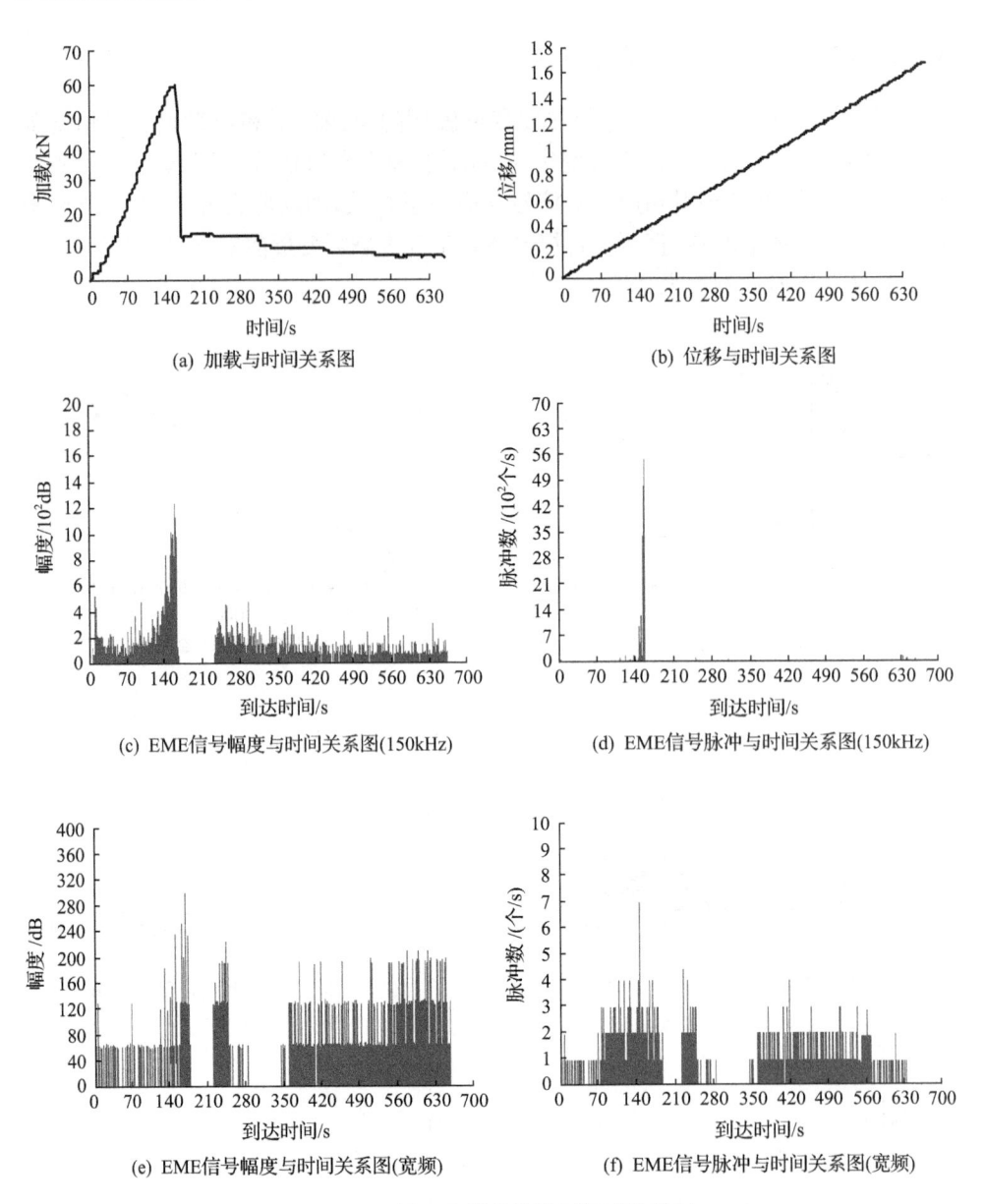

组合煤岩体发生首次破坏变形以后，由于首次破坏变形在组合煤岩体内部产生大量的裂隙，导致组合煤岩体内部结构发生较大变化；同时由于组合煤岩体煤岩组分强度的不同，导致组合煤岩体在首次破坏变形过程中破坏变形程度不同。发生首次破坏变形以后，随着加载持续进行，破坏导致的空隙由于加载应力逐渐减小；同时组合煤岩内部结构重新组合形成一个新的组合煤岩体。在试验结果上就

是发生首次破坏变形以后,应力、电磁辐射信号和声发射信号瞬间减少一段时间后又增加一段时间。

Ⅰ号和Ⅱ号组合煤岩由于组合煤岩受载强度不同,加载过程中应力应变、电磁辐射信号和声发射信号也有所不同;Ⅰ号组合煤岩采用砂岩-中硬煤-泥岩的组合,Ⅱ号组合煤岩采用砂岩-硬煤-泥岩的组合,由于硬煤的强度比中硬煤的强度大,所以在加载过程中更加容易与砂岩泥岩结合成为一体,发生破坏变形,产生电磁辐射和声发射信号相对比较集中在首次破坏变形过程。而中硬煤由于强度较低,在加载过程中,由于中硬煤岩强度较低,所以在发生首次破坏变形过程中,中硬煤破坏变形程度比较彻底,而砂岩和泥岩虽然也发生了破坏变形,但是破坏程度比硬煤低,随着加载的进行,组合煤岩接着发生二次破坏变形,产生的电磁辐射和声发射信号的强度甚至比首次破坏变形过程中更大。

4.2 煤岩变形破坏电磁辐射信号频谱分析

4.2.1 煤体单轴压缩电磁辐射信号频谱分析

1. 傅里叶谱变化规律

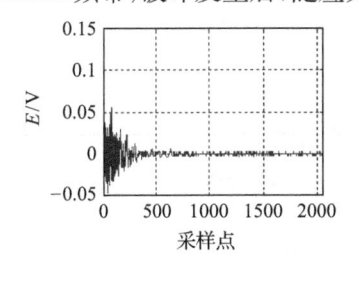

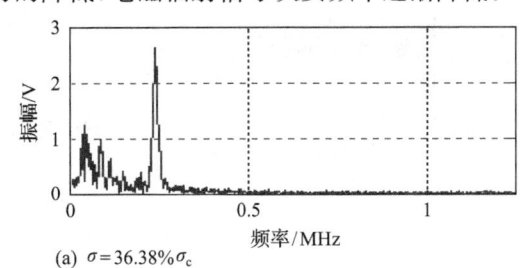

图 4-8 和图 4-9 是成庄矿煤样单轴压缩条件下不同应力水平电磁辐射信号的频谱图,信号采用宽频天线接收,采样频率为 2.5MHz,采样数为 2048,采样时间为 0.819ms。加载前期信号样本从采集系统开始接收电磁辐射信号时,隔 3s 选取一个;破坏前后信号样本选取破坏前 1s 和破坏后 2s 两个样本。对 7 号煤样选取 12s、15s、18s、21s、24s、27s、45s、48s 8 个信号样本;8 号煤样选取 12s、15s、18s、21s、24s、27s、40s、43s 8 个信号样本。从图 4-8、图 4-9 和表 4-1、表 4-2 可以看到,受载煤体电磁辐射信号主要是低频信号,一般小于 500kHz,在整个压缩过程中,信号主要频率分布与应力水平的变化规律相关,第一频率在 240kHz 左右。其中,次要频率在加载初期主要是较低频率的信号;随着载荷的增加和煤样内部裂隙发展,信号次要频率向较高频率移动;在煤岩破坏前后,次要频率集中在 300~400kHz 频带;破坏发生后,随应力的降低,电磁辐射信号次要频率逐渐降低。

(a) $\sigma=36.38\%\sigma_c$

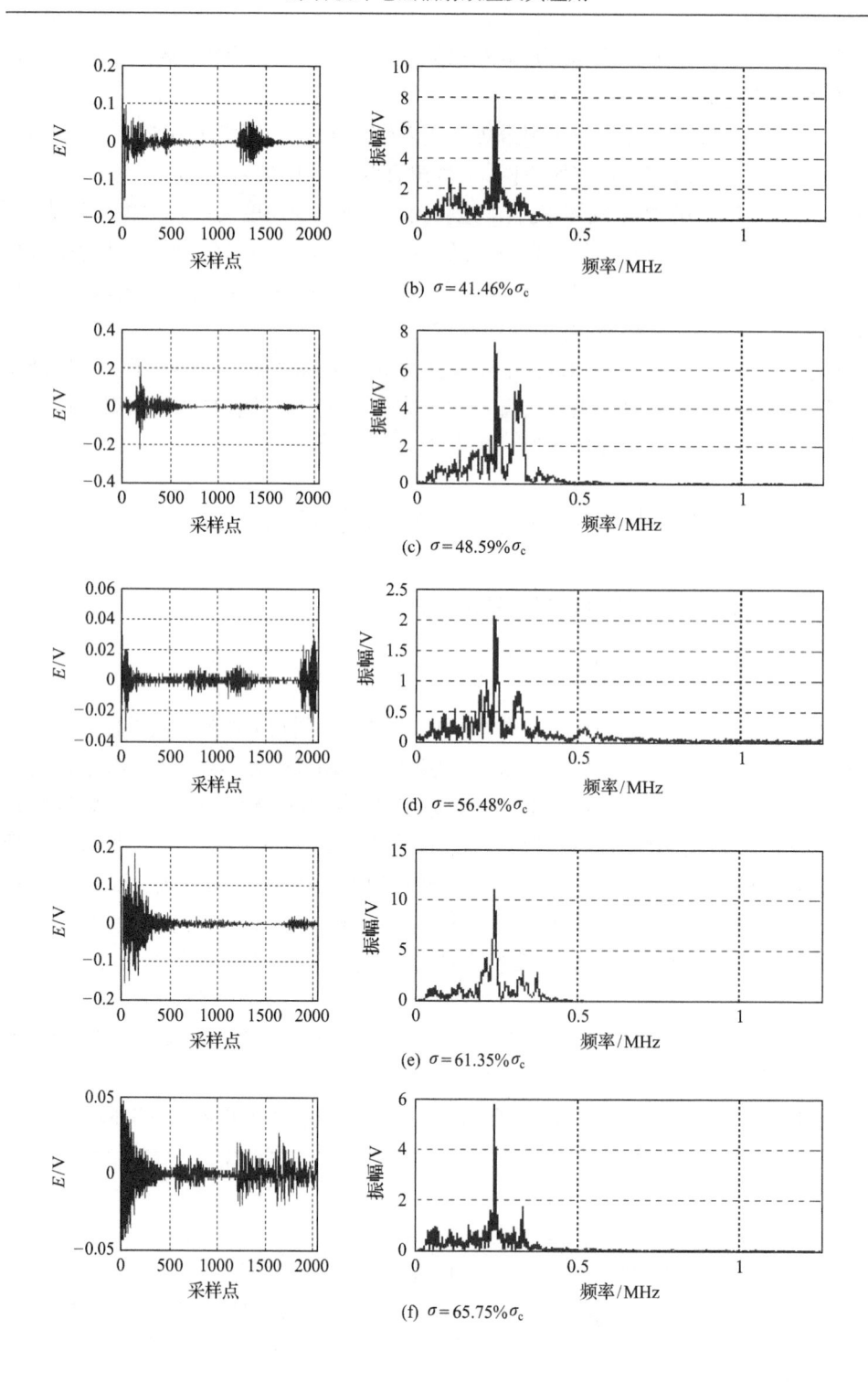

(b) $\sigma=41.46\%\sigma_c$

(c) $\sigma=48.59\%\sigma_c$

(d) $\sigma=56.48\%\sigma_c$

(e) $\sigma=61.35\%\sigma_c$

(f) $\sigma=65.75\%\sigma_c$

第 4 章 煤岩电磁辐射信号频谱特征研究

(g) $\sigma = 99.93\% \sigma_c$

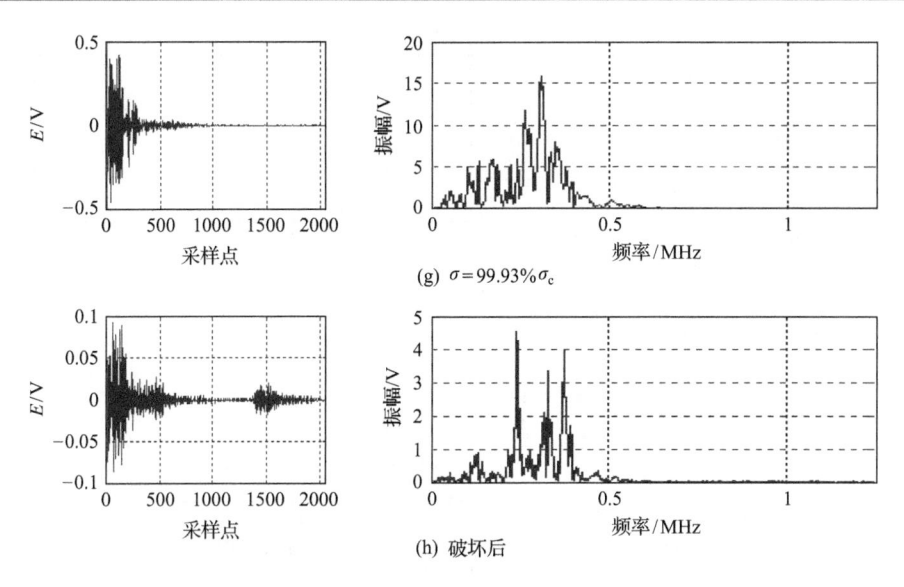

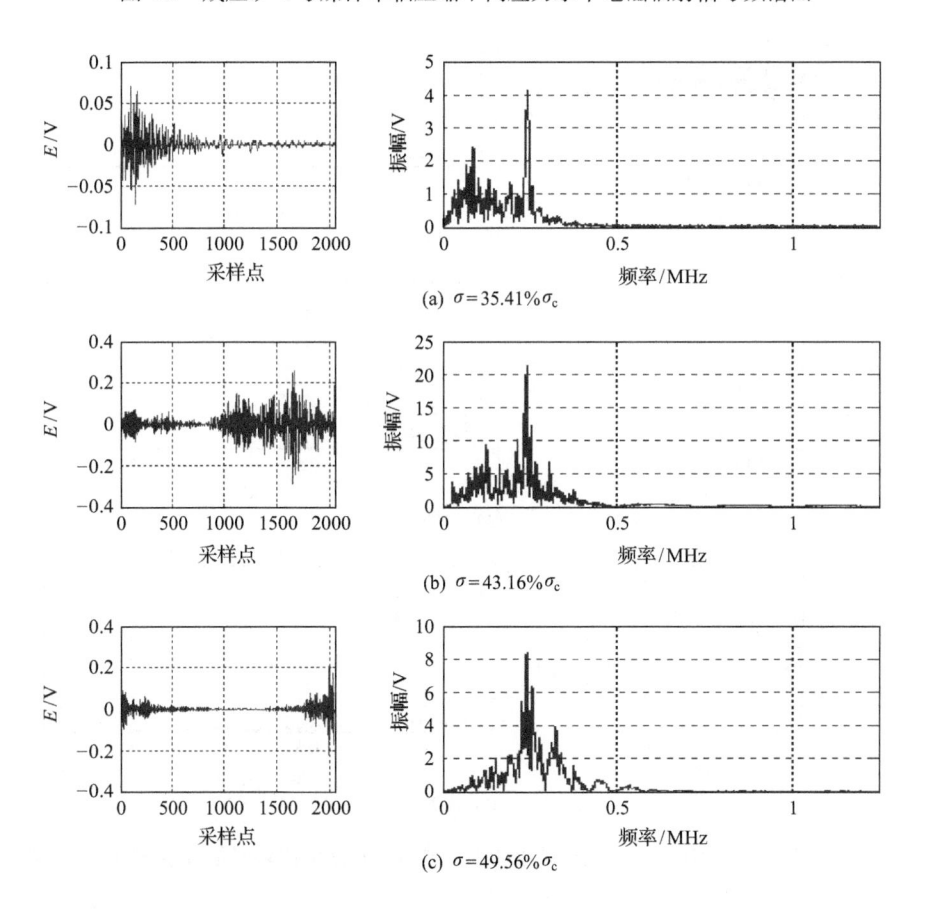

(h) 破坏后

图 4-8 成庄矿 7 号煤样单轴压缩不同应力水平电磁辐射信号频谱图

(a) $\sigma = 35.41\% \sigma_c$

(b) $\sigma = 43.16\% \sigma_c$

(c) $\sigma = 49.56\% \sigma_c$

(d) $\sigma = 56.14\%\sigma_c$

(e) $\sigma = 62.19\%\sigma_c$

(f) $\sigma = 69.70\%\sigma_c$

(g) $\sigma = 99.39\%\sigma_c$

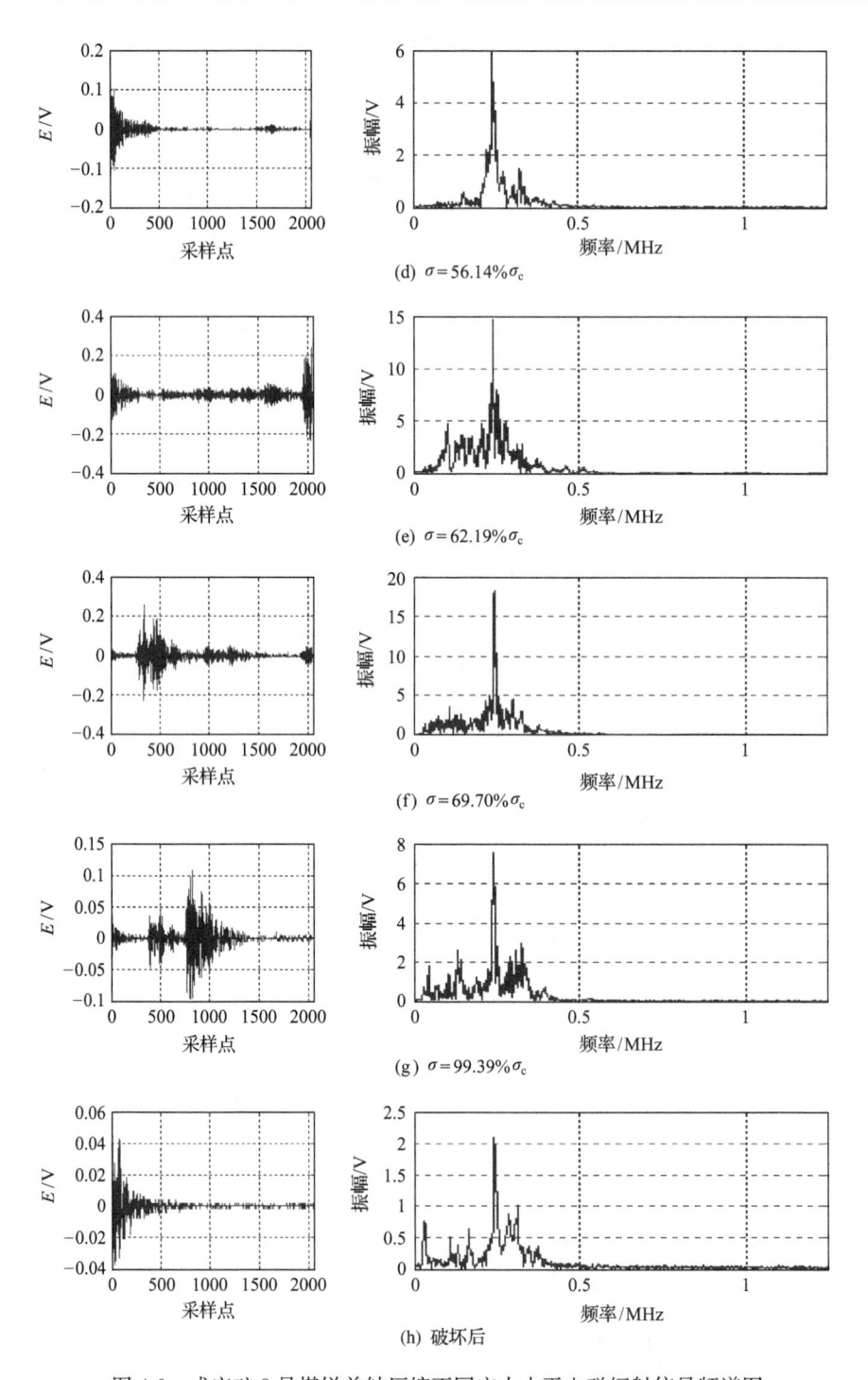

(h) 破坏后

图 4-9 成庄矿 8 号煤样单轴压缩不同应力水平电磁辐射信号频谱图

第4章 煤岩电磁辐射信号频谱特征研究

表 4-1　7号煤样不同应力水平电磁辐射信号频率分布

应力水平	事件数	最大峰值/V	主要频率分布/kHz		
36.38%σ_c	20	0.0547	239.2	43.9	35.4
41.46%σ_c	74	0.0957	240.4	98.9	131.8
48.59%σ_c	83	0.2266	241.5	316.1	301.5
56.48%σ_c	27	0.0508	240.7	218.5	317.4
61.35%σ_c	71	0.1817	241.6	329.5	373.5
65.75%σ_c	69	0.0468	241.6	327.1	161.1
99.93%σ_c	73	0.4160	261.2	307.5	346.7
破坏后	69	0.0918	240.9	328.3	373.5

表 4-2　8号煤样不同应力水平电磁辐射信号频率分布

应力水平	事件数	最大峰值/V	主要频率分布/kHz		
35.41%σ_c	42	0.0703	244.0	89.1	130.6
43.16%σ_c	164	0.2578	242.9	214.8	129.4
49.56%σ_c	90	0.2031	242.4	258.8	325.9
56.14%σ_c	40	0.1015	240.5	325.9	272.2
62.19%σ_c	168	0.2402	240.4	280.7	103.7
69.70%σ_c	131	0.2578	242.8	299.0	108.6
99.39%σ_c	81	0.1094	240.4	325.9	308.8
破坏后	17	0.0449	241.7	312.5	286.8

2. 功率谱变化规律

功率谱估计采用基于 AR 模型的功率谱估计,算法采用 Burg 算法。估计阶数 p 的上界与样本长度 N 之间的关系约为:估计阶数上界＝$N/2$ 或 $N/3$ 或 $\sqrt{N}$,但对样本数据量大的阶数选择没有统一的计算公式。为此,依据 AIC 准则自行设计了基于 Burg 算法的 AR 模型参数估计程序,对 16 个采样点分别计算了估计阶数 p。不同应力状态条件下估计阶数 p 的取值如表 4-3 和表 4-4 所示。

表 4-3　7号煤样不同应力状态条件下估计阶数 p 值表

应力状态	36.38%σ_c	41.46%σ_c	48.59%σ_c	56.48%σ_c	61.35%σ_c	65.75%σ_c	99.93%σ_c	破坏后
p 值	13	14	27	16	32	24	50	28

表 4-4　8 号煤样不同应力状态条件下估计阶数 p 值表

应力状态	35.41%σ_c	43.16%σ_c	49.56%σ_c	56.14%σ_c	62.19%σ_c	69.70%σ_c	99.39%σ_c	破坏后
p 值	10	14	35	18	25	23	46	52

图 4-10 和图 4-11 是成庄矿煤样单轴压缩条件下不同应力水平电磁辐射信号的功率谱密度图。比较不同应力水平电磁辐射信号的功率谱密度分布，可得以下结论。

(1) 在加载的各个阶段，煤样破裂产生的电磁辐射信号集中于 0~400kHz 频段，是辐射能量的主要分布频带。

(2) 伴随载荷的不断变化，电磁辐射信号频率集中区域呈现如下变化趋势：随

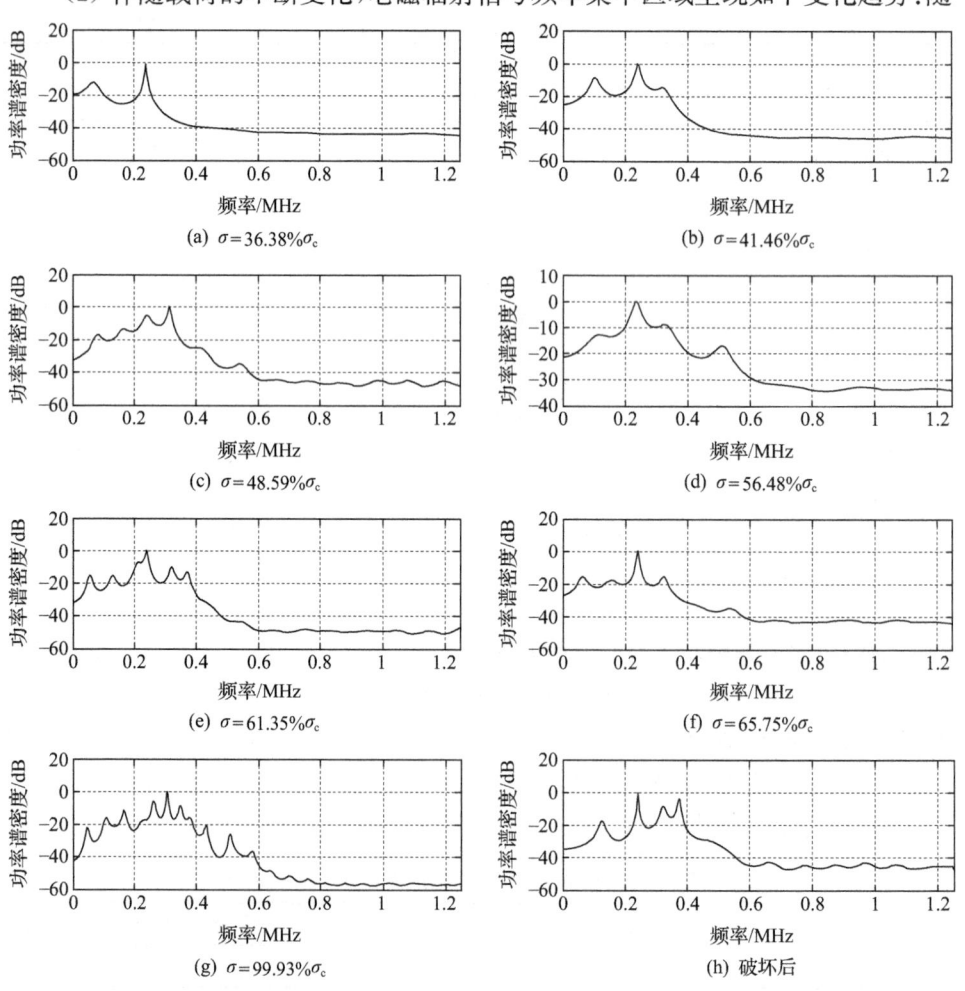

图 4-10　成庄矿 7 号煤样单轴压缩不同应力水平电磁辐射信号功率谱图

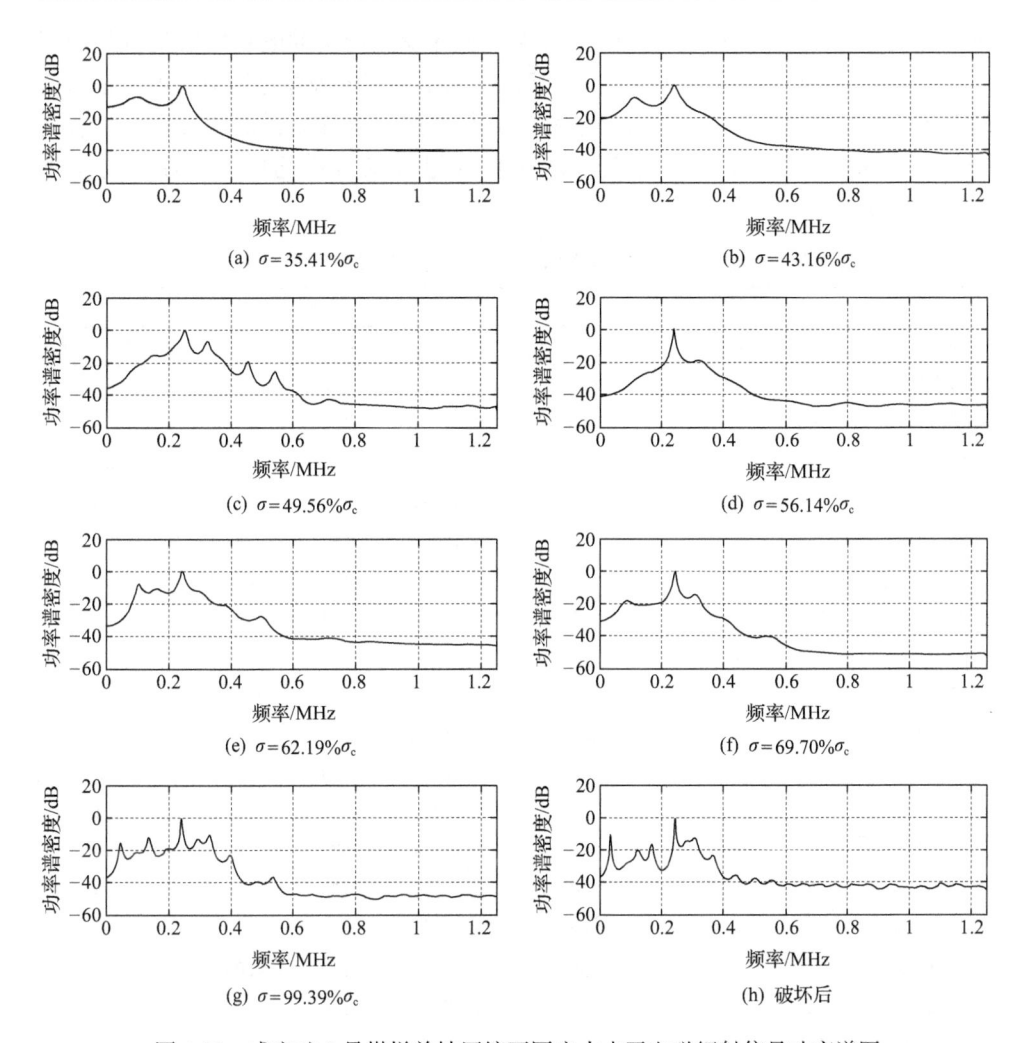

图 4-11　成庄矿 8 号煤样单轴压缩不同应力水平电磁辐射信号功率谱图

应力的增加,区域逐步向较高频域扩展,在煤样发生破裂前夕频带最宽,而后伴随煤样破裂、应力下降,集中区域呈现收缩趋势。

（3）采集的 600~1250kHz 频段电磁辐射能量在煤样加载破裂的全过程中一直保持相对平稳的分布,可认为该频段包含采集过程的背景噪声。

4.2.2　组合煤岩变形破坏电磁辐射信号频谱分析

1. 傅里叶谱变化规律

试验过程中,信号采集采用宽频天线,采样频率为 2500kHz,采样数为 2048,采样时间为 0.819ms。通过试验观察可知,组合煤岩加载过程中发生两次破坏变形,从采集到的电磁辐射信号发现组合煤岩破坏变形产生的电磁辐射基本与应变一致,也发生两次较大的波动,为了更好地研究组合煤岩破坏过程中的电磁辐射信号特征,本次试验过程中电磁辐射信号的采集按照组合煤岩样加载过程中的应变特征进行采样,对于Ⅰ号组合煤岩样和Ⅱ号组合煤岩样选择的采样点情况如表 4-5 所示。

表 4-5 组合煤岩样不同应力水平电磁辐射信号峰值和峰值频率分布

\multicolumn{4}{c}{Ⅰ号组合煤岩}	\multicolumn{4}{c}{Ⅱ号组合煤岩}
应力水平	事件数	峰值/V	峰值频率/kHz	应力水平	事件数	峰值/V	峰值频率/kHz
5.40%σ_c	147	0.5273	238	5.03%σ_c	177	0.7168	235
10.24%σ_c	198	0.6016	248	10.42%σ_c	170	0.4277	235
15.08%σ_c	165	0.4062	231	15.46%σ_c	172	1.2656	233
20.20%σ_c	84	0.5195	97	20.32%σ_c	197	0.5508	233
25.23%σ_c	149	3.0390	237	25.55%σ_c	186	0.8184	220
30.26%σ_c	169	0.8262	248	30.65%σ_c	189	0.4219	228
35.10%σ_c	193	0.5176	235	35.74%σ_c	175	0.6445	234
40.04%σ_c	181	0.4844	231	40.38%σ_c	182	0.8613	245
45.53%σ_c	190	2.8378	235	45.08%σ_c	192	1.6543	245
50.09%σ_c	168	2.0332	235	50.51%σ_c	199	0.4629	235
55.03%σ_c	152	0.6934	236	55.67%σ_c	198	0.4805	245
60.43%σ_c	151	0.6367	237	60.70%σ_c	78	0.4668	244
65.36%σ_c	192	1.3379	237	65.44%σ_c	171	0.5215	232
70.39%σ_c	199	0.4297	246	70.60%σ_c	170	1.1406	230
75.23%σ_c	164	0.4492	249	75.67%σ_c	202	0.5098	247
80.45%σ_c	172	0.8359	233	80.53%σ_c	173	0.9688	238
85.20%σ_c	202	0.5509	247	85.63%σ_c	176	0.6691	227
90.13%σ_c	201	0.4199	232	90.63%σ_c	196	0.9102	233
95.34%σ_c	163	1.2227	251	95.26%σ_c	191	1.3691	245
100%σ_c	142	3.9277	234	100.00%σ_c	199	0.4102	247
\multicolumn{8}{c}{出现首次破坏}
18.06%σ_c	188	1.1191	236	22.23%σ_c	196	0.4277	134
20.02%σ_c	182	0.6953	233	23.74%σ_c	185	3.9258	232
23.65%σ_c	197	0.4902	247	22.00%σ_c	168	0.4512	224
20.11%σ_c	97	0.5586	183	18.02%σ_c	208	0.5332	166
18.06%σ_c	188	0.9492	209	16.01%σ_c	182	0.5234	250
14.06%σ_c	200	0.6602	245	14.24%σ_c	146	0.4063	258
12.10%σ_c	140	0.6113	237	12.10%σ_c	195	0.4629	232
10.06%σ_c	183	1.2637	232	11.38%σ_c	173	0.6836	248

通过试验结果可知,组合煤岩加载过程中有电磁辐射信号生成,电磁辐射信号的强度与组合煤岩的变形破裂程度有关。通过对Ⅰ号和Ⅱ号组合煤岩加载过程电磁辐射峰值和峰值频率对比分析研究(图4-12和图4-13),组合煤岩加载过程电磁辐射峰值基本位于0.5V左右,但是容易受组合煤岩的材料和破坏变形的影响,不同材料的组合煤岩加载过程中的峰值变化不同,Ⅰ号组合煤岩由于砂岩、煤岩和泥岩强度差距较大,组成的煤岩样加载过程中电磁辐射的峰值变化较大,Ⅱ号组合煤岩由于组成岩石强度差距小,加载过程中电磁辐射峰值变化较小。同时峰值的大小也受到变形程度的影响,组合煤岩加载过程中电磁辐射的最大峰值主要出现在煤岩首次破坏和二次破坏变形的前后。

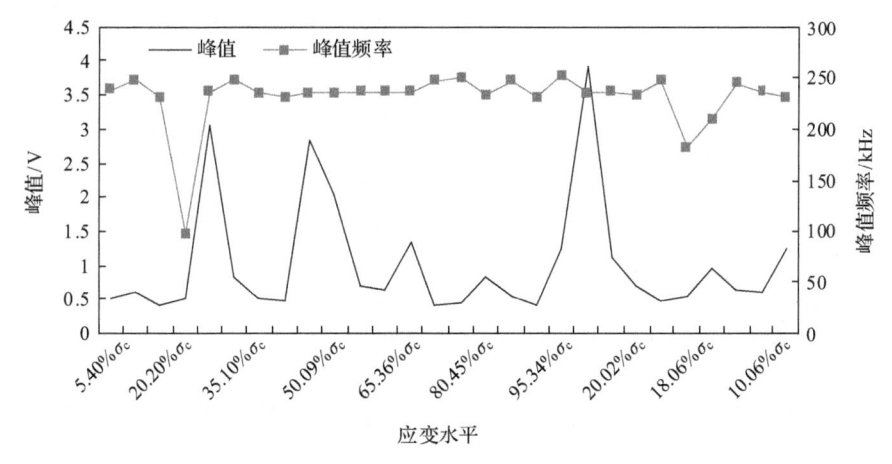

图 4-12　Ⅰ号组合煤岩不同应力水平电磁辐射信号峰值和峰值频率分布

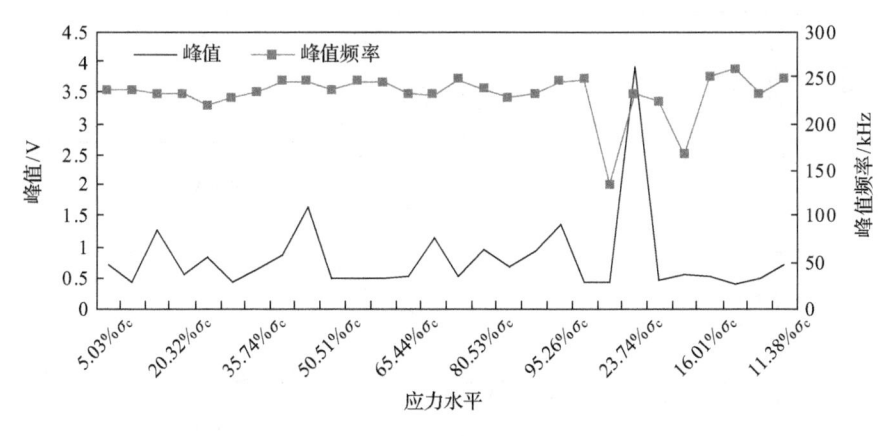

图 4-13　Ⅱ号组合煤岩不同应力水平电磁辐射信号峰值和峰值频率分布

组合煤岩加载过程中电磁辐射信号出现的峰值频率与组合煤岩应变水平和材料影响不大,峰值频率基本维持在230kHz左右。

为了实现对组合煤岩加载过程中电磁辐射信号特征的研究分析,根据组合煤岩加载过程中电磁辐射信号的峰值和频率特征,以及电磁辐射信号特征和组合煤岩加载破坏应变特征,从组合煤岩加载按照首次破坏前后分别选择 6 个特征点分析研究电磁辐射信号特征。对于Ⅰ号组合煤岩,选取应变为 10.24%、30.26%、50.09%、70.39%、90.13%、100%、18.06%、20.02%、22.07%、23.65%、16.29%、10.06% 12 个样本;Ⅱ号组合煤岩选取 10.42%、30.65%、50.51%、70.60%、90.63%、100.00%、20.23%、23.74%、22.00%、18.02%、14.24%、11.38% 12 个样本。为了进一步研究组合煤岩加载过程中电磁辐射信号的时频分布,对选取的不同应力水平的信号进行傅里叶变化,变换结果如图 4-14 和图 4-15 所示。

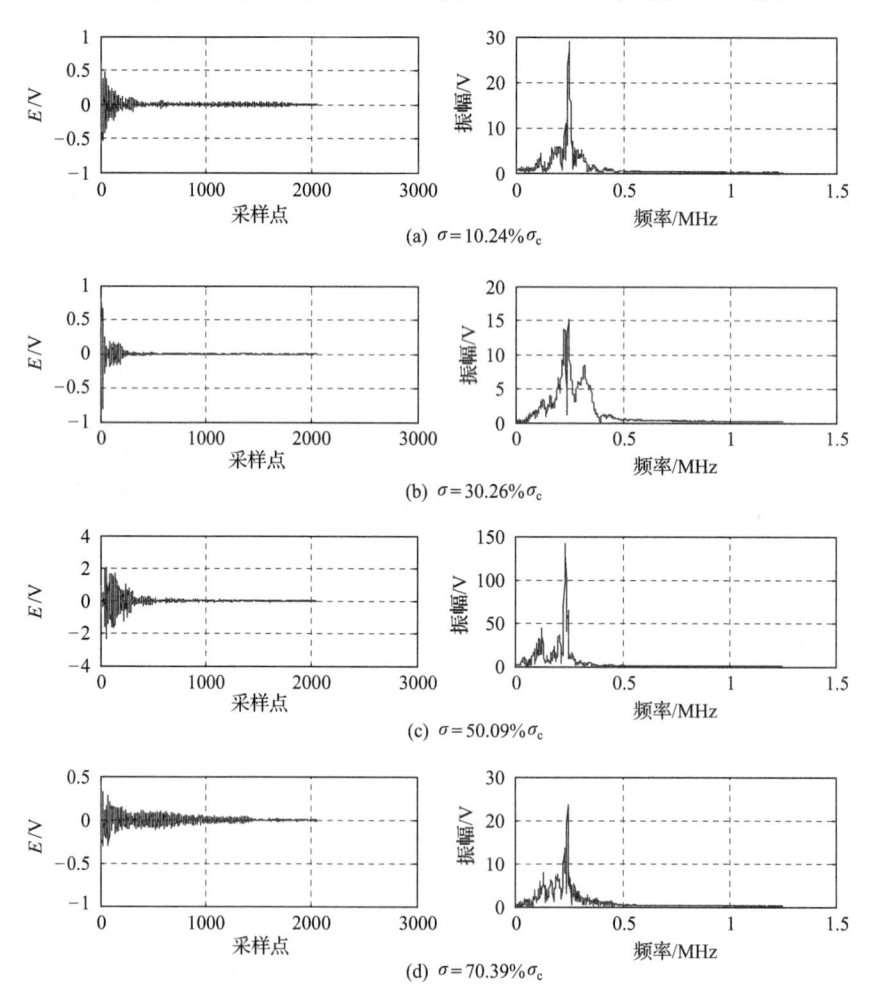

(a) $\sigma = 10.24\%\sigma_c$

(b) $\sigma = 30.26\%\sigma_c$

(c) $\sigma = 50.09\%\sigma_c$

(d) $\sigma = 70.39\%\sigma_c$

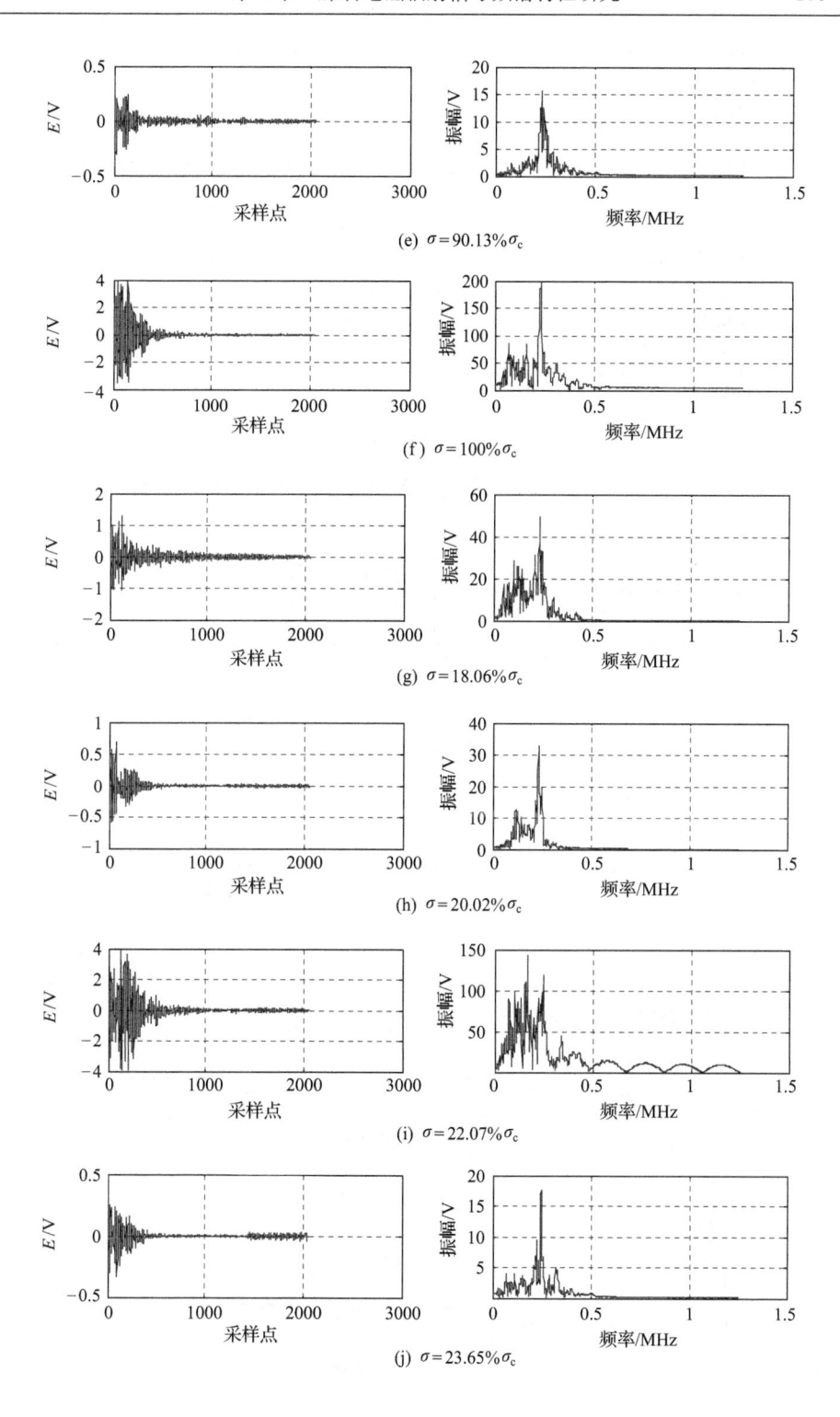

(e) $\sigma=90.13\%\sigma_c$

(f) $\sigma=100\%\sigma_c$

(g) $\sigma=18.06\%\sigma_c$

(h) $\sigma=20.02\%\sigma_c$

(i) $\sigma=22.07\%\sigma_c$

(j) $\sigma=23.65\%\sigma_c$

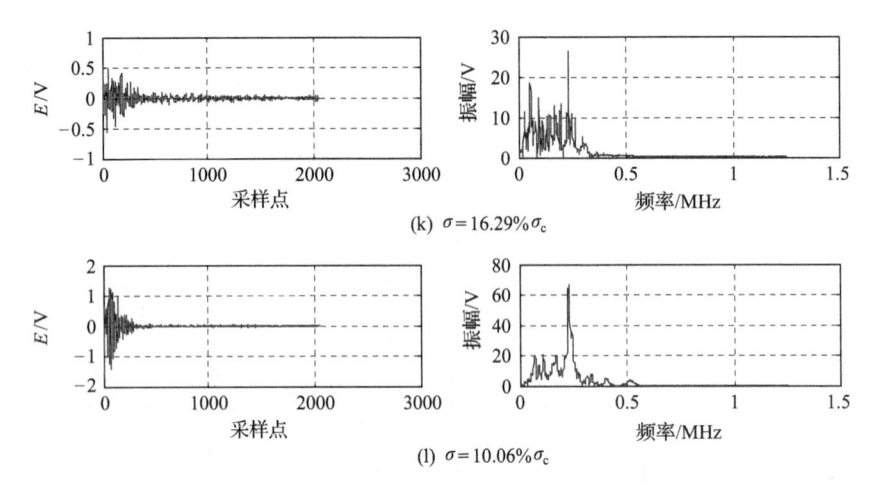

(k) $\sigma=16.29\%\sigma_c$

(l) $\sigma=10.06\%\sigma_c$

图 4-14　Ⅰ号组合煤岩煤岩样单轴压缩不同应力水平电磁辐射信号频谱图

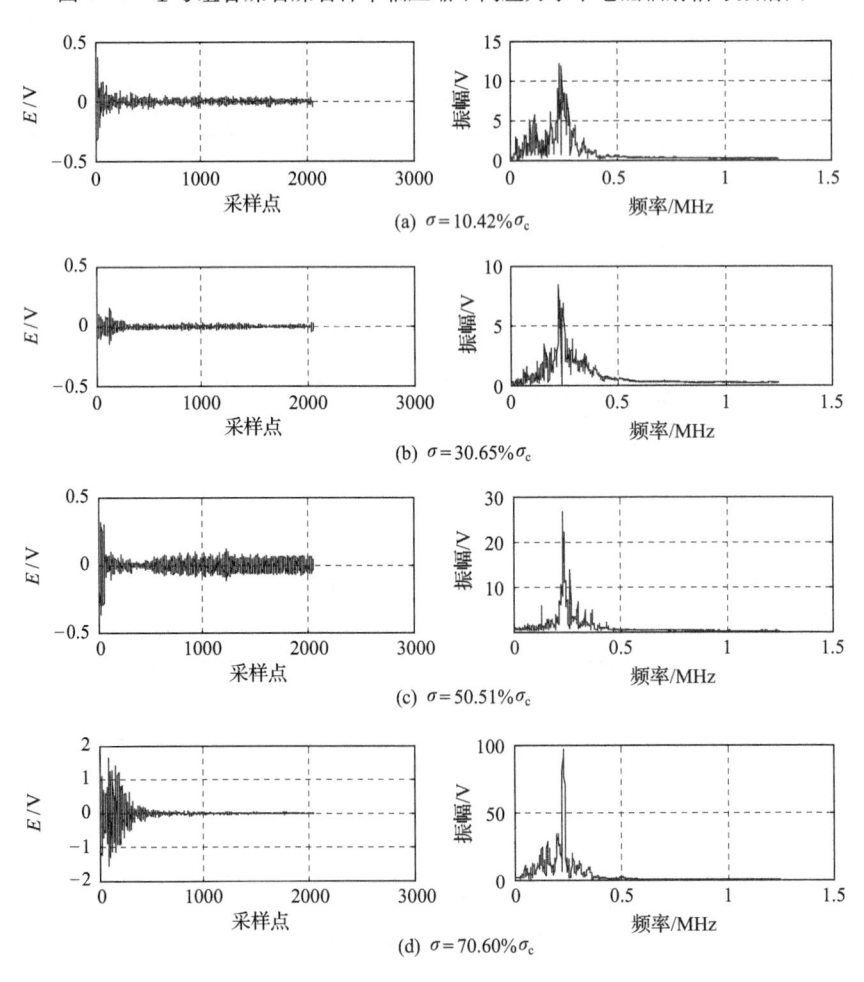

(a) $\sigma=10.42\%\sigma_c$

(b) $\sigma=30.65\%\sigma_c$

(c) $\sigma=50.51\%\sigma_c$

(d) $\sigma=70.60\%\sigma_c$

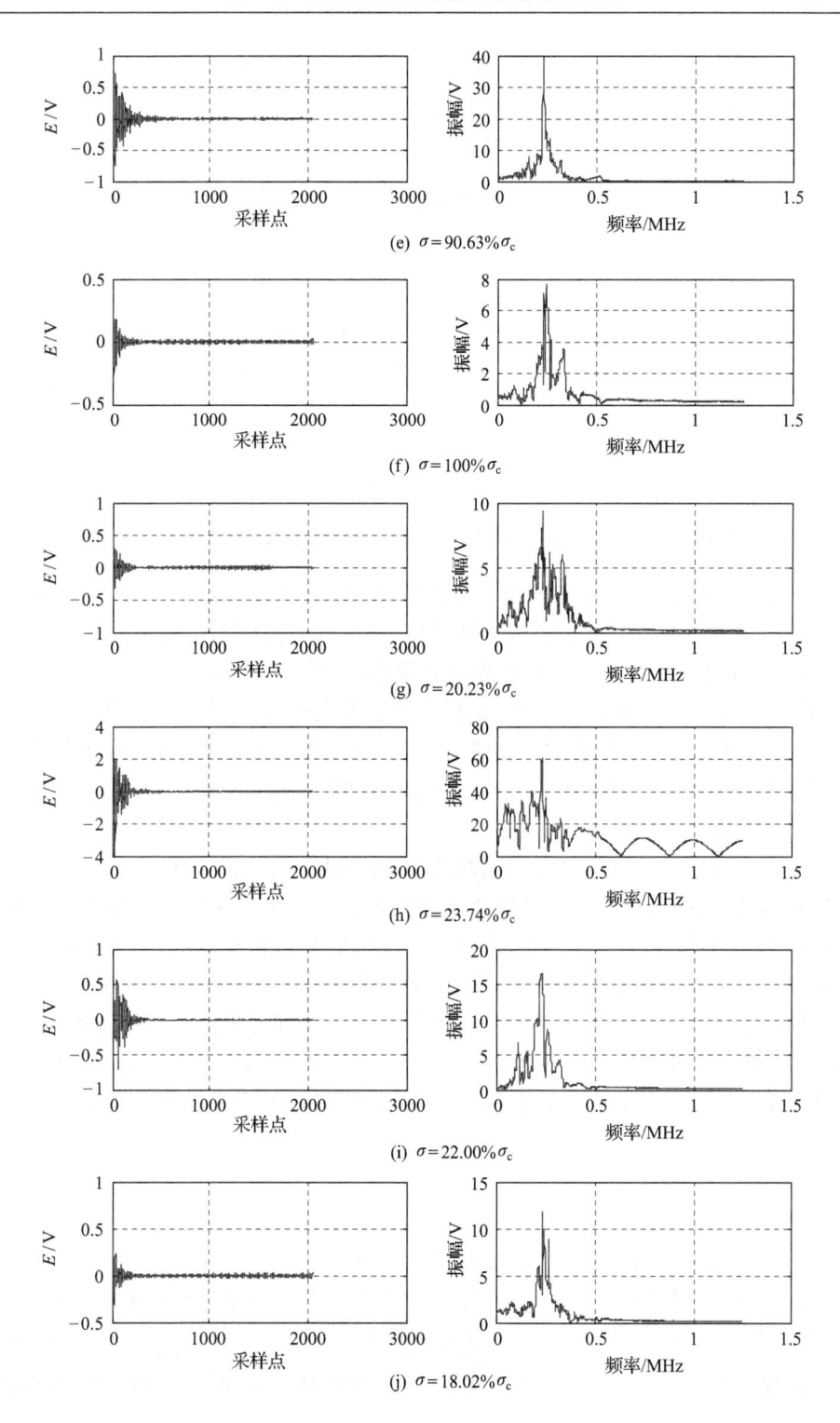

第 4 章　煤岩电磁辐射信号频谱特征研究

(e) $\sigma = 90.63\%\sigma_c$

(f) $\sigma = 100\%\sigma_c$

(g) $\sigma = 20.23\%\sigma_c$

(h) $\sigma = 23.74\%\sigma_c$

(i) $\sigma = 22.00\%\sigma_c$

(j) $\sigma = 18.02\%\sigma_c$

(k) $\sigma=14.24\%\sigma_c$

(l) $\sigma=11.38\%\sigma_c$

图 4-15　Ⅱ号组合煤岩样单轴压缩不同应力水平电磁辐射信号频谱图

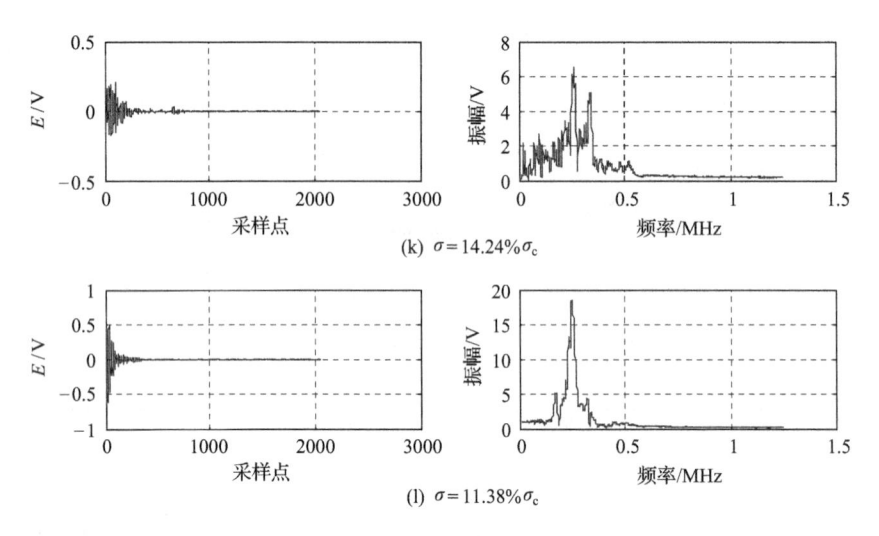

通过对组合煤岩加载过程中电磁辐射信号的傅里叶谱进行研究,发现组合煤岩变形破坏过程中产生电磁辐射信号,并且产生的电磁辐射信号主要集中在低频波段,一般小于 400 kHz。在组合煤岩加载破坏过程中,产生的电磁辐射强度变化趋势基本与加载应变曲线正相关,就是在发生首次破坏变形与二次破坏变形过程中,电磁辐射的信号强度随着应变的增加而增强;电磁辐射强度在组合煤岩发生首次和二次主要破坏变形前后最大;随后随着加载的进行,电磁辐射信号又减低到一个恒定的范围。

由于组合煤岩结构不是各向同性结构,各组成成分之间分子结合力强度不同,导致在加载过程中,组合煤岩结构并不是随着加载应力的进行而发生均匀破坏变形,其中夹杂有煤岩结构的突变,从而导致能量的突然释放,在电磁辐射信号方面就表现为在某一时刻电磁辐射信号强度突然增大,然后又回归到正常水平。

同时组合煤岩加载过程中的电磁辐射信号还受到外界或者周围噪声的干扰,从而导致电磁辐射信号的强度和频率突然变化。这些噪声主要分为固定频率噪声和非固定噪声干扰,从电磁辐射信号的傅里叶谱图中可以观测到这部分噪声的存在。

2. 功率谱变化规律

功率谱估计采用基于 AR 模型的功率谱估计,算法采用 Burg 算法。根据谱分析理论,估计阶数 p 的上界与样本长度 N 之间的关系约为:估计阶数上界＝$N/2$ 或 $N/3$ 或 $\sqrt{N}$,但对样本数据量大的阶数选择没有统一的计算公式。为此,依据谱分析理论和 Matlab 功能,设计了依据 AIC 准则基于 Burg 算法的 AR 模型参数估计程序，分别对Ⅰ号和Ⅱ号组合煤岩电磁辐射采集的共计 24 个信号进行估计阶数 p 计算。计算结果如表 4-6 所示。

表 4-6　组合煤岩样不同应力状态条件下估计阶数 p 值表

Ⅰ号组合煤岩		Ⅱ号组合煤岩	
应力状态	p 值	应力状态	p 值
10.24%σ_c	23	10.42%σ_c	14
30.26%σ_c	22	30.65%σ_c	29
50.09%σ_c	52	50.51%σ_c	41
70.39%σ_c	11	70.60%σ_c	54
90.13%σ_c	29	90.63%σ_c	31
100%σ_c	27	100%σ_c	29
18.06%σ_c	26	20.23%σ_c	29
20.02%σ_c	18	23.74%σ_c	27
22.07%σ_c	43	22.00%σ_c	31
23.65%σ_c	29	18.02%σ_c	31
16.29%σ_c	20	14.24%σ_c	42
10.06%σ_c	35	11.38%σ_c	—

然后根据计算出的各个采样点的估计阶数 p，实现Ⅰ号组合煤岩和Ⅱ号组合煤岩加载过程中电磁辐射信号功率谱的密度估计，图 4-16 和图 4-17 分别是Ⅰ号组合煤岩和Ⅱ号组合煤岩加载过程在不同应力状态下的功率谱密度图。

通过对Ⅰ号和Ⅱ号组合煤岩单轴加载过程中电磁辐射信号的功率谱密度进行分析对比，发现以下几点。

(1) 在对组合煤岩加载过程中，电磁辐射信号能量主要集中在 0～600kHz，因此可以把这部分频段称为组合煤岩加载破坏过程中产生电磁辐射信号的主要能量带。

(2) 组合煤岩在发生首次破坏变形之前，产生的电磁辐射随加载的进行出现规律性变化：随加载过程的进行，电磁辐射信号能量具有从低频向高频区域移动的趋势。

(3) 组合煤岩破坏变形过程中采集到 600～1250kHz 频段的电磁辐射能量在加载过程中不受应力变化影响，一直保持相对稳定状态，初步认定该频段的信号为来自外界的干扰噪声。同时加载过程中在高频部分出现的部分电磁辐射信号能量具有突变性，并且不受加载应力变化影响，因此也初步把这部分电磁辐射信号认定为来自外界的干扰噪声。

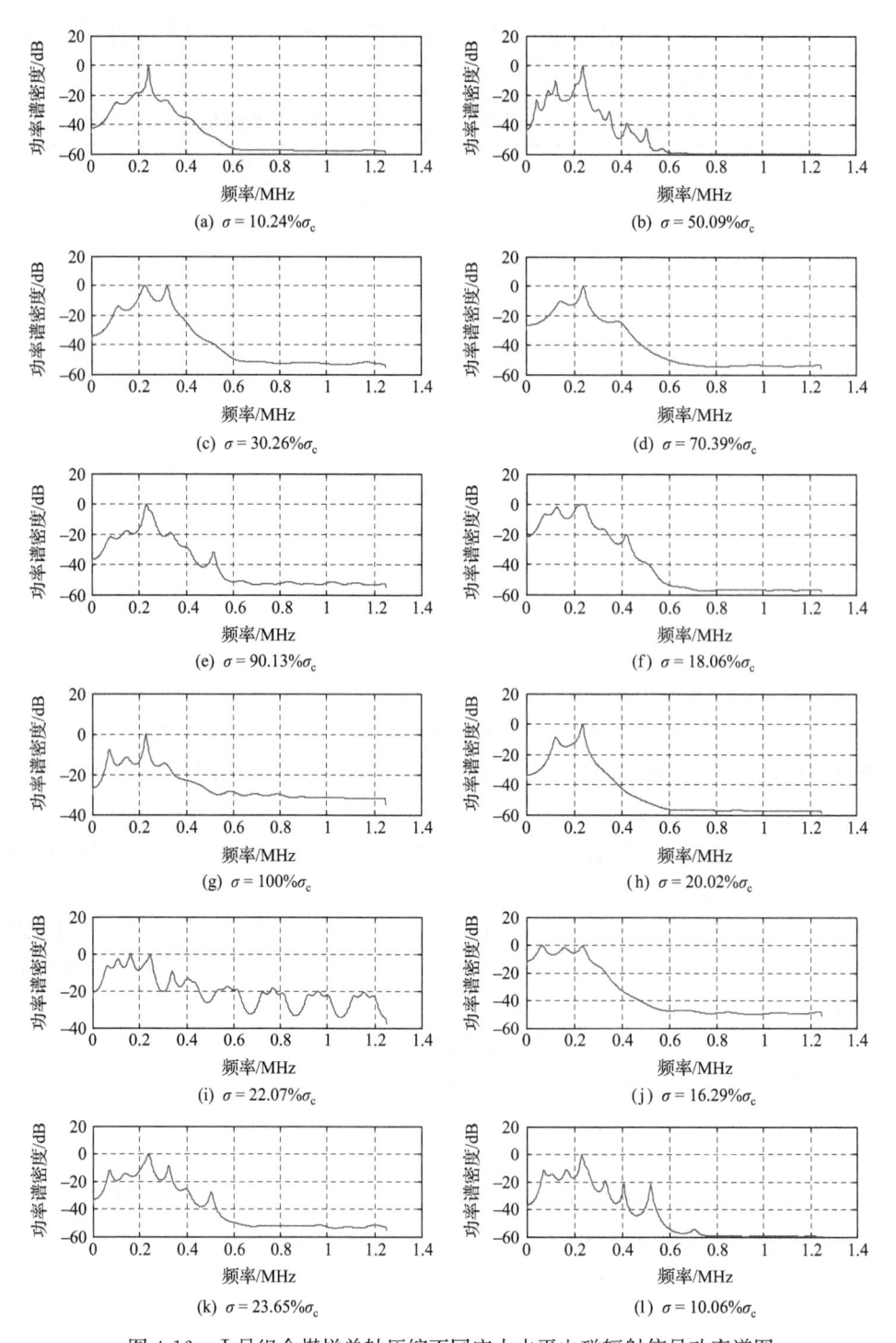

图 4-16　Ⅰ号组合煤样单轴压缩不同应力水平电磁辐射信号功率谱图

（4）组合煤岩在加载过程中产生的电磁辐射信号能量出现规律性变化程度与组合煤岩的材料有关，组成成分为均匀的材料，加载过程中在出现首次破坏变形之前出现的电磁辐射信号能量变化规律性越明显。

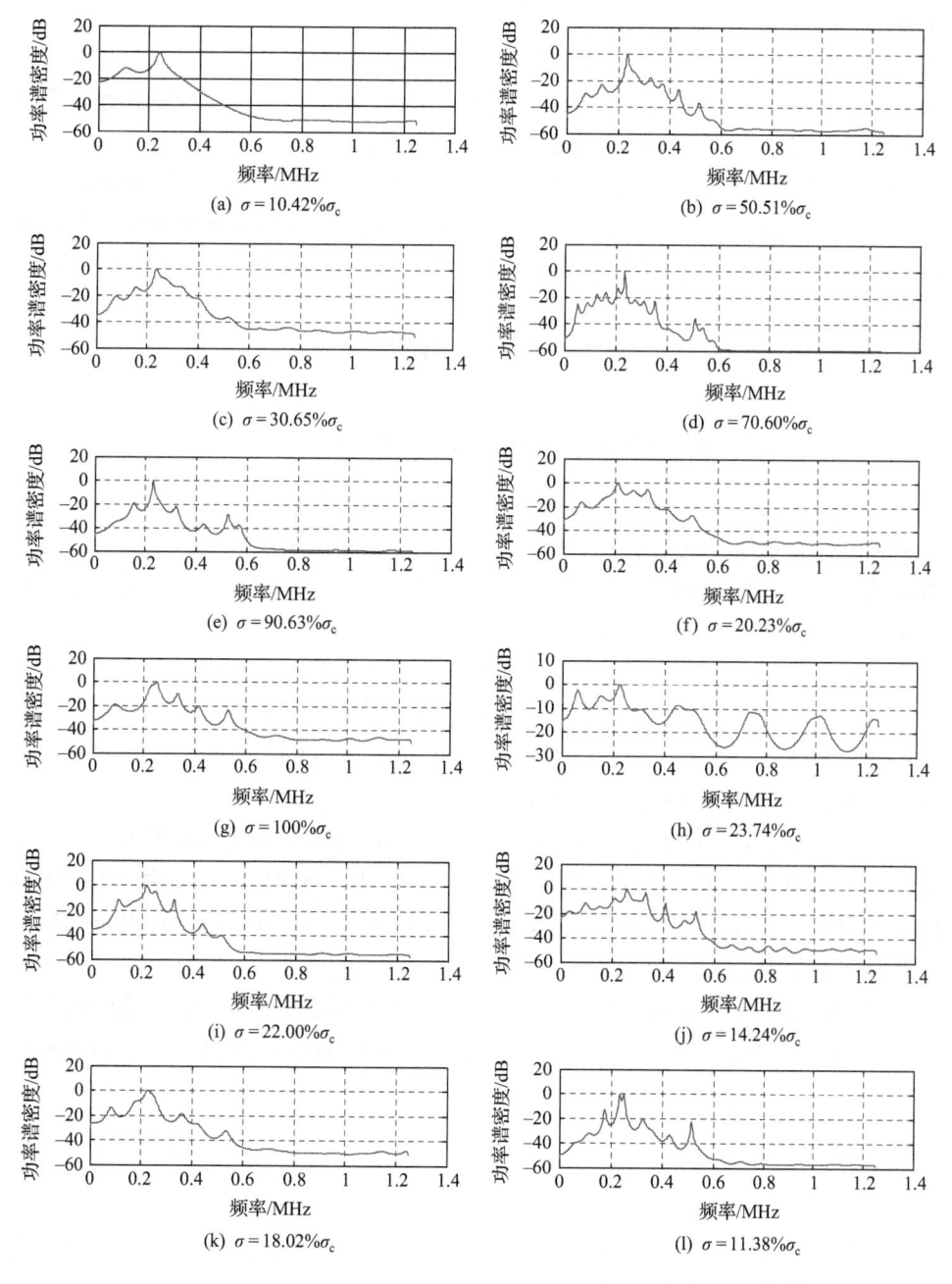

图 4-17　Ⅱ号组合煤样随加载不同应力水平电磁辐射信号功率谱图

4.2.3 傅里叶谱与功率谱的对比分析

对组合煤岩Ⅰ号和Ⅱ号煤样的傅里叶谱和功率谱进行对比分析,可知以下几点。

(1) 傅里叶谱信号分布与功率谱能量分布呈现较好的对应关系;当出现应力变化时,傅里叶谱频率的变化情况与功率谱的变化情况一致,表明傅里叶谱分析和功率谱分析在分析电磁辐射现象的统一性和科学性。

(2) 傅里叶谱突出显示电磁辐射信号的频域分布,是进行信号频谱分析的基础,但无法体现各频率对信号的贡献程度;功率谱则有效显示了各频带在信号中的相关程度,为分析电磁辐射信号固有频率特征和背景噪声频率特征提供了依据。

4.3 基于小波变换的电磁辐射信号特征分析

4.3.1 基于小波的电磁辐射信号特征分析的基本方法

准确捕捉到电磁辐射信号,并能从中提取反映电磁辐射源的特征,从而实现对电磁辐射源的识别是电磁辐射技术预测煤岩动力灾害时需要解决的主要问题。本节以基本分析方法为基础,结合实际的工程应用,提出两种用于电磁辐射信号特征分析和特征提取的具体方法,并对试验结果进行分析。

小波变换对信号的分析是通过把信号分解到不同频率范围内的时域信号来实现的,在小波变换中引入傅里叶频谱分析,进而能给出每个分解尺度的时域信号和相应的频谱分布信息。对于一个给定的电磁辐射信号 $f(n)$,按照以下步骤实现小波变换对信号进行特征分析的基本方法[179]。

(1) 选择用于小波变换的小波基。由于 Daubechies 小波是有限紧支撑正交小波,其时域和频域的局部化能力强,尤其在数字信号的小波分解过程中可以提供有限长的更实际更具体的数字滤波器,因此本节选择 Daubechies 小波对电磁辐射信号进行小波变换。

(2) 确定小波分解的级数 J。小波分解级数 J 可以选择 $[1, J_{max}]$ 范围内的任一个整数。若信号中需分析的最低有效频率成分 f_1 为已知,则小波分解级数根据式(4-1)确定[180],即

$$\frac{f_s}{2^{J+1}} \leqslant f_1 \text{ 或 } J \geqslant \log_2 \frac{f_s}{f_1} - 1 \tag{4-1}$$

(3) 对信号 $f(n)$ 进行 J 尺度的小波分解,并对小波分解后的 $J+1$ 个频率范围的成分进行重构,所对应的时域信号分别记为

$$A_J, D_j, \quad j=1,2,\cdots,J \tag{4-2}$$

可知，A_J 表示第 J 尺度小波分解的低频信息，D_j 表示第 j 尺度小波分解的高频信息。

(4) 对各重构时域信号进行傅里叶变换，获取各个分解尺度上的详细频谱信息：

$$\begin{cases} A_J F(\omega) = \sum_{n=0}^{N-1} (P_J) e^{-j\frac{2\pi}{N}n\omega}, & 0 \leqslant \omega \leqslant N-1 \\ D_j F(\omega) = \sum_{n=0}^{N-1} (D_j) e^{-j\frac{2\pi}{N}n\omega}, & 0 \leqslant \omega \leqslant N-1; j=1,2,\cdots,J \end{cases} \tag{4-3}$$

利用本节的电磁辐射信号特征分析的基本方法可以把信号分解成不同频谱范围内的时域分量，同时能给出每个时域分量对应的详细频谱信息。信号小波分解的分量中蕴含着信号的特征，对信号每个小波分解尺度上的时域信号和频谱进行分析，就能够提取出反映电磁辐射信号特征的特征值。由于电磁辐射信号来源不同，信号特征在每个分解分量中的分布情况也不同，特征提取的方法也就不同，针对这个问题，本节以小波电磁辐射信号特征分析的基本方法为基础，提出了基于小波分析的电磁辐射信号特征频谱分析法和特征能谱系数分析法。

4.3.2 煤体单轴压缩电磁辐射信号小波特征频谱分析

1. 煤体单轴压缩电磁辐射信号小波特征

1) 小波特征频谱分析法

在工程应用中，谱是描述信号特征的一个重要参数，对于电磁辐射信号的特征分析，频谱分析是常采用的分析方法之一。但是正如第 2 章中指出的一样，频谱分析方法是一种完全基于频域的分析方法，信号在时域某个时刻发生的变化，会引起信号在整个频域发生变化。对于频域中的某一个频谱无法确定所对应的是哪个时段的时域信号。频谱分析的这些缺点使得它对具有时变性的电磁辐射信号的处理结果变得不可靠。在 4.3.1 节提出的"基于小波的电磁辐射信号特征分析的基本方法"的基础上，本节提出电磁辐射信号的小波特征频谱分析方法。

小波特征频谱分析法的具体步骤如下[181]。

(1) 采用 4.3.1 节提出的基本方法对电磁辐射信号进行分析。

(2) 根据电磁辐射信号的特点确定包含电磁辐射信号特征的小波分解的尺度分量，并把这些尺度分量定义为特征频带，对小波特征频带进行信号重构。确定小波分解特征频带的一般规则是根据对电磁辐射信号特征分析的结果，即：因为突发型的电磁辐射信号在时域波形上表现出脉冲的特征，而且持续时间较短，所以若小波分解分量中包含近似脉冲特性的分量,则认为该分解分量中包含电磁辐射信号信息,相应的小波分解就定义为特征频带;若小波分解分量由在整个采样时间范围内的均匀密集分布的波形信号组成,则根据对电磁辐射信号中噪声的特征分析结果,可认为该分解分量主要由噪声组成。在实际应用中,特征频带仍会包含小幅值的噪声,为了能更好地反映电磁辐射源的频谱特征,在对小波特征频带进行信号重构时,一般只采用大于一定阈值的小波系数重构信号,这样可在一定程度上去除小幅值噪声的干扰影响。

(3) 对重构的信号进行频谱分析,即能获取去除干扰噪声后,真实反映电磁辐射信号特征的小波频谱特征。

2) 小波特征频谱分析法分析结果

选择 db8 小波基,对两个煤样加载初期、加载中期、破坏前夕和破坏后的 16 个信号样本进行了 5 级小波分解,结果如图 4-18～图 4-25 所示,图中的时频波形为小波分析每个分解尺度的时域重构信号,频谱图为每个分解尺度对应的频谱信息,图中标注的 A 和 D 分别表示经过小波分解后得到的低频信号和高频信号,A 和 D 后面的数字表示小波分解的级数。

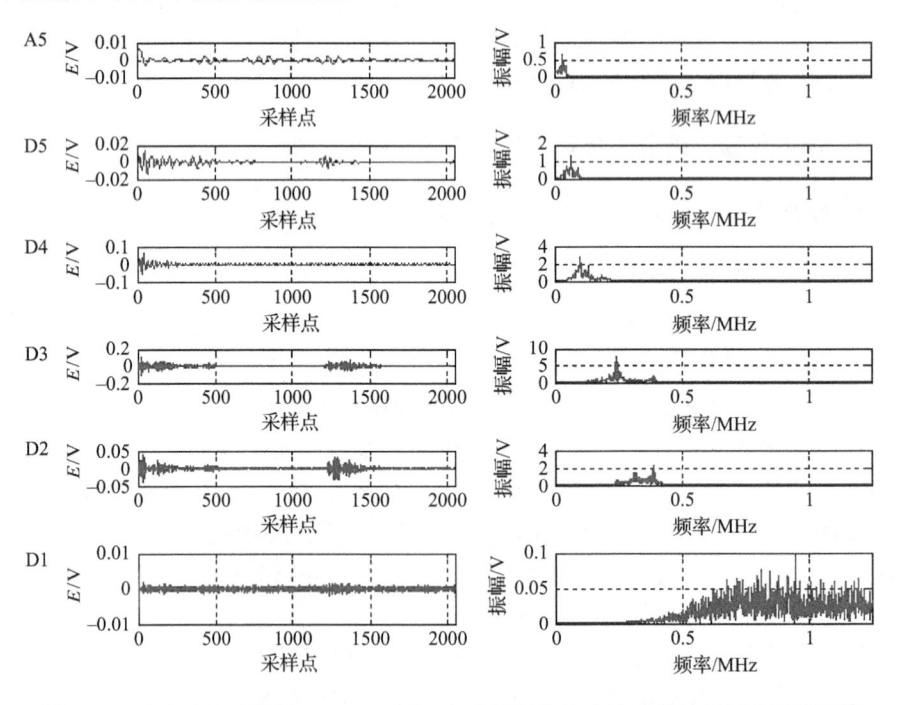

图 4-18 成庄矿 7 号煤样 $\sigma=41.46\%\sigma_c$ 电磁辐射信号小波变换结果及各频段频谱

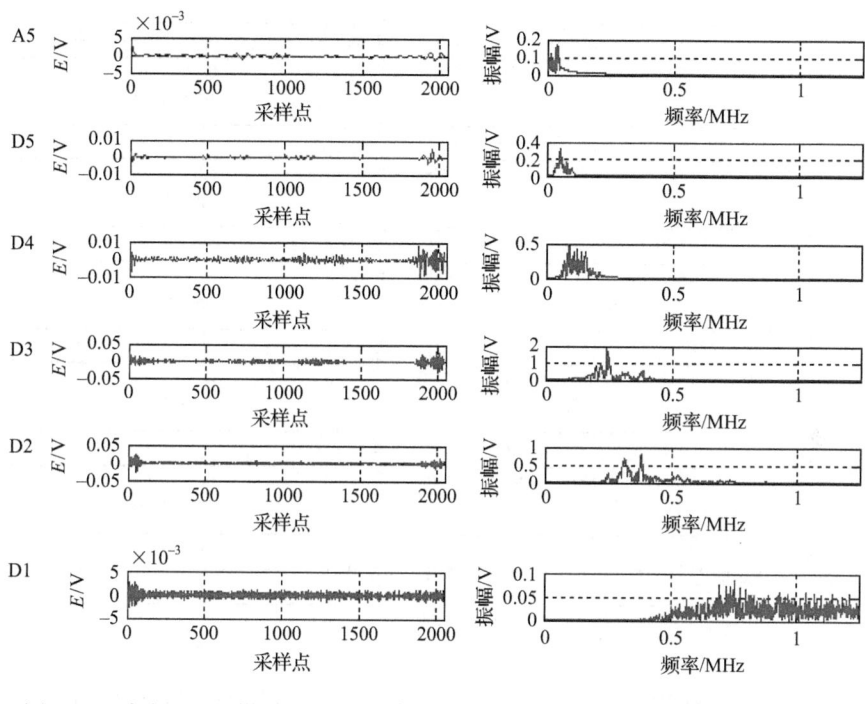

图 4-19 成庄矿 7 号煤样 $\sigma=56.48\%\sigma_c$ 电磁辐射信号小波变换结果及各频段频谱

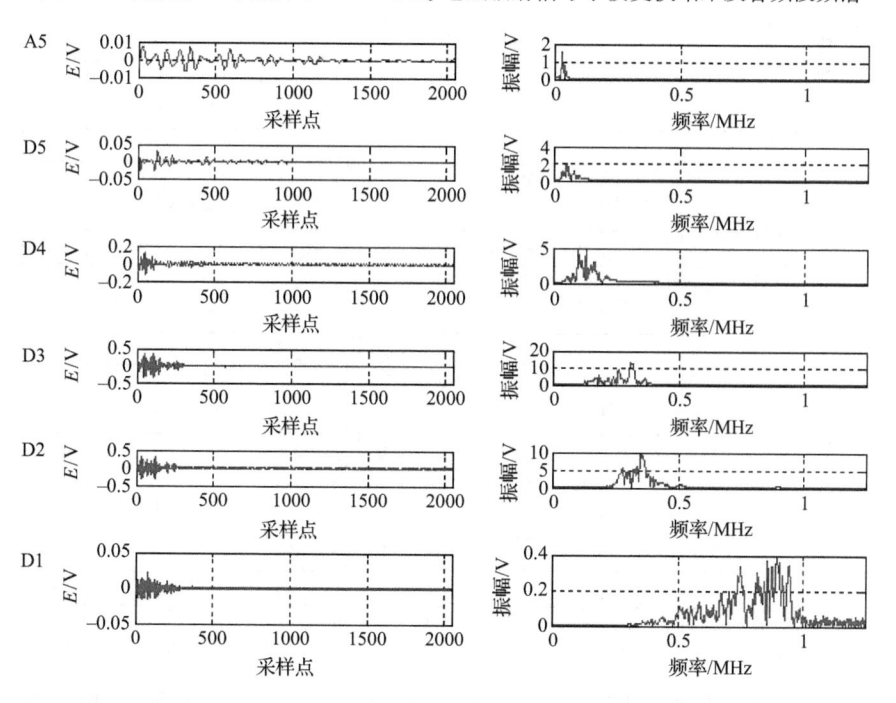

图 4-20 成庄矿 7 号煤样 $\sigma=99.93\%\sigma_c$ 电磁辐射信号小波变换结果及各频段频谱

图 4-21　成庄矿 7 号煤样破坏后电磁辐射信号小波变换结果及各频段频谱

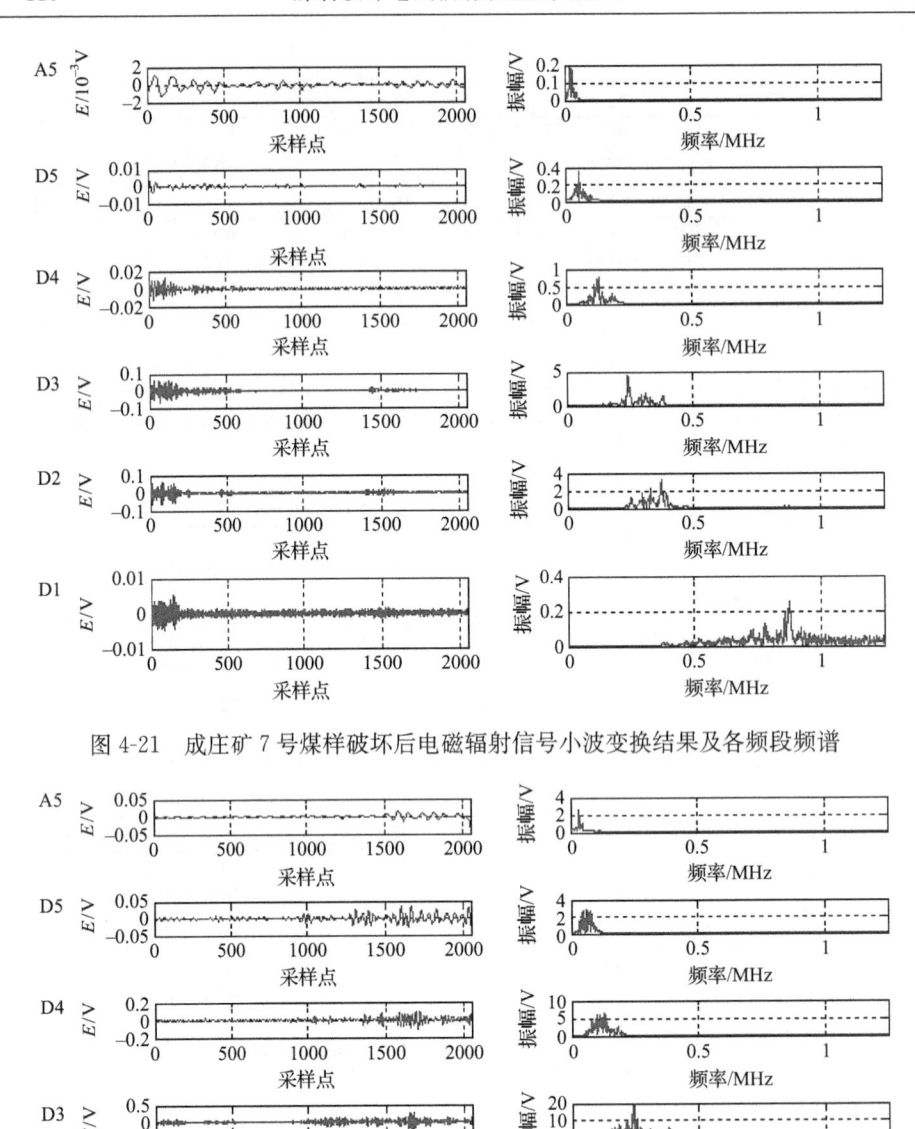

图 4-22　成庄矿 8 号煤样 $\sigma=43.16\%\sigma_c$ 电磁辐射信号小波变换结果及各频段频谱

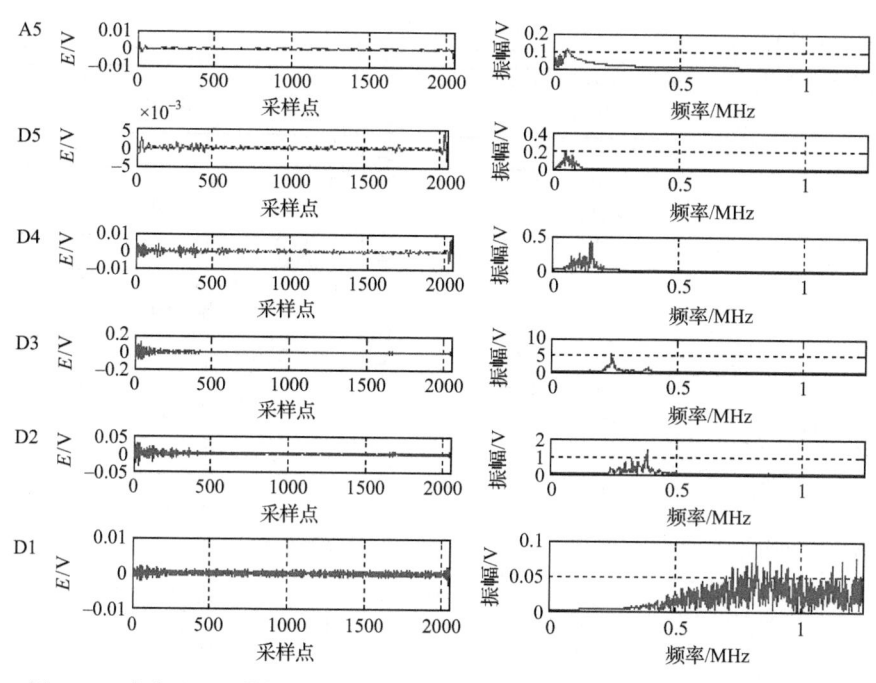

图 4-23　成庄矿 8 号煤样 $\sigma=56.14\%\sigma_c$ 电磁辐射信号小波变换结果及各频段频谱

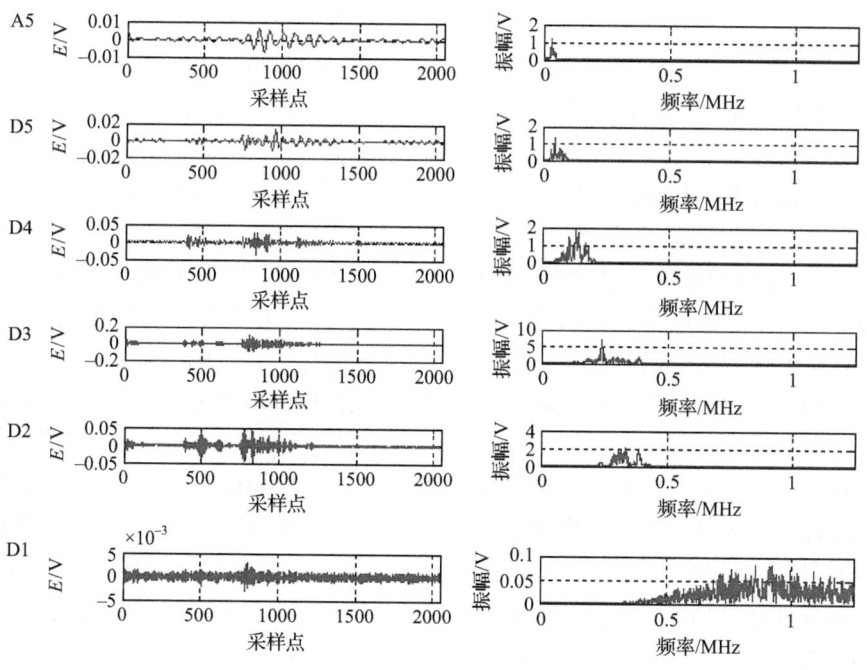

图 4-24　成庄矿 8 号煤样 $\sigma=99.39\%\sigma_c$ 电磁辐射信号小波变换结果及各频段频谱

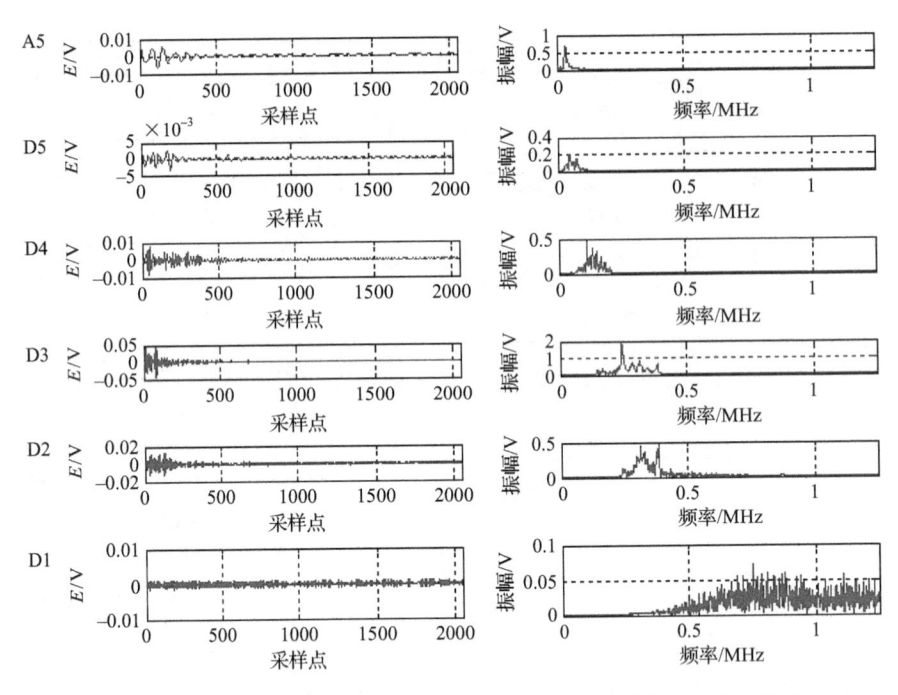

图 4-25　成庄矿 8 号煤样破坏后电磁辐射信号小波变换结果及各频段频谱

  从两个煤样加载初期、加载中期电磁辐射信号小波分解的各个尺度可见，D2、D3、D4、D5 的分解分量中均包含近似脉冲特性的分量，则可以确定这 4 个分解尺度为电磁辐射信号的特征频带，即 50~400kHz。这在第 3 章采用频谱分析得出的频带范围内，但精细度更好。对这 4 个尺度采用小波重构算法，则可得到重构后的电磁辐射信号及其频谱。从图 4-26 和图 4-27 原始信号和重构信号频谱和功率谱对比图可看出，采用小波特征频谱分析可以识别出图中高频特征和低频特征是噪声特性，不是电磁辐射信号的本质特征。其中对高于 600kHz 的噪声分析结果，与采用 AR 模型功率谱估计得出的结论是一致的。通过对原始信号的重构，既保留了电磁辐射原始信号的频域特征，又对噪声信号进行了有效的抑制。

  对两个煤样破坏前夕和破坏后的电磁辐射信号，在小波分解的 D2、D3、D4、D5 尺度上，均包含近似脉冲特性的分量，则可以确定这 4 个分解尺度为电磁辐射信号的特征频带。在 D1 尺度上，既包含脉冲信号又包含全频段分布的无规则信号，可见在煤样破坏前夕和破坏后电磁辐射信号的高频区域，既包含由于煤岩大规模破裂、相互挤压摩擦产生的较高频率的信号，又包含前面分析得出的持续存在的背景噪声信号，因此单靠小波特征频谱分析进行信号的重构是无法满足要求的，必须借助小波奇异性进行分析，然后降噪，这将在第 5 章具体阐释。

第 4 章 煤岩电磁辐射信号频谱特征研究

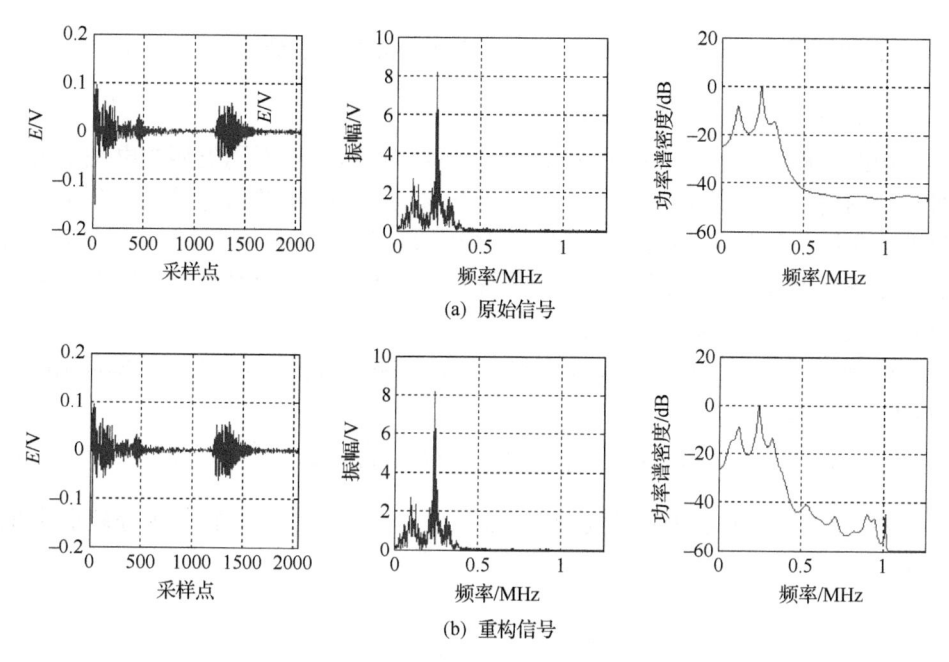

(a) 原始信号

(b) 重构信号

图 4-26 7 号煤样 $\sigma=41.46\%\sigma_c$ 电磁辐射信号小波特征频谱重构信号及其频谱图

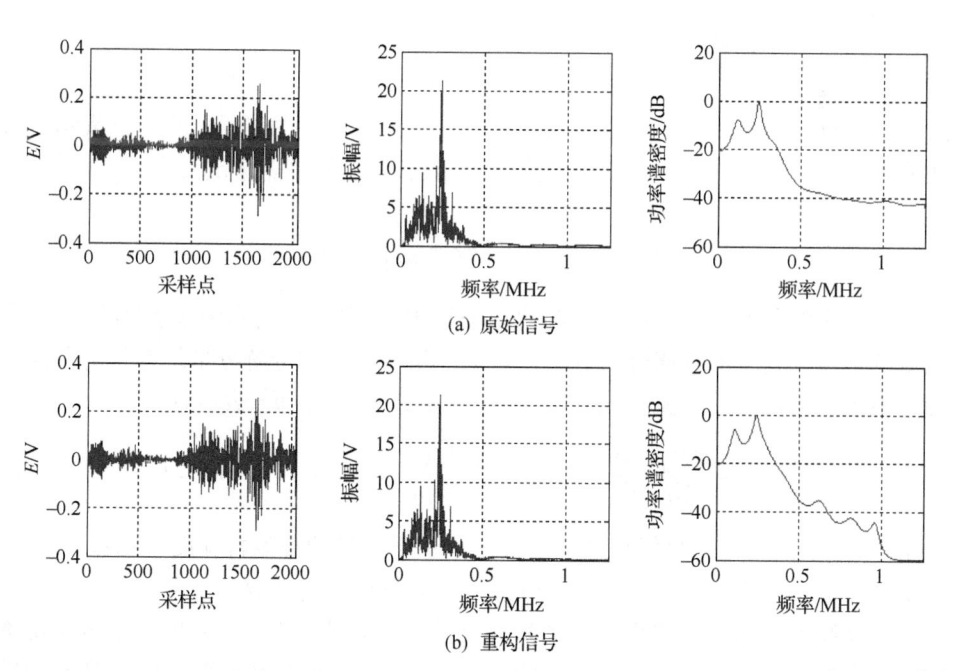

(a) 原始信号

(b) 重构信号

图 4-27 8 号煤样 $\sigma=43.16\%\sigma_c$ 电磁辐射信号小波特征频谱重构信号及其频谱

2. 煤体单轴压缩电磁辐射信号小波特征能谱系数分析

1) 小波特征能谱系数分析

小波分析能把信号分解成不同频率范围的分量,由于不同类型的电磁辐射信号包含的信息成分不同,经过小波分解后电磁辐射信号中的信息成分在各个分解尺度分量中的分布就存在差异,从统计学的角度考虑,信号在不同分解尺度上的信息分布情况可以通过不同分解尺度上信号的能量反映出来[181,182]。依据这个思路,本节提出小波特征能谱系数的概念。

电磁辐射信号 $f(n)$ 经过 J 个尺度的小波分解可分解为 $J+1$ 个频率范围的分量,即下列式子成立:

$$f(n) = A_J f(n) + D_J f(n) + D_{J-1} f(n) + \cdots + D_1 f(n) \tag{4-4}$$

对于小波分解的每个尺度分量,根据式(4-5)定义每一个小波分解分量的能量:

$$\begin{cases} E_J^A f(n) = \sum_{n=1}^N (A_J f(n))^2 \\ E_j^D f(n) = \sum_{n=1}^N (D_j f(n))^2, \qquad j=1,2,\cdots,J \end{cases} \tag{4-5}$$

式中, $E_J^A f(n)$ 表示信号在分解尺度 J 上的低频信号分量的能量;$E_j^D f(n)$ 表示信号在分解尺度 j 上的高频信号分量的能量。那么,信号的总能量定义为

$$Ef(n) = E_J^A f(n) + \sum_{j=1}^J E_j^D f(n) \tag{4-6}$$

因为小波分解的每个尺度对应的是信号中不同频率范围内的分量,所以每个尺度的能量与信号的频谱分布有关。本节把每个小波分解分量的能量与总能量的比值定义为信号的小波特征能谱系数,用参数 rE_J^A 和 rE_j^D 表示,即

$$rE_J^A = \frac{E_J^A f(n)}{Ef(n)}, \quad rE_j^D = \frac{E_j^D f(n)}{Ef(n)}, \qquad j=1,2,\cdots,J \tag{4-7}$$

式中,rE_J^D 表示信号在分解尺度 J 上的低频信号分量的小波特征能谱系数;rE_j^D 表示信号在分解尺度 j 上的高频信号分量的小波特征能谱系数。

小波特征能谱系数的物理意义是表征信号的能量在小波分解的每个频率范围中的分布情况。信号在不同频带上的能量分布不同,必然是由信号中包含不同的信息造成的,对于电磁辐射信号,则主要是由电磁辐射源的不同特征而造成。因此可以选择小波特征能谱系数来表征电磁辐射源的特征。

2）小波特征能谱系数分析结果

对成庄矿两个煤样单轴压缩条件下电磁辐射信号不同应力状况下的 16 个采样信号运用小波特征能谱系数进行分析。小波基仍取 db8，分解尺度取 5。分析结果如图 4-28 和图 4-29 所示。

从各加载阶段的小波特征能谱系数分析结果可看出，电磁辐射信号的能量主要集中在 D2、D3、D4 尺度上，即 100～400kHz 这一频带。其中，在加载初期能量分布由较低频区域（100kHz）向较高频区域（400kHz）移动，在加载和卸载的大部分时间 D3 尺度上的能量最为集中，因此可以认为电磁辐射信号的能量集中在 200～300kHz 频带上，在电磁辐射监测煤岩动力灾害时，应对这一频带应进行重点监测。同时，D1、D5、A5 尺度上能谱系数一直处于非常低的值，且无明显变化，可以确定在这一尺度上，即低于 50kHz 和高于 600kHz 频带的信号主要为噪声信号，在电磁辐射监测中应采取有效措施进行滤除。

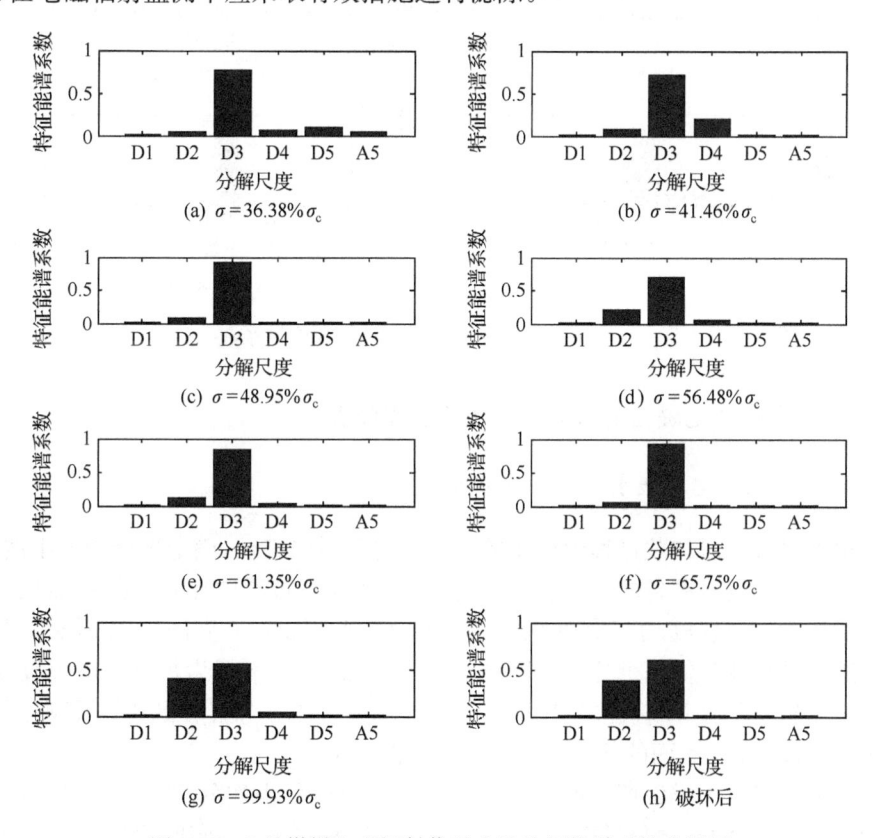

(a) $\sigma = 36.38\% \sigma_c$

(b) $\sigma = 41.46\% \sigma_c$

(c) $\sigma = 48.95\% \sigma_c$

(d) $\sigma = 56.48\% \sigma_c$

(e) $\sigma = 61.35\% \sigma_c$

(f) $\sigma = 65.75\% \sigma_c$

(g) $\sigma = 99.93\% \sigma_c$

(h) 破坏后

图 4-28　7 号煤样电磁辐射信号小波特征能谱系数分析图

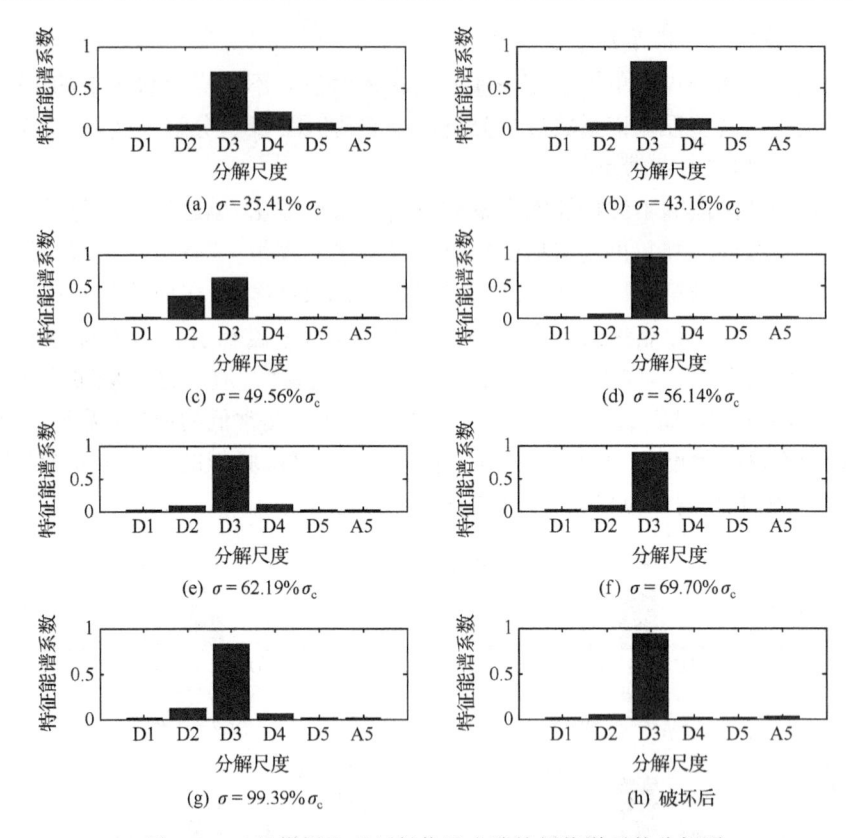

图 4-29　8号煤样电磁辐射信号小波特征能谱系数分析图

4.3.3　组合煤岩电磁辐射信号小波特征频谱分析

1. 组合煤岩电磁辐射信号小波特征

根据组合煤岩加载过程中产生的电磁辐射信号的特征，确定选择db8小波基，Daubechies小波对制备的两个组合煤岩样，选择加载过程中比较特殊的加载破坏前后共计16个点进行了5级小波分解，分解结果如图4-30和图4-31所示。其中时频波形是小波分析每个分解尺度的时域重构信号，频谱图为每个分解尺度对应的频谱信息，频谱图中标注的A和D分别表示经过小波分解后得到的低频信号和高频信号，A和D后面的数字表示小波分解的级数。

从两个组合煤样破坏变形过程前后电磁辐射信号小波分解的各个尺度可见，D2、D3、D4、D5的分解分量中均包含近似脉冲特性的分量，同时根据傅里叶谱和功率谱观测的结果，组合煤岩加载过程中的电磁辐射信号主要集中在 0～400kHz，则可以确定这4个分解尺度为电磁辐射信号的特征频带，即 50～400kHz。其中高频部分D1和低频部分A5是噪声信号。

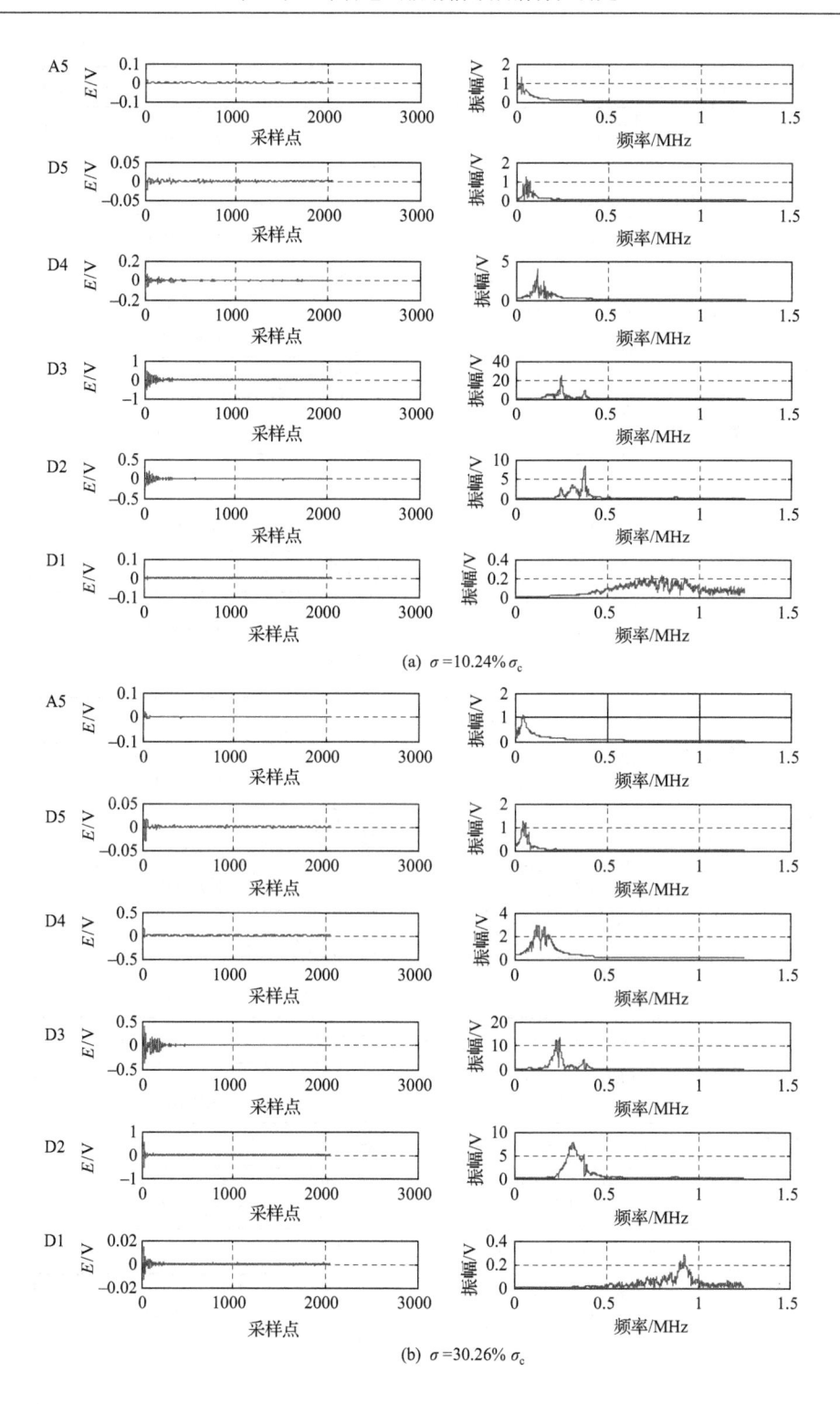

第 4 章 煤岩电磁辐射信号频谱特征研究

(a) $\sigma = 10.24\% \sigma_c$

(b) $\sigma = 30.26\% \sigma_c$

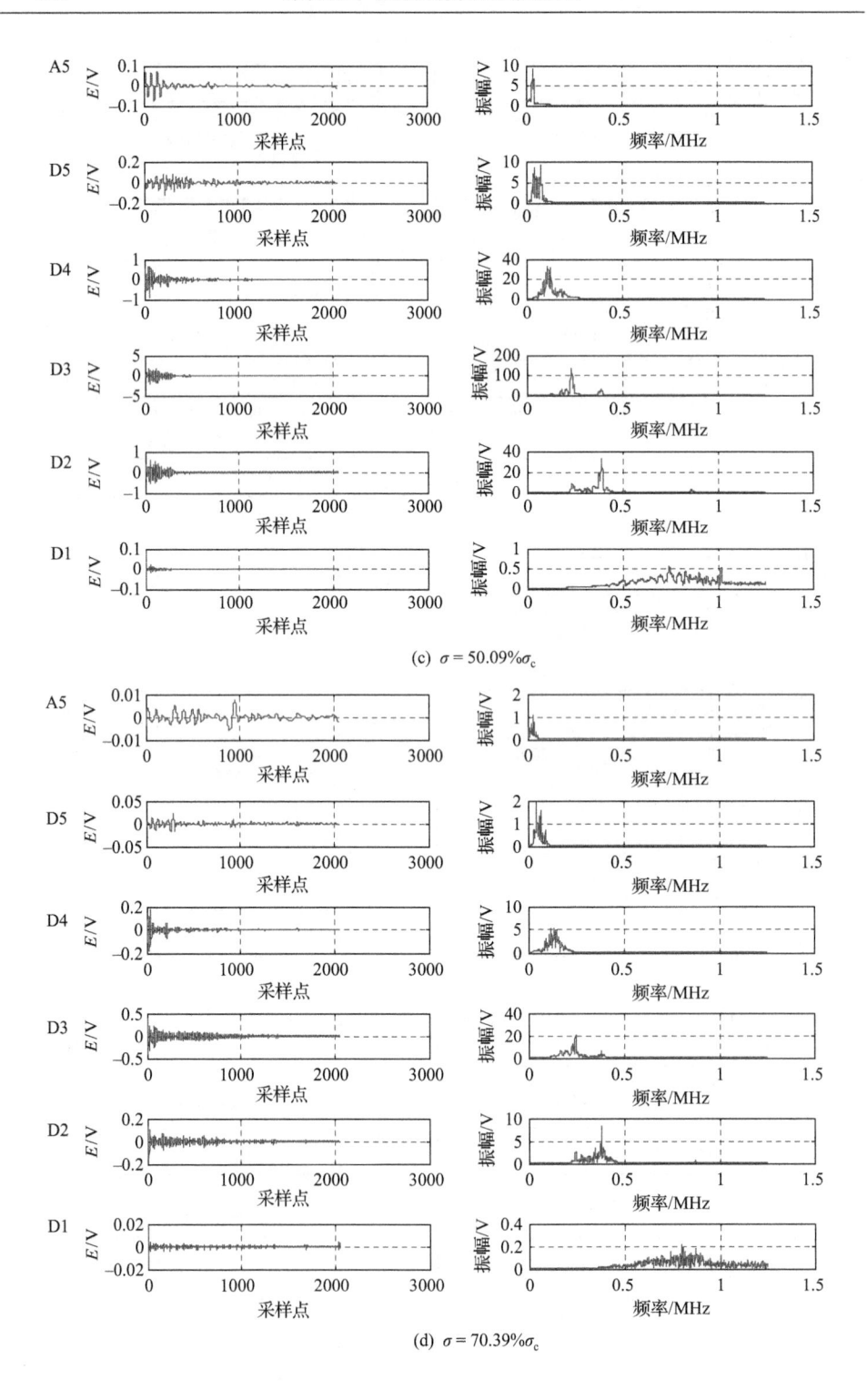

(c) $\sigma = 50.09\%\sigma_c$

(d) $\sigma = 70.39\%\sigma_c$

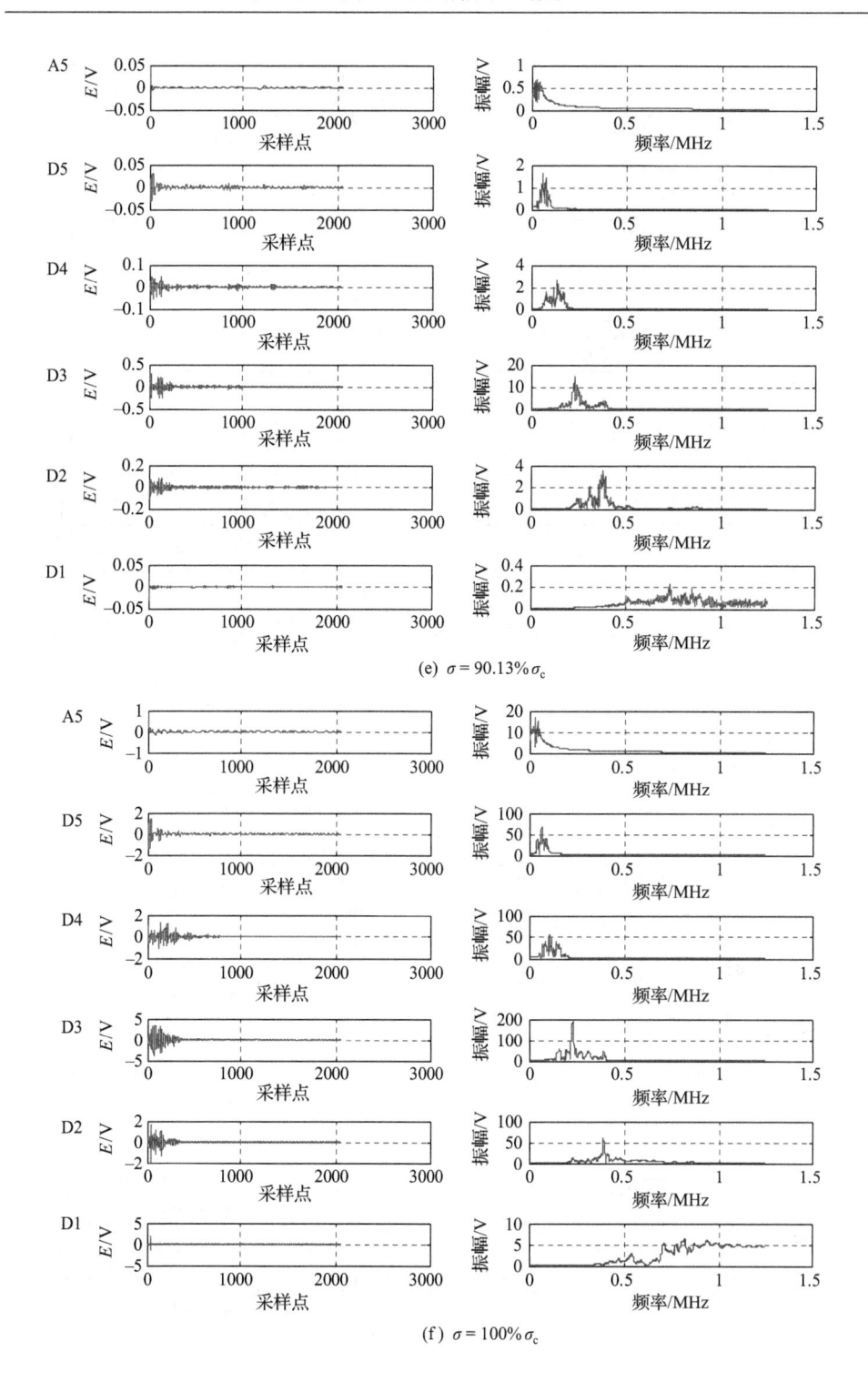

(e) $\sigma = 90.13\%\sigma_c$

(f) $\sigma = 100\%\sigma_c$

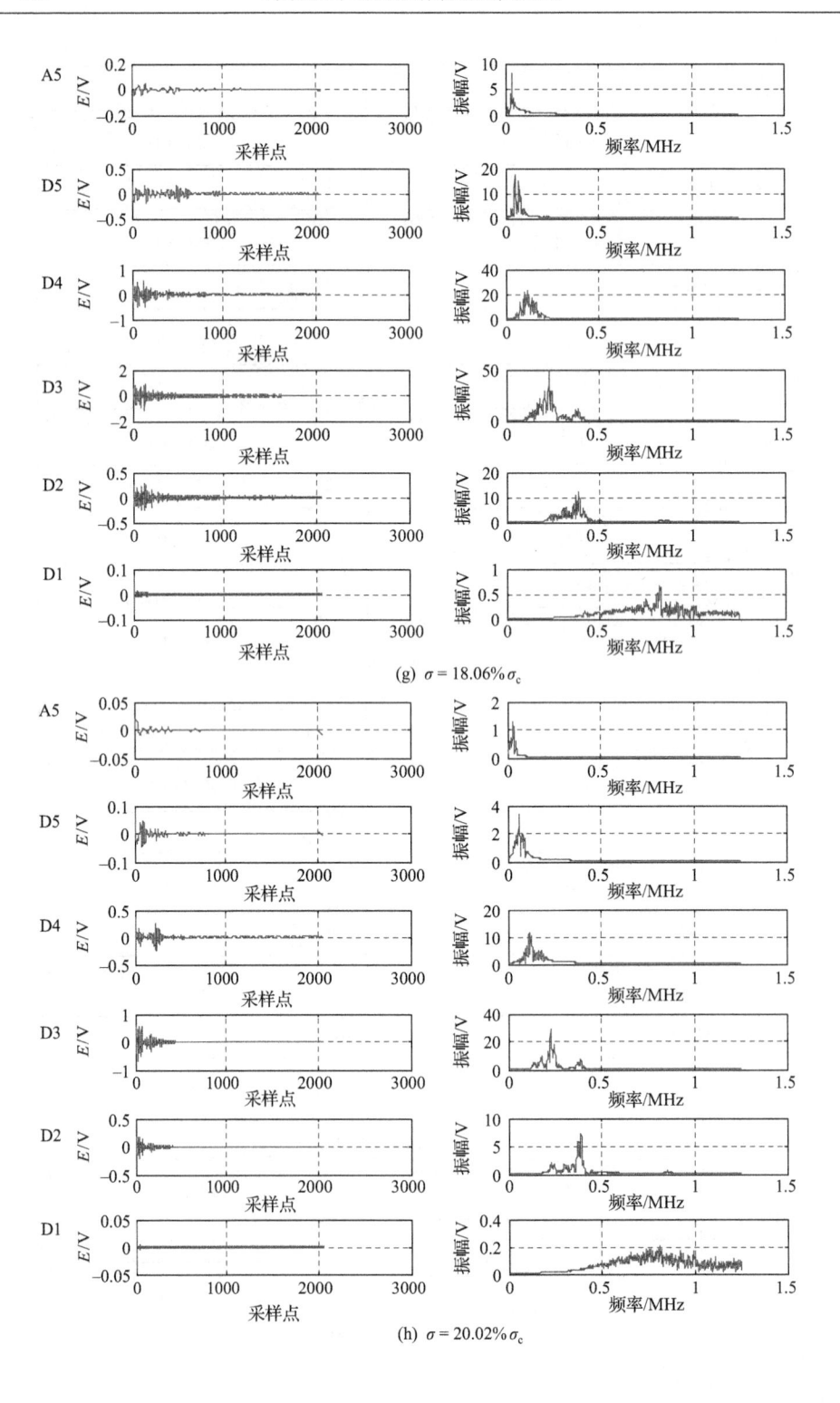

(g) $\sigma = 18.06\%\sigma_c$

(h) $\sigma = 20.02\%\sigma_c$

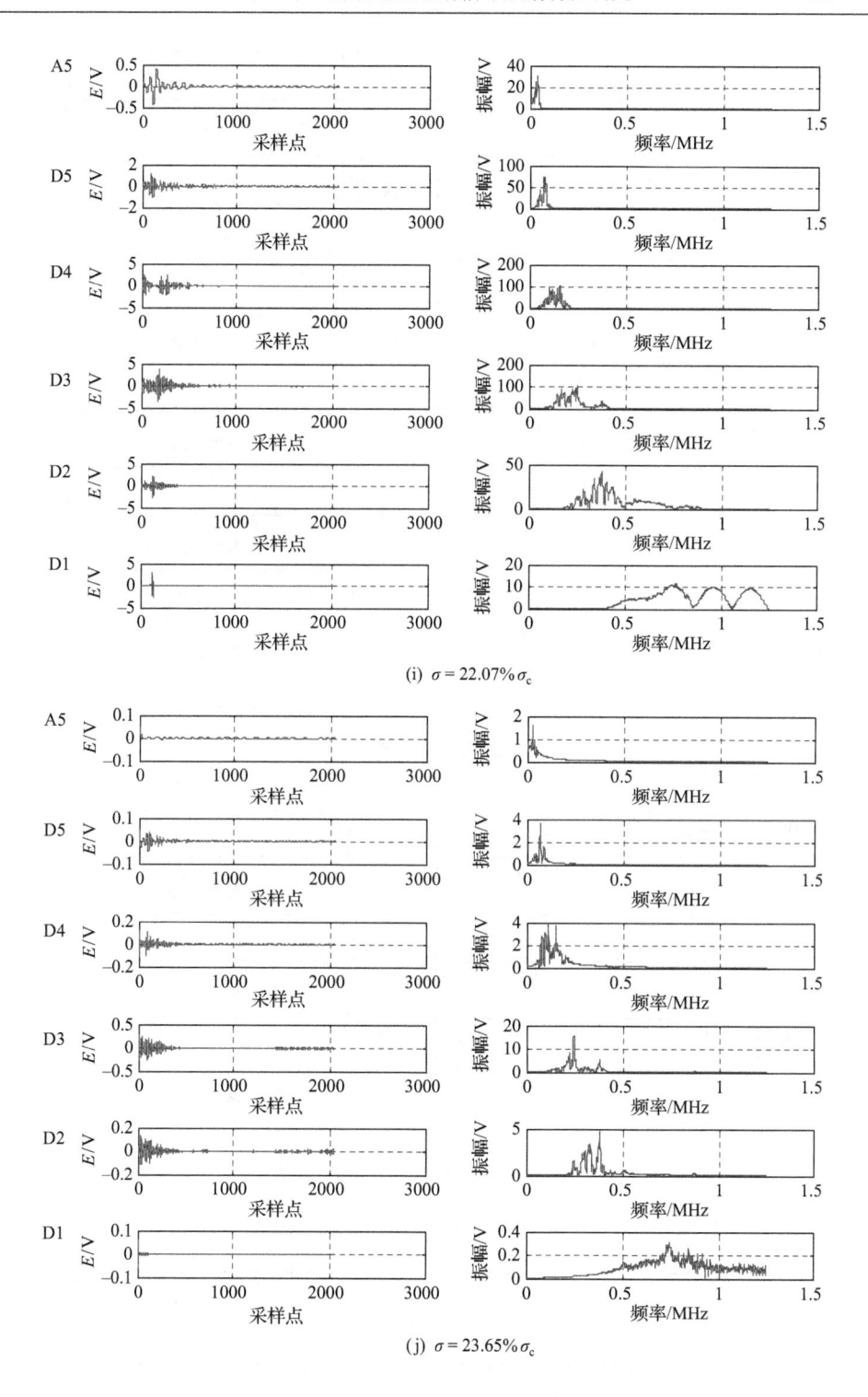

第 4 章 煤岩电磁辐射信号频谱特征研究

(i) $\sigma = 22.07\%\sigma_c$

(j) $\sigma = 23.65\%\sigma_c$

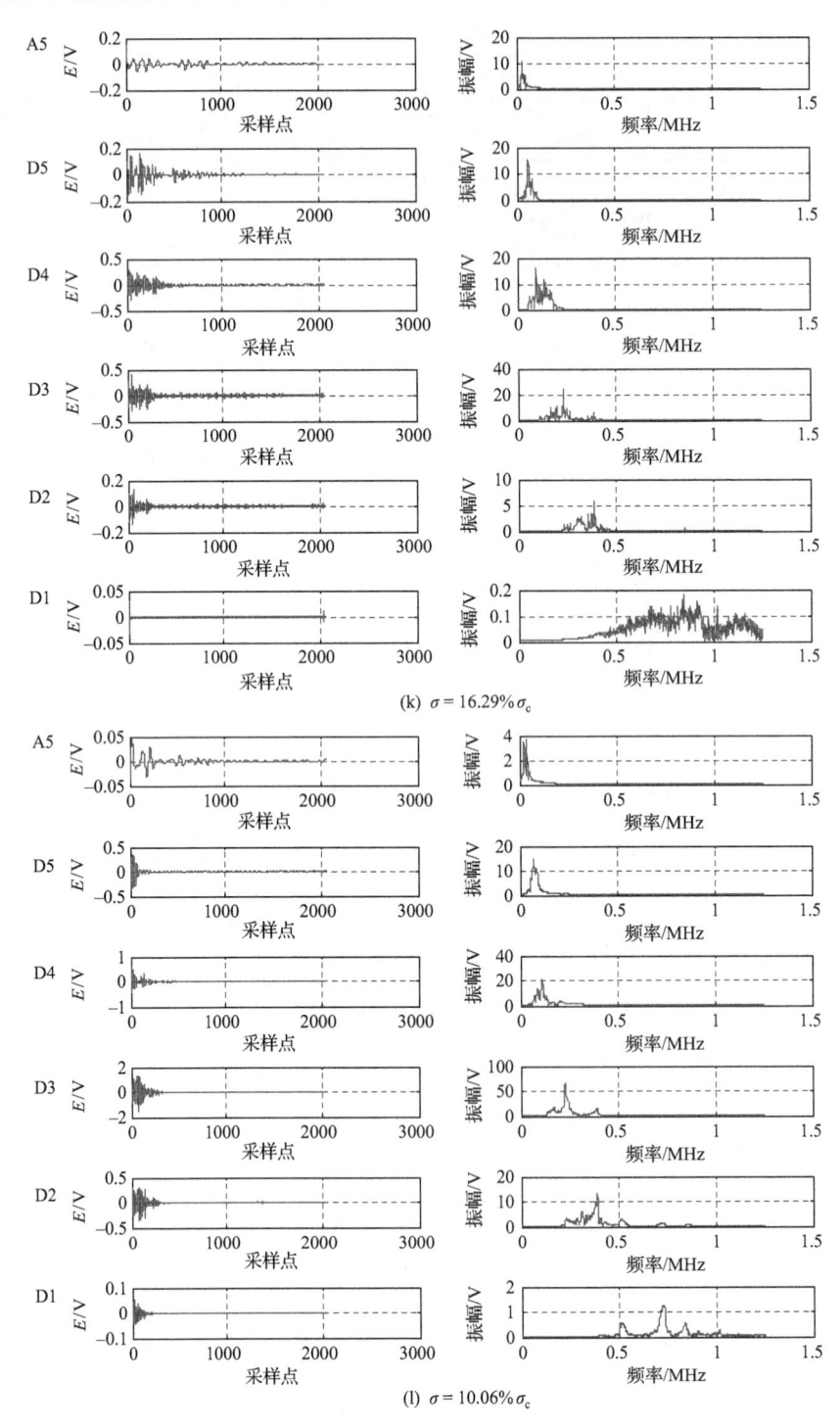

(k) $\sigma = 16.29\%\sigma_c$

(l) $\sigma = 10.06\%\sigma_c$

图 4-30　Ⅰ号组合煤样在不同应力状态下电磁辐射信号小波变换结果及各频段频谱

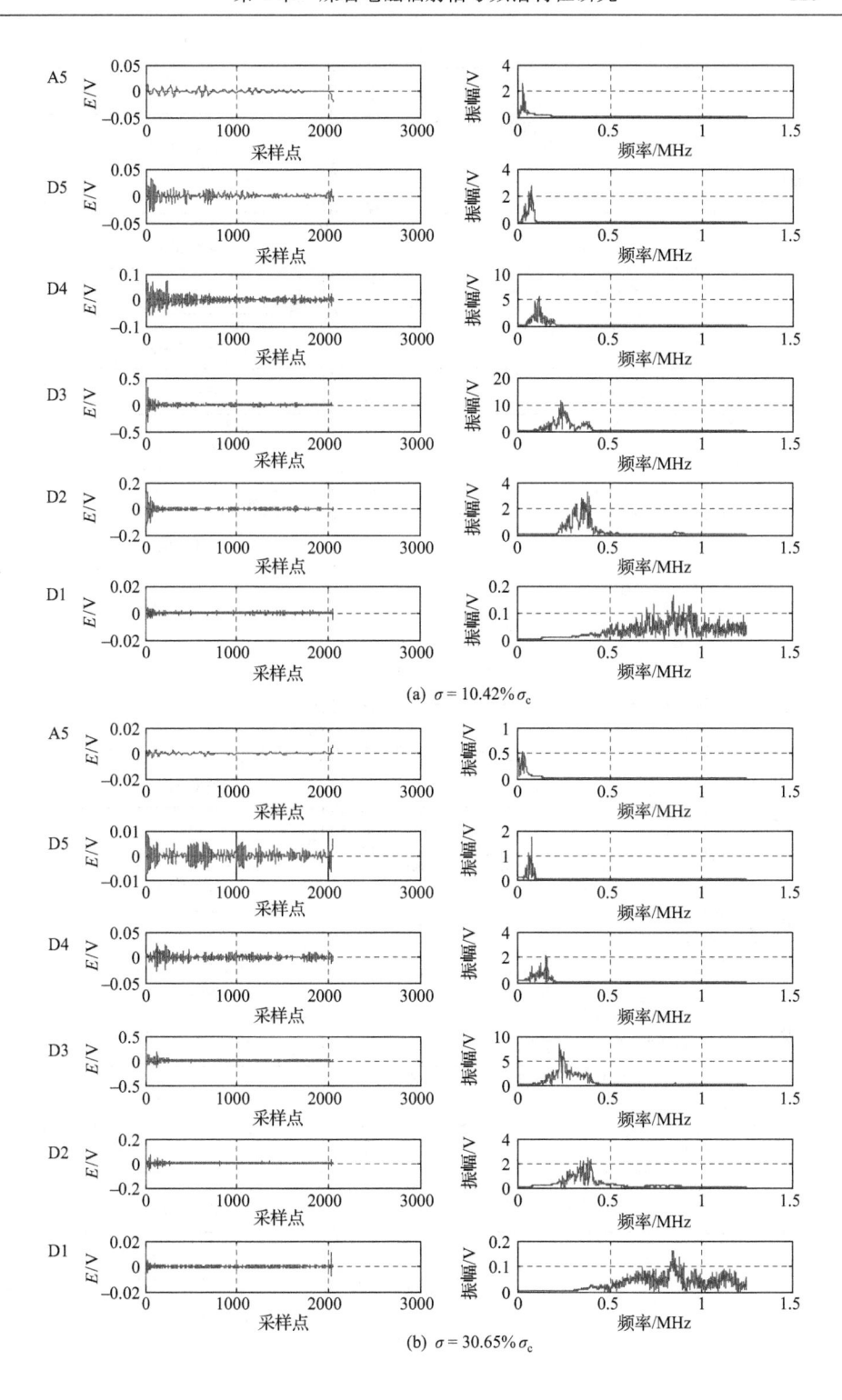

第 4 章 煤岩电磁辐射信号频谱特征研究

(a) $\sigma = 10.42\% \sigma_c$

(b) $\sigma = 30.65\% \sigma_c$

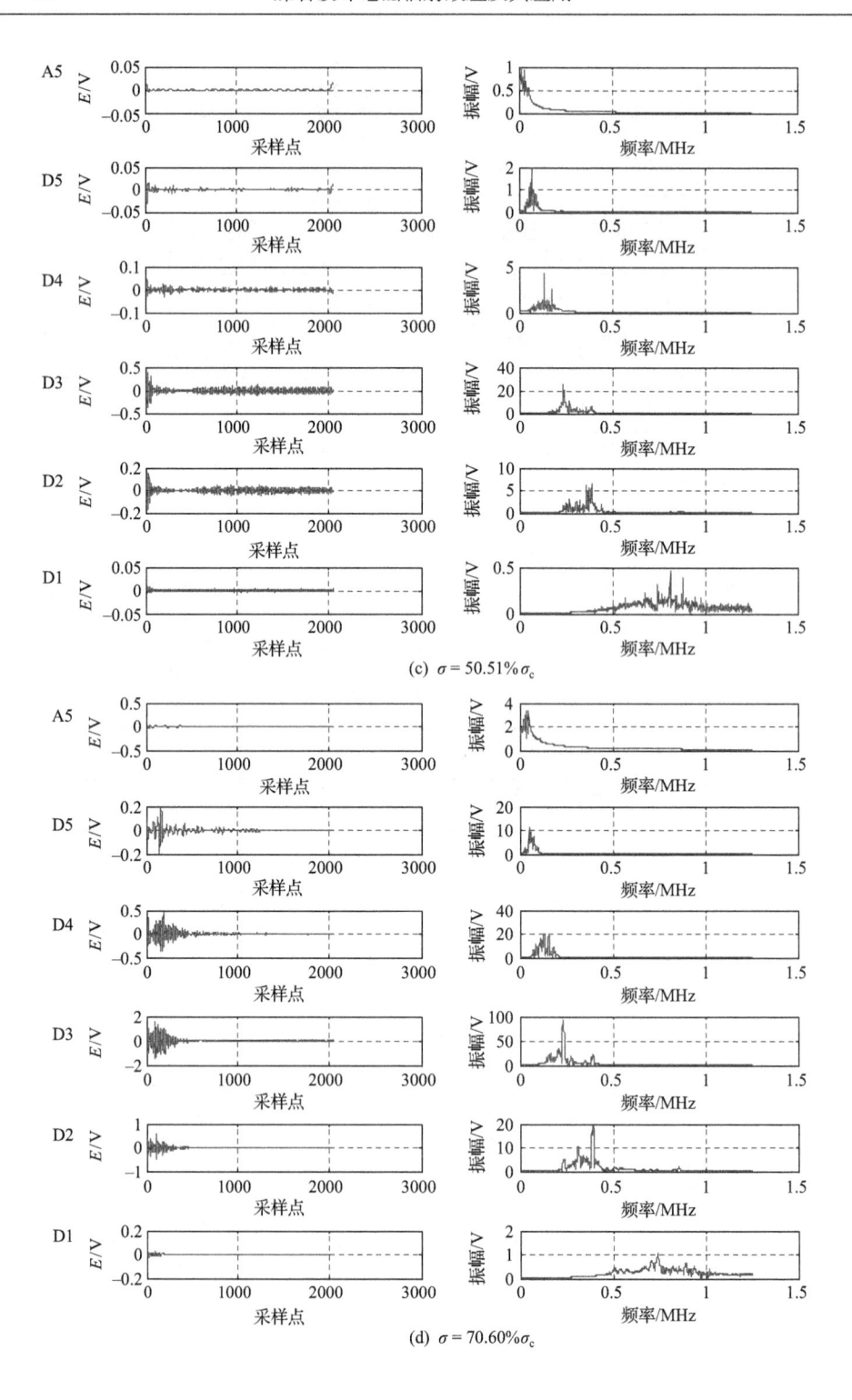

(c) $\sigma = 50.51\%\sigma_c$

(d) $\sigma = 70.60\%\sigma_c$

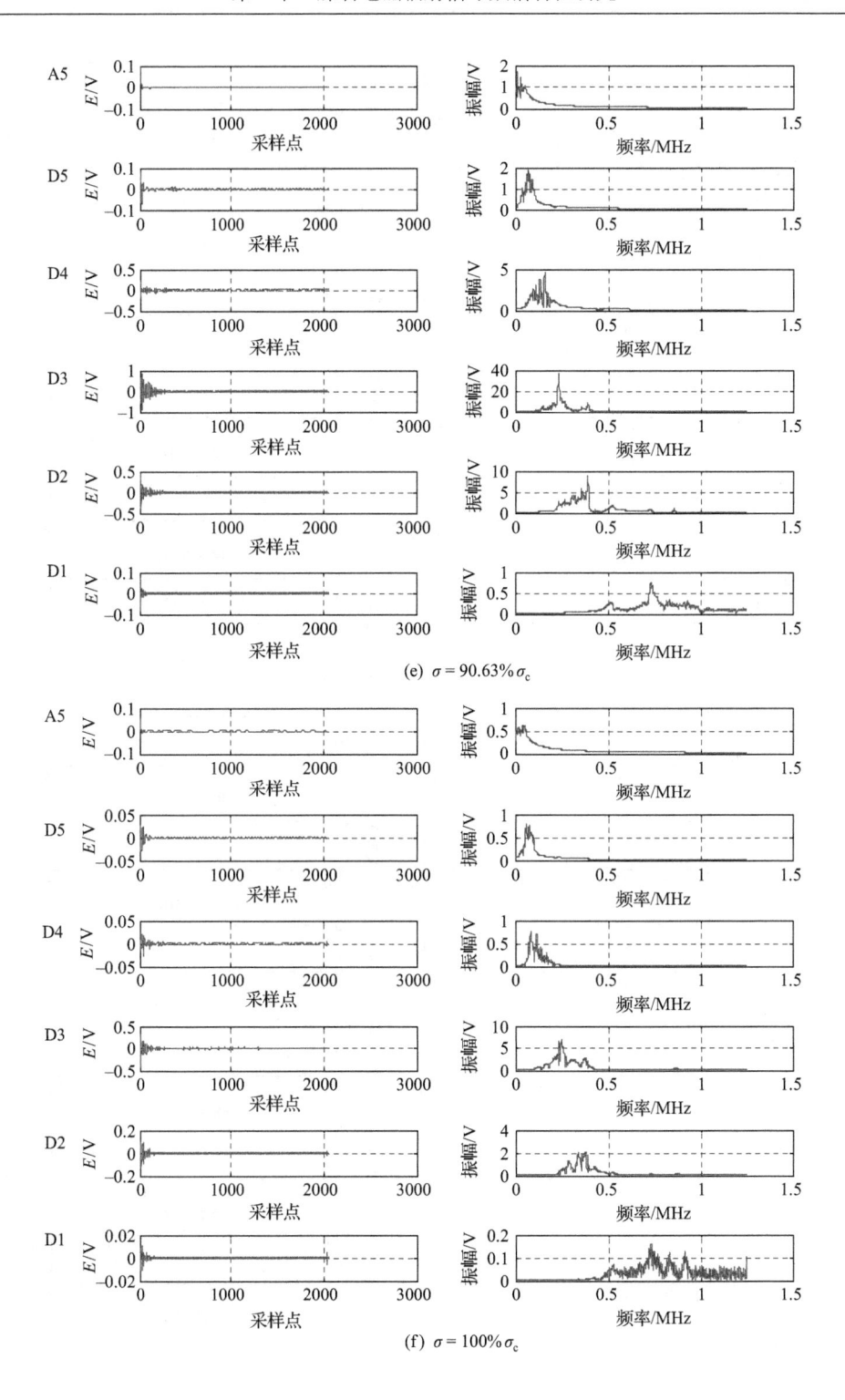

(e) $\sigma = 90.63\%\sigma_c$

(f) $\sigma = 100\%\sigma_c$

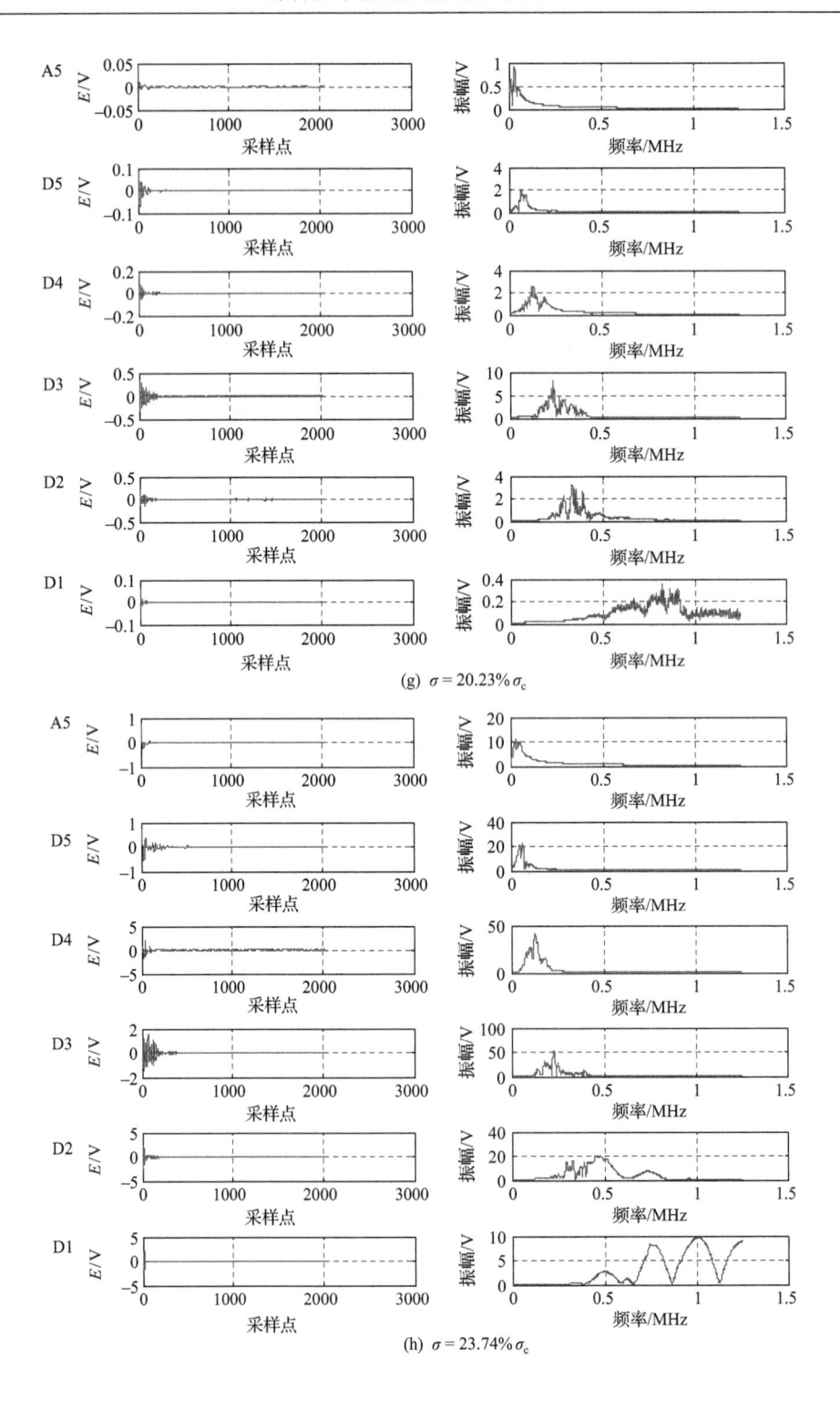

(g) $\sigma = 20.23\%\sigma_c$

(h) $\sigma = 23.74\%\sigma_c$

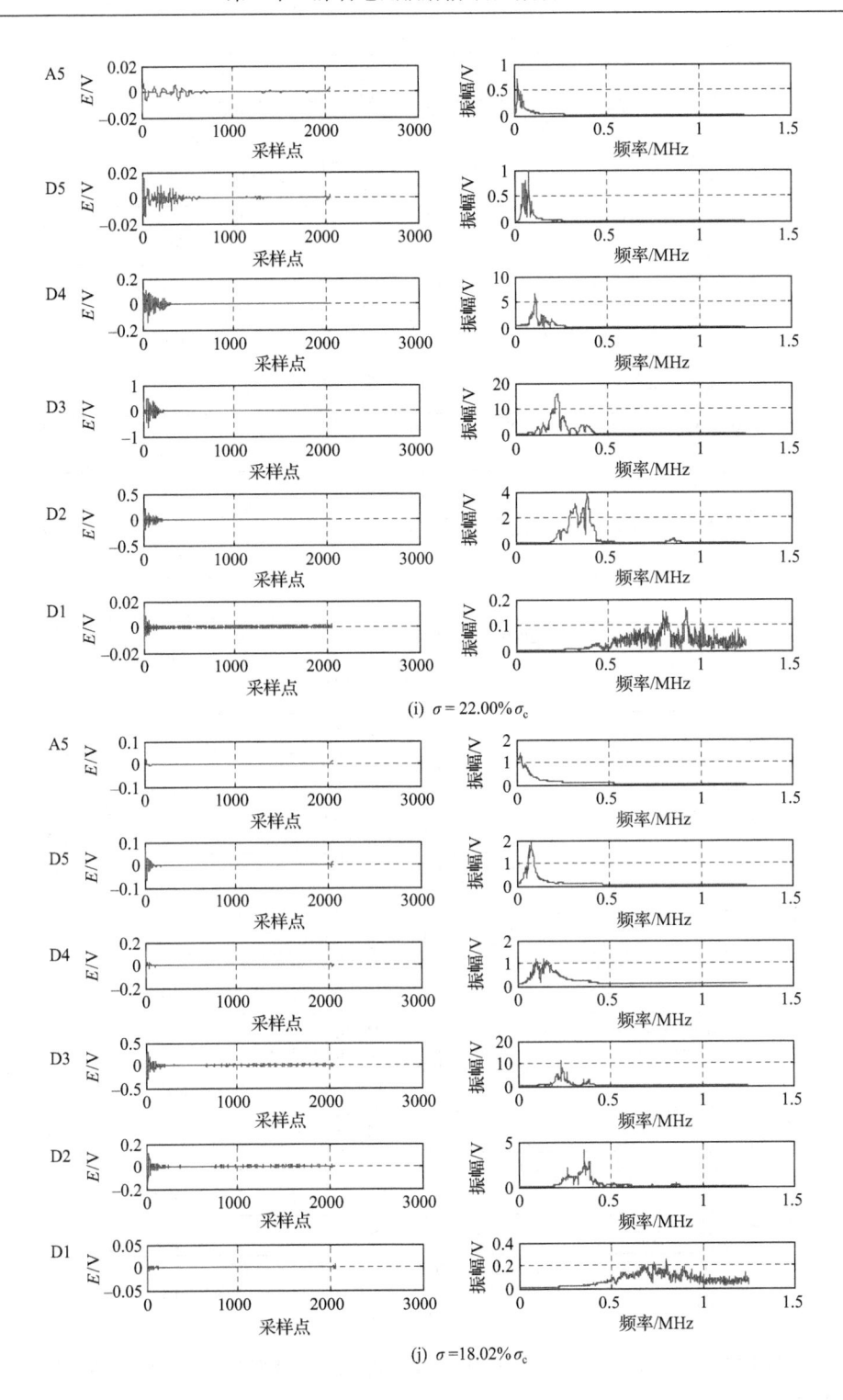

第 4 章　煤岩电磁辐射信号频谱特征研究

(i) $\sigma = 22.00\%\sigma_c$

(j) $\sigma = 18.02\%\sigma_c$

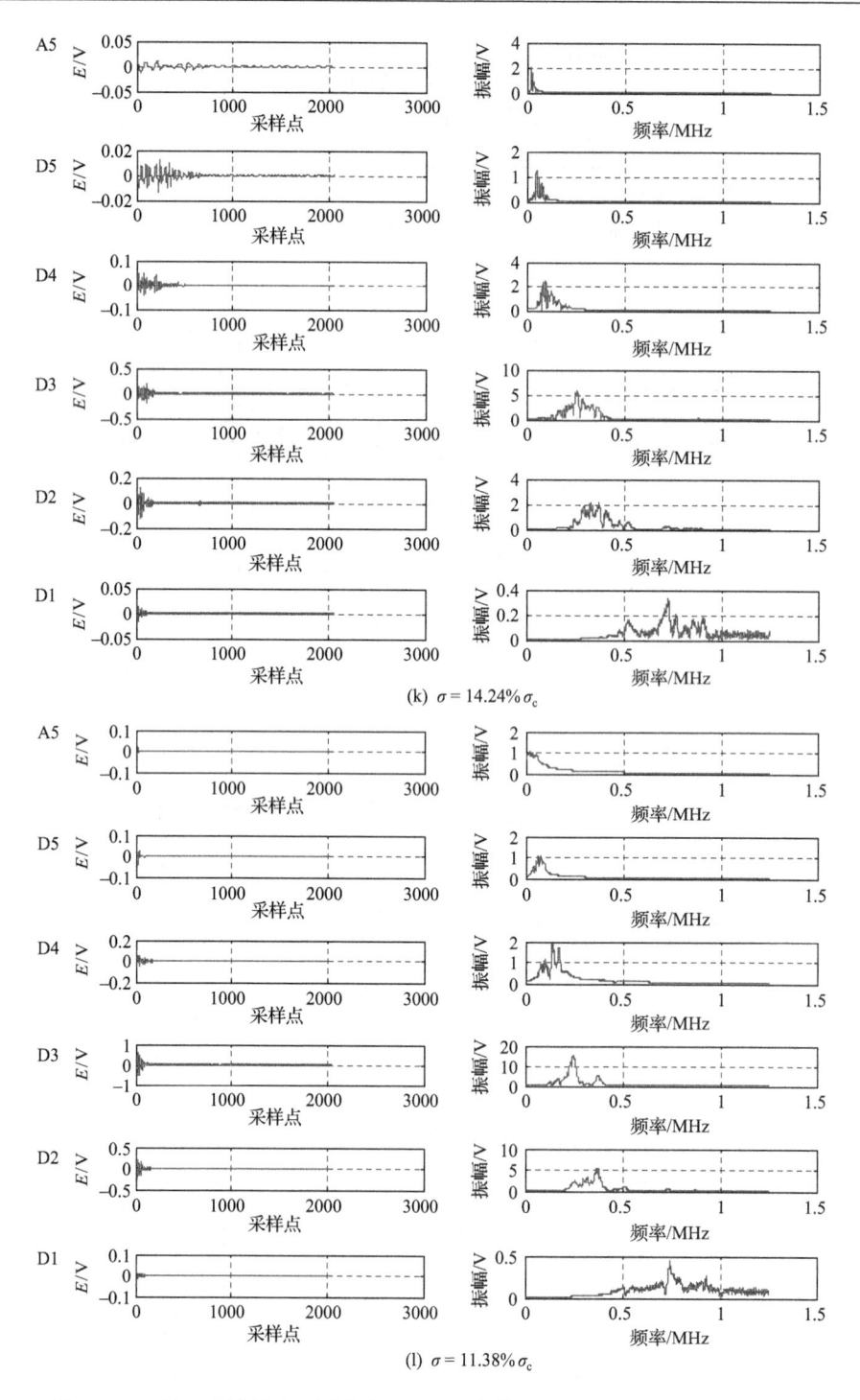

(k) $\sigma = 14.24\%\sigma_c$

(l) $\sigma = 11.38\%\sigma_c$

图 4-31　Ⅱ号组合煤样在不同应力下电磁辐射信号小波变换结果及各频段频谱

2. 组合煤岩电磁辐射信号小波特征能谱系数分析

对组合煤岩Ⅰ号和Ⅱ号两个煤样加载下电磁辐射信号不同应力状况下的 12 个采样信号运用小波特征能谱系数进行分析。小波基取 db8，分解尺度取 5。分析结果如图 4-32 和图 4-33 所示。小波特征能谱系数的物理意义是表征信号的能量

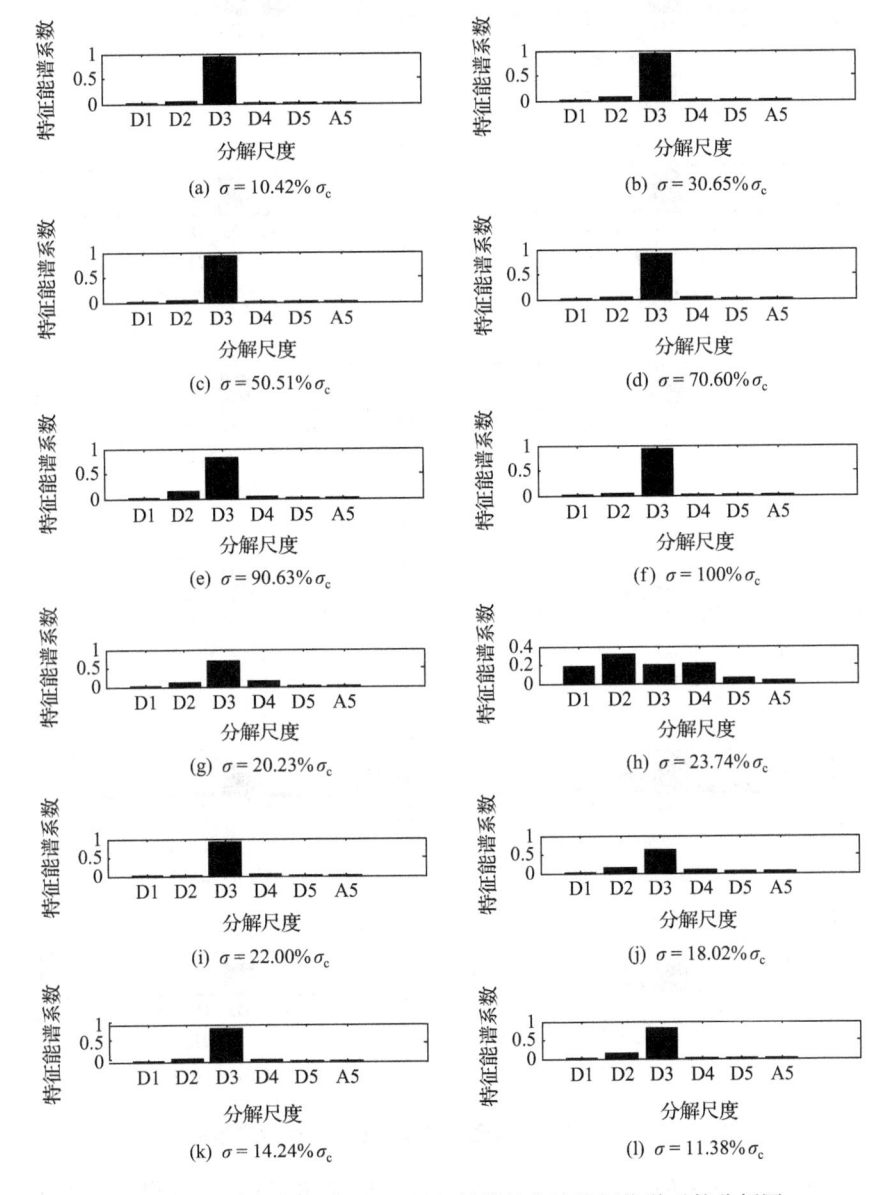

(a) $\sigma = 10.42\% \sigma_c$

(b) $\sigma = 30.65\% \sigma_c$

(c) $\sigma = 50.51\% \sigma_c$

(d) $\sigma = 70.60\% \sigma_c$

(e) $\sigma = 90.63\% \sigma_c$

(f) $\sigma = 100\% \sigma_c$

(g) $\sigma = 20.23\% \sigma_c$

(h) $\sigma = 23.74\% \sigma_c$

(i) $\sigma = 22.00\% \sigma_c$

(j) $\sigma = 18.02\% \sigma_c$

(k) $\sigma = 14.24\% \sigma_c$

(l) $\sigma = 11.38\% \sigma_c$

图 4-32　Ⅰ号组合煤岩样电磁辐射信号小波特征能谱系数分析图

在小波分解的每个频率范围中的分布情况。信号在不同频带上的能量分布不同，必然是由信号中包含不同的信息造成的，对于电磁辐射信号，则主要是由电磁辐射源的不同特征而造成。因此可以选择小波特征能谱系数来表征电磁辐射源的特征。

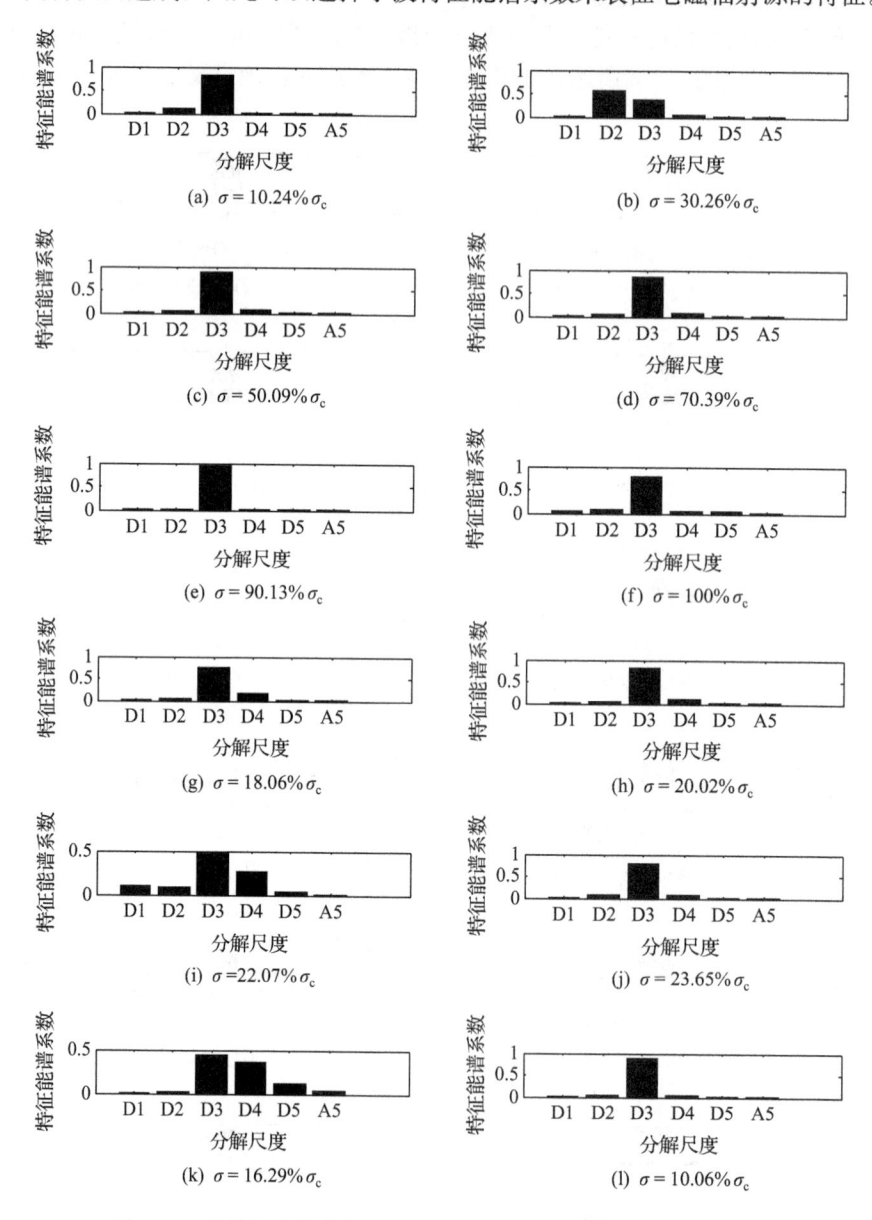

图 4-33　Ⅱ号组合煤岩样电磁辐射信号小波特征能谱系数分析图

从各应力状态下的小波特征能谱系数分析结果可看出，组合煤岩变形破坏产生的能量主要集中在 D2、D3、D4 尺度上，即 200～400kHz 这一频带。在加载的初期电磁辐射信号的能量从低频阶段(D2)向高频阶段(D4)移动;随着加载应力的增加,电磁辐射信号的能量又从高频阶段(D4)向低频阶段(D2)移动,在组合煤岩发生首次破坏前后,电磁辐射信号能量主要集中在 D3 阶段。组合煤岩发生首次破坏变形以后,电磁辐射信号的能量移动,但是规律性不明显。在对组合煤岩加载的整个过程中,电磁辐射信号的能量主要集中在 D3 阶段,即 200~400kHz 频带上,尤其是组合煤岩发生破坏变形的前后,这一阶段电磁辐射信号能量最为集中,因此可以利用这种现象,在电磁辐射监控煤与瓦斯突出过程中,对这一频段范围上的电磁辐射信号应重点监测。

低频阶段(A5)和高频阶段(D1)在组合煤岩破坏变形过程中能量一直处于较低状态,同时随着加载应力变化,信号能量的变化幅度不大,因此可以认定这一频段(低于 50kHz 和高于 400kHz)的信号为噪声信号,在实际运用中采取有效措施加以滤除。

4.3.4 频谱分析与小波分析的结果比较

频谱分析能够很好地显示不同加载阶段频率的分布情况,但无法了解信号的频率以及能量随时间变化的规律;频谱分析方法是一种完全基于频域的分析方法,信号在时域某个时刻发生的变化,会引起信号在整个频域发生变化,无法有效反映信号在某些瞬间的突变。谱分析不能进行有效降噪,而且不能有效地分频。

小波分析很好地克服了谱分析的缺点,它可以将采集到的带有噪声的电磁辐射信号分解成低频的电磁辐射和高频的噪声信号;小波特征能谱系数分析表达出信号各频带的能量分布,噪声信号更易识别,对特征的描述简单、直观。对煤岩体电磁辐射信号重构的信号进行频谱分析,通过压缩、消噪处理进行重构可得到比较真实的煤岩电磁辐射信号,即能获得去除干扰噪声后,真实反映电磁辐射信号特征的小波频谱特征。

总之,对不同应力状态电磁辐射信号的谱分析和小波分析表明,与频谱分析相比,小波特征频谱分析法和特征能谱系数分析法对电磁辐射信号的分析结果更能反映出煤体破裂过程变形的特征,更具可靠性。

4.4 基于希尔伯特-黄变换(HHT)电磁辐射频谱分析

4.4.1 HHT 分析法

HHT 就是 Hilbert-Huang transform(希尔伯特-黄变换),是 Norden Huang 教授于 1998 年提出的,主要针对非线性和非平稳随机信号的处理和分析。根据处理过程,希尔伯特-黄变换可以分成两个部分:经验模态分解(empirical mode decomposition，EMD)和 Hilbert 变换，也就是先对信号进行经验模态分解，得出本征模态函数(intrinsic mode function，IMF)，再对本征模态函数进行 Hilbert 变换，从而进一步得到该信号的 Hilbert 谱、时频能量谱等，以便对信号进行分析。

1. 经验模态分解(EMD)法原理与算法

EMD 的方法是将原始信号 $x(t)$ 分解为若干本征模态函数，本征模态函数需满足以下两个条件[183-185]。

首先在整个信号长度上，一个 IMF 的极值点和过零点数目必须相等或至多只相差一个；其次在任意时刻，由极大值点定义的上包络线和由极小值点定义的下包络线的平均值为零。

运用 EMD 方法分解 $x(t)$ 的步骤如下。

(1) 确定原始信号 $x(t)$ 的局部最大值和局部最小值，利用三次样条函数把 $x(t)$ 的局部极大值点与局部极小值点分别拟合成 $x(t)$ 的上包络线与下包络线，计算两包络线的均值 $m_1(t)$，求出信号 $x(t)$ 与包络线均值 m_1 的差值 $h_1(t)$，即

$$h_1(t) = x(t) - m_1(t) \tag{4-8}$$

(2) 一般情况下，$h_1(t)$ 不一定是平稳序列，仍需将 h_1 进行上述处理，重复式(4-8) k 次得

$$h_{1k}(t) = h_{1(k-1)}(t) - m_{1k}(t) \tag{4-9}$$

式中，$h_{1k}(t)$ 为第 k 次筛选时所得数据；$h_{1(k-1)}(t)$ 为第 $k-1$ 次筛选时所得数据；$m_{1k}(t)$ 为 $h_{1(k-1)}(t)$ 上、下包络线的均值，如此重复，直至所分解的数据的标准偏差 SD 满足以下条件：

$$\text{SD} = \sum_{t=0}^{T} \left| \frac{h_{1(k-1)}(t) - h_{1k}(t)}{h_{1(k-1)}^2(t)} \right| \leqslant 0.3 \tag{4-10}$$

式中，T 为信号时间长度。则分解得到第一个 IMF 分量，令 $c_1(t) = h_1(t)$。

(3) 从原始信号 $x(t)$ 中减去 $c_1(t)$，得剩余信号为

$$r_1(t) = x(t) - c_1(t) \tag{4-11}$$

(4) 把剩余信号 $r_1(t)$ 重新进行筛选，重复上面的筛选过程，便可获得信号 $x(t)$ 的一系列 IMF 分量 $c_1(t)$、$c_2(t)$、$\cdots$、$c_n(t)$，即

$$r_1(t) - c_2(t) = r_2(t), \quad r_2(t) - c_3(t) = r_3(t), \cdots, r_{n-1}(t) - c_n(t) = r_n(t)$$

$$\tag{4-12}$$

当 r_n 满足单调序列条件时，可以认为完成了提取本征模态函数的任务，$r_n(t)$

称为残余分量,代表信号变化趋势,最后得到

$$x(t) = \sum_{i=1}^{n} x_i(t) + r_n(t) \tag{4-13}$$

这样 $x(t)$ 分解为若干个 IMF 分量 $c_1(t)$、$c_2(t)$、$\cdots$、$c_n(t)$ 和一个残余分量 $r_n(t)$ 之和,所分解出的 IMF 突出了原信号的局部特征信息,并且各 IMF 分量分别包含了原信号的不同时间尺度的局部特征信息,而残余分量则反映了信号的中心变化趋势。EMD 方法分解出来前几个 IMF,尤其是第一个分量 $c_1(t)$,往往集中了原始信号的最显著、最重要的信息,这是由 IMF 的本性所决定。由于 IMF 为平稳信号,则可以通过分析 IMF 的瞬时频率来表征原信号的频率含量;同时,分解出的各个 IMF 分量包含了原信号的部分信号信息,使得与原信号相比,IMF 分量相对简单,适合对其进行精确分析或者进一步处理。

2. Hilbert 变换与 Hilbert 谱

HHT 是一种新的非线性、非平稳信号分析方法。其关键部分是经验模态分解(EMD)方法,任何复杂信号都可以由 EMD 方法分解成有限个本征模态函数(IMF),再利用 Hilbert 变换,求解各 IMF 的瞬时频率等参数,从而获得信号的时频分布。Hilbert 变换强调局部属性,这避免了傅里叶变换时为拟合原序列而产生的许多多余的、事实上并不存在的高、低频成分。对于任一固有模态函数 $c(t)$,其 Hilbert 变换 $H(c(t))$ 定义为[184-187]

$$H(c(t)) = \frac{1}{\pi} P.V \int \frac{c(\tau)}{t-\tau} d\tau \tag{4-14}$$

式中,$P.V$ 代表柯西主值,则对于 $c(t)$ 的解析信号 $z(t)$ 为

$$z(t) = c(t) + iH(c(t)) = a(t)e^{i\theta(t)} \tag{4-15}$$

式中,$a(t)$ 和 $\theta(t)$ 分别为信号 $x(t)$ 的瞬时振幅和瞬时相位,按下面公式计算:

$$a(t) = \sqrt{c^2(t) + H^2(c(t))}$$
$$\theta(t) = \arctan(H(c(t))/c(t))$$

由瞬时相位可得到信号的瞬时频率 $\omega(t)$ 和瞬时频率 $\frac{1}{2\pi}\omega(t)$,其中,$\omega(t) = d\theta(t)/dt$。

可见,由 Hilbert 变换得到的振幅和频率都是时间的函数,如果把振幅显示在频率-时间平面上,就可以得到 Hilbert 幅值谱 $H(\omega,t)$,简称 Hilbert 谱,记作

$$H(\omega,t) = \mathrm{Re} \sum_{j=1}^{n} a_j(t) e^{i\int \omega_j(t)dt} \tag{4-16}$$

$H(\omega,t)$ 精确地描述了信号的幅值随时间和频率的变化规律。将 $H(\omega,t)$ 对时间积分,就得到 Hilbert 边际谱 $h(\omega)$:

$$h(\omega) = \int_0^T H(\omega,t)\mathrm{d}t \tag{4-17}$$

边际谱提供了对每个频率的振幅量测,表达了在整个时间长度内振幅的累积。将振幅的平方对频率积分,可定义 Hilbert 瞬时能量 $I_E(t)$,即

$$I_E(t) = \int_\omega H^2(\omega,t)\mathrm{d}\omega \tag{4-18}$$

Hilbert 瞬时能量提供了信号能量随时间的变化情况。将振幅的平方对时间积分,可得到 Hilbert 能量谱 $E_S(\omega)$,即

$$E_S(\omega) = \int_0^T H^2(\omega,t)\mathrm{d}t \tag{4-19}$$

Hilbert 能量谱提供了对于每个频率的能量量测,表达了每个频率在整个时间长度内所累积的能量。

3. 整体经验模态分解法

经验模态分解(EMD)法能够很好地实现对多种非线性、非平稳信号的时频自适应处理,但是无法克服信号处理过程中出现的信号中断和模式混叠现象。为此,Wu 和 Huang 提出一个新的噪声辅助数据分析方法——整体经验模态分解法(EEMD)。就是将待处理信号加入白噪进行整体 EMD 分解,然后再对分解的结果进行平均值处理。按照整体经验模态分解法理论,整体经验模态分解步骤主要有以下五步[188,189]。

(1) 在待分析信号 $x(t)$ 中加入等长度的正态分布白噪声 $\omega(t)$,然后获得一个归一化总体 $X(t) = x(t) + \omega(t)$。

(2) 对归一化总体 $X(t)$ 进行 EMD 分解,求出各 IMF 分量:

$$X(t) = \sum_{j=1}^n c_j + r_n \tag{4-20}$$

(3) 给目标信号加入不同的白噪声 $\omega_i(t)$,重复以上两步;EMD 分解后得到各自的 IMF 分量:

$$X_i(t) = \sum_{j=1}^n c_{ij} + r_{in} \tag{4-21}$$

(4) 选择 IMF 的均值作为最终的 IMF 组 $c_i = \dfrac{1}{N}\sum_{i=1}^n c_{ij}$,$N$ 表示总体的个数。

计算结果发现，EEMD 中所加噪声的次数服从统计规律：

$$\varepsilon_n = \frac{\varepsilon}{\sqrt{N}} \qquad (4\text{-}22)$$

式中，N 为总体的个数；ε 是噪声的幅度；ε_n 是原始信号和由最终的 IMF 加和得到的信号之间的误差。也就是说，在噪声幅度一定的情况下，总体的个数越多，最终分解得到的结果越保真。对于所加噪声的幅度，如果幅度过小，信噪比过高，噪声将无法影响到极点的选取，进而失去补充尺度的作用。

4. DataDemon 软件

DataDemon 软件是由美国的 DynaDx 公司开发的一个信号分析处理工具。DataDemon 中包含多样化的讯号分析工具，针对非稳态非线性讯号处理的 Hilber-Huang Transform（HHT）、各种模态拆解方法（EMD）、讯号复杂度评估（multi-scaled entropy, MSE）、高解析的强化式小波转换（enhance morlet transform）、趋势讯号移除（trend signal removal）这些特殊的演算法，以及针对机械振动领域开发的 SVM（sound vibration module）模组与生物医学领域的 MPF（multi-modal pressure-flow）模组，使用者可以轻易地利用这些演算法及功能模组进行分析，分析的结果能以专案档的方式储存。

软件界面主要分成三大部分：元件操作拖拉视窗（network window）、元件参数设定视窗（properties window）与视觉化绘图视窗（visualization window）（图 4-34），这三个视窗皆可以独立于 Visual Signal 的桌面上。

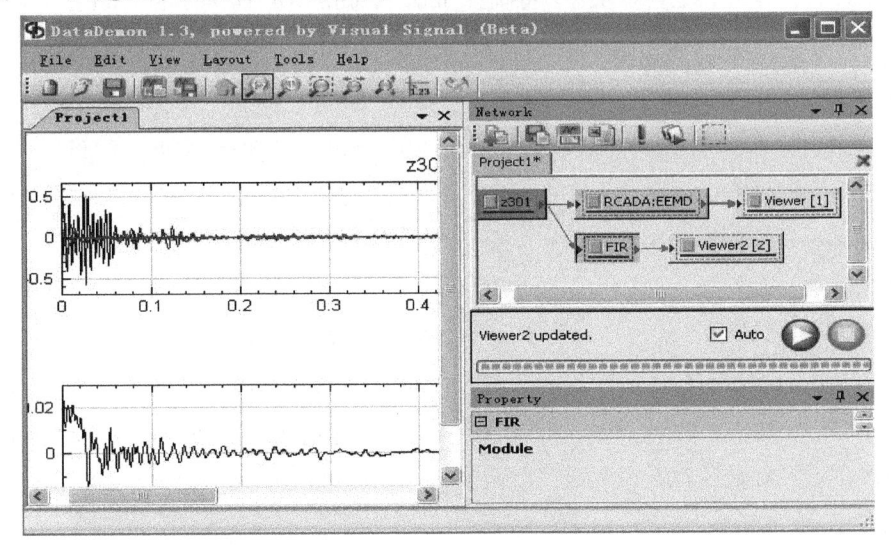

图 4-34 DataDemon 软件用户界面

DataDemon 软件摆脱 Matlab 小波变换需要编程的麻烦,DataDemon 软件自带的操作提示实现轻松对信号的时频变换;DataDemon 软件运用 DoMatlab 功能,能够呼叫 Matlab Editor 程序码编辑器,在 DataDemon 中使用 Matlab engine 进行数值运算,大大增加了开发的弹性,又能运用 DataDemon 强大的分析能力。同时 DataDemon 软件系统自带 Basic Statistics、Correlation Matrix、Covariance Matrix、Orthogonal Matrix、Quartiles and Quantiles 等 Propertie 计算结果的展示视窗,能够提供便利的计算过程。

4.4.2 电磁辐射信号的 HHT 分析

1. 电磁辐射信号的 EEMD 分解

对组合煤岩加载破坏变形过程中两个样本的 24 个信号样本进行了 EEMD 分解。利用 DataDemon 软件对信号进行 EEMD 分解处理后,将原有电磁辐射信号分解为 10 个 IMF 分量,同时对分解的 10 个 IMF 分量所占的能量百分含量进行了计算,计算结果如表 4-7 和表 4-8 所示,前 5 个 IMF 分量所占的能量百分含量如图 4-35 和图 4-36 所示。

表 4-7　Ⅰ号组合煤岩不同应力情况电磁辐射信号经 EEMD 分解后各分量的能量百分含量　　　　　　　　　　　　　　　　（单位:%）

应力水平	IMF 1	IMF 2	IMF 3	IMF 4	IMF 5	IMF 6	IMF 7	IMF 8	IMF 9	IMF 10
10.24%σ_c	94.5	4.44	0.697	0.195	0.081	0.035	0.010	0.006	0.003	0.001
30.26%σ_c	89	9.7	1.17	0.062	0.037	0.015	0.006	0.010	0.007	0.003
50.09%σ_c	87.6	11.2	0.87	0.269	0.032	0.010	0.005	0.003	0.001	0
70.39%σ_c	87.6	11.2	0.7	0.265	0.157	0.025	0.011	0.003	0.001	0
90.13%σ_c	94.4	4.54	0.891	0.147	0.031	0.011	0.008	0.003	0.001	0
100%σ_c	77	17.2	4.82	0.835	0.077	0.011	0.019	0.010	0.005	0
18.06%σ_c	65.7	27.6	5.03	0.878	0.312	0.225	0.084	0.1	0.041	0.004
20.02%σ_c	87.7	10.7	1.21	0.282	0.029	0.037	0.003	0.010	0	0
22.07%σ_c	63.1	29	5.94	1.43	0.358	0.059	0.026	0.020	0.026	0.003
23.65%σ_c	87.2	8.84	2.76	0.618	0.289	0.111	0.067	0.067	0.045	0.010
16.29%σ_c	60.4	21.4	13.9	2.96	1.08	0.134	0.040	0.083	0.041	0.010
10.06%σ_c	83.6	14.9	1.32	0.101	0.063	0.012	0.002	0.001	0	0

表 4-8　Ⅱ号组合煤岩不同应力情况电磁辐射信号经 EEMD 分解后各分量能量百分含量　（单位：%）

应力水平	IMF 1	IMF 2	IMF 3	IMF 4	IMF 5	IMF 6	IMF 7	IMF 8	IMF 9	IMF 10
10.42%σ_c	85.6	9.48	3.81	0.735	0.294	0.035	0.015	0.008	0.003	0.001
30.65%σ_c	92.3	5.85	1.42	0.317	0.086	0.032	0.023	0.016	0.003	0.003
50.51%σ_c	94.5	4.41	0.93	0.088	0.021	0.018	0.012	0.015	0.008	0.002
70.60%σ_c	90.8	7.52	1.36	0.279	0.033	0.014	0.007	0	0	0
90.63%σ_c	97.5	1.93	0.4	0.128	0.012	0.004	0.007	0.001	0.001	0
100%σ_c	89.2	10	0.61	0.043	0.036	0.032	0.031	0.028	0.028	0.003
20.23%σ_c	85.2	13.7	0.685	0.327	0.060	0.023	0.003	0.002	0	0
23.74%σ_c	58.3	34.2	2.64	4.01	0.535	0.167	0.051	0.024	0.017	0.005
22.00%σ_c	91.1	8.26	0.492	0.077	0.025	0.010	0.002	0.001	0	0
18.02%σ_c	92.8	6.42	0.667	0.102	0.012	0.012	0.008	0.006	0.005	0.001
14.24%σ_c	87.5	9.45	1.67	0.456	0.862	0.062	0.004	0.01	0.005	0.001
11.38%σ_c	97.5	2.17	0.134	0.159	0.029	0	0	0.001	0	0

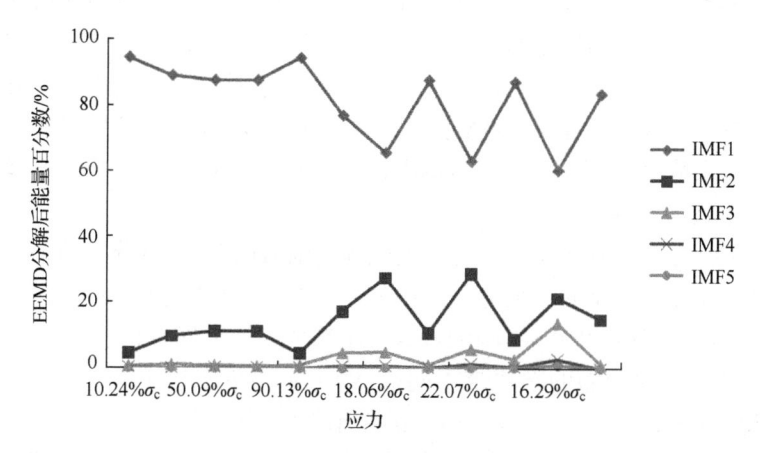

图 4-35　Ⅰ号组合煤岩不同应力情况电磁辐射信号经 EEMD 分解后各分量的能量百分含量

对比Ⅰ号和Ⅱ号组合煤岩加载过程中电磁辐射信号 EEMD 分解后的各能量分量所占的百分比含量可得，经过 EEMD 分解以后，电磁辐射信号的能量主要分布在 IMF1、IMF2 和 IMF3 分量上面，三个能量分量约占能量总量的 90% 以上，其次依次为 IMF4、IMF5、IMF6、IMF7、IMF8、IMF9 和 IMF10。其中各能量分量中 IMF1 所占的能量分量最大，占总能量的 60% 以上，其次为 IMF2 和 IMF3。因此可以认为 IMF1、IMF2 和 IMF3 为组合煤岩变形破坏过程中产生电磁辐射信号的

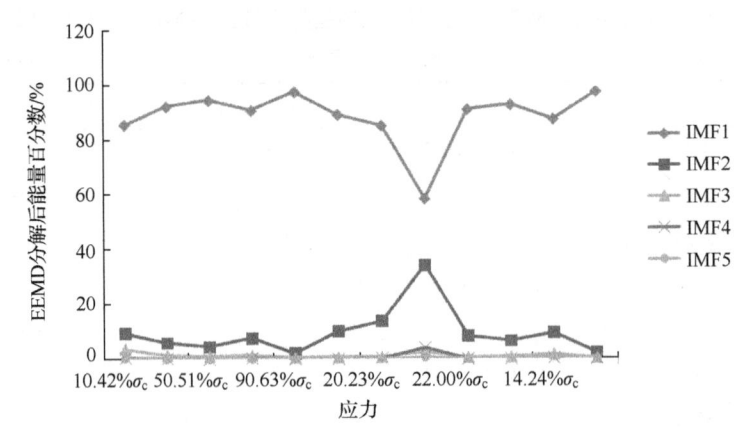

图 4-36　Ⅱ号组合煤岩不同应力情况电磁辐射信号经 EEMD 分解后
各分量能量百分含量

主要能量带,在煤矿煤岩破坏电磁辐射监测过程中要对这一范围电磁辐射信号能量和频率进行重点监测。

随着组合煤岩加载破坏过程中的应力变化,各能量分量所占的比例有所不同。组合煤岩发生破坏变形也会影响各能量分量的变化,当组合煤岩发生破坏变形后,就会导致 IMF1 所占的能量百分含量减少,而 IMF2 和 IMF3 分量百分含量反而增加。特别是在组合煤岩发生首次破坏变形以后,各能量分量的变化加强。

为了进一步研究组合煤岩加载过程中的电磁辐射信号的时频特征,以及各能量分量的变化情况,对 EEMD 分解的电磁辐射信号进行了傅里叶转换,转换结果如图 4-37 和图 3-38 所示。

通过对组合煤岩不同应力情况下电磁辐射信号的 EEMD 分解结果对比分析,组合煤岩加载过程中能够产生电磁辐射信号;并且产生的电磁辐射信号主要集中在低频部分,主要分布在 0~400kHz,这与小波变换结果基本相符合。

各个 IMF 分量分布的频率带不同。IMF1 主要集中在 100~400kHz 的频率带内,IMF2 主要出现在 100~300kHz 的频率带内,其他各能量分量也主要集中分布在 100~400kHz 的频率带内。组合煤岩加载过程中出现电磁辐射信号峰值时的频率基本小于 400kHz,并且各能量分量出现峰值的频率带也各不相同,主要能量分量 IMF1 出现峰值的频率基本位于 200~300kHz,其他分量由于能量和强度较低,峰值出现规律不是很明显。

随着应力增加,各个分量的频率有从低频向高频发展的趋势;发生首次破坏变形以后,电磁辐射信号各能量分量的频率迅速降低,随应力增加接着有从低频向高频发展的趋势。但是由于受到外界电磁辐射干扰和煤岩体内部结构变形的影响,也有部分阶段的电磁辐射信号的能量出现在高频阶段,该阶段的信号不是煤岩变

(a) 10.24%σ_c

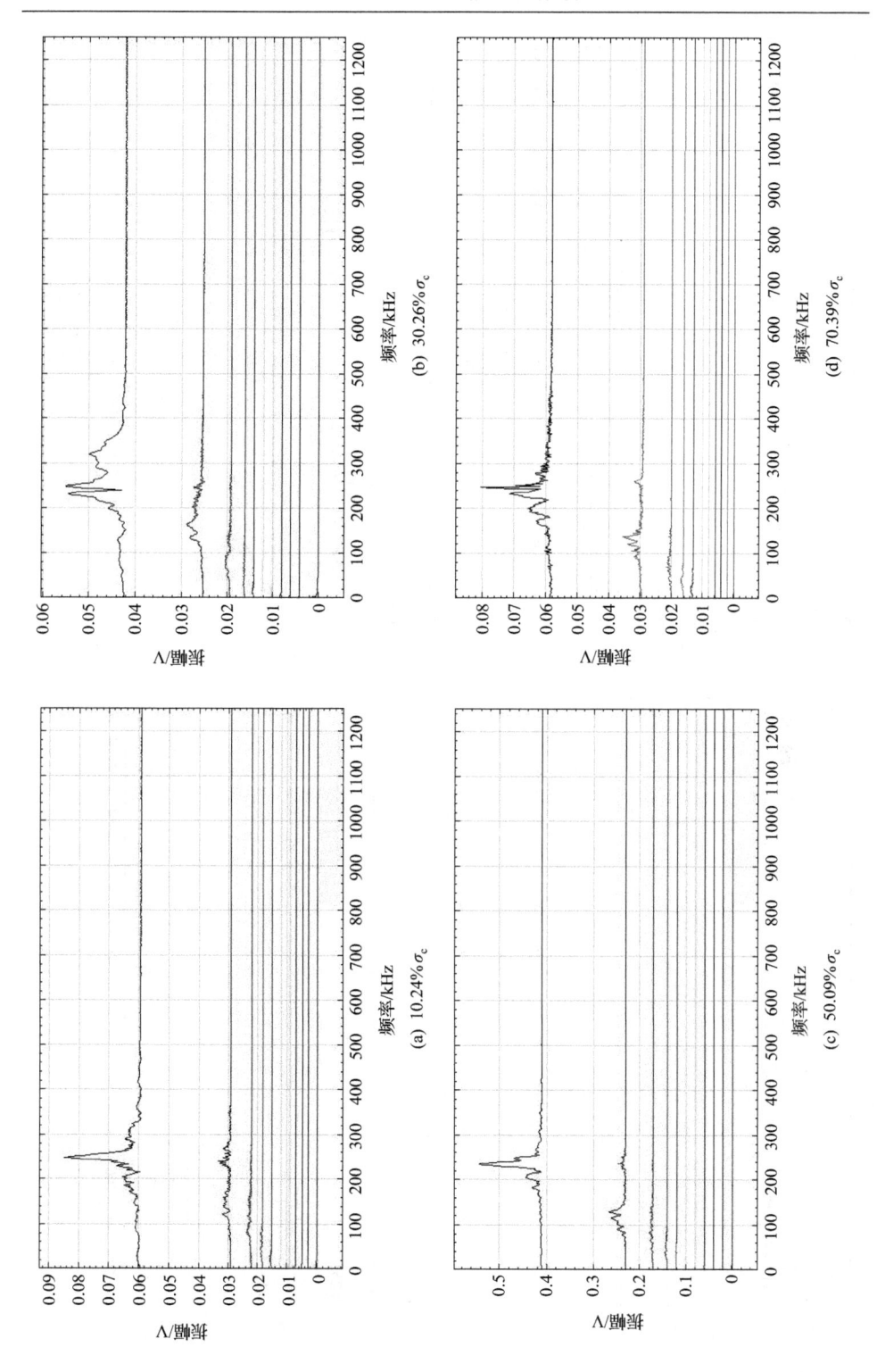

(b) 30.26%σ_c

(c) 50.09%σ_c

(d) 70.39%σ_c

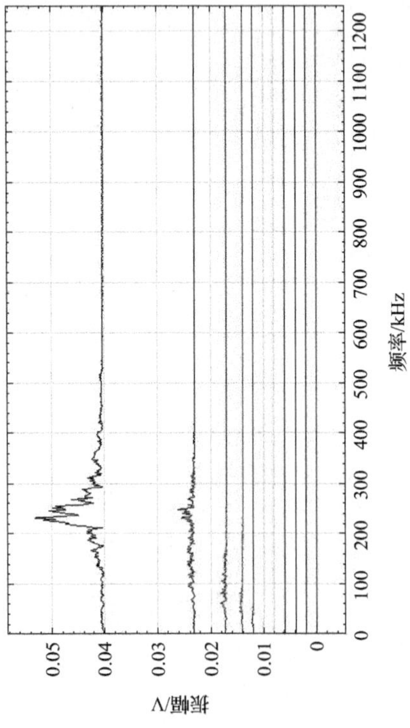

(e) 90.13% σ_c

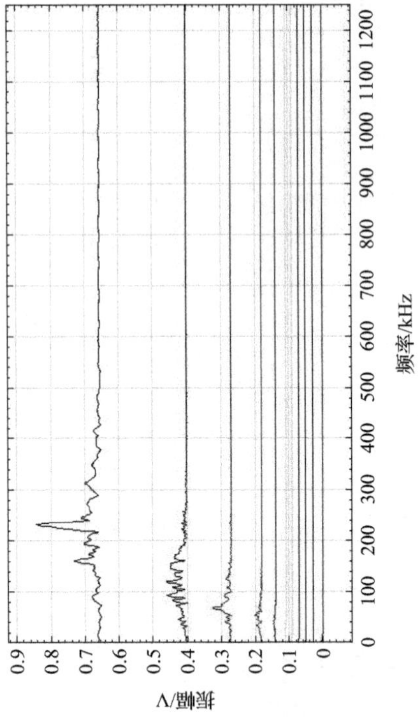

(f) 100% σ_c

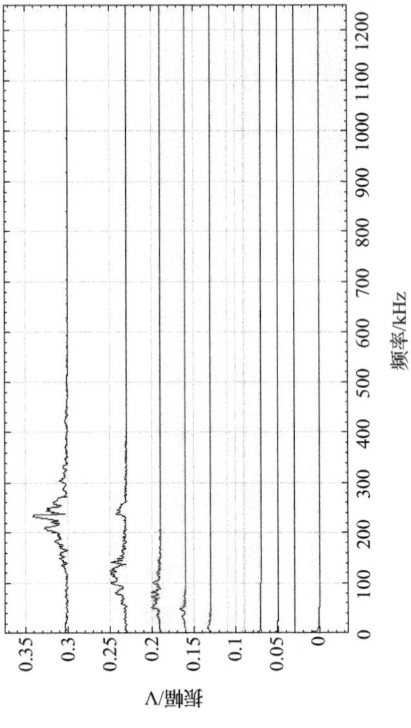

(g) 18.06% σ_c

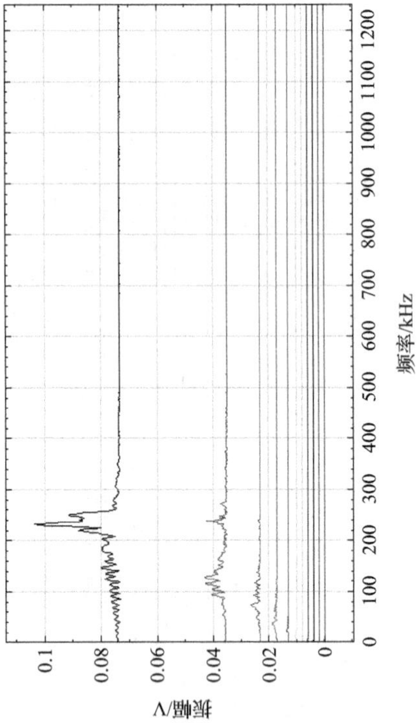

(h) 20.02% σ_c

第 4 章　煤岩电磁辐射信号频谱特征研究

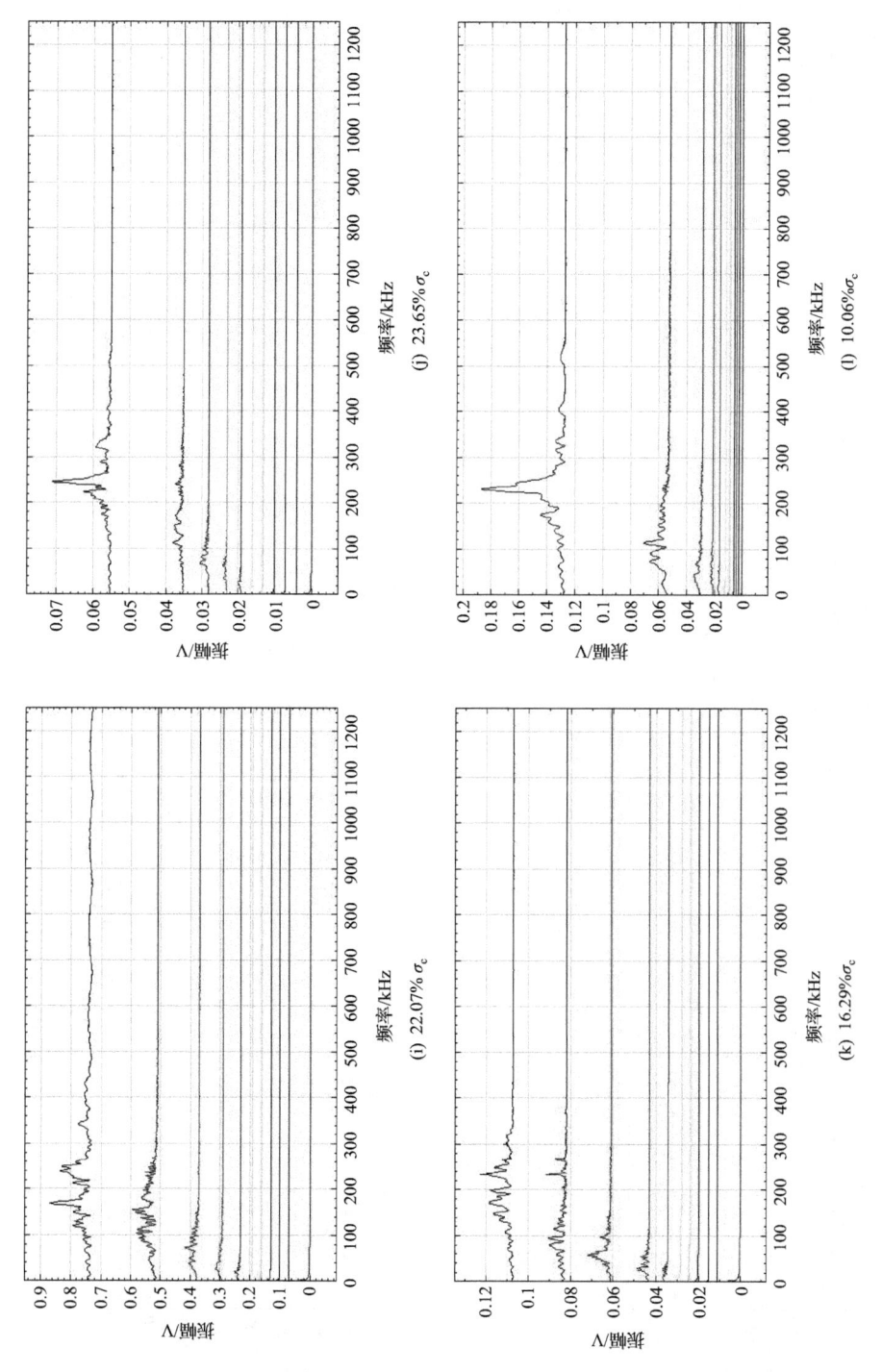

(i) 22.07%σ_c

(j) 23.65%σ_c

(k) 16.29%σ_c

(l) 10.06%σ_c

图 4-37　Ⅰ 号组合煤岩不同应力情况电磁辐射信号的 EEMD 分解结果

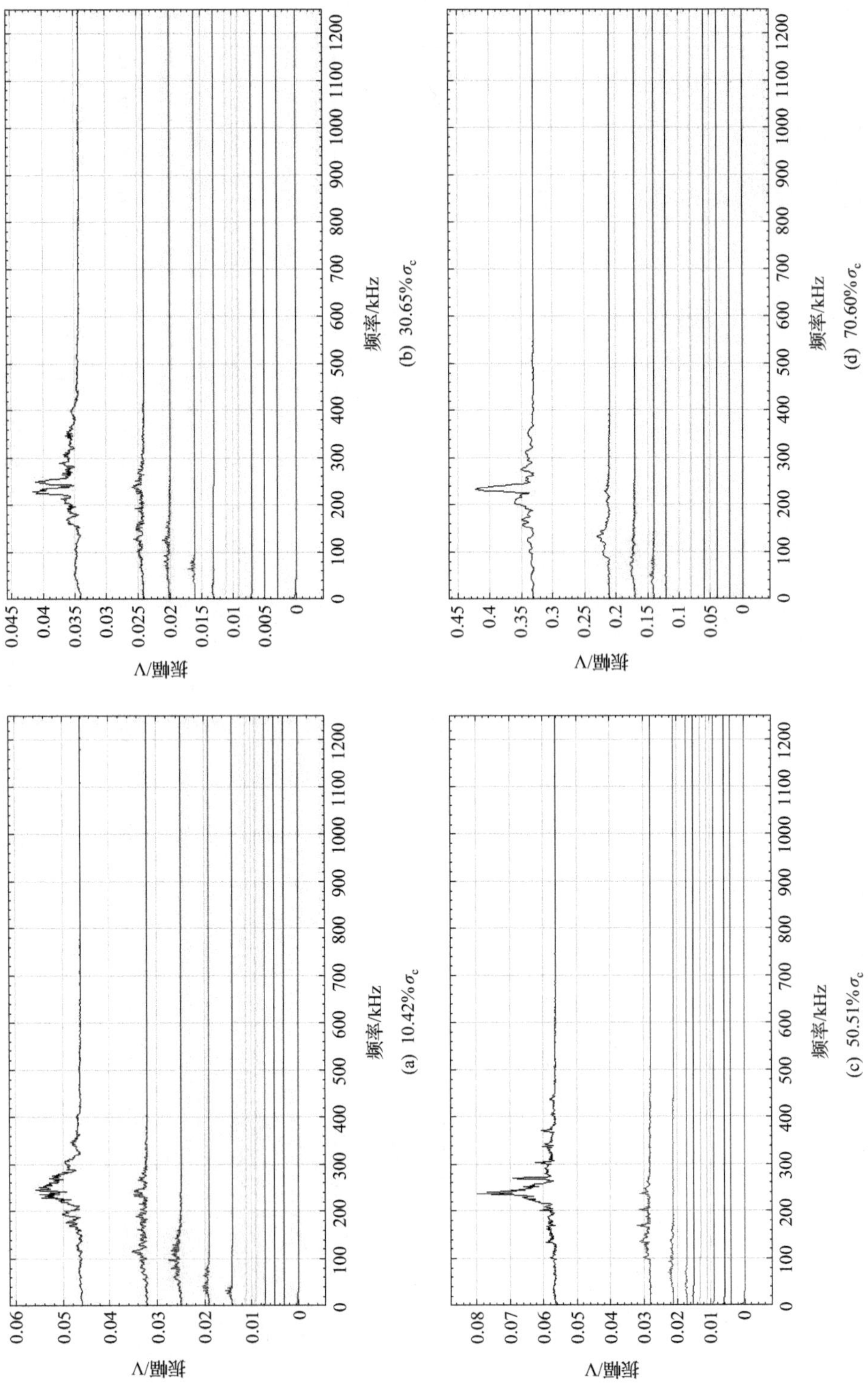

(a) 10.42%σ_c

(b) 30.65%σ_c

(c) 50.51%σ_c

(d) 70.60%σ_c

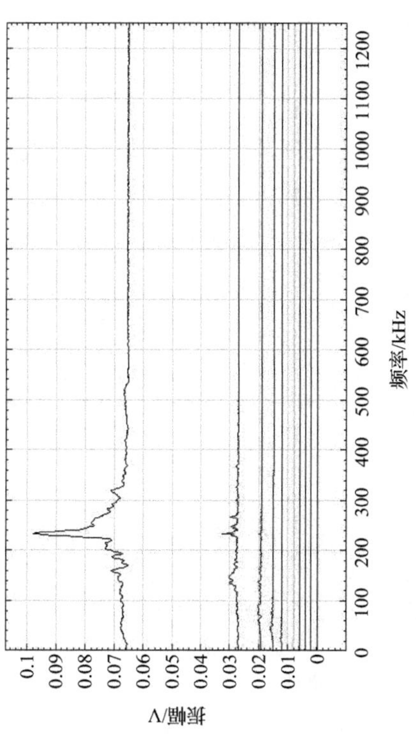

(e) 90.63%σ_c

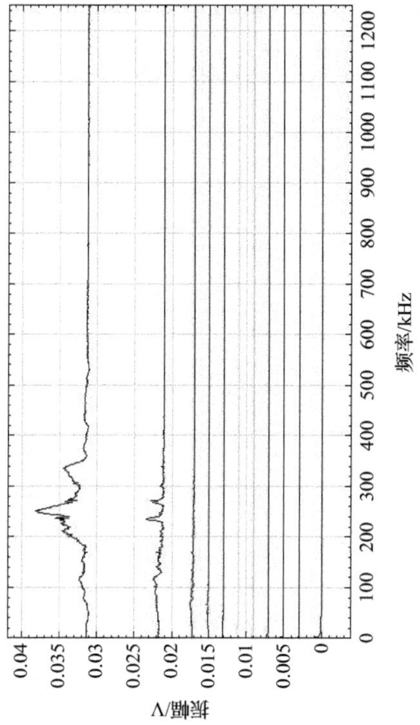

(f) 100%σ_c

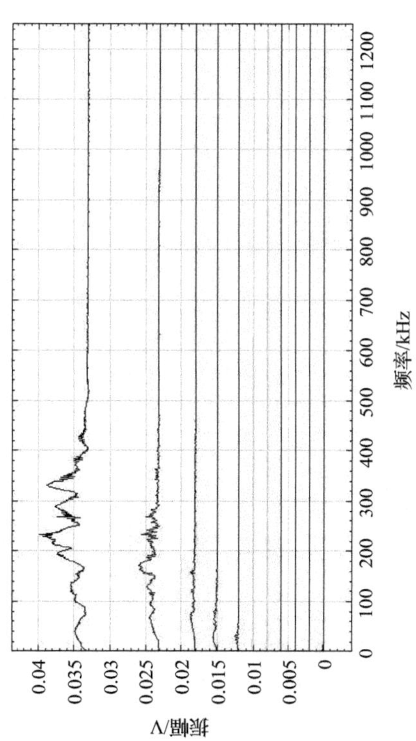

(g) 20.23%σ_c

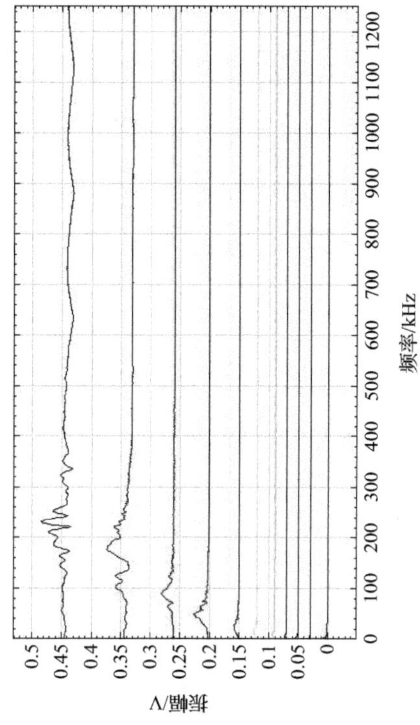

(h) 23.74%σ_c

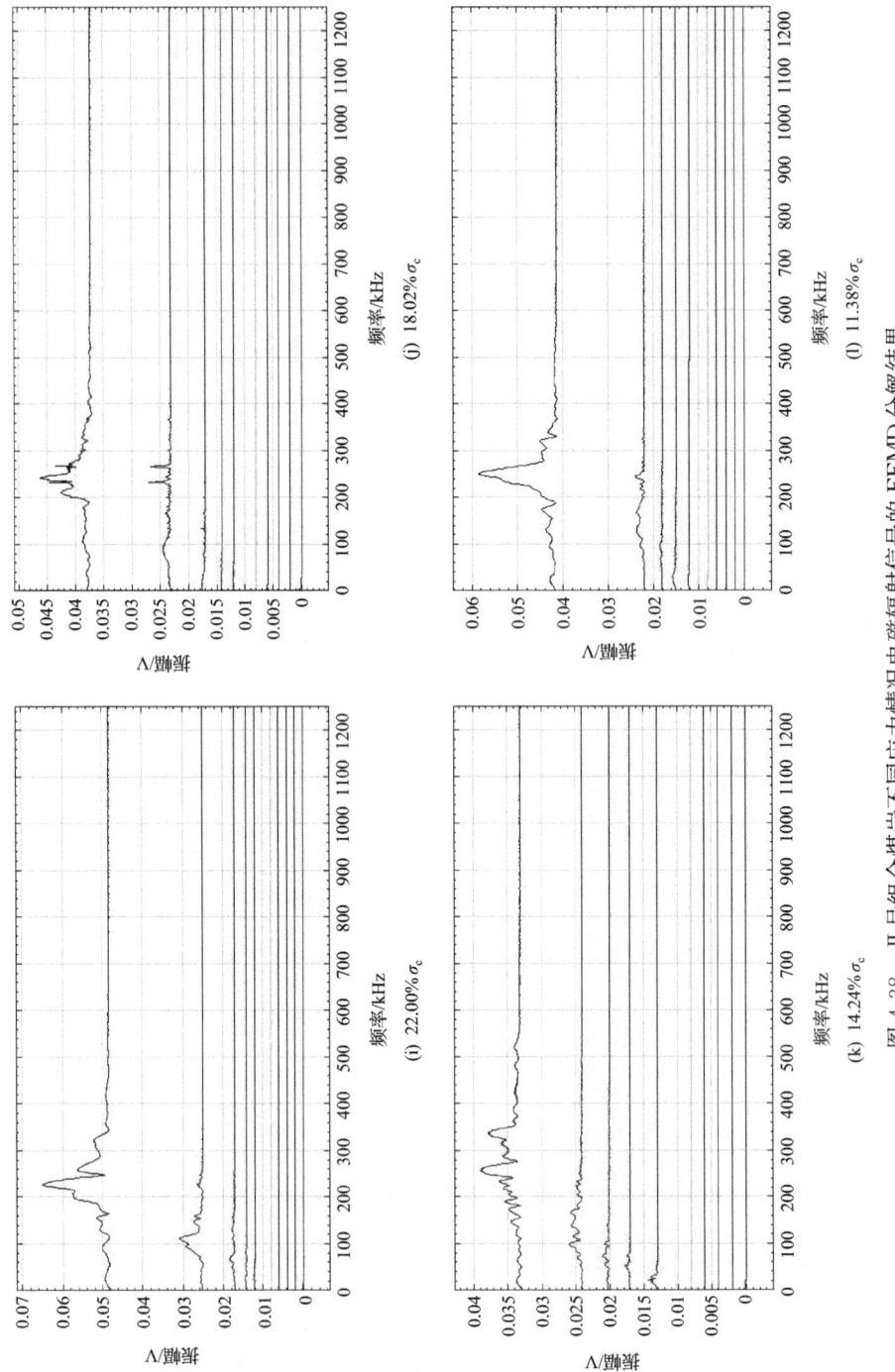

图 4-38 Ⅱ 号组合煤岩不同应力情况电磁辐射信号的 EEMD 分解结果

形破坏过程中正常情况出现的,因此在采用电磁辐射技术进行煤岩动力灾害监测过程中应当排除这种信号的干扰。

组合煤岩加载过程中产生的电磁辐射信号是间断的、不连续出现的,电磁辐射信号能量就有随机性。因此,在组合煤岩变形破坏过程中,能量主要集中在低频阶段,但是在部分阶段的电磁辐射信号由于受到外界影响和煤岩体内部结构突然变形破坏的影响,也出现能量突变现象,即组合煤岩加载过程中产生的部分阶段电磁辐射信号的能量集中在高频阶段;从加载整个过程来看,组合煤岩在加载过程中,IMF1分量信号所占能量百分比除了在发生首次破坏变形之后发生的突变以外,整个过程基本保持不变;在组合煤岩发生首次主破坏变形和二次主破坏变形的前后,IMF1分量信号所占能量百分比含量比周围能量要大。

组合煤岩变形破坏过程中,由于Ⅰ号组合煤岩和Ⅱ号组合煤岩在材料上的不同,导致电磁辐射信号各能量分量所占百分比随应变的变化趋势不同。Ⅰ号组合煤岩采用砂岩-中硬煤-泥岩组合,Ⅱ号组合煤岩采用砂岩-硬煤-泥岩组合,由于中硬煤强度-泥岩强度比硬煤-泥岩之间强度的差异大,所以Ⅰ号组合煤岩加载过程中产生的电磁辐射各能量分量变化趋势比Ⅱ号组合煤岩的大。

2. 电磁辐射信号的 Hilbert 能量谱图

图 4-39 和图 4-40 是将Ⅰ号和Ⅱ号组合煤岩加载过程中产生的电磁辐射信号,经过 DataDemon 软件进行 EEMD 计算,然后对得到的 EEMD 计算后的电磁辐射信号进行 Hilbert 变换,从而得出的 Hilbert 能量谱。

通过对Ⅰ号和Ⅱ号组合煤岩 Hilbert 能量谱进行研究,可知Ⅰ号和Ⅱ号组合煤岩加载过程中产生的电磁辐射信号能量主要集中在 400kHz 以下的低频范围内;电磁辐射信号出现首次峰值的频率基本在 200~300kHz,出现峰值的次要频率主要集中在 100kHz 左右。高于 400kHz 频段的电磁辐射能量分布很少,同时具有突变性,因此可以认为该部分电磁辐射信号为干扰噪声。

在对Ⅰ号和Ⅱ号组合煤岩加载过程中,随着加载应力的增加,电磁辐射信号能量逐渐增加,并且各部分能量逐渐向峰值集中,也就是能量逐渐集中在 200~300kHz;发生首次破坏变形以后,电磁辐射信号的能量迅速分散到各个低频阶段,随着加载应力的增加,电磁辐射信号的能量再次增加,并且各部分能量重新向峰值附近集中,在发生二次破坏变形的前后,电磁辐射能量最为集中,在峰值附近。

组合煤岩加载过程中,由于组合煤岩结构的不均一性,导致组合煤岩加载过程中的破坏变形不是均匀变化,中间有煤岩结构的突然变形,从而造成电磁辐射信号在某一阶段出现突然升高,然后降低的现象。根据煤岩电磁辐射机理,出现电磁辐射信号能量升高的情况可以推断此时组合煤岩已经发生了破坏变形。

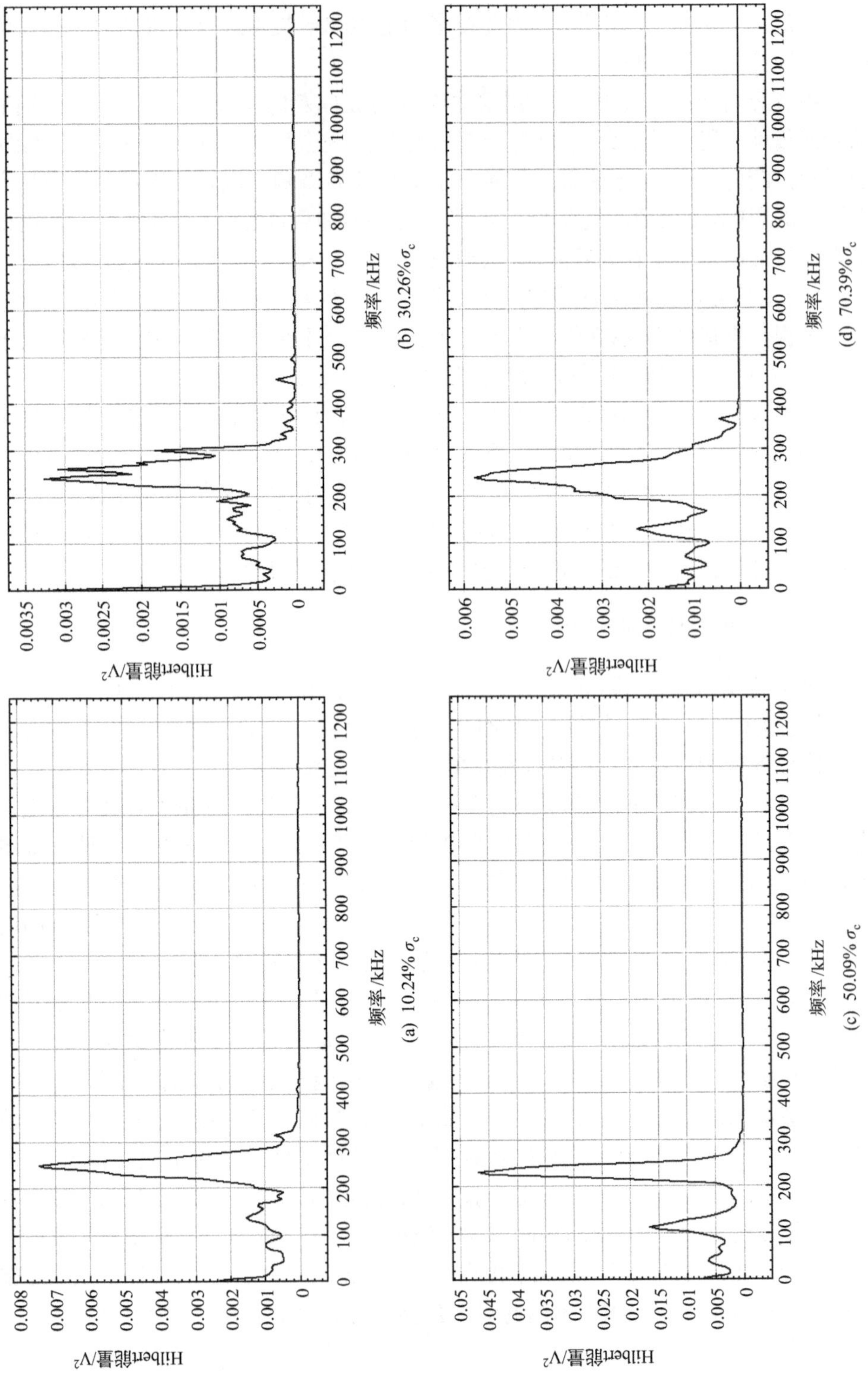

(a) 10.24% σ_c

(b) 30.26% σ_c

(c) 50.09% σ_c

(d) 70.39% σ_c

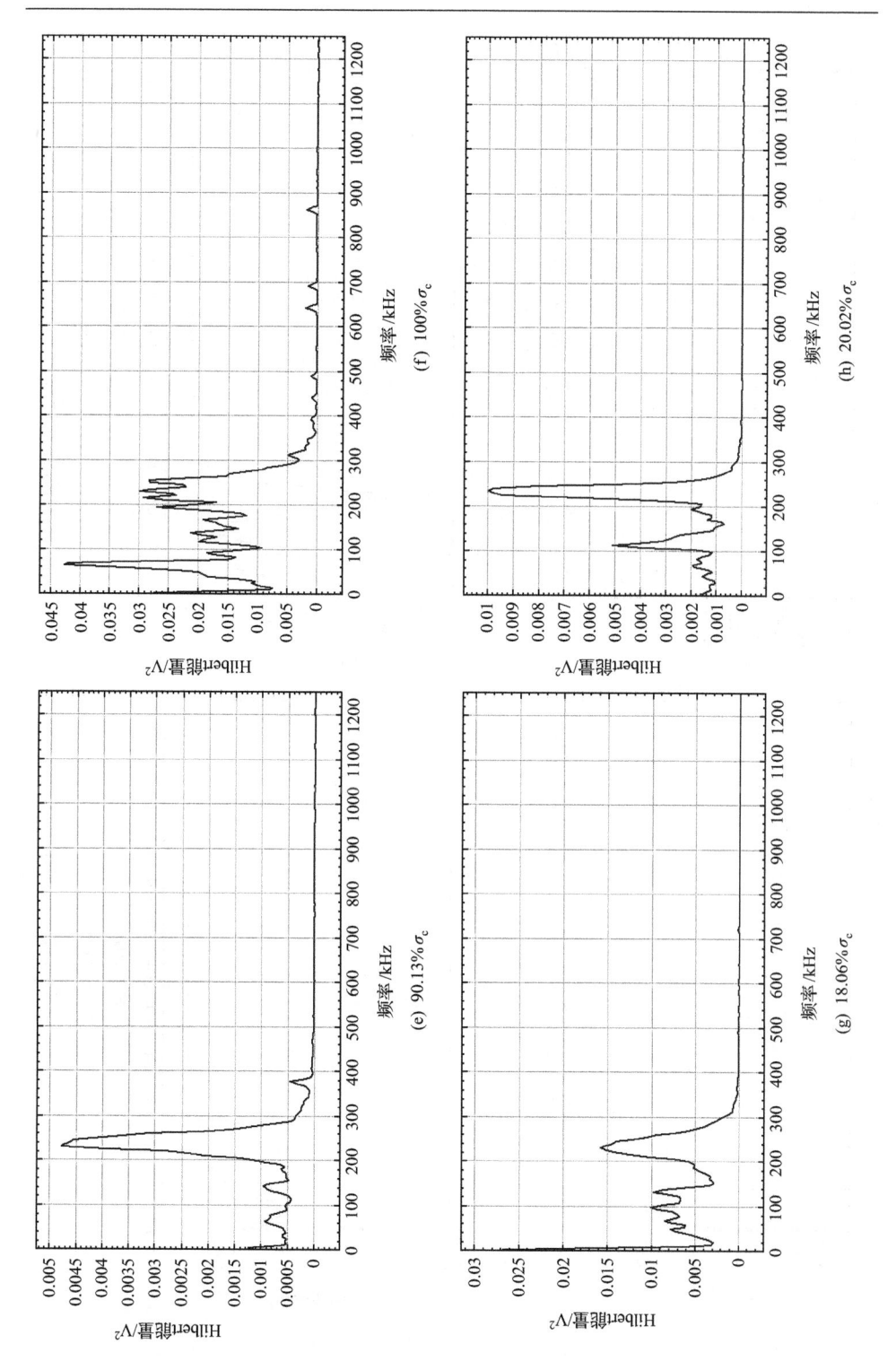

第4章 煤岩电磁辐射信号频谱特征研究

(e) 90.13%σ_c

(f) 100%σ_c

(g) 18.06%σ_c

(h) 20.02%σ_c

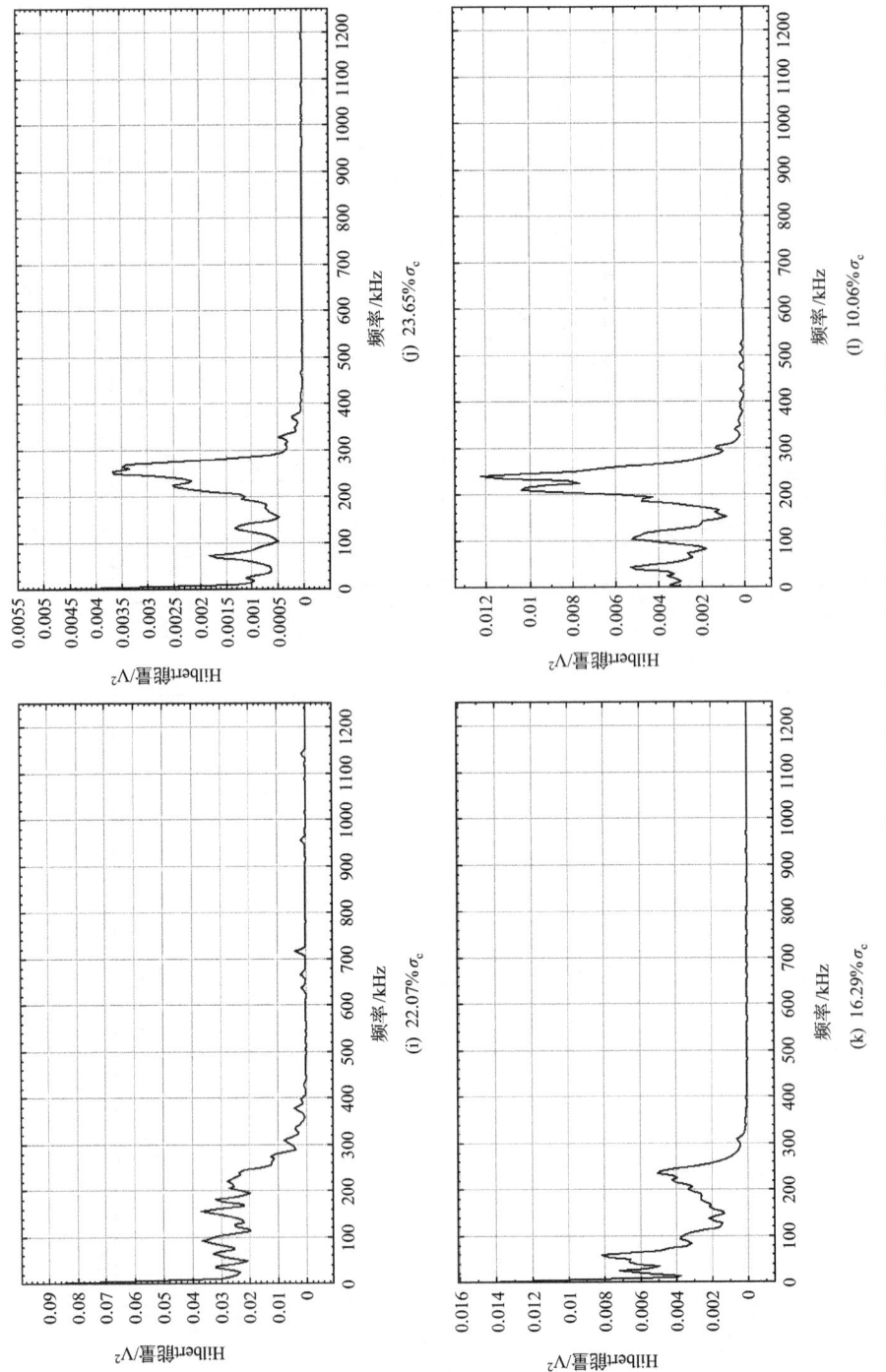

图 4-39 Ⅰ号组合煤岩不同应力情况电磁辐射信号 Hilbert 能量谱

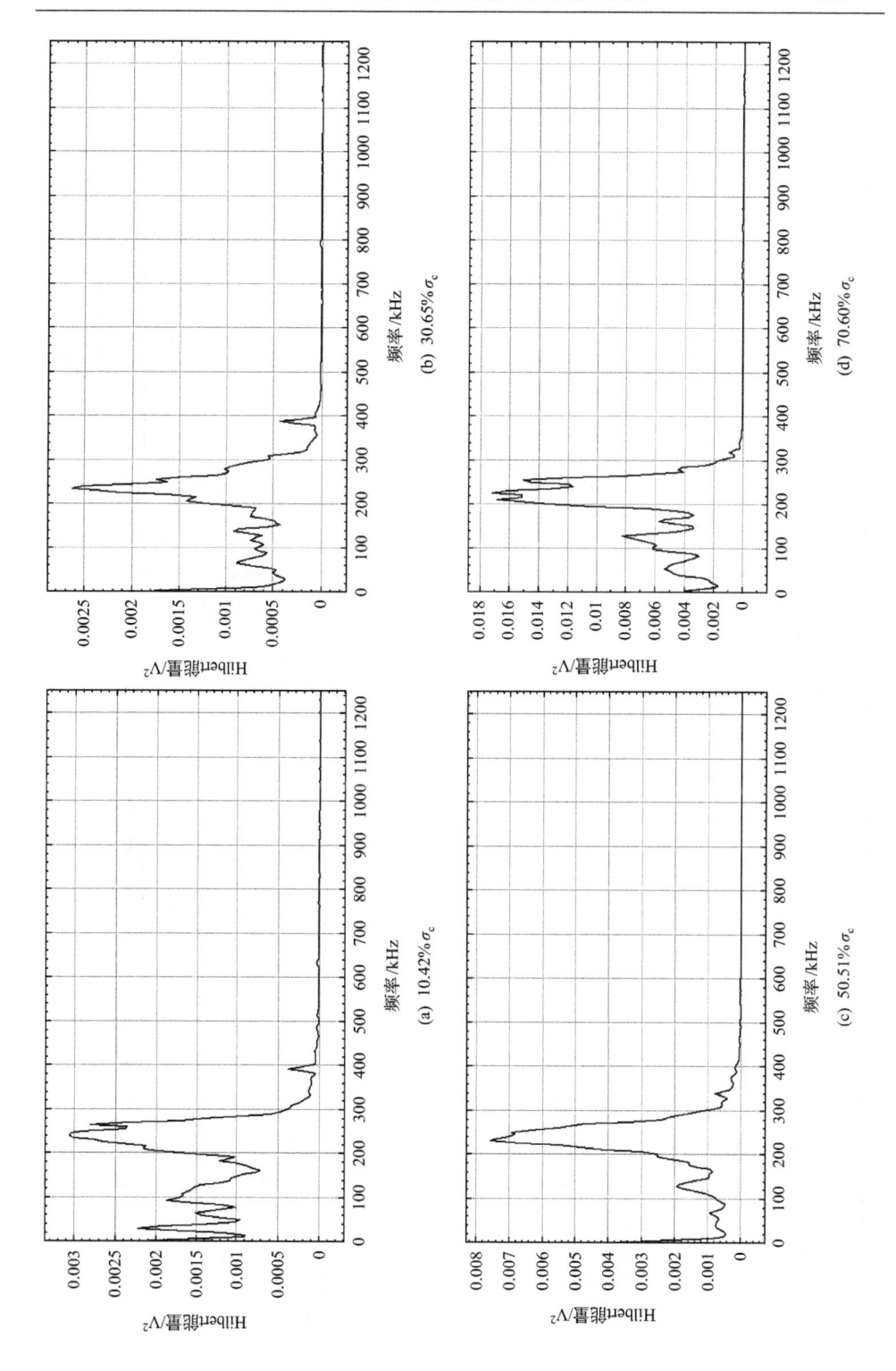

第4章 煤岩电磁辐射信号频谱特征研究

(a) 10.42%σ_c

(b) 30.65%σ_c

(c) 50.51%σ_c

(d) 70.60%σ_c

(e) 90.63%σ_c

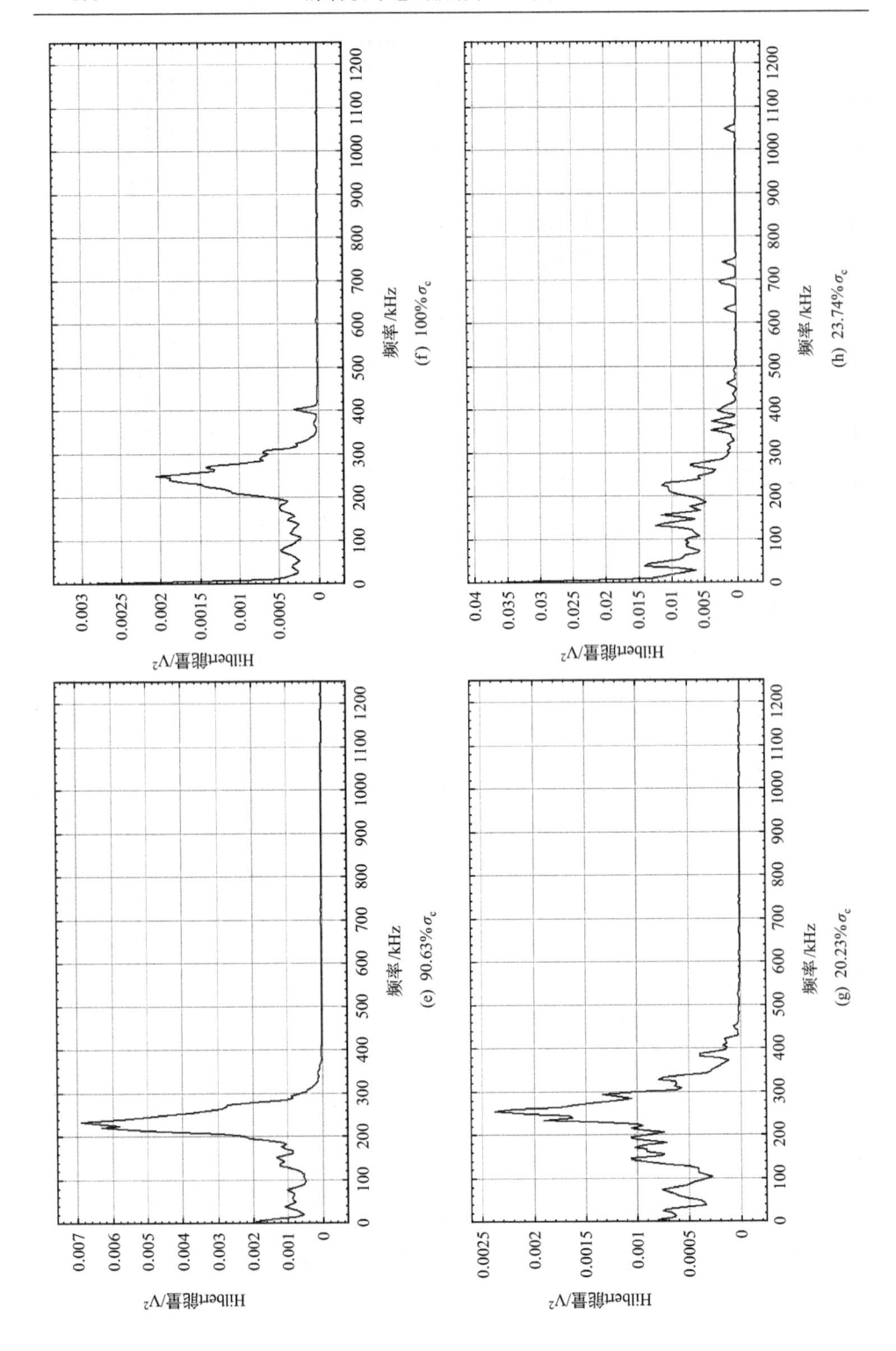

(f) 100%σ_c

(g) 20.23%σ_c

(h) 23.74%σ_c

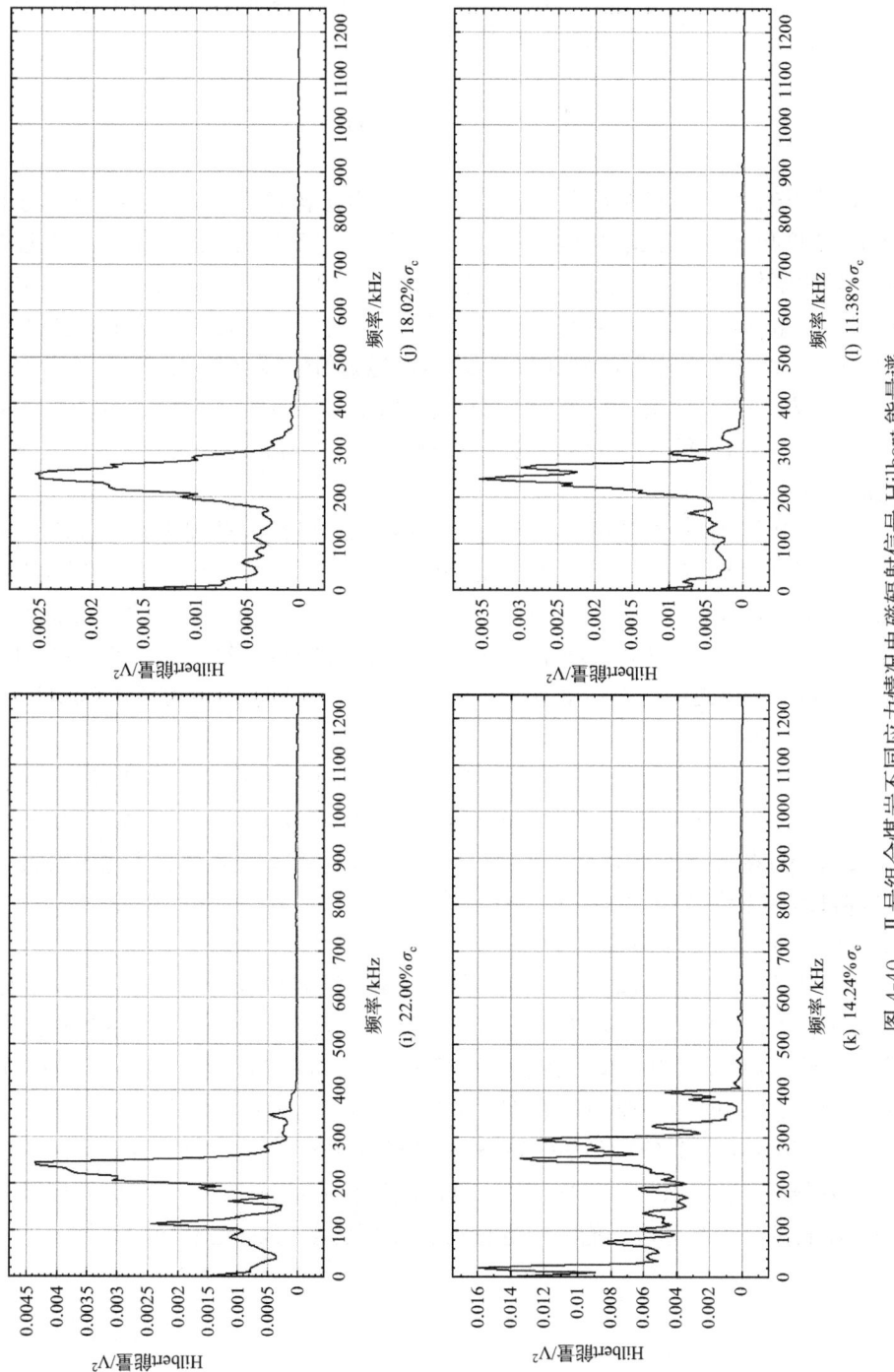

图 4-40 Ⅱ号组合煤岩不同应力情况电磁辐射信号 Hilbert 能量谱

Ⅰ号和Ⅱ号组合煤岩由于材料的不同,电磁辐射信号能量的变化情况有些不同,但从整体趋势上看,二者的变化趋势相似。

4.5 小　　结

（1）研究了单一煤样和组合煤岩加载过程中电磁辐射信号的傅里叶谱和功率谱特征,傅里叶谱与功率谱呈现较好的对应关系,煤岩变形破坏过程中产生的电磁辐射信号主要集中在低频波段,一般小于 400 kHz;在首次破坏变形发生之前,加载过程中产生的电磁辐射信号与加载应力正相关,电磁辐射信号强度的峰值随应力增加而增加,但是发生首次破坏变形以后,电磁辐射信号与应力的关系规律性不强;在组合煤岩破坏变形过程中产生的电磁辐射信号出现首次峰值的频率主要集中在 230～250kHz,同时出现峰值的频率与材料有关,加载的强度越大,出现首次峰值时的频率越大。

（2）采用小波特征频谱分析法和特征能谱系数分析法,对成庄矿单轴压缩条件下电磁辐射信号不同应力状况下的 16 个采样信号进行了 5 级分解。结果表明,在加载初期能量分布由较低频域(100kHz)向较高频域(400kHz)移动。在加载的大部分时间能量集中在 D3 尺度上,即电磁辐射信号的能量集中在 200～300kHz 频带上。D1、D5、A5 尺度上能谱系数一直处于非常低的值,可认为低于 50kHz 和高于 600kHz 频带的信号主要为噪声信号。

（3）通过对组合煤岩电磁辐射信号特征频谱和特征能谱系数分析,组合煤岩加载过程中产生电磁辐射信号的特征频带为 D2、D3、D4、D5 尺度上,频率为 50～400kHz 频带;在组合煤岩发生主要破坏变形前后,电磁辐射信号的能量主要集中在 D3 阶段,频率为 200～400kHz 频带。高频部分 D1 和低频部分 A5 由于应力变化不同步,可以认定为噪声信号。

（4）利用 DataDemon 软件,对Ⅰ号和Ⅱ号组合煤岩加载过程中产生的电磁辐射信号进行 EEMD 分解,并将对 EEMD 分解的信号的能量特征和频率特征进行研究,发现Ⅰ号和Ⅱ号组合煤岩在加载过程中产生的电磁辐射信号经过 EEMD 分解后,60% 以上的能量主要集中在 IMF1 分量上面,其次能量所占百分比依次为 IMF2、IMF3、IMF4、IMF5、IMF6、IMF7、IMF8、IMF9 和 IMF10。因此可以认为 IMF1 为组合煤岩变形破坏过程中产生电磁辐射信号的主要频段,在煤岩破坏电磁辐射监测过程中要对这一范围的电磁辐射信号能量和频率进行重点监测。

第 5 章 煤岩电磁辐射信号噪声频谱特征及抑制研究

本章从煤岩电磁辐射信号的传播途径出发,分析煤岩电磁辐射信号采集过程噪声来源;运用电磁兼容设计技术,提出电磁辐射监测抗干扰技术;研究基于小波变换的电磁辐射信号降噪原理,采用小波阈值降噪法对单一煤样和组合煤岩单轴压缩条件下电磁辐射采样信号进行降噪;研究采掘工作面不同噪声源的噪声频谱特征,并对工作面的电磁辐射信号进行小波去噪,取得了理想的降噪效果。

电磁辐射监测的目的在于发现电磁辐射源和得到有关电磁辐射源尽可能多的信息,以有效利用煤岩变形破裂会产生电磁辐射的原理来预测预报煤与瓦斯、冲击矿压等煤岩动力灾害。通过对监测到的电磁辐射信号进行处理和分析,可以得到煤岩体内部电磁辐射源的大量信息。然而,接收到的电磁辐射信号是原始电磁辐射信号与噪声信号叠加形成的。因此,对接收信号采用电磁辐射抗干扰技术是保证监测结果可靠性的首要前提,对接收信号降噪处理则是保证监测结果分析准确性的必要条件。

5.1 煤岩电磁辐射信号的传播途径

受电磁辐射源的自身特性、电磁辐射源到接收天线的传播路径、天线的特性和电磁辐射仪器测量系统等多种因素的影响,天线接收的电磁辐射电信号波形十分复杂,它与真实的电磁辐射源信号相差很大,有时甚至面目全非。电磁辐射源信号指的是电磁辐射源发出的原始电磁辐射信号 $e(t)$,而通常所说的电磁辐射信号是电磁辐射源信号经过各种传播介质之后由天线接收到的信号 $s(t)$。可见接收到的电磁辐射信号虽然与真实的电磁辐射源信号有着一定的联系,但在传播过程中由于各种因素的影响,电磁辐射源信号在一定程度上产生了失真或畸变[190,191]。因此,如何根据电磁辐射天线接收的信号来更准确地获取有关电磁辐射源的真实信息一直是人们面临并努力解决的难题。

电磁辐射传播过程中的不确定性所造成的进行电磁辐射信号处理的困难,由电磁辐射仪器采集到的信号是由电磁辐射源、传输介质、天线及信号采集仪器特性共同影响决定的,如图 5-1 所示。

一般来说,通常所做的电磁辐射信号处理是直接对接收到的信号 $s(t)$ 进行分析处理。能接收到有效的电磁辐射信号 $s(t)$ 的必要条件是:传播路径和天线的非

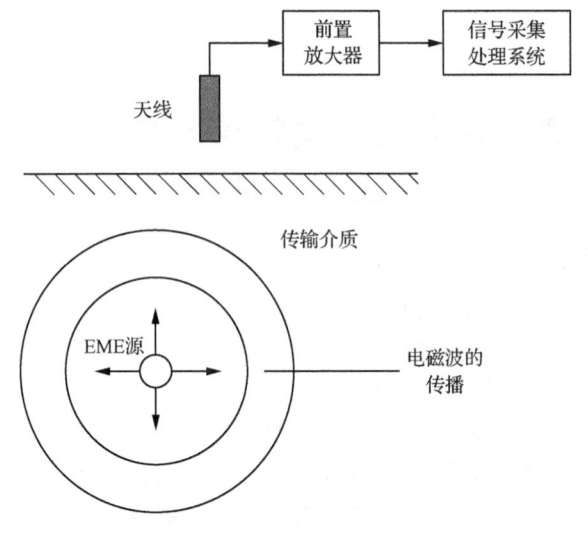

图 5-1 电磁辐射信号传播示意图

理想特性所造成的失真和畸变不足以完全淹没煤岩体电磁辐射的信息。在一些实际的电磁辐射技术应用中，由于传输过程及系统响应的影响，造成了煤岩体电磁辐射信号 $e(t)$ 信息的丢失，产生了很大的失真，这就给煤岩体电磁辐射信息的识别带来了很大的困难。因此，为了能够提高信号的分辨率，减少天线和检测仪器本身特性的影响，得到更为准确的有关电磁辐射源的信息，将电磁辐射信号进行一种有效的处理：对接收到的煤岩体电磁辐射信号 $s(t)$ 进行降噪，得到更为接近真实的煤岩体电磁辐射信号 $e(t)$，即排除传播及接收过程的影响。

5.2 煤岩电磁辐射信号采集过程噪声分析

煤岩变形破坏过程中的电磁辐射信号十分微弱，是 mV 量级，因此，在采集过程中极易受到外界较强电信号的干扰，因此研究电磁辐射采集过程中的噪声信号的特征对检测微弱电磁辐射信号是十分重要的。

噪声可以分为系统噪声、周期噪声和随机噪声。系统噪声可能和瞬态转换有关，而周期噪声和接地环路有关，随机噪声则是在随机条件下产生的特征噪声。系统噪声和周期噪声可以在它们的源态衰减或消除掉。无论其他噪声类型是否存在，随机的高斯噪声常常存在。

5.2.1 电磁辐射信号实验室采集过程中噪声来源

实验室煤岩体受载过程中电磁辐射信号噪声来源主要有如下几方面。

采集系统内部的噪声主要有：组成采集系统的各个元器件，如晶体管、电子管等，因电子随机作用而产生的散粒噪声；处于绝对零度以上的任何导电体均具有的热噪声。这类噪声由大量的短尖脉冲组成，其幅度和相位都是随机的，脉冲的形状也不一定相同，但任一噪声脉冲的能量只占总噪声的极微小部分。这些脉冲的叠加产生所谓的随机噪声。

采集系统外部的噪声源主要有：市电 50Hz 的交流干扰；电台的调幅广播信号；电源的开关火花干扰；压力机机械振动产生的颤噪效应；由于人体带电引起空间电场变化的干扰、天体电场等。这些干扰可以采取适当的屏蔽、滤波等措施进行减小或消除。

上述大量的干扰和噪声对微弱电磁辐射信号可以产生很大的影响，因此必须研究其特性并采取适当的方法进行处理以得到真正的电磁辐射信号。

5.2.2 电磁辐射信号现场采集过程中噪声来源

由于电磁辐射事件记录时现场存在各种噪声信号，主要有以下几种类型。

（1）电器噪声。这类噪声主要是采集测试现场各种电器设备等产生的电气干扰，如电磁辐射仪各接头在信号传输中的噪声干扰等。

（2）机械作业噪声。主要是工作面各类机械设备在作业过程中产生的噪声，如敲击、凿岩等产生的噪声。

（3）人为活动噪声。主要是工作面附近人为活动过程中产生的作业噪声，如放炮等过程中产生的噪声。

（4）随机噪声。主要是天线附近的岩体片帮或者垮落等引起的噪声等。此外，影响电磁辐射信号波形正常性的因素之一有：传播途径引起的信号衰减和畸变，如电磁波的多次反射、折射、衰减以及波形转换带来的波形畸变和多个波形的叠加，导致输出信号更加复杂。

5.3 煤岩电磁辐射监测抗干扰技术

由于煤矿井下电气和机械设备使用的种类和数量日益增加，井下工作面的电磁辐射环境也日趋复杂，严重影响了电磁辐射监测仪的准确性和稳定性。为了有效地抑制电磁干扰的影响，在测控系统的设计过程中必须考虑电磁兼容设计技术。

5.3.1 屏蔽技术

屏蔽是防止干扰源辐射骚扰的主要手段。屏蔽是采用一定的技术手段，把电磁场限制在一定的空间范围之内，可以分为主动屏蔽和被动屏蔽。主动屏蔽是把骚扰源置于屏蔽体内，防止电磁辐射能量和骚扰信号泄漏到外部空间。被动屏蔽则把敏感设备置于屏蔽体,使其不受外部骚扰的影响。井下设备多,体积大,无法进行整体的屏蔽,因此一般对电磁辐射监测仪实行被动屏蔽。屏蔽的主要内容如下。

1) 导线屏蔽

实践表明[192],干扰波的传播途径大多数是由连接各电路的导线辐射的,而且这种干扰波是从有电流通过的导体上辐射,因此有必要对导体进行屏蔽,以阻止导线上电流产生的电磁干扰向外辐射,或者抵御外部干扰源的干扰波。在监测仪中使用的是低电平信号导线,这些导线对外部辐射电磁波很敏感,一次必须将这些导线屏蔽起来,防止电磁干扰。一般采用铜丝编织屏蔽线,利用铜丝编织同轴电缆的外导体屏蔽层,将芯线包裹、屏蔽起来,用于远距离信号电平传输。使用屏蔽线时,屏蔽层要一端接地,另一端悬空;使用同轴电缆时,一定要把屏蔽层的两端都接地。

2) 外壳屏蔽

监测系统的电子设备、电路模块的机箱壳体材料一般有金属和塑料两种。若将外壳作为一个屏蔽整体,则必须遵循一定的规则对外壳进行屏蔽,不是随意用金属材料做一个机箱,罩在设备外部,就能起到电磁屏蔽作用。电磁辐射监测仪外壳作为屏蔽体时,其材料制作选取应当遵循以下原则:①适用于底板和机壳的材料大多采用金属良导体,如铜、铝等,可以屏蔽电场,主要屏蔽机理是反射信号而不是吸收;②对磁场的屏蔽采用铁磁材料,如高磁导率合金和纯铁等,主要屏蔽机理是吸收而不是反射;③在强电磁环境中,采用双层屏蔽,同时屏蔽电场和磁场;④对于塑料外壳,为使其具有屏蔽作用,通常用喷漆、真空沉淀和贴金属膜技术让机箱包上一层导电薄膜。

外壳屏蔽技术的关键是如何保证屏蔽体的完整性,使其电磁泄漏降低到最小程度。通常采用以下措施:①接缝。永久接缝一般采用氩弧焊密封焊接,非永久性缝隙通常采用螺钉、螺栓或铆钉在连接处紧固连接。安装前刮掉接触部分的涂覆层,以使其导电良好;也可采用导电衬垫用于连接处。②通风孔。一般采用穿孔金属板或者金属丝网覆盖通风孔,减少电磁泄漏。③传输线。必须对传输线进行屏蔽,传输线的屏蔽外皮必须伸入机壳或者连接器内部。④开关、表头安装孔,伸出外壳的开关等元件要通过导电衬垫与外壳连接起来。

5.3.2 滤波技术

滤波是一种只允许某一频带信号通过的抑制干扰技术,特别适用于抑制经导线传导耦合到电路中噪声干扰。从现场采集的信号是经过传输线送入采集电路或微机的接口电路,因此在信号传输过程中可能会引进干扰。为使信号在进入采集电路或接口电路之前就消除或减弱这种干扰,可在信号传输线上加上滤波器。

电磁抗干扰滤波器常常是由电感和电容构成的低通滤波器。为了在阻带内获得最大衰减,滤波器输入端和输出端的阻抗需要和其连接的噪声源阻抗相反,即对于低阻抗噪声源,滤波器需要呈现高阻抗(串联大电感);对于高阻抗噪声源,滤波器就需要呈现低阻抗(并联大电容)。

5.4 电磁辐射信号的小波降噪方法

5.4.1 小波变换降噪模型和降噪过程

由于小波分解可以把一个信号分解为不同频段的信号,而信号与噪声在多尺度空间小波变换系数模极大值点的传播特性存在差异,从而可以用来进行信噪分离。一般噪声具有奇异性,而信号的模极大值则不随尺度的增加而减少,因而有可能通过对各模极大值的识别,剔除噪声对应点,再经过重构而达到滤波降噪的目的。

1. 小波降噪模型

一般来说,小波降噪的基本模型为

$$s(t) = f(t) + \sigma e(t)$$

式中,$s(t)$ 为含有噪声的电磁辐射源信号;$f(t)$ 为电磁辐射信号(有用信号);σ 为噪声强度;$e(t)$ 为噪声信号,通常表现为高频信号。工程实际中,$f(t)$ 通常表现为低频或者一些较为平稳的信号。

小波变换的目的就是抑制 $e(t)$,同时恢复 $f(t)$。从统计学观点来看,降噪模型是一个随时间推移的回归模型,这种方法也可以看成是在正交基上对函数 f 的无参估计。在这个噪声模型下,用小波信号对信号降噪的过程如图 5-2 所示。

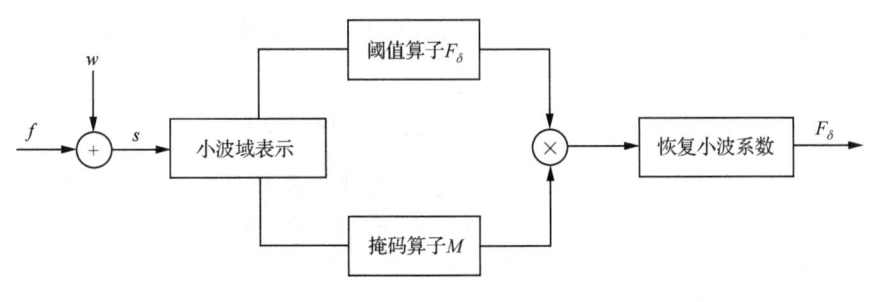

图 5-2 小波降噪过程

图中,f 为原始信号;w 为噪声信号;噪声在小波域表示就是原信号(含噪声)在小波变换下的分解系数。

阈值算子 F_δ:阈值算子作用以后,模值小的系数被置为零,只保留模值大的系

数项,即

$$(F_\delta c)_{m,n} = \begin{cases} c_{m,n}, & |c_{m,n}| > \delta \\ 0, & 其他 \end{cases}$$

掩码算子 M:掩码算子是阈值算子的推广,掩码算子的作用就是保留特定的系数并把其他的系数置为零,即

$$(Mc)_{m,n} = \begin{cases} c_{m,n}, & (m,n) \in Q \\ 0, & 其他 \end{cases}$$

2. 小波降噪过程

一般来说,小波变换降噪过程分三个阶段进行。

(1) 分解过程:就是选定一种小波 $s(t)$,然后对信号 $s(t)$ 进行 N 层小波(小波包)分解得到一组小波系数 $W(j,k)$。

对于一维信号 $s(t)$,首先应对信号 $s(t)$ 进行离散采样,得到 N 点离散信号 $s(n)$,其中 $n=0,1,\cdots,N-1$,其小波变换为

$$W(j,k) = 2^{-\frac{j}{2}} \sum_{n=0}^{N-1} s(n)\psi(2^{-j}n-k)$$

$W(j,k)$ 即为小波系数,为了简化计算过程,需要借助双尺度方程,从而得到小波变换的递归实现方法:

$$S(j+1,k) = S(j,k) \times h(j,k)$$
$$W(j+1,k) = S(j,k) \times g(j,k)$$

式中,h 和 g 分别是对应于尺度函数 $\varphi(x)$ 和小波函数 $\psi(x)$ 的低通和高通滤波器;$S(0,k)$ 为原始信号 $s(k)$;$S(j,k)$ 为尺度系数;$W(j,k)$ 为小波系数。则小波变换重构公式为

$$S(j-1,k) = S(j,k) \times \tilde{h}(j,k) + W(j,k) \times \tilde{g}(j,k)$$

在实际运算过程中,为了简化计算过程,将小波系数 $W(j,k)$ 记作 $W_{j,k}$。由于小波变换是线性变换,因此对 $s(k) = f(k) + \sigma e(k)$ 做离散小波变换分解得到的小波系数 $W(j,k)$ 由两部分组成:一部分是 $f(k)$ 对应的小波系数 $m_{j,k}$;另一部分是 $e(k)$ 对应的小波系数 $n_{j,k}$。

(2) 作用阈值过程:对分解得到的各层小波系数 $W_{j,k}$ 进行阈值处理,得出估计小波系数 $\hat{W}_{j,k}$,使得 $\|\hat{W}_{j,k} - m_{j,k}\|$ 尽量小。

(3) 重建过程:利用 $\hat{W}_{j,k}$ 进行小波(小波包)重构,得到估计信号 $\hat{s}(k)$,$\hat{s}(k)$ 就

是去噪之后的信号。

5.4.2 小波变换降噪阈值选取与确定

1. 阈值估计选择规则

根据基本降噪模型 $s(t)=f(t)+\sigma e(t)$，为了实现 $f(t)$ 信号的真实性和客观性，保证生成的 $f(t)$ 信号符合相似性原则，就有必要对信号做无偏似然估计，然后根据最坏情况下降噪信号与原信号方差最小的原则来对原信号确定一个统一的阈值。一般情况下，实现这样的规则有下面四种。

（1）长度对数阈值(sqtwolog)：是一种固定阈值，阈值 $\lambda = \sigma\sqrt{2\ln N}$，$\sigma$ 为噪声强度，N 为信号的长度。

（2）自适性软阈值估计(rigrsure)：是一种软阈值处理器，就是按照 Stein 无偏似然估计原理，对于给定的阈值 t 进行运算，然后得到它的似然估计，再将得到的似然估计最小化，就可以得到所选的阈值。

（3）启发式无偏似然估计阈值(heursure)：是对长度对数阈值和自适性软阈值估计的综合，所选择的是最优预测变量阈值。当选择的信号信噪比很小，而无偏似然估计有很大噪声时，采用这种固定阈值效果最好。

（4）最小极大方差阈值(minimaxi)：是一种固定阈值形式，通过采用统计学上估计器构造方法，求出染噪信号方差与未知回归函数在最坏情况下的最小值来获得阈值。这个过程产生的是一个最小均方差的极值，而不是不会产生误差。

最小极大方差阈值和自适性软阈值估计选择规则比较保守，当含噪信号 $s(t)$ 只有少量的高频信号位于噪声范围之内时，通过将部分系数设置为零，就可以将弱小的信号提取出来，并且不容易丢失原有信号 $f(t)$ 成分的真实性和客观性。另外两种阈值选择规则对高频信号去噪更加有效，但是也容易在去噪的过程中将有用信号的高频部分当成噪声滤除掉。

图 5-3 是对带有噪声的 Bumps 信号，通过对 db8 小波进行 5 级分解后，分别采用四种阈值方法降噪后的重构波形。从图中可看出，启发式阈值作为长度对数阈值和自适性软阈值估计两种阈值的综合方式，对 Bumps 信号进行降噪的效果是比较理想的，自适性软阈值估计也能够保证染噪 Bumps 信号去噪后原信号的成分，但固定阈值和极大极小阈值降噪后，磨平了信号的细节部分，还有部分噪声的残留。

2. 阈值的量化

小波降噪中阈值量化处理方法主要有硬阈值处理法和软阈值处理法两种（图 5-4），分别由以下两式表示。

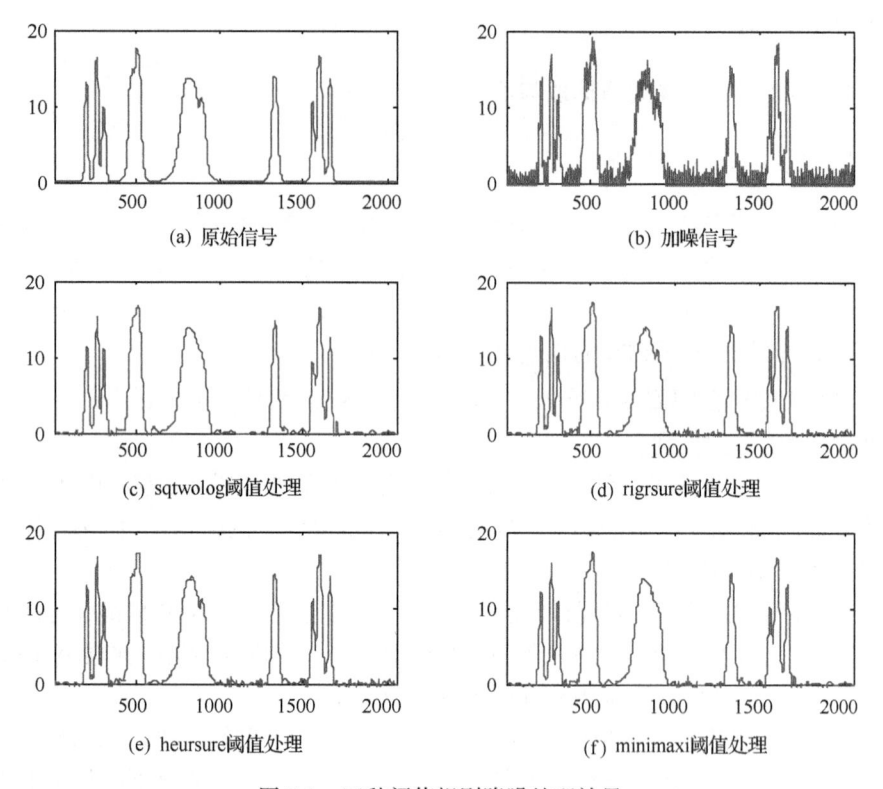

图 5-3 四种阀值规则降噪处理效果

硬阈值函数为

$$W_{j,k} = \begin{cases} W_{j,k}, & |W_{j,k}| > \lambda \\ 0, & |W_{j,k}| \leqslant \lambda \end{cases}$$

软阈值函数为

$$W_{j,k} = \begin{cases} \text{sgn}(W_{j,k})(|W_{j,k}| > \lambda), & |W_{j,k}| > \lambda \\ 0, & |W_{j,k}| \leqslant \lambda \end{cases}$$

式中，$W_{j,k}$ 代表估计小波系数；$W_{j,k}$ 代表小波系数；λ 代表硬阈值函数的阈值，通过公式 $\lambda = \sigma \sqrt{2\lg N}$ 求出。

硬阈值处理信号机理就是令绝对值小于阈值信号点的值为零，在信号处理过程中，由于估计小波系数在硬阈值函数阈值处是间断的，导致得到的估计小波系数值连续性差，甚至在某些地方出现间断，可能会引起重构信号的振荡。软阈值方法是在硬阈值的基础上将边界处不连续点收缩到零，在对信号处理过程中，可以避免间断，易于处理，但由于当小波系数较大时，得到的估计小波系数值与原来的小波

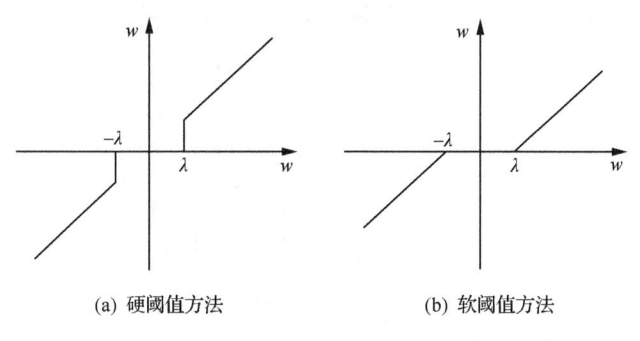

第5章 煤岩电磁辐射信号噪声频谱特征及抑制研究

(a) 硬阈值方法　　　　(b) 软阈值方法

图 5-4　软、硬阈值方法机理示意图

系数值有固定的偏差,势必也会给重构信号带来不可避免的误差。

图 5-5 是对周期为 100s 的正弦波分别采用软、硬阈值方法的处理结果。通过对比发现,硬阈值处理结果保持了原有信号的成分,但是连续性较差,出现了间断;软阈值处理结果与硬阈值处理信号相比,出现的偏差较大,同时也存在间断性。从整体而言,硬阈值处理的信号比软阈值处理的信号粗糙。

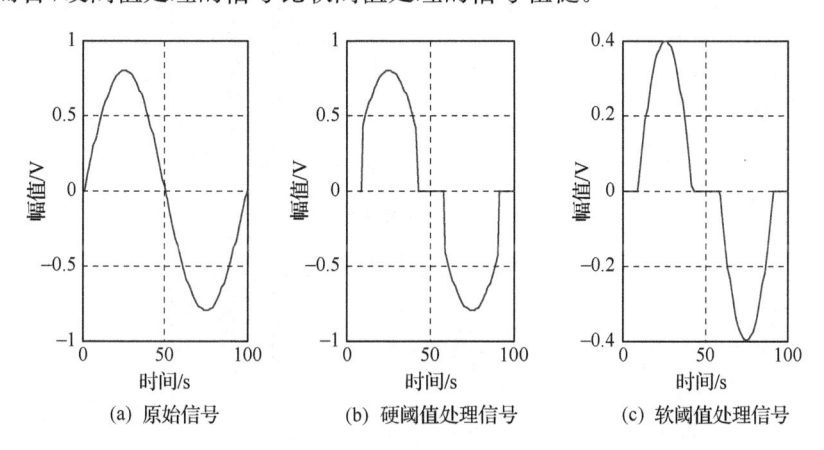

(a) 原始信号　　　　(b) 硬阈值处理信号　　　　(c) 软阈值处理信号

图 5-5　软、硬阈值降噪处理效果

5.5　基于小波理论的电磁辐射信号降噪

5.5.1　单一煤样电磁辐射信号的小波去噪

对成庄矿两个煤样单轴压缩条件下电磁辐射信号不同应力阶段的 16 个采样点,选择 db8 小波基,进行 5 级分解,分解图如图 5-6 所示。采用启发式阈值法分别确定各层概貌和细节的阈值,然后对每层的概貌分量和细节分量均采用软阈值化处理。对用阈值化处理后的小波系数进行小波重构,得到降噪后的电磁辐射信

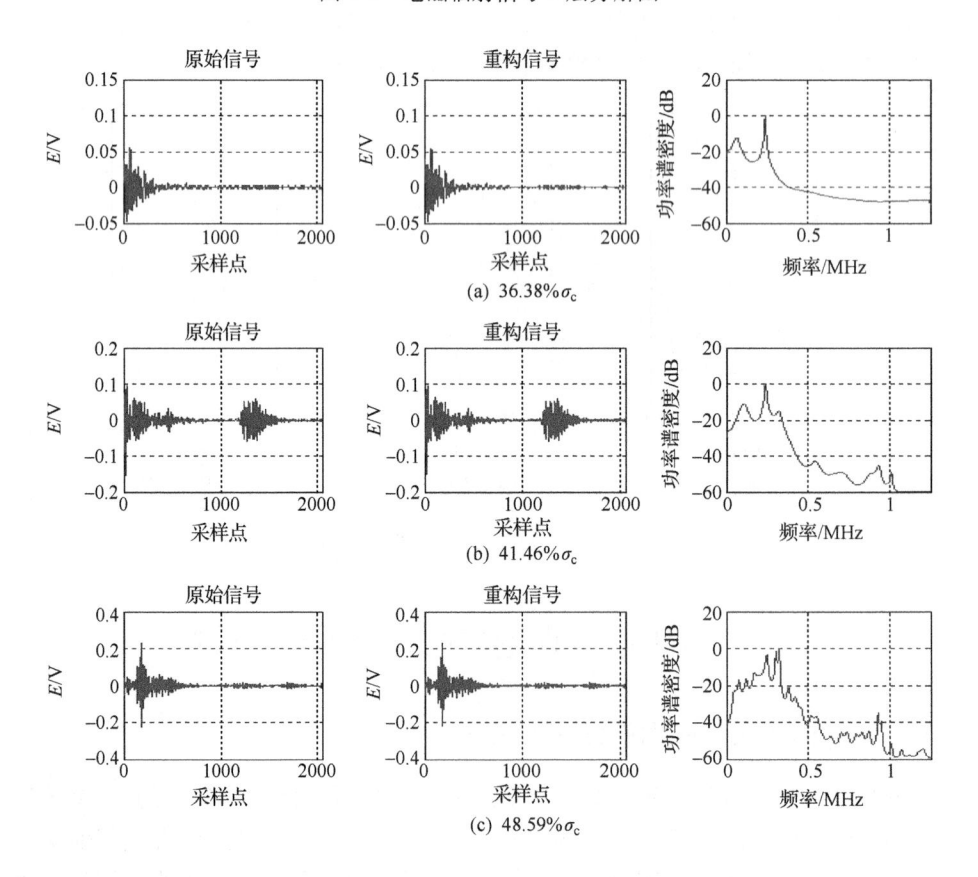

号、重构信号及其功率谱估计结果如图 5-7 和图 5-8 所示。

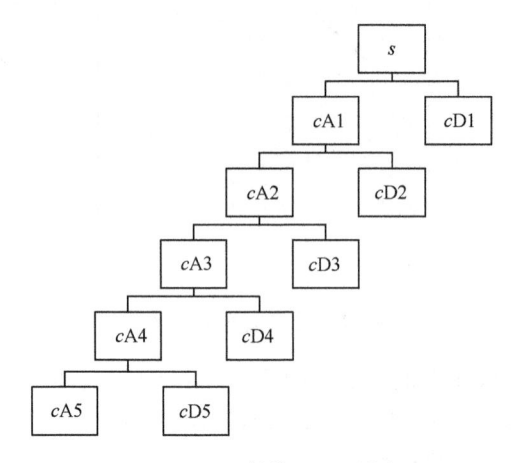

图 5-6　电磁辐射信号 5 层分解图

(a) 36.38%σ_c

(b) 41.46%σ_c

(c) 48.59%σ_c

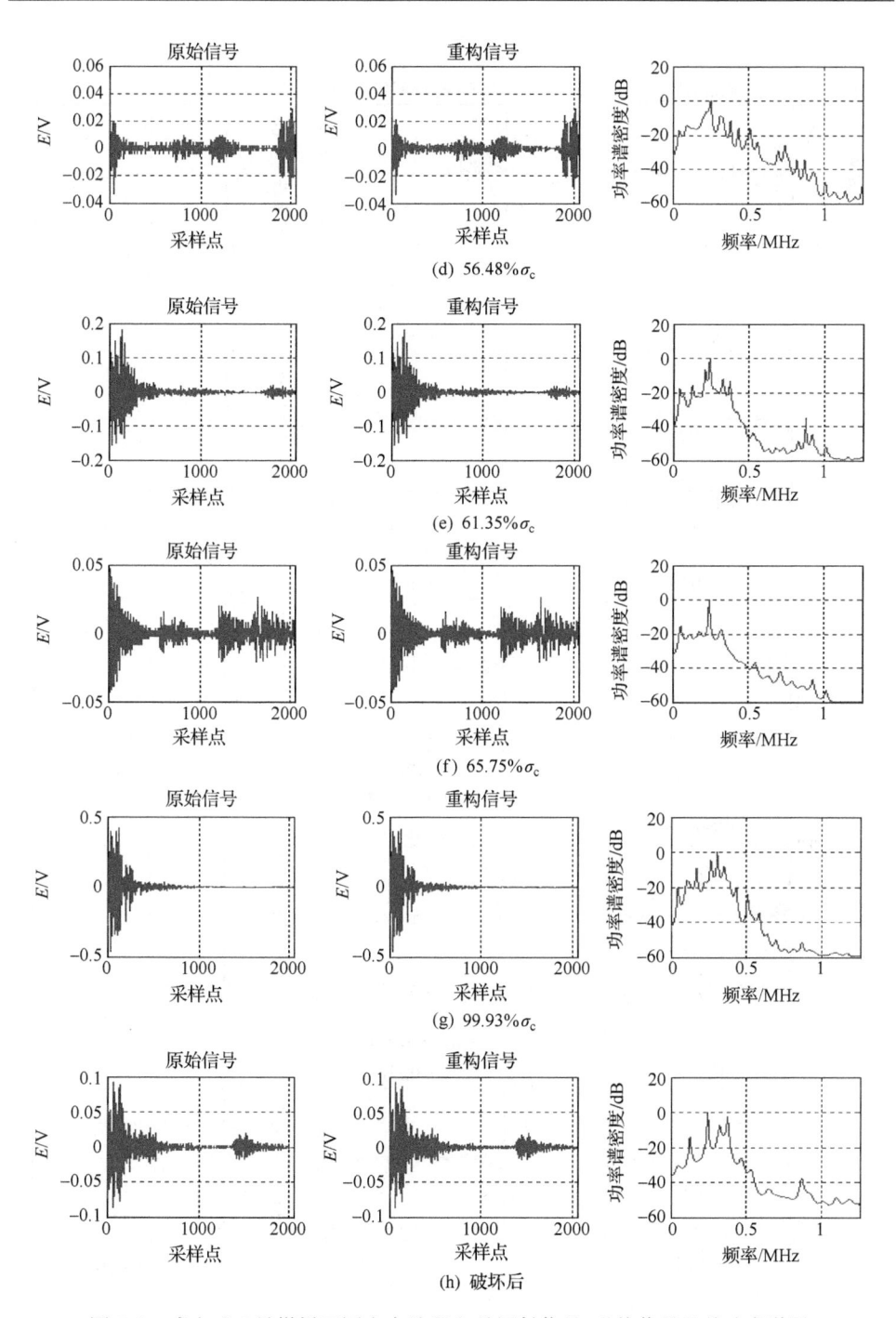

图 5-7　成庄矿 7 号煤样不同应力阶段电磁辐射信号、重构信号及其功率谱图

(a) 35.41%σ_c

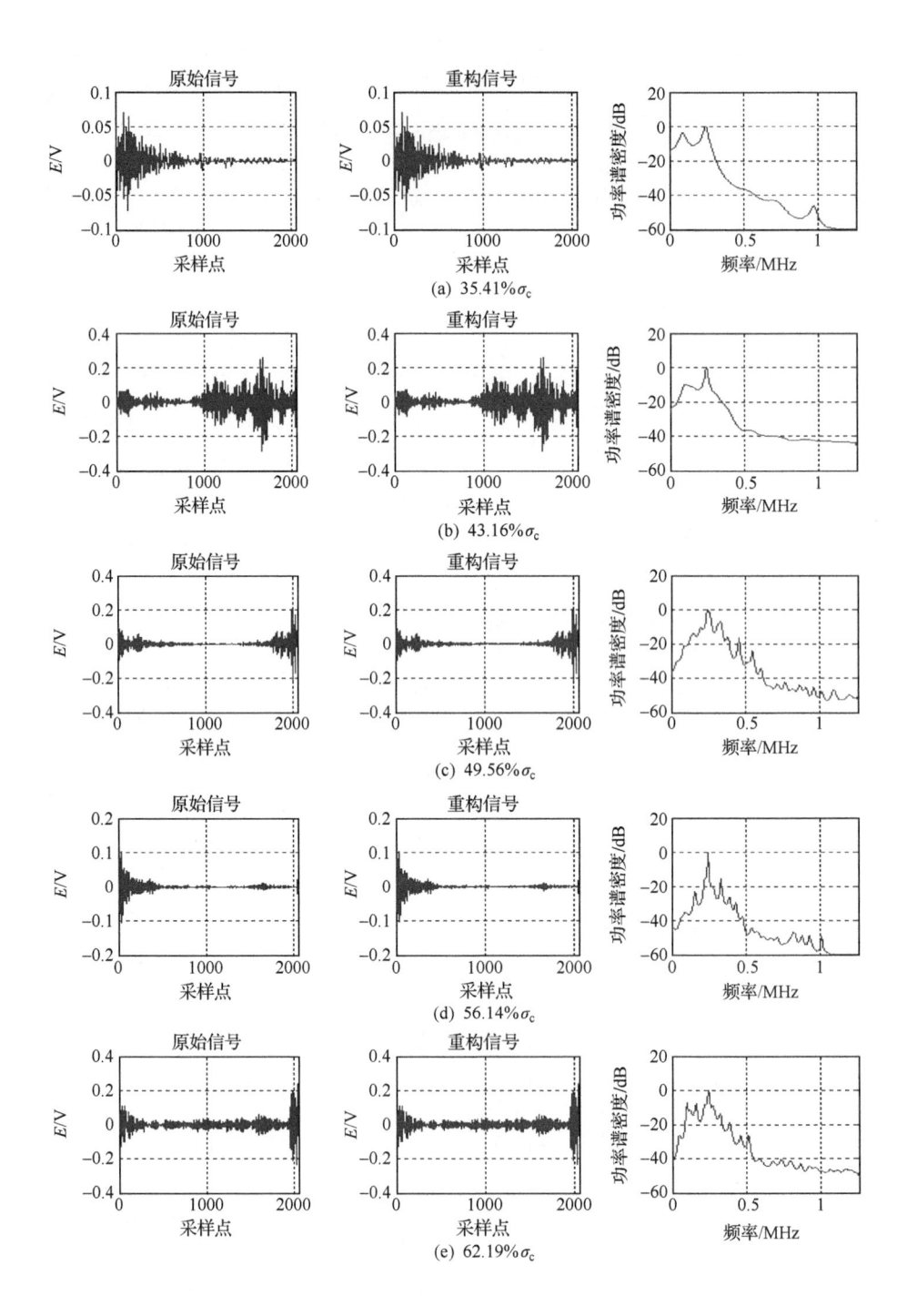

(b) 43.16%σ_c

(c) 49.56%σ_c

(d) 56.14%σ_c

(e) 62.19%σ_c

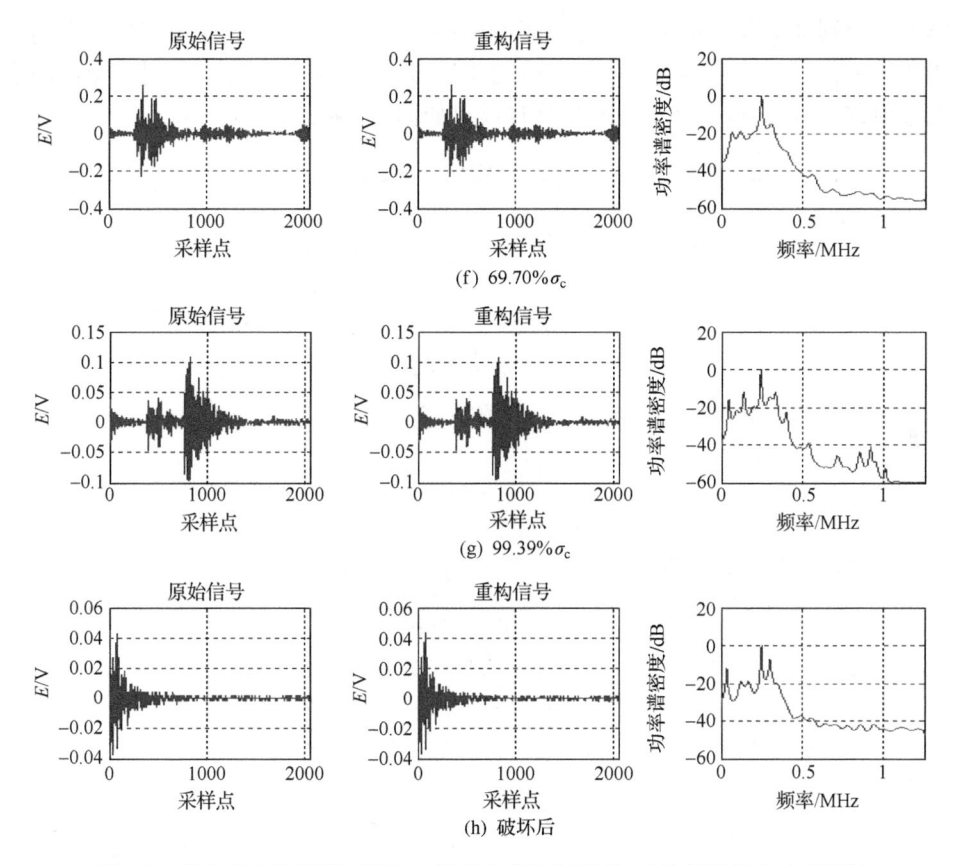

图 5-8 成庄矿 8 号煤样不同应力阶段电磁辐射信号、重构信号及其功率谱图

从降噪后信号的功率谱估计可以看出,经过基于小波理论的降噪处理,背景噪声得到了明显的抑制。采用小波阈值降噪法对电磁辐射信号中频率大于 600kHz 的噪声进行了有效的抑制,处理结果与采用小波特征频谱分析法降噪的结果相近(图 5-7 和图 5-8)。但是小波特征频谱分析法降噪是基于电磁辐射信号脉冲特性的先验认识,去除分解尺度中非脉冲信号后进行重构,并没有对 50~400kHz 频带信号中仍存在的背景噪声进行抑制,对高频中的有效信号也没有加以区分,而小波阈值降噪法则是从信号本身的低频和高频特征出发进行有效降噪,无需借助电磁辐射信号特征的知识,对破裂前夕和破裂后的信号(包括高频部分)进行了有效降噪。

5.5.2 组合煤岩电磁辐射信号的小波去噪

对组合煤岩两个煤样在加载条件下不同应力状态下电磁辐射信号按照组合煤岩破坏变形特征各选取 12 个样本,选择 db8 小波基,进行 5 级分解。采用启发式阈值法分别确定各层概貌和细节的阈值，然后对每层的概貌分量和细节分量均采用软阈值化处理。对用阈值化处理后的小波系数进行小波重构，得到降噪后的电磁辐射信号、重构信号及其功率谱估计结果如图 5-9 和图 5-10 所示。

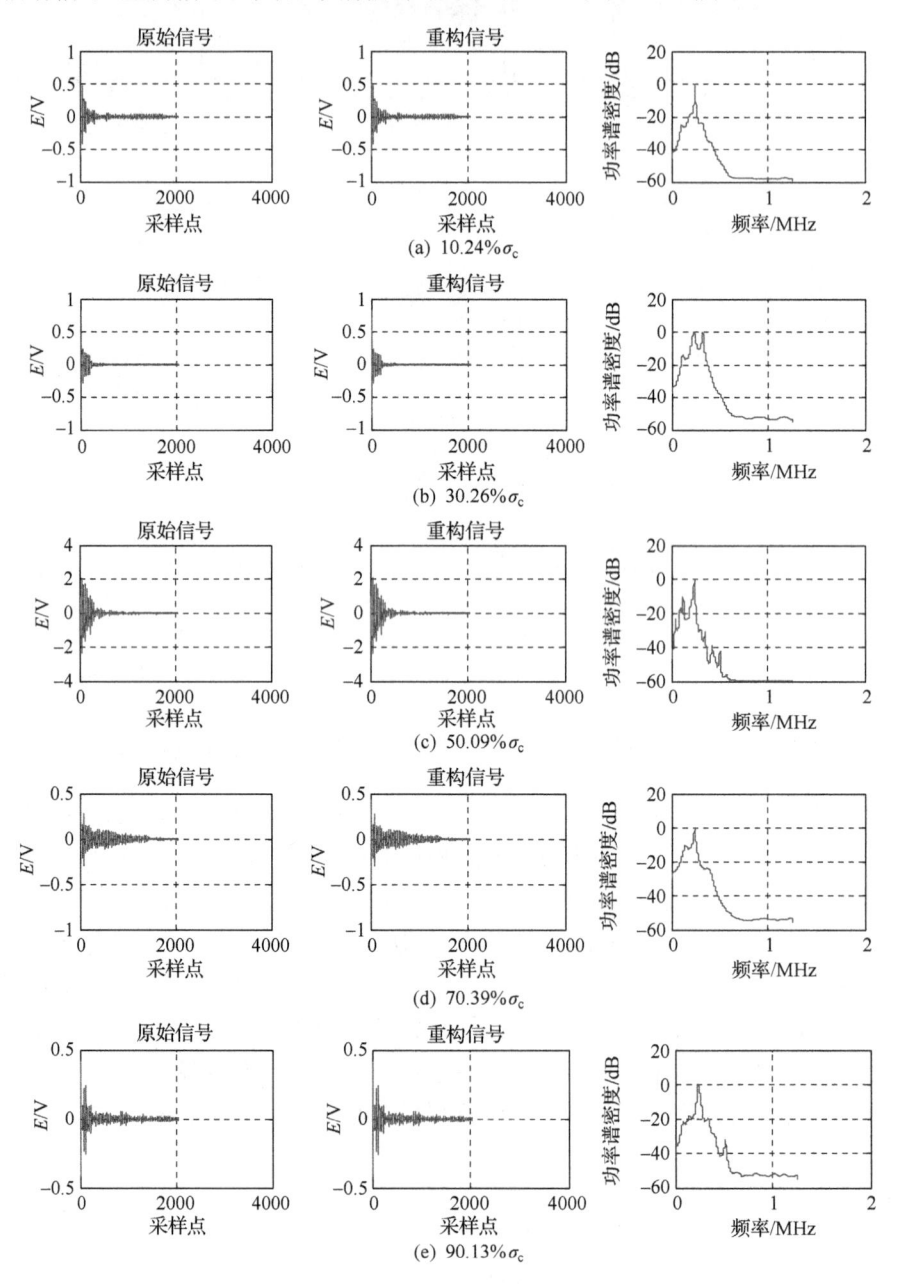

(a) 10.24%σ_c

(b) 30.26%σ_c

(c) 50.09%σ_c

(d) 70.39%σ_c

(e) 90.13%σ_c

(f) 100%σ_c

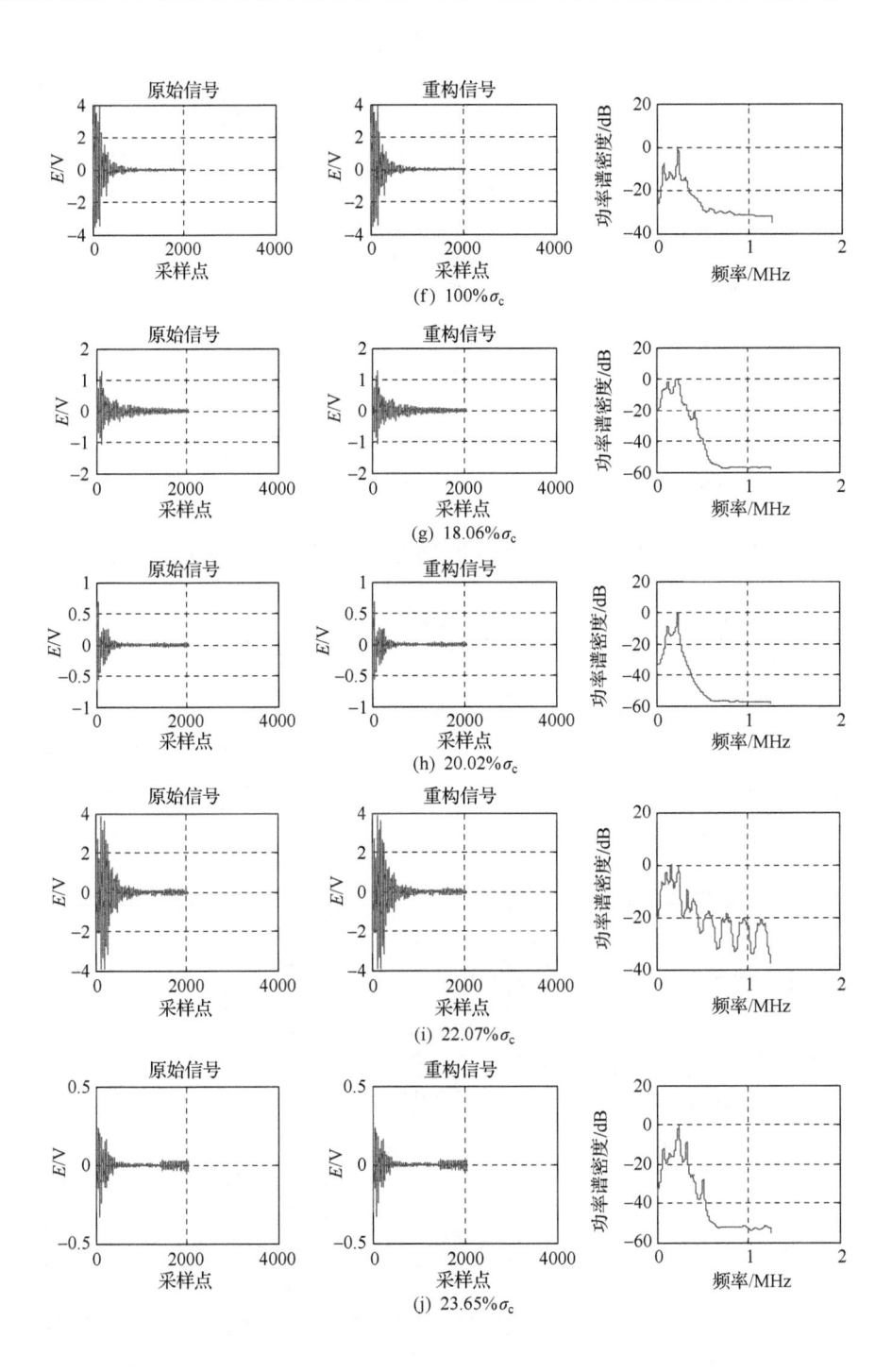

(g) 18.06%σ_c

(h) 20.02%σ_c

(i) 22.07%σ_c

(j) 23.65%σ_c

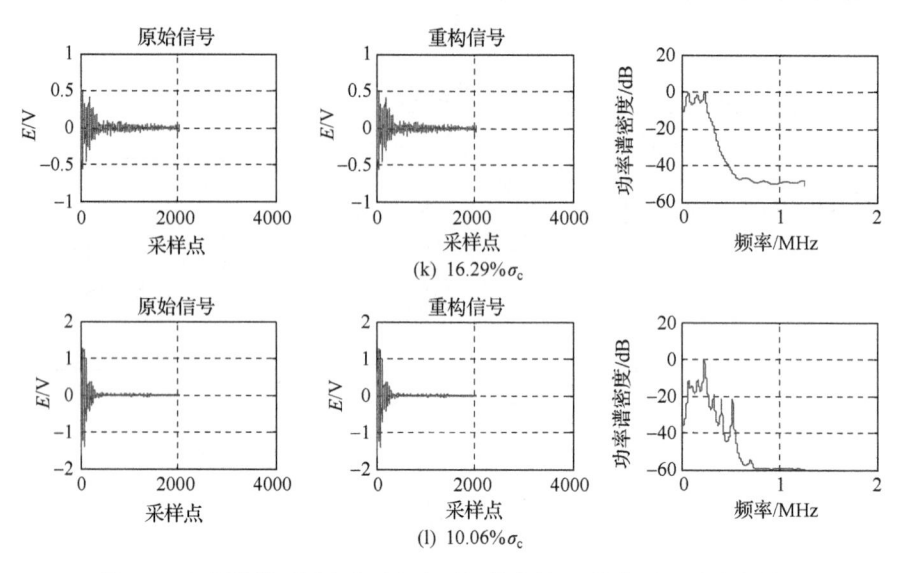

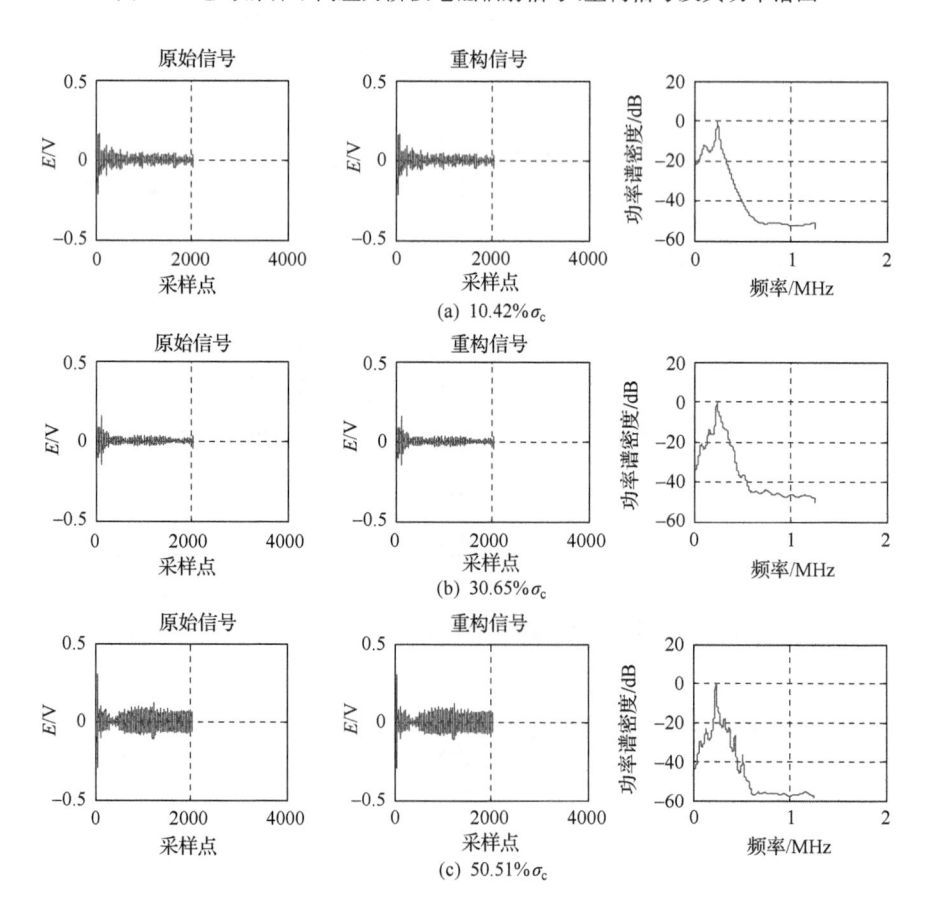

图 5-9 Ⅰ号煤样不同应力阶段电磁辐射信号、重构信号及其功率谱图

(d) 70.60%σ_c

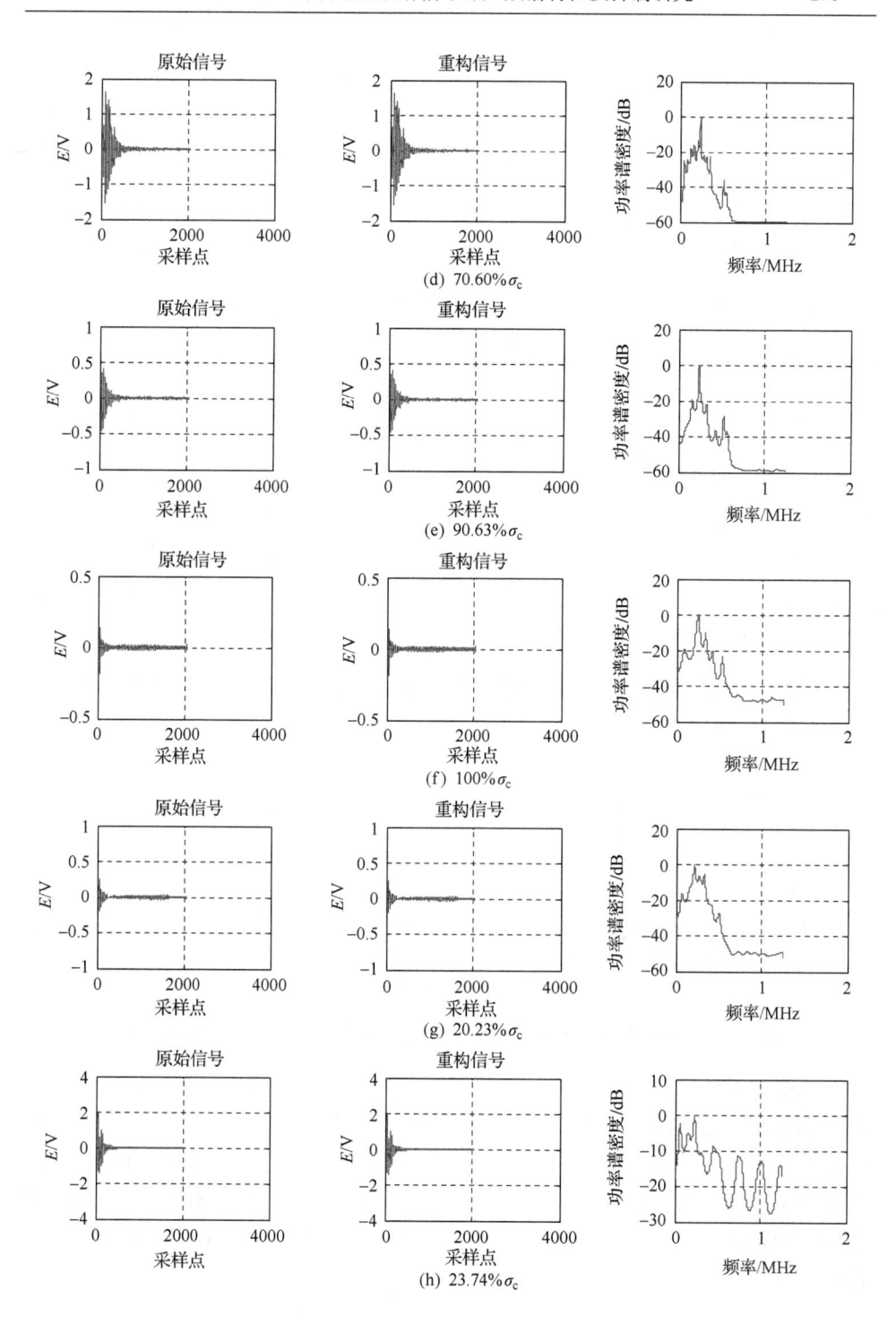

(e) 90.63%σ_c

(f) 100%σ_c

(g) 20.23%σ_c

(h) 23.74%σ_c

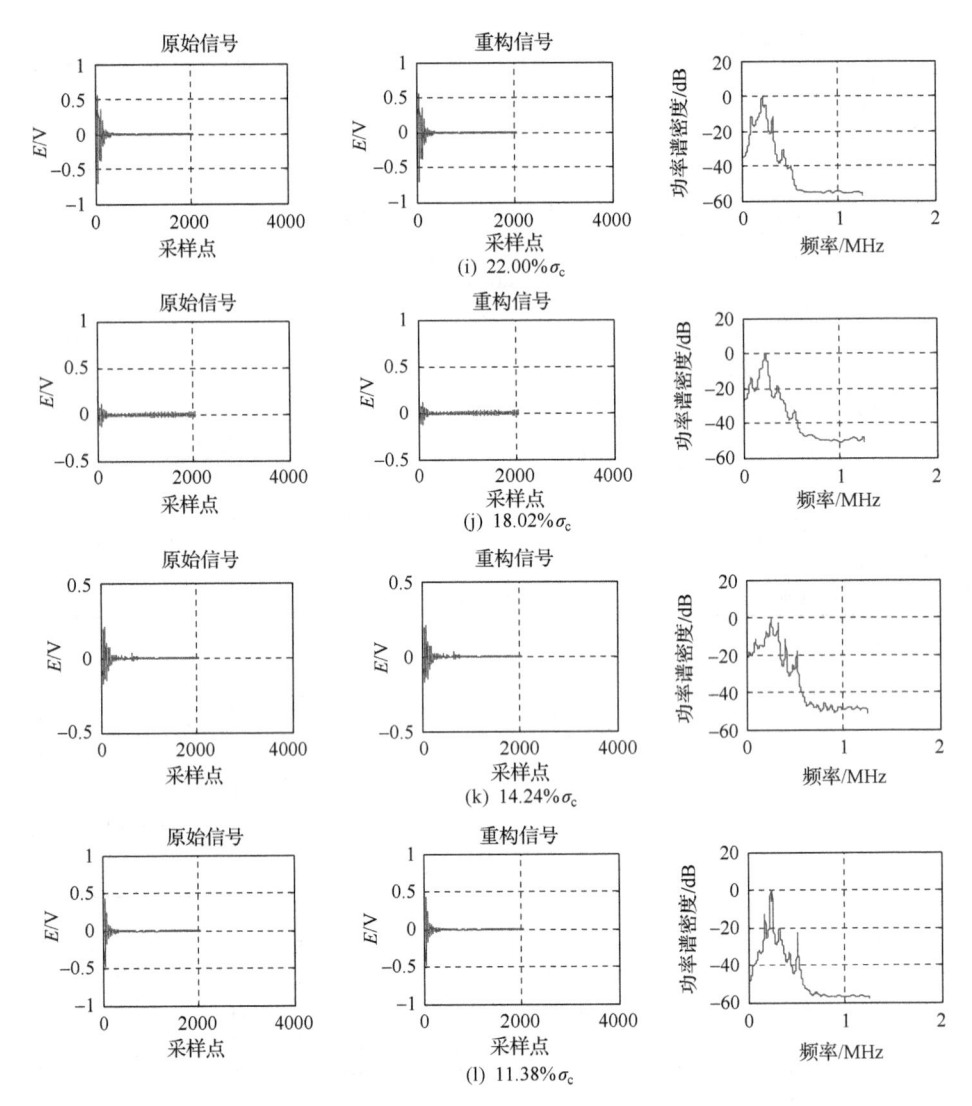

图 5-10　Ⅱ号组合煤样不同应力阶段电磁辐射信号、重构信号及其功率谱图

从降噪后信号的功率谱估计可以看出,经过基于小波理论的降噪处理,背景噪声得到了明显的抑制。采用小波阈值降噪法对电磁辐射信号中频率大于 600kHz 的噪声进行了有效的抑制,处理结果与采用小波特征频谱分析法降噪的结果相近,去噪结果更加突出了信号的变化趋势。但是小波阈值降噪没有对 50~400kHz 频带信号中仍存在的背景噪声进行抑制,对频率大于 600kHz 高频中的有效信号也没有加以区分。

5.6 工作面电磁辐射信号的噪声抑制技术

5.6.1 不同噪声源的电磁辐射信号频谱特征

1. 钻机噪声频谱特征研究

在大淑村矿172106运料巷采集钻机的噪声信号时，采用宽频天线，采样频率为1.24MHz，前置放大器放大倍数为100，采样数为1024，天线离钻机大约2m的位置处，对钻机打钻过程中的电磁辐射干扰信号进行采集。

对在钻机运行时统计采集数据处理如图5-11所示，可以看出，在钻机运行时统计采集得到的主频主要在500kHz以下，集中出现的频段为10~50kHz和320~450kHz。

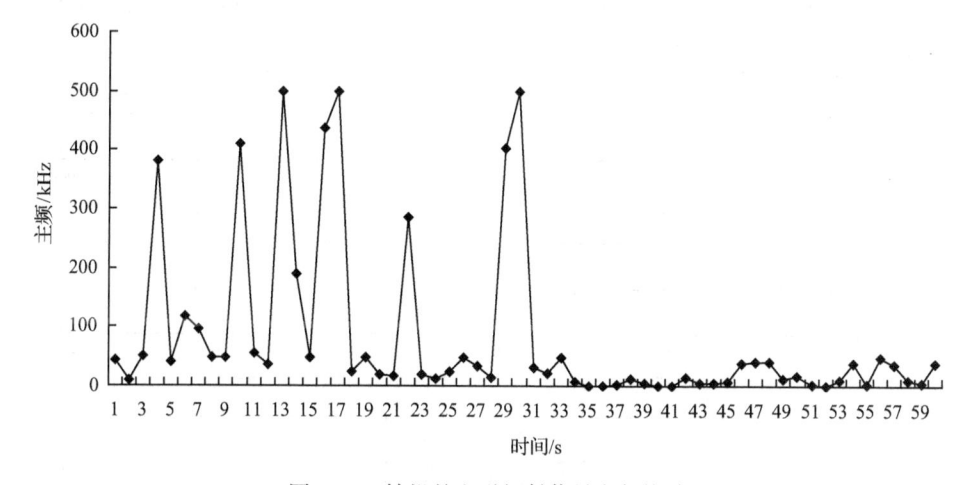

图5-11 钻机的电磁辐射信号主频统计

对在采掘机运行时高速采集到的数据进行小波分析，选用db8小波基进行5层分解，并对煤层分解的细节进行傅里叶变换，如图5-12所示。图中标注的A和D分别表示经过小波分解后得到的低频信号和高频信号，A和D后面的数字表示小波分解的级数。

对高速采集到的电磁辐射信号进行小波分析并对各层细节进行傅里叶变换后详细表达了在不同的分解尺度下信号的频谱情况，但是信号中包含煤体的电磁辐射信号和各种噪声信号，因此无法得到噪声的频谱特征，再对信号进行小波特征能谱变换如图5-13所示。

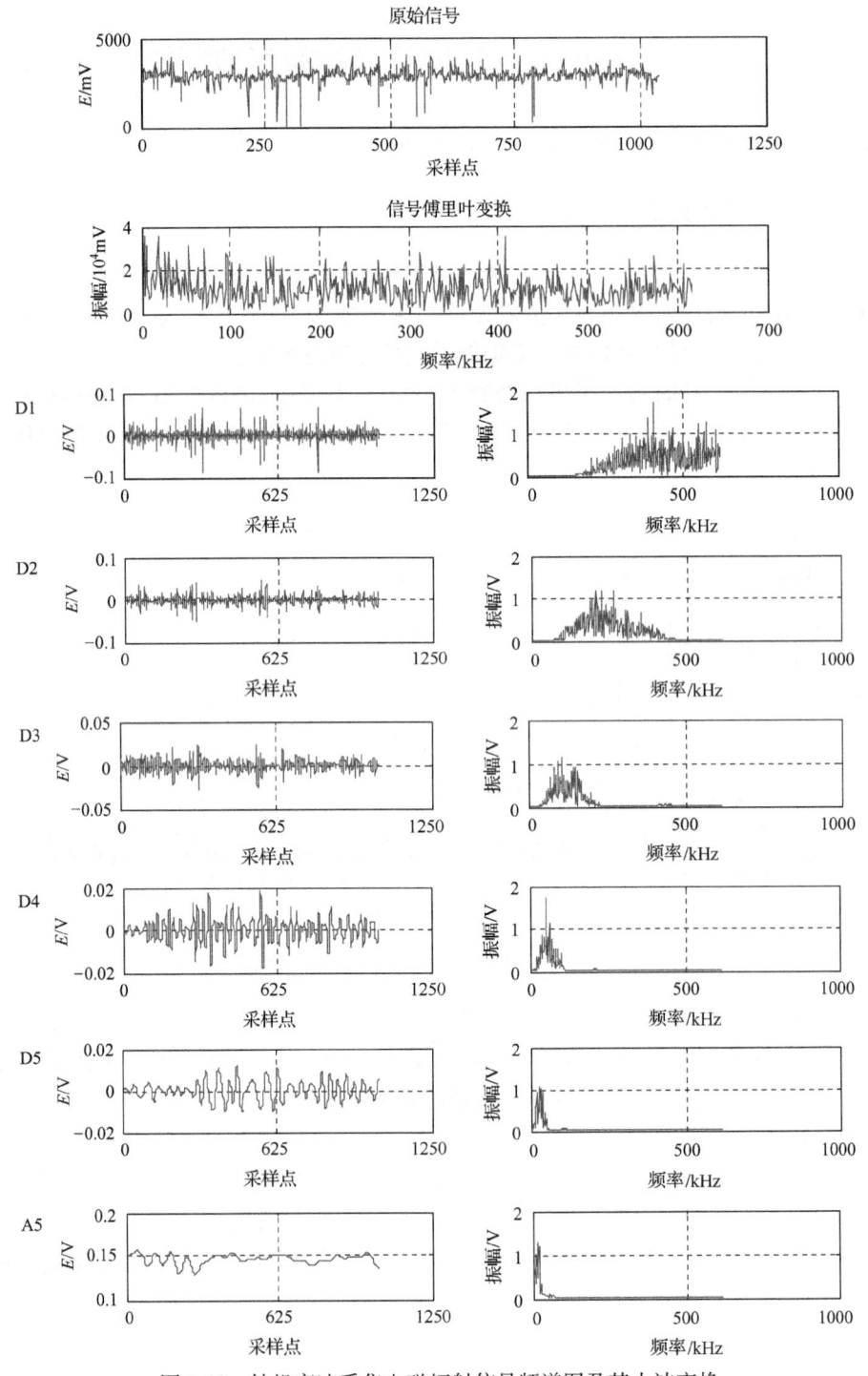

图 5-12 钻机高速采集电磁辐射信号频谱图及其小波变换

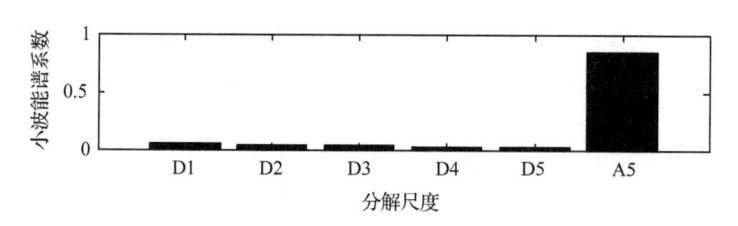

图 5-13 钻机高速采集的小波特征能谱分析

D1～D5 为 5 层分解后的能量大小分布，A5 为低频信号的圆滑部分的能量大小，发现原始信号中能量主要集中在低频部分。结合煤矿井下主要设备噪声源测定分析研究[193]可以得到掘进机的噪声频率主要为 50Hz～1kHz 的低频高分贝噪声信号。煤体的电磁辐射信号主要为主频在 10～150kHz 的信号，其他的高频信号为背景噪声或者其他作业产生的噪声信号。

2. 局部通风机噪声频谱特征研究

在东庞矿 21004 切眼处采集局部通风机的噪声信号时，采用宽频天线，采样频率为 1.24MHz，采样数为 1024，天线距离局部风机大约 1m 的位置处，对局部风机工作时的噪声信号进行采集，在采集过程中有工人走动，无其他干扰信号。

从图 5-14 可以看出，在局部通风机运行时统计采集到的电磁辐射信号主频中的低频信号主要为 10kHz 和 50kHz 左右的信号，还有 120kHz、420kHz 和 500kHz 左右的高频电磁辐射信号。

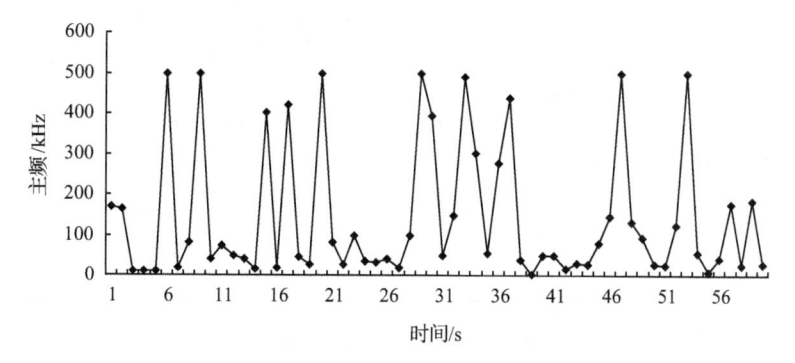

图 5-14 局部通风机的电磁辐射信号主频统计

对在局部通风机运行时高速采集到的数据进行小波分析，选用 db8 小波基进行 5 层分解，并对煤层分解的细节进行傅里叶变换，如图 5-15 所示。图中标注的 A 和 D 分别表示经过小波分解后得到的低频信号和高频信号，A 和 D 后面的数字表示小波分解的级数。

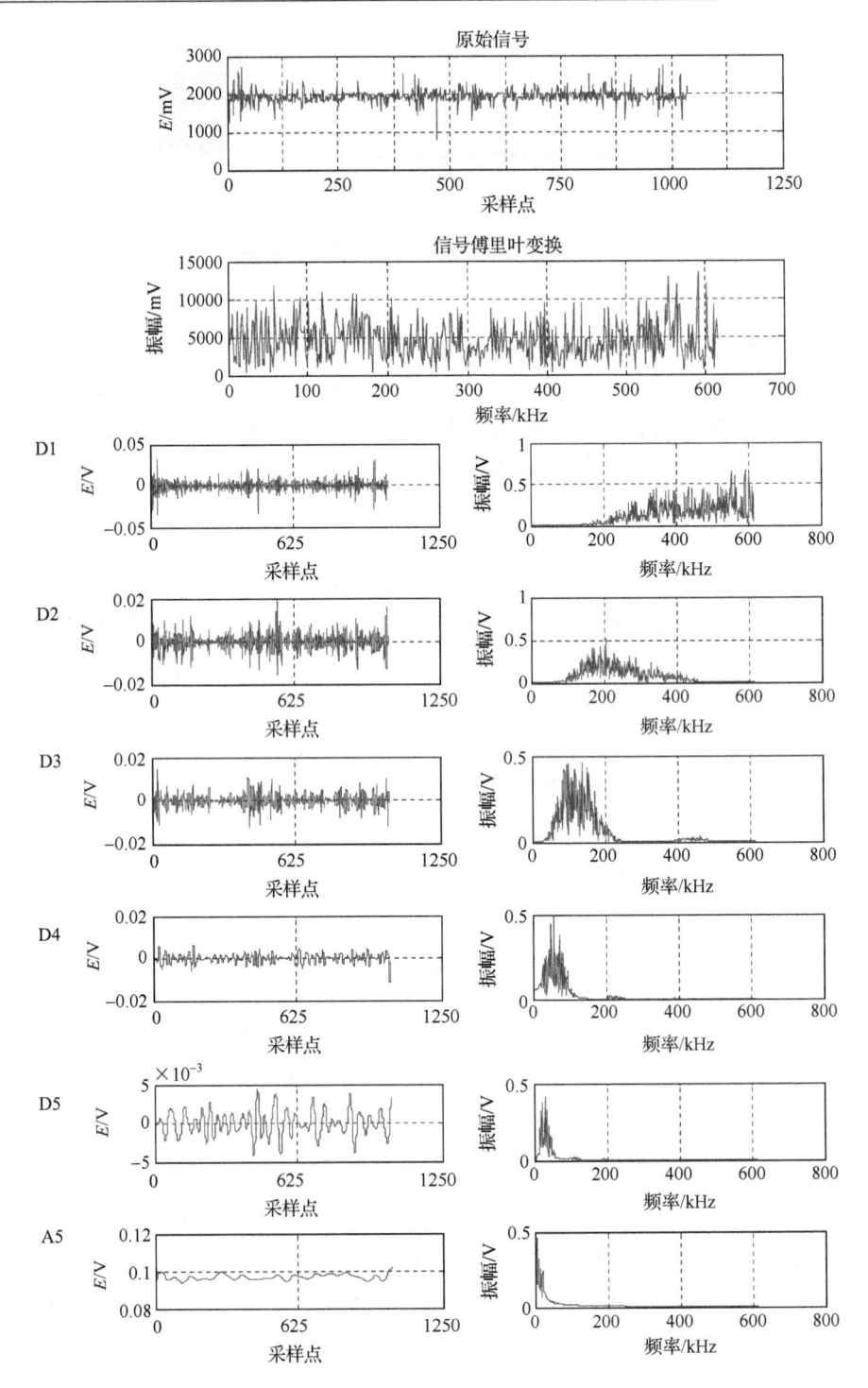

图 5-15　局部通风机电磁辐射信号频谱图及其小波变换

结合小波变换及其特征能谱分析(图 5-16)和傅里叶变换,并参考煤矿井下主要设备噪声源测定分析研究[193]可以得到局部通风机的主频为 6kHz 左右的电磁辐射信号且为高分贝的噪声信号。煤体的电磁辐射信号主要为主频在 10~150kHz 的信号,其他的高频信号为背景噪声或者其他作业产生的噪声信号。

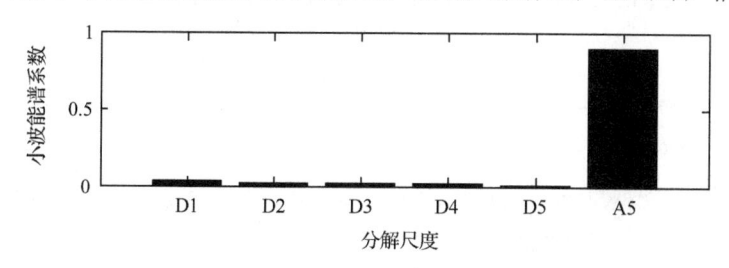

图 5-16 局部通风机高速采集的小波特征能谱

3. 刮板输送机的噪声频谱特征研究

在东庞矿采集刮板输送机的噪声信号时,采用宽频天线,采样频率为 1.24MHz,采样数为 1024,天线距离刮板输送机大约 1m 的位置处。

从图 5-17 可以看出,在刮板输送机运行时统计采集到的电磁辐射信号主频中主要有 1kHz、10kHz 及 40~60kHz 的低频信号,较高频的有 120kHz 左右的信号。

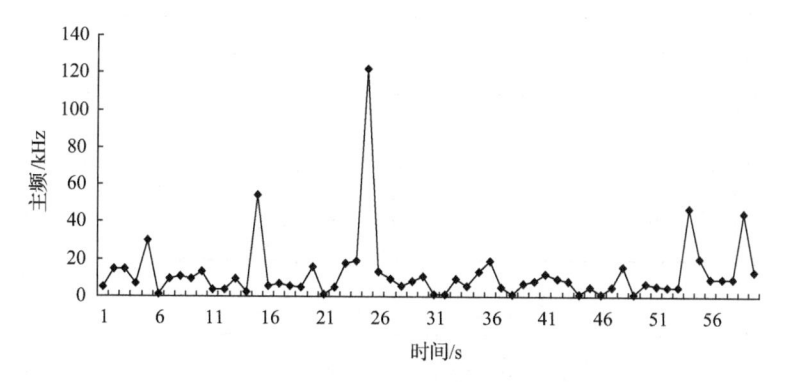

图 5-17 刮板输送机的电磁辐射信号主频统计

对在刮板输送机运行时高速采集到的数据进行小波分析,选用 db8 小波基进行 5 层分解,并对煤层分解的细节进行傅里叶变换,如图 5-18 所示。图中标注的 A 和 D 分别表示经过小波分解后得到的低频信号和高频信号,A 和 D 后面的数字表示小波分解的级数。

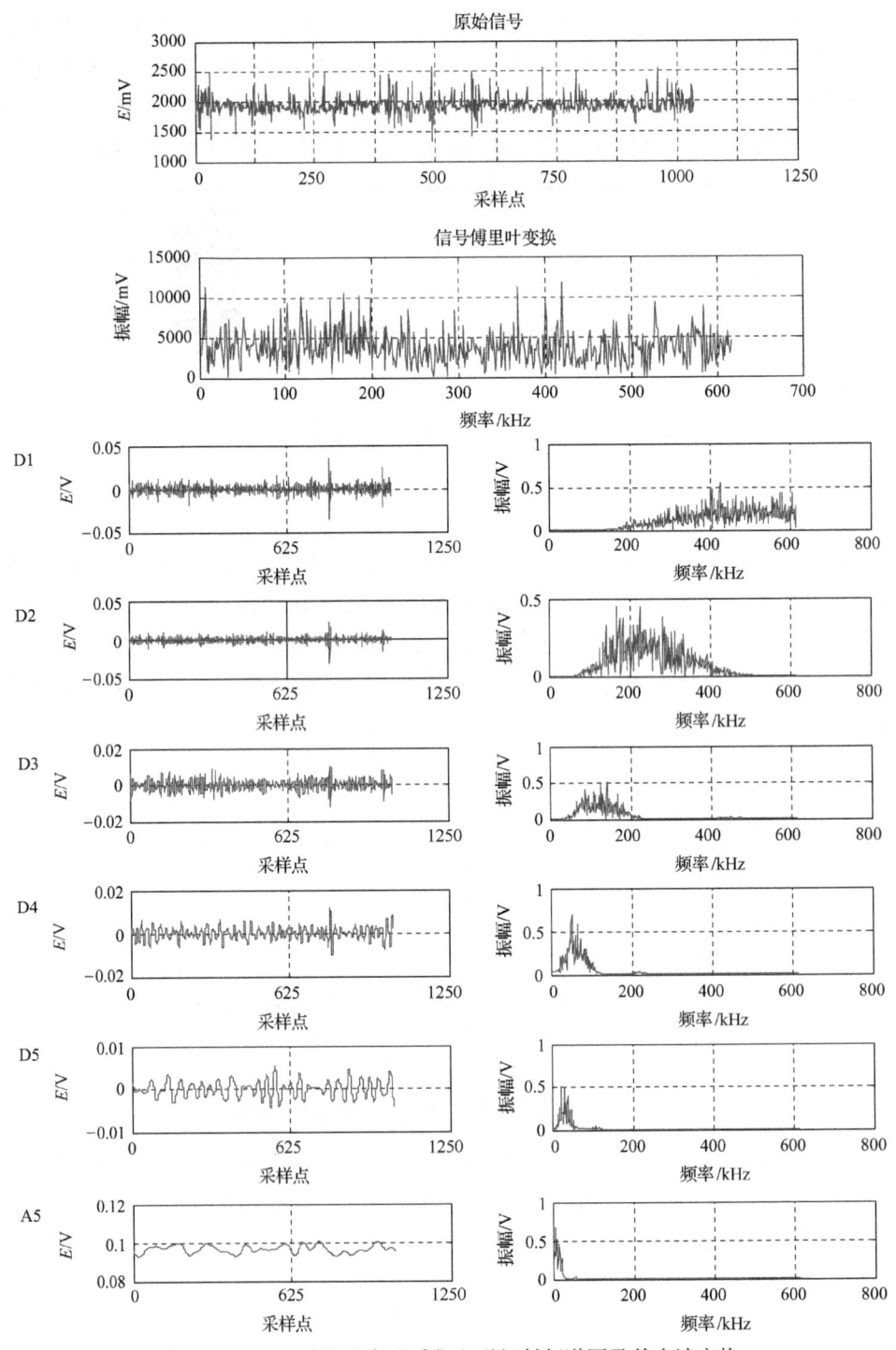

图 5-18 刮板输送机高速采集电磁辐射频谱图及其小波变换

结合小波变换及其特征能谱分析(图 5-19)和傅里叶变换,并参考煤矿井下设备相关国家标准可以得到刮板输送机的主频为 50Hz 左右且为高分贝的噪声信号。特征能谱显示信号能量主要集中的 A5 部分即 37.5kHz 以下的信号。煤体的电磁辐射信号主要为主频在 10~150kHz 的信号,其他的高频信号为背景噪声或者其他作业产生的噪声信号。

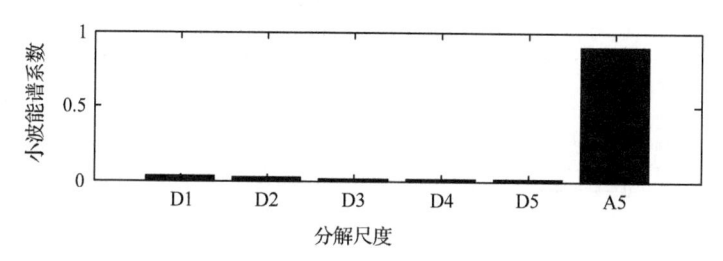

图 5-19 刮板输送机高速采集的小波特征能谱

4. 瓦斯传感器的噪声频谱特征研究

在采集瓦斯传感器的噪声信号时,采用宽频天线,主要分析采样频率为 1.24MHz,采样数为 1024,天线距离瓦斯传感器大约 0.1m,对瓦斯传感器工作时的噪声信号进行采集,在采集过程中有工人对机器进行维修。主频分布情况如图 5-20 所示。

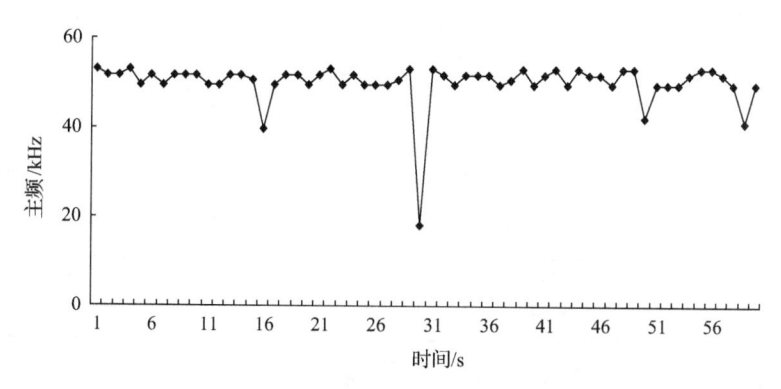

图 5-20 瓦斯传感器的电磁辐射信号主频统计

在瓦斯传感器高速采集到的数据进行小波分析,选用 db8 小波基进行 5 层分解,并对煤层分解的细节进行傅里叶变换,如图 5-21 所示。图中标注的 A 和 D 分别表示经过小波分解后得到的低频信号和高频信号,A 和 D 后面的数字表示小波分解的级数。

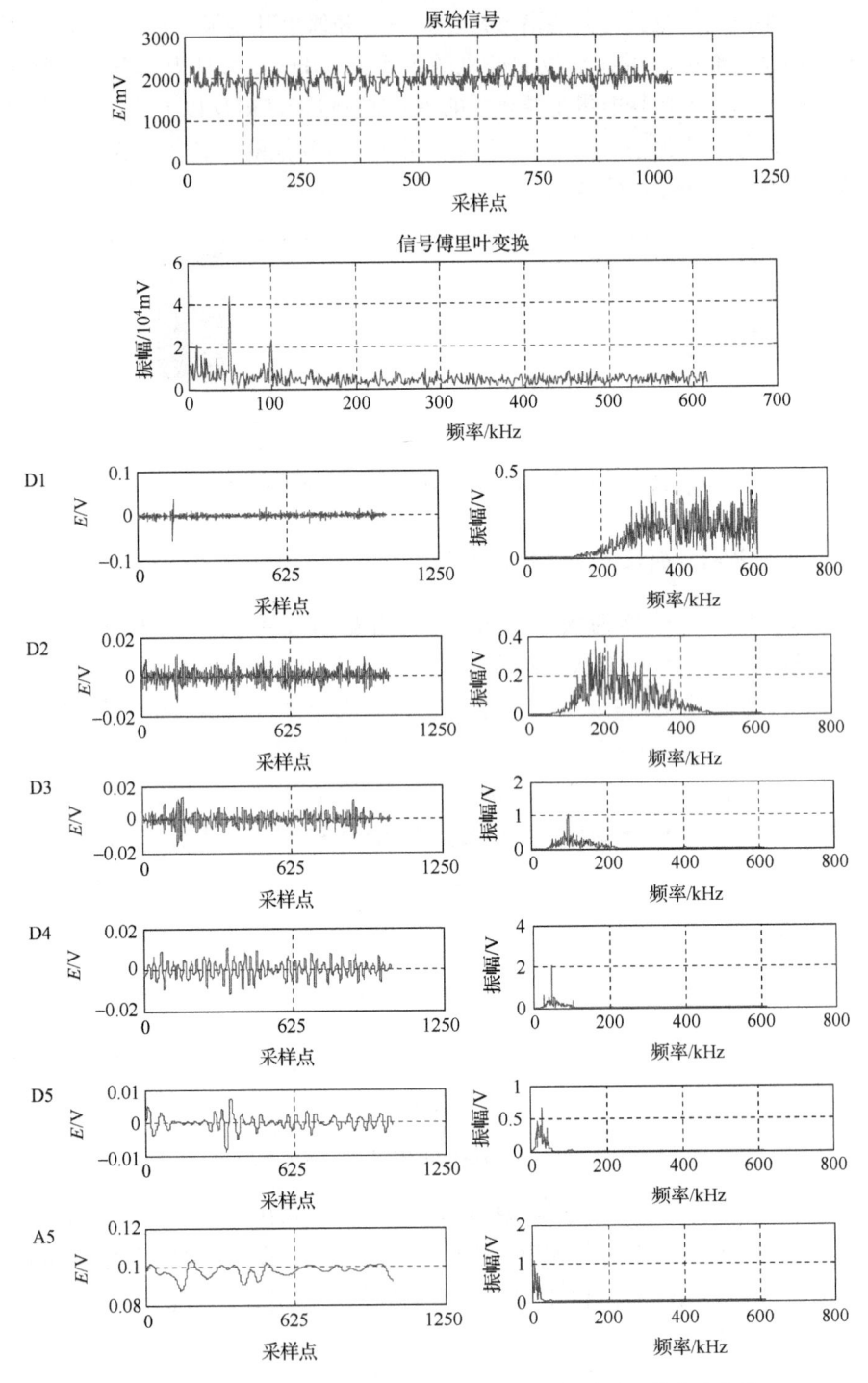

图 5-21　瓦斯传感器高速采集电磁辐射信号频谱图及其小波变换

结合小波变换及其特征能谱分析(图 5-22)和傅里叶变换,并参考煤矿井下设备相关国家标准可以得到瓦斯传感器的主频为 50Hz～1kHz。煤体的电磁辐射信号主要为主频在 10～150kHz 的信号,其他的高频信号为背景噪声或者其他作业产生的噪声信号。

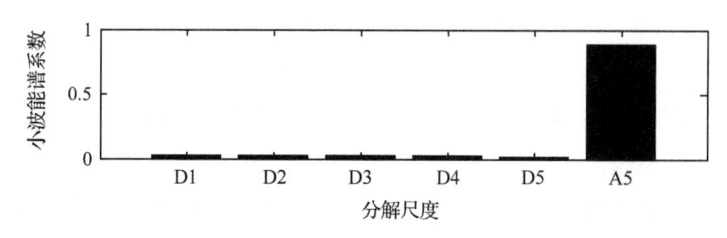

图 5-22　瓦斯传感器高速采集的小波特征能谱

5.6.2　工作面电磁辐射信号去噪

1. 局部通风机处采集电磁辐射信号降噪处理

在东庞矿 21004 切眼处对局部风机处采集的噪声电磁辐射信号,选择 db8 小波基,进行 5 级分解。对局部通风机处采集到电磁辐射信号进行小波去噪,如图 5-23～图 5-25 所示。

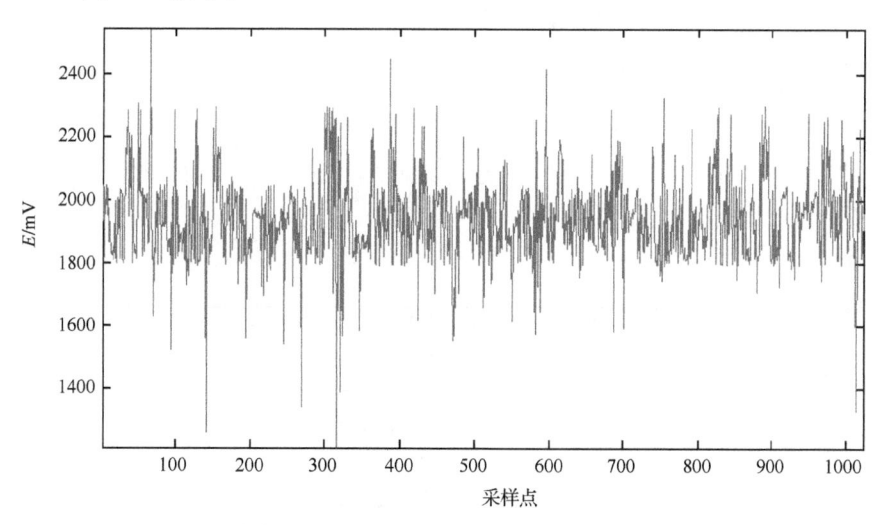

图 5-23　通风机处原始信号及频谱分析

从降噪后信号的能谱可以看出,经过基于小波理论的降噪处理,背景噪声得到了明显的抑制。采用小波阈值降噪法对电磁辐射信号中频率大于 200kHz 的噪声进行了有效的抑制,但是原始信号中机械噪声源的频率较低,采用小波去噪时没有对低频部分的噪声进行有效的过滤。

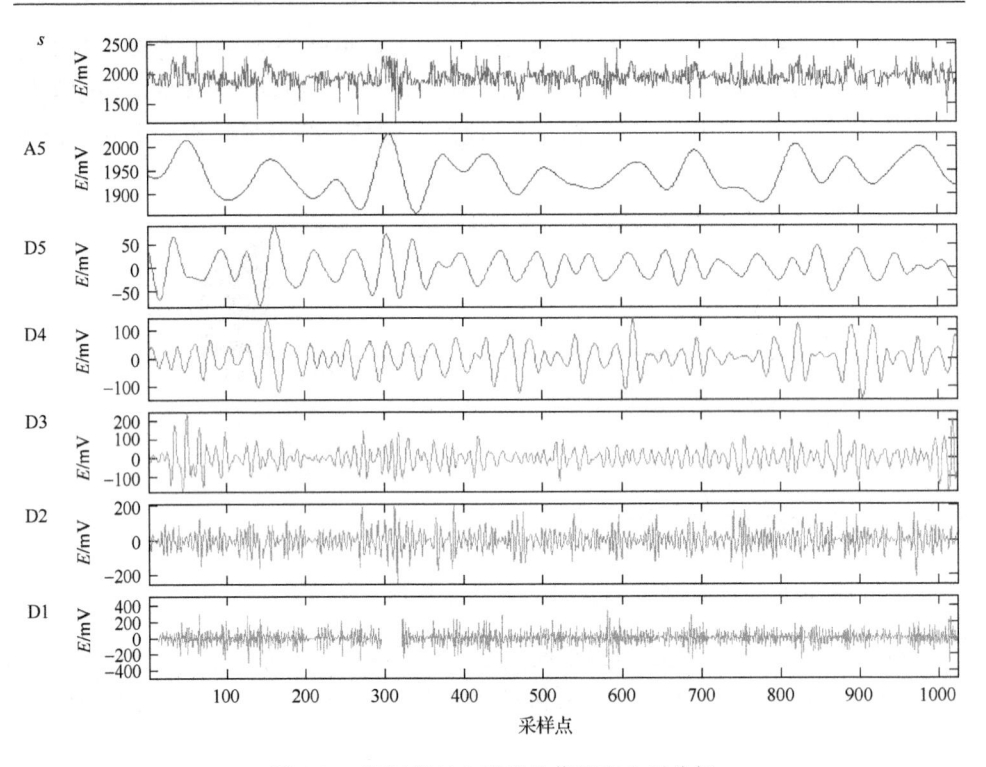

图 5-24 通风机处去噪重构信号和 5 层分解

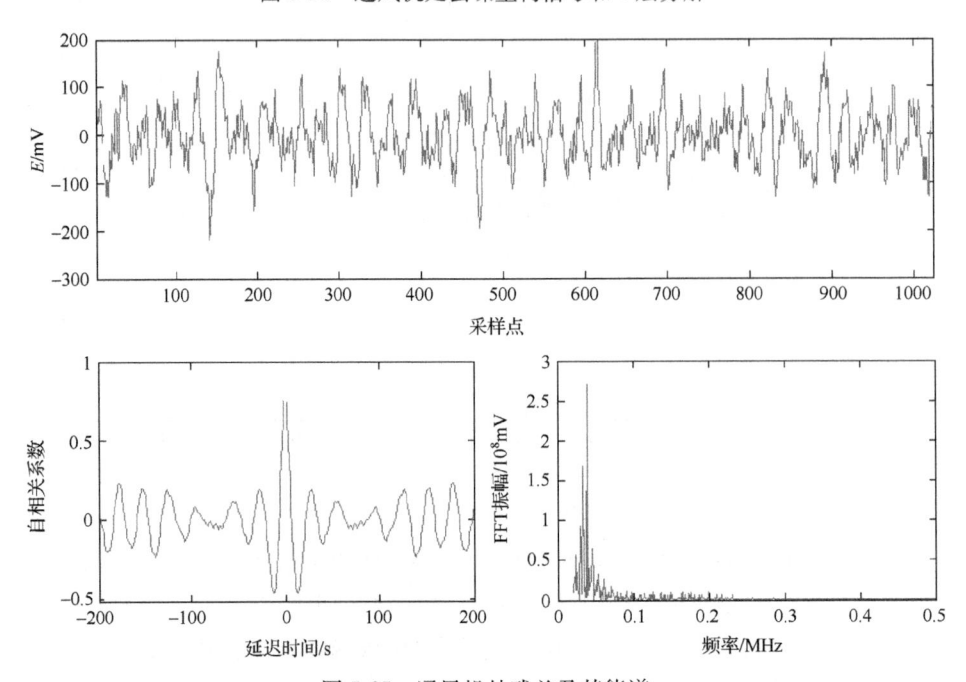

图 5-25 通风机处残差及其能谱

对其他的噪声源采用同样的降噪处理，结果都是对背景中的高频噪声进行了有效的过滤，但是对低频的噪声信号没有过滤，可以在采集仪器中采用硬件过滤，对低频在 10kHz 以下的电磁辐射信号进行过滤。

2. 瓦斯传感器处采集的电磁辐射信号降噪处理

在瓦斯传感器采集的噪声电磁辐射信号，选择 db8 小波基，进行 5 级分解。对瓦斯传感器采集到的电磁辐射信号进行小波去噪，如图 5-26～图 5-28 所示。

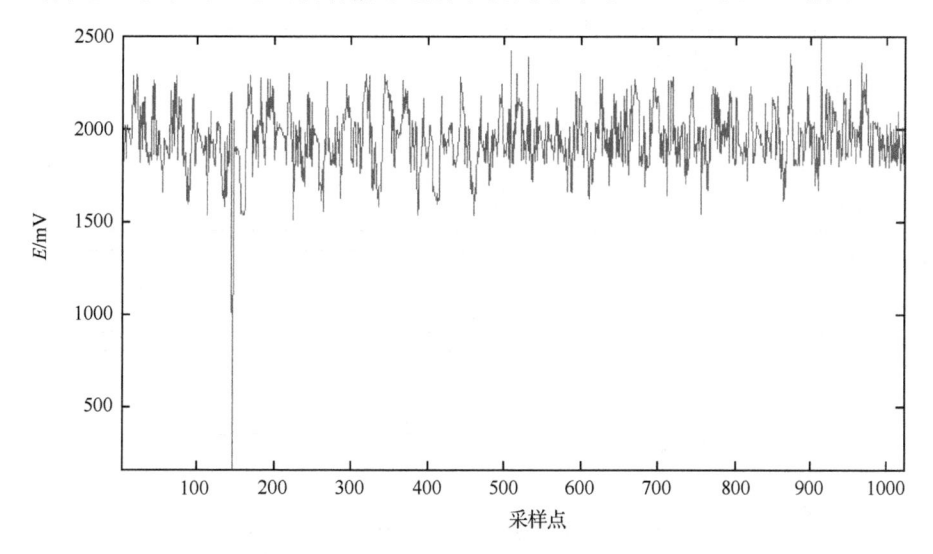

图 5-26　瓦斯传感器处原始信号及频谱分析

对瓦斯传感器高速采集到的数据进行 db8 小波去噪后，发现对 200kHz 以上的干扰信号进行了有效的过滤。但是瓦斯传感器的噪声为低频的噪声，所以去噪只是对高频噪声进行了有效的过滤，并没有对低频部分的噪声有效地过滤。

3. 钻机处采集的电磁辐射信号降噪处理

对掘进头出钻机打钻处采集的噪声电磁辐射信号，选择 db8 小波基，进行 5 级分解。对钻机处采集到的电磁辐射信号进行小波去噪，如图 5-29～图 5-31 所示。

对打钻机处高速采集到的电磁辐射信号进行 db8 小波去噪后，发现对 600kHz 以上的干扰信号进行了有效的过滤。对 100kHz 以上的信号也进行了部分的过滤。但是钻机的噪声频率为低频的噪声，所以去噪只是对高频噪声进行了有效的过滤，并没有对低频部分的噪声有效地过滤。

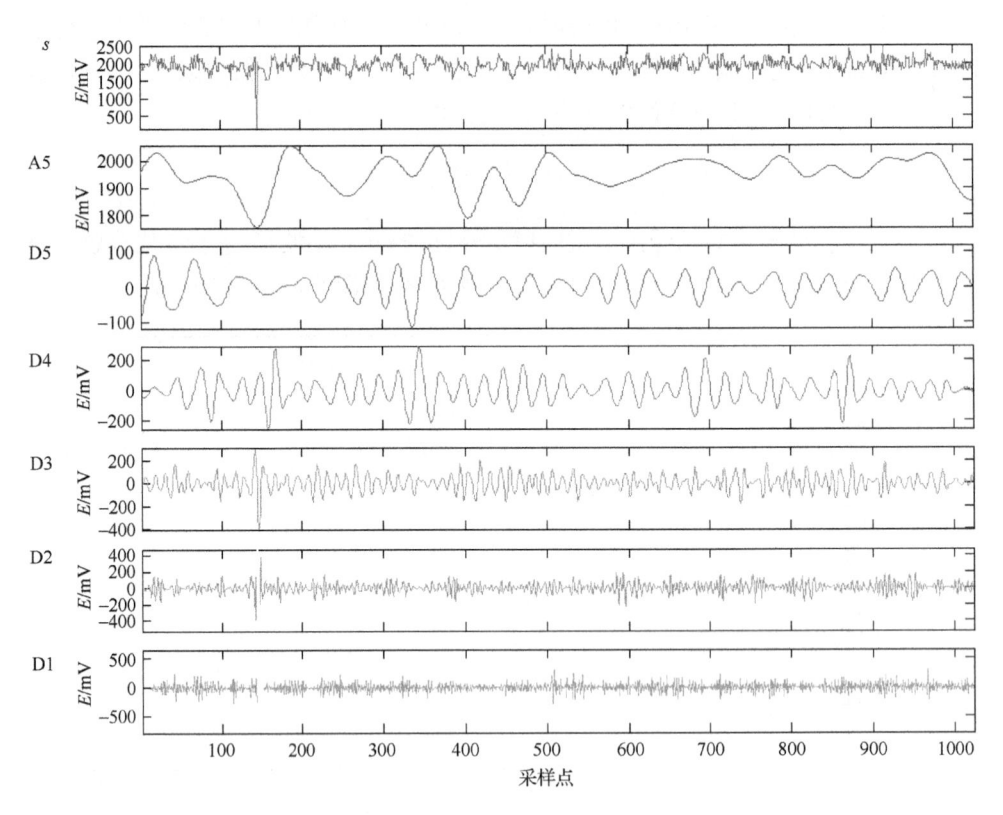

图 5-27　瓦斯传感器处去噪重构信号和 5 层分解

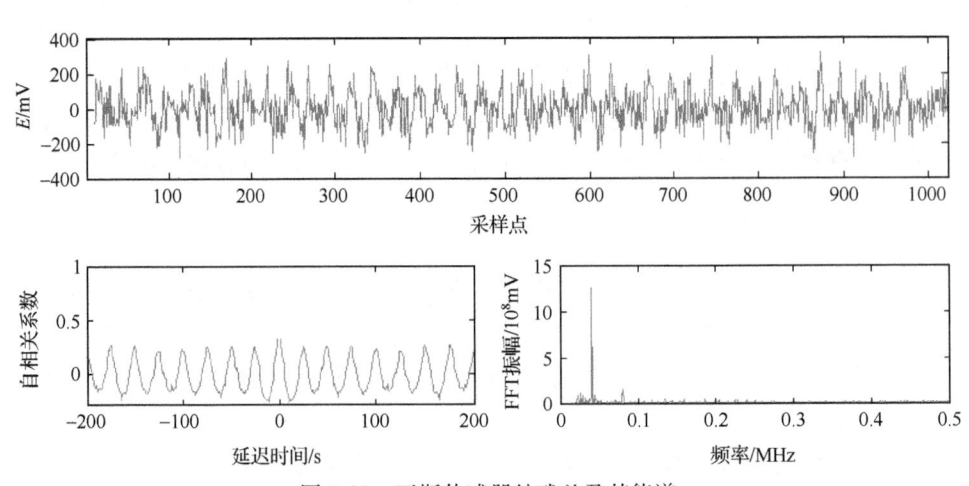

图 5-28　瓦斯传感器处残差及其能谱

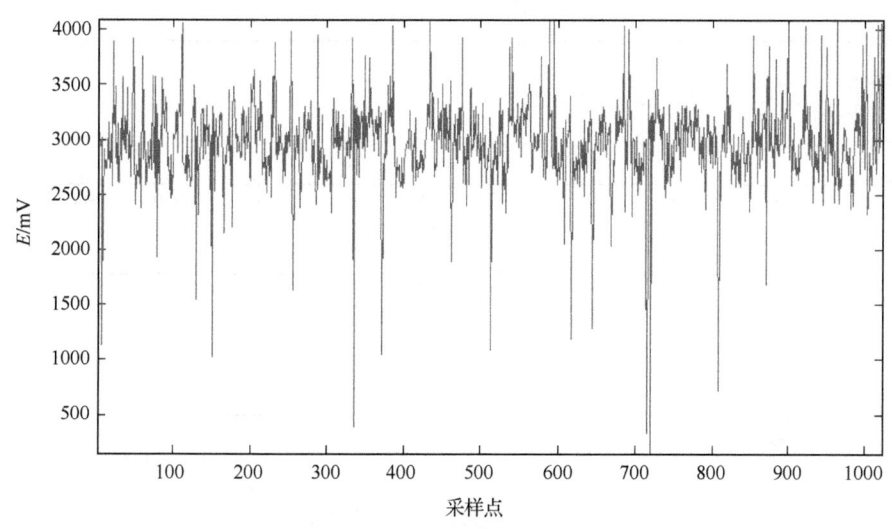

第 5 章　煤岩电磁辐射信号噪声频谱特征及抑制研究

图 5-29　钻机处原始信号及频谱分析

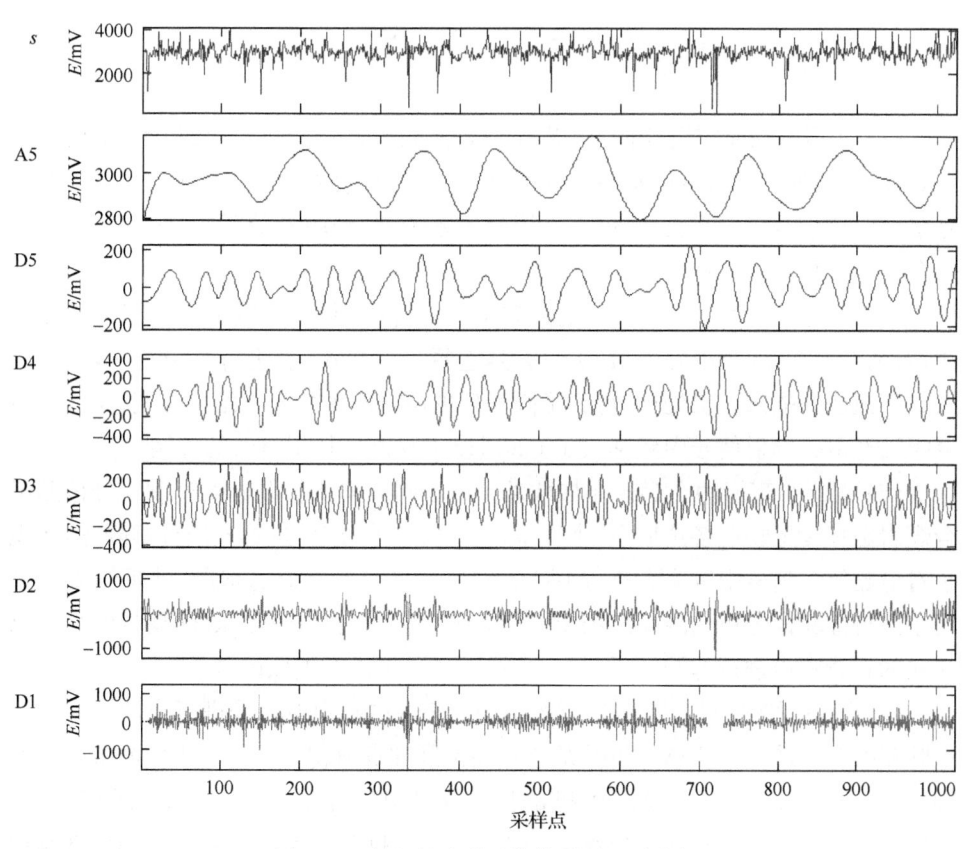

图 5-30　钻机处去噪重构信号和 5 层分解

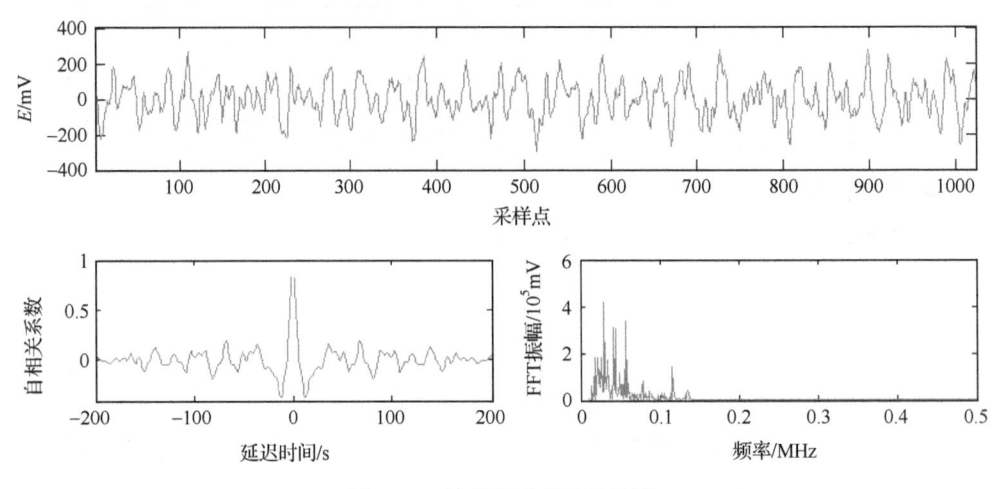

图 5-31 钻机处残差及其能谱

5.7 小　　结

（1）运用电磁兼容设计技术，提出了煤岩电磁辐射监测抗干扰技术，指出可采用导线屏蔽、外壳屏蔽等屏蔽技术和滤波技术抑制电磁干扰的影响。电磁辐射信号采集时传输线一般为长线，可以采用阻抗匹配、长线驱动等手段，防止和抑制非耦合性（反射畸变）干扰。

（2）研究了基于小波变换的电磁辐射信号降噪原理，分析了小波阈值降噪算法，对两个煤样 16 个电磁辐射采样信号，选择 db8 小波基，进行 5 级分解，采用启发式阈值法和软阈值法处理，得到了降噪后的电磁辐射信号。结果表明，小波阈值降噪法对电磁辐射信号中频率大于 600kHz 的噪声进行了有效的抑制。

（3）对组合煤岩两个煤样在加载条件下不同应力状态下电磁辐射信号按照组合煤岩破坏变形特征各选取 12 个样本，选择 db8 小波基，进行 5 级分解降噪，实现了对电磁辐射信号中频率大于 600kHz 的噪声进行了有效的抑制，处理结果与采用小波特征频谱分析法降噪的结果相近。但是没有对 50～400kHz 频带信号中仍存在的背景噪声进行抑制，对高频中的有效信号也没有加以区分。

（4）通过对东庞矿 21004 切眼的不同噪声源电磁辐射信号进行小波变换和傅里叶变换及小波特征能谱分析并结合相关标准和资料初步分析出干扰源采掘机的频率为低频 50Hz 左右，局部风机的频率为 50Hz 左右，瓦斯传感器的频率为 50Hz～1kHz，刮板输送机的频率为 50Hz 左右。机械振动产生的噪声都为低频信号，而且是对人的听力影响很大的高分贝噪声信号。

（5）采用特征能谱对不同噪声源的电磁辐射信号进行分析,得到在东庞矿采掘工作电磁辐射信号的能量主要集中在 A5 的低频部分。即能量主要集中在主频为 37.5kHz 以下的信号中,说明噪声信号主要为低频信号,煤体产生的电磁辐射信号也有一部分为 37.5kHz 以下的低频信号。采用 db8 小波基对不同噪声源的噪声信号进行降噪处理,对电磁辐射信号中频率大于 200kHz 的噪声进行了有效的抑制,但是原始信号中机械噪声源的频率较低,采用小波去噪时没有对低频部分的噪声进行有效的过滤。

第 6 章 煤岩变形破坏电磁辐射的非线性预测方法

本章以自适应神经网络的基本原理和实现步骤为基础，研究煤岩变形破裂过程电磁辐射自适应神经网络预测的原理及特点，将电磁辐射自适应神经网络模型应用于煤岩变形破裂过程声发射和电磁辐射序列的预测。

6.1 煤岩破裂过程声发射和电磁辐射信号的混沌特征

非线性科学是一门研究非线性现象共性的基础科学，非线性科学的研究具有重要的科学意义，而且具有广泛的应用前景。非线性科学包括耗散结构理论、协同学、突变理论、混沌动力学、分形理论和孤子等。其中混沌动力学讨论系统对初值的敏感性、拓扑传递性与混合性、周期点的稠密性和遍历性、正的 Lyapunov 指数、分数维和奇怪吸引子等。混沌在许多领域得到或开始得到广泛应用，如声学、光学、湍流、化学反应中的混沌变化、地震的混沌特性、天气预报的"蝴蝶效应"等。混沌行为最本质的特点是非线性系统对初始条件的极端敏感性。对于一个给定的系统，我们希望清楚以下三个问题：①怎样判断一个系统是否为混沌系统？②对于一个混沌系统，怎样进行定量和定性描述？③对于一个混沌系统，怎样根据历史信息进行预测？根据混沌系统提取的非线性时间序列对系统的未来进行预测，是一个十分重要的方面。从时间序列研究混沌，始于 Pachard 等[194]提出的重构相空间理论，对于决定系统长期演化的任一变量的时间演化，均包含了系统所有变量长期演化的信息。所以，可以通过决定系统长期演化的任一单变量时间序列来研究系统的混沌行为。而吸引子的不变量——关联维（系统复杂度的估计）、Kolmogorov 熵（动力系统的混沌水平）、Lyapunov 指数（系统的特征指数）等在表征系统的混沌性质方面一直起着重要的作用。本节利用混沌和分形理论来研究煤岩变形破裂过程电磁辐射信号的特征。

6.1.1 关联维数及其计算

自 Mandelbrot 在 20 世纪 70 年代提出分形概念以来，分形得到了迅速的发展，分形的核心是自相似性，其可计算的特征量是分数维。分数维的计算有许多种方法，如 Hausdoff 维数、自相似维、盒维数、信息维、多重分维等。本节主要介绍关联维的计算[11,195]。

研究信号时间序列的分形特征可以通过用关联维数来表示。设实际测得的等间隔时间序列为

$$x_1, x_2, x_3, \cdots, x_i, \cdots \tag{6-1}$$

我们可以用这些数据支起一个 m 维子相空间,按上述方法取头 m 个数据:

$$x_1, x_2, x_3, \cdots, x_m \tag{6-2}$$

它们在 m 维空间中确定出第一个点,把它记作 r_1。然后去掉 x_1,再依次取 m 个数据:

$$x_2, x_3, x_4, \cdots, x_{m+1} \tag{6-3}$$

这组数据在 m 维空间中表现为第二个点,记为 r_2,依此可以构造一大批相点:

$$\begin{cases} r_3:(x_3, x_4 x_5, \cdots, x_{m+2}) \\ r_4:(x_4 x_5, x_6, \cdots, x_{m+3}) \\ \cdots \end{cases} \tag{6-4}$$

把这些相点 $r_1, r_2, r_3, \cdots, r_i, \cdots$ 依次连起来就是轨线,其中 m 称为嵌入维。在这里我们不打算用数盒子的方法来测算它们的维数,而是从这些相点之间相互关联的角度考虑。我们知道,点之间的距离越近,它们相互关联的程度越高。现在设由时间序列在 m 维相空间共生成 N 个相点 $r_1, r_2, \cdots, r_i, \cdots, r_N$,随便给定一个数 r,然后检查一遍有多少点对 (r_i, r_j) 之间的距离 $|r_i - r_j| < r$,把距离小于 r 的点对数占总点对数 N^2 的比例记作 $C(r)$,它可以表示为

$$C(r) = \frac{1}{N^2} \sum_{\substack{i,j=0 \\ i \neq j}}^{N} \theta(r - |r_i - r_j|) \tag{6-5}$$

式中,$\theta(x)$ 为 Heaviside 单位函数,即

$$\theta(x) = \begin{cases} 1, & x > 0 \\ 0, & x \leqslant 0 \end{cases} \tag{6-6}$$

凡是距离小于或等于 r 的矢量,就称为有关联的矢量,所以 $C(r)$ 就是所有关联矢量在一切可能的 N^2 配对中所占的比例。

点对 (r_i, r_j) 之间的距离 $|r_i - r_j|$ 如果采用欧几里得距离来进行计算会带来大量的计算量,所以实际计算中并不常用。实际上只要满足距离公理的距离都可以用,这里,我们定义两个矢量的最大分量差作为距离:

$$|r_i - r_j| = \max_{1 \leqslant k \leqslant m} |r_{ik} - r_{jk}| \tag{6-7}$$

如果 r 取得太大,所有点对的距离都不会超过它,根据式(6-5),$C(r) = 1$,

$\ln C(r) = 0$，这样测量不出相点之间的关联信息。选取适当 r，使得在 r 的某个区间内有

$$C(r) = r^D \tag{6-8}$$

式中，D 称为关联维数。

则

$$D = \frac{\ln C(r)}{\ln r} \tag{6-9}$$

在实际数值计算中，通常给定一些具体的 r 值（r 充分小），如果 r 取得太小，已经低于环境噪声和测量误差造成的矢量差别，从式(6-9)算出的就不是关联维，而是嵌入维 m。在实践中，通常让 m 从小增大，使得 D 不变，即双对数关系 $\ln C(r)$ - $\ln r$ 中的直线段。除去斜率为 0 或 ∞ 的直线外，考察其间的最佳拟合直线，那么该直线的斜率就是 D。所以，对实际系统进行尺度变换时，在大小两个方向上都有尺度限制，超过了这个限制就超出了无特征尺度区，就反映不出所要研究问题的本质。所以定义式(6-9)在无特征区内才有意义。

6.1.2 声发射和电磁辐射信号的混沌特征

煤岩变形破裂过程声发射和电磁辐射信号时间序列是否为混沌时间序列，可以通过研究声发射和电磁辐射时间序列的关联维数来判断。1983 年，Grassberger 和 Procaccia[196] 提出了计算时间序列的关联维的 G-P 算法。下面叙述计算关联维数的 G-P 算法的主要步骤。

（1）利用时间序列 $x_1, x_2, x_3, \cdots, x_i, \cdots$，先给一个较小的值 m_0，对应一个重构的相空间式(6-2)～式(6-4)。

（2）计算关联函数式(6-5)。

（3）对于 r 的某个适当范围，维数 d 与累积分布函数 $C(r)$ 应满足对数线性关系，从而拟合求出对应于 m_0 的关联维数估计值。

（4）增加嵌入维数 $m_1 > m_0$，重复计算步骤(2)和(3)，直至相应的维数估计值 $d(m)$ 不再随 m 增长而在一定的误差范围内不变。此时得到的 d 即为该时间序列的关联维数。如果随着 m 增长而增长，并不收敛于一个稳定的值，则表明所考虑的系统是一个随机时间序列。

按照以上步骤对单轴压缩下 k3 煤样的声发射和电磁辐射脉冲数时间序列通过重构相空间，将一维时间序列转化为 m 维相空间，m 取 2,3,4,5,6,7,8,9,10 进行计算，$\ln C(r)$-$\ln r$ 关系结果如图 6-1 所示。图 6-2 为 D 与嵌入维数 m 之间的变化关系。

(a) 电磁辐射信号

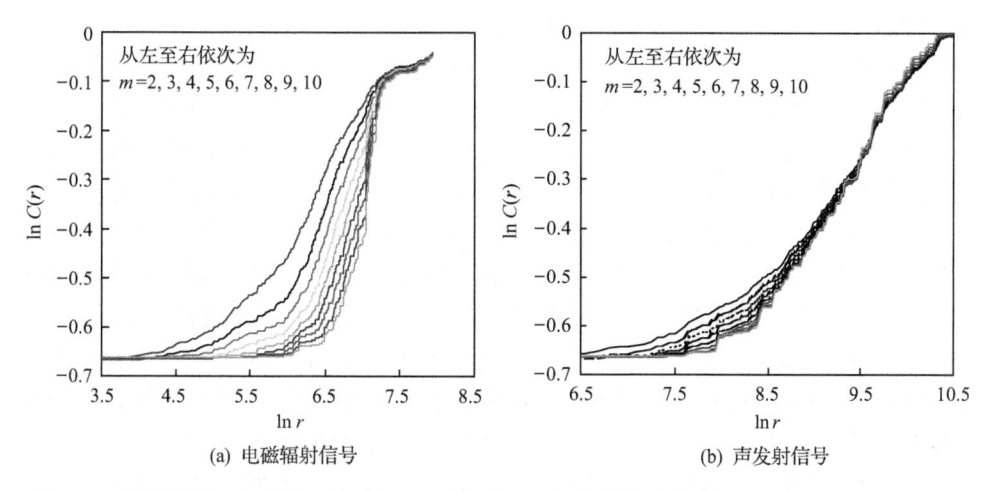

(b) 声发射信号

图 6-1　单轴压缩 k3 煤样电磁辐射(50kHz 天线)和声发射信号脉冲数序列 $\ln C(r)$-$\ln r$ 关系图

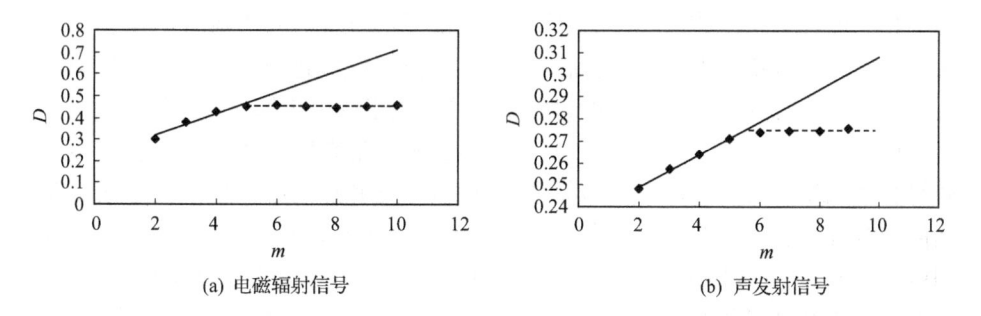

(a) 电磁辐射信号

(b) 声发射信号

图 6-2　单轴压缩 k3 煤样电磁辐射(50kHz 天线)和声发射信号脉冲数序列 m-D 关系图

从图中可以看出,电磁辐射脉冲数时间序列在 $m=5$,声发射脉冲数时间序列在 $m=6$ 以后关联维数不再随嵌入维数的增大而增大,这时的嵌入维数即为所要求的嵌入空间维数,称为饱和嵌入维数。此时的关联维数分别为 0.45、0.27,所以声发射和电磁辐射脉冲数时间序列是混沌时间序列,可以对其进行有限时间的预测。

6.2　煤岩变形破坏电磁辐射的神经网络预测方法研究

实际上,我们更关心根据历史信息对系统的演化进行智能预测。目前,人工智能在岩石力学方面已经取得了很大的进展,许多学者针对解决的不同技术问题,如隧道及地下结构岩溶灾害预报、采矿巷道围岩支护设计、结构性岩质边坡稳定性分析等,研制了各种相应的专家系统和决策系统。

从岩石力学的微观结构上讲,一方面因为大量节理、裂隙的存在,岩石是不连续介质；另一方面由于岩石属于结晶材料，所以岩石也不是离散介质，这就说明了岩石本质上是非线性材料。除此以外，岩石的非线性本质还表现在岩石的变形、演化以及其中裂隙和空隙空间分布的复杂性和高度无序性等方面。而且，岩石变形破裂过程所伴随的物理现象，如声发射、电磁辐射等也表现出了非线性特征。如何借助相关学科的发展来研究岩石力学问题，已经成为岩石力学的前沿课题。

系统科学、智能化技术方法近年来在各个领域中得到了广泛应用，特别是研究非线性复杂系统的新方法，如人工神经网络、遗传算法、灰色系统理论和模糊数学理论等，这些新兴学科理论的出现给演说岩石力学提供了一种很好的思维方法。人工神经网络(artificial neural network)是 20 世纪 80 年代末迅速发展起来的一门新的学科分支，它引入了人脑思维中不确定性思维、反馈思维和系统思维的优点，在自学习、非线性动态处理、自适应识别等方面显示出极强的生命力。

煤岩变形破裂过程电磁辐射和声发射信号构成了一系列非平稳随机时间序列，其具有随机性、模糊性和知识的不完备性等特点，但各时间序列值之间并不是互不相关的，而是有着较强的顺序依赖性和前后继承性。在电磁辐射参数序列的先前状态的信号特征中必然包含后续状态的特征信息，这就为利用电磁辐射和声发射信号的动态变化趋势进行煤岩破坏预测提供了理论依据。人工神经网络方法具有极强的非线性动态处理能力，其可以不必假设监测数据服从什么分布、变量之间符合什么规律或具有什么样的关系，仅通过学习和记忆找出输入与输出变量之间的非线性映射关系即可实现数据的动态预测。因此，对于电磁辐射参数时间序列，可采用人工神经网络的自适应模式识别法，建立自适应神经网络模型，模仿人脑的运行机制，使其学习并记忆电磁辐射的变化规律，并据此推测未来时刻的电磁辐射变化趋势。

6.3 自适应 BP 神经网络的基本原理及实现步骤

人工神经网络是由生理学上的真实人脑神经网络的结构和功能，以及若干基本特性的某种理论抽象、简化和模拟而构成的一种信息处理系统，是由大量神经元通过极其丰富和完善的连接而构成的自适应非线性动态系统[197,198]。人工神经网络模型各种各样，有感知器、多层前馈 BP 网络、RBF 网络和 Hopfield 网络等。基于 Matlab 的自适应神经网络是采用 Matlab 语言及改进的 BP 网络编制的学习速率、动量系数可自适应调整的人工神经网络，即改进 BP 神经网络，由输入层、隐含层、输出层 3 部分组成，其基本原理如下[199,200]。

多层前馈 BP 网络的每层单元只接收前一层的输出信息并输出给下一层各单元。设有 N 个学习样本 $(X_k, Y_k)(k=1,2,\cdots,N)$，$X_k$、$Y_k$ 分别为第 k 个样本的输入矢量 $(X_{k1}, X_{k2}, \cdots, X_{kn})$ 和输出矢量 $(Y_{k1}, Y_{k2}, \cdots, Y_{km})$，对于输入层神经元，其输入和输出相同,对于隐含层和输出层的神经元,节点 j 的输入和输出满足如下规律。

输入:

$$\text{net}_{kj} = \sum_i (\omega_{ji} O_{ki} - \theta_j) \tag{6-10}$$

输出:

$$O_{kj} = f(\text{net}_{kj}) = f(\sum_i (\omega_{ji} O_{ki} - \theta_j)) \tag{6-11}$$

式中,i、j 为神经元节点;k 为当前输入样本;ω_{ji} 表示神经元 j 与神经元 i 的连接权值;O_{ki} 为神经元 j 的当前输入;O_{kj} 为其当前输出;θ_j 为 j 节点阈值;f 为神经元的非线性传递函数;net_{kj} 为神经元 j 的净激活,为正时对称神经元处于激活状态,为负时对称神经元处于抑制状态。

误差函数采用平方型,则单个样本误差 E_k 和系统总误差 E 为

$$E_k = \frac{1}{2} \sum_{j=1}^m (t_{kj} - O_{kj})^2 \tag{6-12}$$

$$E = \sum_{k=1}^N E_k = \frac{1}{2N} \sum_{k=1}^N \sum_{j=1}^m (t_{kj} - O_{kj})^2 \tag{6-13}$$

在系统样本学习过程中,根据系统总误差 E 和单个样本误差 E_k 的变化,采用动量系数和学习速率自适应调整的变步长法对各层权值进行修正,若 E_k、E 均小于预定误差目标,则学习过程终止,否则继续,采用该修正法大大提高了学习速率并增加了算法的可靠性。

自适应调整权值的变步长法的具体修正方法为

$$\omega_{ij}(t+1) = \omega_{ij}(t) + \eta(t)[(1-\alpha)D_{ij}(t) + \alpha D_{ij}(t-1)] \tag{6-14}$$

$$\eta(t) = 2^\lambda \eta(t-1) \tag{6-15}$$

$$\lambda = \text{sgn}[D_{ij}(t) D_{ij}(t-1)] \tag{6-16}$$

$$D_{ij}(t) = -\frac{\partial E}{\partial \omega_{ij}(t)} \tag{6-17}$$

式中,η 为学习速率,通过训练最终确定;α 为动量系数,通过训练最终确定;t 为学习步数。

在收敛的情况下,学习速率 η 越大,权值改变越大,收敛速度越快,应增大学习速率 η,保持动量系数 α 不变;在不收敛的情况下,应减小学习速率 η,并令动量系数 α 为 0。在使用变步长改进 BP 算法时,步长在学习过程中自适应调整,故对不

同的连接权系数实际上采用了不同的学习速率和动量系数,使系统误差函数 E 在超曲面的不同方向上按照各自比较合理的步长向极小点逼近。

由变步长改进 BP 神经网络的基本原理可简要概括出其实现步骤:①将样本数据输入网络输入层;②将实际输出值与目标值映射对比,进行训练学习;③学习速率、动量系数及网络权值的自适应调整,使输出值误差达到预定要求;④依据训练好的网络模型进行动态预测。

6.4 煤岩变形破裂电磁辐射自适应神经网络预测原理

6.4.1 电磁辐射参数时间序列维数的选定

利用自适应神经网络对煤岩变形破裂过程的电磁辐射进行动态智能预测,把电磁辐射预测问题看成一个自适应问题,通过神经网络学习的方法对电磁辐射的特征进行提取,并对前 n 次的电磁辐射时间序列值作为学习样本进行学习训练,寻找规律性,然后用学习训练好的规律预测下一次的电磁辐射值,从而实现对煤岩破坏的预测。

由人工神经网络原理可知,准确获得电磁辐射变化规律的关键是电磁辐射参数时间序列输入神经元个数的选定。只有选择出合适的输入神经元个数,才能准确地预测出下一时刻的电磁辐射参数。根据第 3 章的论述可知,煤岩变形破裂过程电磁辐射和声发射脉冲数时间序列为等时距序列,可以选择电磁辐射和声发射脉冲数时间序列的饱和嵌入维数作为重构相空间的维数。所以一般对所要研究的混沌时间序列,求出饱和嵌入维数,将该维数作为进行神经网络的输入神经元个数,这样可以使神经网络学习的收敛速度提高。

6.4.2 自适应神经网络预测原理

根据自适应神经网络原理和采掘工作面电磁辐射参数时间序列的特点,建立表 6-1 所示的"等维动态学习训练样本库",以矩阵 $X(n,m)$ 形式表示,即学习样本库在新测定的电磁辐射参数值加入预测序列并预测完毕后,去掉最老的一组序列,加入刚刚预测完毕的新序列,使学习样本库始终保持 n 组序列,利用新的学习样本重新进行学习训练,建立新的网络知识库,当进行下一次预测时,利用新训练好的知识库进行预测,预测完毕,再将预测序列加入学习样本库,再去掉这一次学习样本中最老的一组序列,如此反复。动态学习样本库保证了电磁辐射参数样本值均为实测值,这样可大大提高对未来电磁辐射参数预测的准确率。

表 6-1　电磁辐射参数的动态学习训练样本库(实测值)

样本编号	网络输入样本	输入与输出对应函数	网络输出样本
1	$x(1), x(2), \cdots, x(m)$	f_1	$x(m+1)$
2	$x(2), x(3), \cdots, x(m+1)$	f_1	$x(m+2)$
3	$x(3), x(4), \cdots, x(m+2)$	f_1	$x(m+3)$
⋮	⋮	⋮	⋮
n	$x(n), x(n+1), \cdots, x(n+m-1)$	f_1	$x(n+m)$

煤岩变形破坏电磁辐射参数的自适应神经网络结构模型如图 6-3 所示,其为有 1 个隐含层的 3 层前馈式改进 BP 网络模型。电磁辐射的 n 次实测值由输入节点 $x(n), x(n+1), \cdots, x(n+m-1)$ 表示,第 $n+m$ 次的工作面前方的预测值由输出节点 $x(n+m)$ 表示,$n=1, 2, \cdots$。将选定好的学习样本输入计算程序后,即可按电磁辐射参数的自适应神经网络结构模型进行学习和训练,学习过程中,自适应调整动力系数和学习速率,以快速获得最佳的网络权值,保证迅速准确地确定煤岩破坏电磁辐射变化规律。

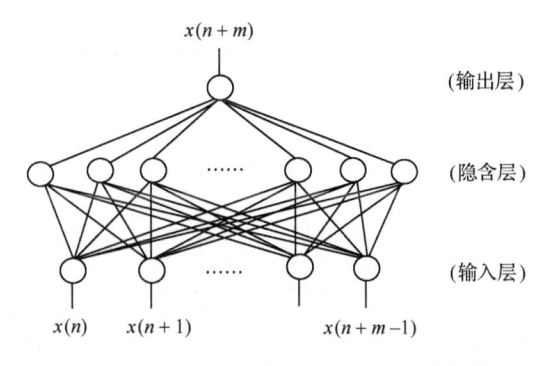

图 6-3　电磁辐射参数自适应神经网络结构模型

6.5　自适应神经网络在煤岩电磁辐射信号预测中的应用

20 世纪 80 年代以来,神经网络在人工智能、模式识别、信号处理、自动控制、机器人、统计学以及矿业工程等领域得到广泛应用[198-201]。本节应用自适应调整学习速率和动量系数的改进 BP 神经网络对煤岩电磁辐射和声发射信号进行预测,其实现过程需要学习训练和预测两大环节。

以单轴压缩 k3 煤样测试得到的电磁辐射和声发射信号脉冲数时间序列为例,利用神经网络进行预测。根据 6.4 节的论述,对电磁辐射脉冲数序列选取输入层神经元个数为 5，即电磁辐射脉冲数时间序列维数为 5，输出层节点为 1 个，为保证等维动态学习样本库始终随着预测工作的进行而交替变化，取电磁辐射参数的序列数 n 等于其序列的维数 5，则学习训练样本库可认为是具有 5 维 5 列的动态矩阵，即 $X(5,5)$。对于声发射脉冲数时间序列，选取输入层神经元个数为 6，同样可认为是 6 维 6 列的动态矩阵，即 $X(6,6)$。

选取网络初始学习速率为 0.25，学习速率增长系数为 1.04，学习速率减小系数为 0.70，初始动量系数为 0.90，最大误差比率为 1.02，网络收敛条件为 1.0×10^{-4}。学习训练过程中，系统自适应调整网络参数，采用三层 BP 网络，根据网络收敛速度和收敛状况确定两个隐含层的神经元数目均为 10 个，则对电磁辐射预测的网络结构为 5→10→10→1；对于声发射时间序列，预测的网络结构为 6→10→10→1。经过进一步的验证，显示采用饱和嵌入维数作为进行神经网络学习和训练的时间序列维数收敛速度很快。

将电磁辐射学习样本输入网络输入层神经元，经过 104 次学习训练，系统总误差为 9.97954×10^{-5}，最终学习速率为 1.47904，图 6-4 为训练误差和学习速率随训练次数的变化关系。

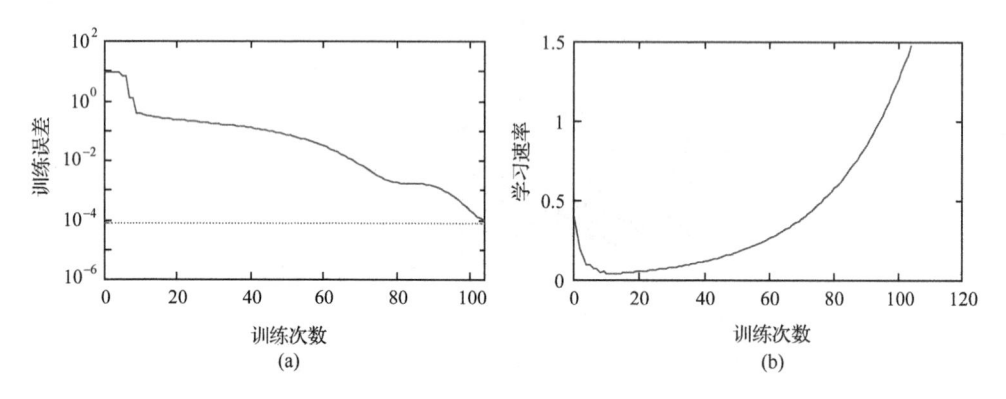

图 6-4　训练误差和学习速率随训练次数的变化关系

对单轴压缩 k3 煤样测试得到的电磁辐射和声发射信号脉冲数时间序列进行了预测，预测结果如图 6-5 和图 6-6 所示。可以看出，网络预测值和实际测定值结果非常接近，电磁辐射预测的相对误差的绝对值在 0.081%～6.087%，声发射预测的相对误差的绝对值在 0.038%～6.942%。结果表明，采用自适应调整学习速率和动量系数的改进 BP 神经网络模型可以很好地进行煤岩变形破裂过程电磁辐射和声发射信号时间序列的预测。

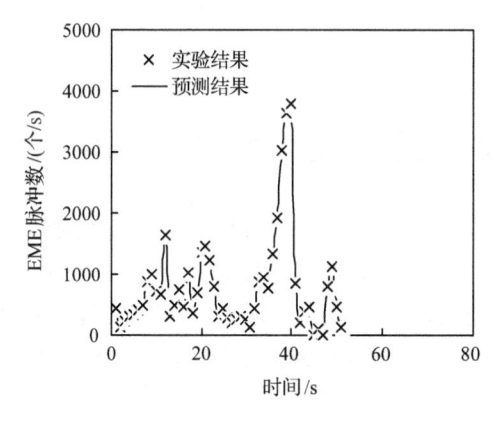

图 6-5　EME 脉冲数神经网络预测值与实测值对比

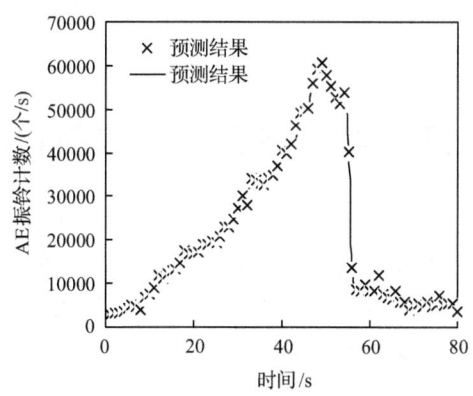

图 6-6　AE 振铃计数神经网络预测值与实测值对比

6.6　小　　结

（1）通过对电磁辐射和声发射脉冲数时间序列进行重构相空间，计算出关联维数。结果表明，电磁辐射和声发射脉冲数时间序列具有混沌特征，对处理的煤样，其饱和嵌入维数分别为 5 和 6。

（2）论述了变步长改进 BP 神经网络的基本原理和对电磁辐射信号时间序列的预测原理，并探讨了电磁辐射信号时间序列维数的选择方法，采用关联维数测定的饱和嵌入维数作为神经网络预测的输入神经元维数，收敛速度快。

（3）煤岩变形破裂过程电磁辐射和声发射信号时间序列进行的神经网络预测结果与实测结果对比表明，采用神经网络可以有效预测电磁辐射和声发射信号，为判定煤岩变形破裂状态奠定了基础。

第 7 章 煤岩电磁辐射接收天线特征参数及模拟研究

本章主要基于天线的基本原理,结合煤矿井下复杂而特殊的环境和煤岩破裂产生的电磁信号的特点进行接收天线的选择,提出电磁辐射接收天线的设计原则及其测量,并借助 HFSS 三维结构电磁场仿真软件对均匀、线性、各向同性煤岩中的电磁辐射场进行仿真模拟,分析煤岩及其周围空间电场和磁场的变化分布规律。

7.1 引　　言

7.1.1 天线定义

韦氏(Websters)词典将天线定义为"由普通金属制成的辐射或接收无线电波的装置(如杆或线)"[202]。根据电气和电子工程师协会(IEEE)关于天线术语的标准定义(IEEE Std 145-1973),天线是"辐射或接收无线电波的工具"。换句话说,天线是自由空间与波导装置之间的过渡设备。波导装置(或传输线)的形式可以是同轴线或空心管(波导),其作用是将电磁能量由发射源传输到天线或由天线传输到接收设备。前一种情况所用的天线叫做发射天线,后一种天线就叫做接收天线。除了接收或发送能量外,通常还要求天线能够优化或增强某些方向上的辐射能量,并抑制其他方向的辐射能量。因而天线除了作为探测装置以外,还应当作为定向装置。所以说,天线是辐射或接收无线电波的工具,是一种能量转换和定向辐射(或接收)的装置。为了满足具体的实际需要,必须采取各种不同形式的天线,它们可以分别是一段导线、口径、辐射元的组合(阵列)、反射器和透镜等。

无线电天线可被定义为一种附有导行波与自由空间波互相转换区域的结构。天线将电子转变为光子,或反之。不论其具体形式如何,天线都基于由加(或减)速电荷产生电荷的共同机理[203]。辐射的基本方程可简述为

$$IL = Qv \tag{7-1}$$

式中,I 为时变电流;A/s;L 为电流元的长度,m;Q 为电荷,C;v 为速度的时间变化率(即电荷的加速度),m/s²。

因而,时变电流辐射即加速电荷辐射。对于稳态简谐振荡,通常关注其电流;对于瞬态简谐振荡或脉冲,则关注其电荷。辐射的主要方向垂直于加速度,辐射功率正比于 IL(或 Qv)的平方。

图 7-1 中的双线传输线连接着无线电频率的发生器(或发射机)。沿传输线的

均匀段，两线间距远小于波长，能量以平面电磁波的模式导行，只有很少的损失；沿传输线的渐变张开段，两线间距达到或超过波长的量级，将波向自由空间辐射而表现出天线的性质。电流从传输线流向天线，又从天线流回传输线，但电流所产生的场却持续向外推进。

图 7-1 中的发射天线，是从传输线的导行波到自由空间波的转换区域，接收天线则是从空间波到传输线导行波的转换区域。因此，天线是一种导行波与自由空间波之间的转换器件或换能器。天线是电路与空间的界面器件。

按电路的观点，从传输线看向天线这一段等效于一个电阻 R_r，称为辐射电阻。这是从空间耦合到天线终端的电阻，与天线结构自身的任何电阻无关。

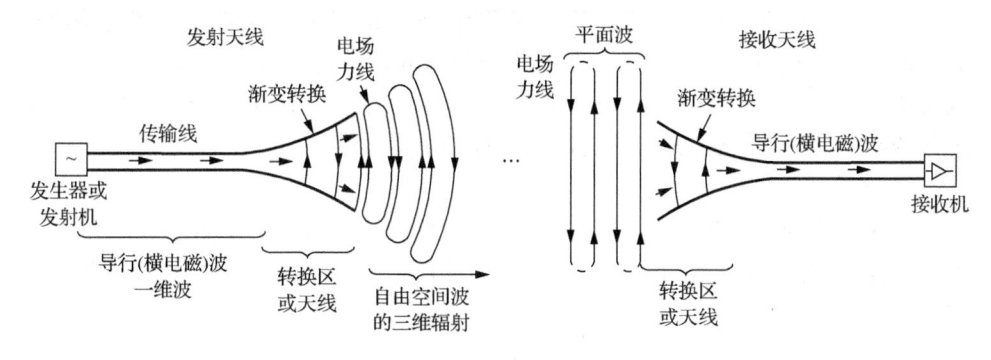

图 7-1 天线发射和接收过程图

在发射时，天线的辐射功率被远处的树木、建筑物、地面、天空以及其他天线所吸收。在接收时，来自远处目标的被动辐射或其他天线的主动辐射将提升 R_r 的外观温度。对于无损耗的天线，这种外观温度对天线自身的物理学温度并没有影响，而只是天线所看到的远处目标的温度，如图 7-2 所示。在这个意义上，可将接收天线当成一种遥感测温的器件。图 7-2 所示的辐射电阻 R_r，可理解为一种物理上并不存在的"视在"电阻，是将天线耦合到远处空间的视在传输线的一个量。

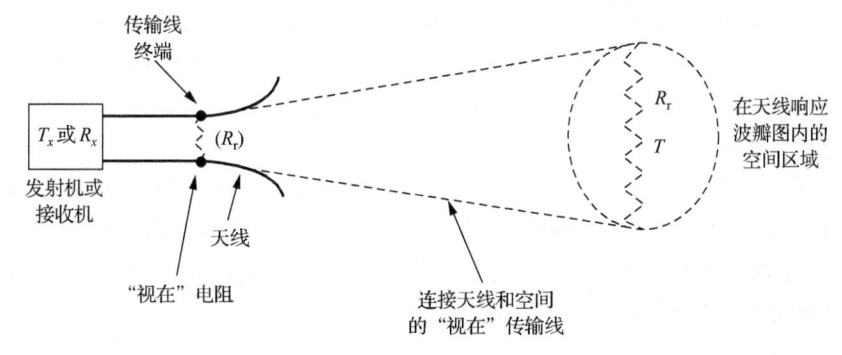

图 7-2 借助"视在"传输线将天线连接到温度 T 的空间区域的示意图

7.1.2 天线基本参数

天线存在于一个由波束范围、立体弧度、平方(角)度和立体角所构成的三维世界中。天线具有阻抗(自阻抗和互阻抗)。天线与整个空间相耦合,并具有一个用开尔文度量的温度。天线方向图、天线方向性系数、天线增益、天线带宽、天线效率、天线极化、天线的有效长度和有效面积等参数都是天线设计时应该考虑的因素。

1. 天线方向性

天线的方向性是指天线在一定方向辐射(或接收)电磁波的能力。主要是通过方向图、方向图主瓣的宽度、方向性系数等参数进行描述。所以,方向性是衡量天线优劣的重要因素之一。天线有了方向性,就能在某种程度上相当于提高发射机或接收机的效率,并使之具有一定的保密性和抗干扰性。

1) 方向图

由于天线的定向辐射(或接收)作用,它在距离为 r(满足远场距离条件)的球面上各点的辐射(或接收)强度是不同的,即是角坐标 (θ,ϕ) 的函数,可以写为

$$E = Af(\theta,\phi) \tag{7-2}$$

式中,A 为比例常数;$f(\theta,\phi)$ 称为天线的方向性函数。

为了便于各种天线的方向图进行比较以及绘图方便,一般取方向性函数的最大值为1,即得归一化方向性函数,记为

$$F(\theta,\phi) = \frac{f(\theta,\phi)}{f_{max}} \tag{7-3}$$

式中,f_{max} 是方向性函数 $f(\theta,\phi)$ 的最大值。

根据方向性函数 $F(\theta,\phi)$ 或 $f(\theta,\phi)$ 绘制的图形称为天线的方向图。方向图是表示天线方向性的特性曲线,即天线在各个方向上所具有的发射或接收电磁波能力的图形。表示辐射(或接收)场强振幅方向特性的称为场强振幅方向图,表示辐射(或接收)功率方向特性的称为功率方向图,表示相位特性的称为相位方向图,表示极化特性的称为极化方向图等[204]。

实用天线处在三维几何空间中,天线方向图一般是一个三维空间的曲面图形。但是在工程上为了方便,常采用两个相互正交主平面上的剖面图来描述天线的方向性,通常取 E 平面(即电场矢量与传播方向构成的平面)和 H 平面(即磁场矢量与传播平面构成的平面)内的方向图。

2) 方向性系数

方向性系数是用来表示天线向某一个方向集中辐射电磁波程度(即方向性图

的尖锐程度)的一个参数。为了确定定向天线的方向性系数,通常以理想的非定向天线作为比较的标准。

任一定向天线的方向性系数是指在接收点产生相等电场强度的条件下,非定向天线的总辐射功率与该定向天线的总辐射功率之比。

按照上面的定义,由于定向天线在各个方向上的辐射强度不等,天线的方向性系数也随着观察点的位置而不同,在辐射电场最大的方向,方向性系数也最大。通常如果不特别指出,就以最大辐射方向的方向性系数作为定向天线的方向性系数。在中波和短波波段,方向性系数为几到几十;在米波波段,为几十到几百;而在厘米波波段,则可高达几千,甚至几万。

3) 主瓣宽度、副瓣电平与前后比

主瓣宽度是指方向图主瓣上两个半功率电平点(即场强从最大值降到 0.707 最大值处)之间的夹角,记为 $2\theta_{0.5}$,有时也称主瓣宽度为半功率波束宽度。显然,主瓣宽度越小,说明天线辐射能量越集中(或接收能力愈强),定向作用或方向性越强。

副瓣电平是指副瓣最大值与主瓣最大值之比,通常用分贝数表示为

$$副瓣电平(\text{dB}) = 20\lg \frac{副瓣最大场值}{主瓣最大场值} \tag{7-4}$$

由于副瓣方向通常是不需要辐射(或接收)能量的方向,所以,天线副瓣电平越低,表明天线在不需要方向上辐射的能量越弱,或者在这些方向上对杂散来波的抑制能力越强。

前后比是指最大辐射(或接收)方向(设为 0°方向)的场值与 180°±60°方向内最大场强值之比,通常以符号 F/B 表示,因此,前后比的分贝值为

$$\frac{F}{B} = 20\lg \frac{前区最大场值}{后区最大场值} \tag{7-5}$$

2. 天线带宽

通常根据系统提出的要求和给定的中心频率,人们可以设计一个满足指标要求的天线。但在偏离中心工作频率时,天线某些电性能会下降,电性能下降到允许值的频率范围,就称为天线的频带宽度。

天线带宽的表示方法有两种:一种是绝对带宽,它是指天线能实际工作的频率范围,即高端频率与低端频率之差;另一种是相对带宽,它是绝对带宽与中心频率之比的百分数,即

$$天线相对带宽 = \frac{f_{\max} - f_{\min}}{f_0} \tag{7-6}$$

不同系统对天线工作频带的要求不同。例如,中波广播发射天线对频率要求不高;短波定点通信天线因为电波昼夜、四季变化需经常更换工作频率,则需要有一定的带宽;电子对抗设备为进行干扰或抗干扰,往往需要天线有很宽的工作频带。

不同型式天线的电性能对频率的敏感程度也不尽相同。例如,当频率变化时,一般对称振子天线的方向图、增益等参数变化不大,但是它们的输入阻抗则变化很大,因而匹配程度受频率变化的影响较大,所以在一些对方向图形状要求不高的系统中,主要解决阻抗带宽的问题。在某些天线阵中,频率变化会使主瓣指向偏离预定方向、副瓣电平增高,甚至可能出现栅瓣,这时的主要矛盾就成了方向图带宽问题。

可见对不同的系统、不同用途的天线提出的带宽标准是不同的。有的提出方向图带宽、有的提出阻抗带宽、有的提出增益带宽等,没有一个统一的规定。

3. 天线场区

根据离开天线距离的不同,将天线周围的场区划分为感应场区、辐射近场区和辐射远场区。感应场区是指很靠近天线的区域。在这个场区里,电磁波的感应场分量远大于辐射场,而占优势的感应场之电场和磁场的时间相位相差 90°,坡印廷矢量为纯虚数,因此,不辐射功率,电场能量和磁场能量相互交替地储存于天线附近的空间。感应场随离开天线的距离的增加而很快衰减,超过感应场区后,就是辐射场占优势的辐射场区了。

辐射近场区里电磁场的角分布与离开天线的距离有关,即在不同距离处的天线方向图是不同的。这是因为:由天线辐射源所建立的场之相对相位关系是随距离而变的;这些相对振幅也是随距离而改变的。在辐射近场区的内边界处(即感应区外边界处),天线方向图是一个主瓣和副瓣难分的起伏包络。随着离开天线距离的增加,直到靠近远场辐射区时,天线方向图的主瓣和副瓣才明显形成,但是零点电平和副瓣电平较高。辐射近场区的外边就是辐射远场区。这个区域里的特点是:场的大小与离开天线的距离成反比;场的角分布(即方向图)与离开天线的距离无关;方向图主瓣、副瓣和零值点已经全部形成。

4. 天线阻抗

1) 输入阻抗

天线输入端电压与输入端电流的比值定义为天线的输入阻抗,即

$$Z_\mathrm{i} = \frac{V_\mathrm{i}}{I_\mathrm{i}} \tag{7-7}$$

当输入电压与输入电流相同时,输入阻抗呈纯阻性。一般情况下输入阻抗有电阻和阻抗两个部分,即

$$Z_i = R_i + jX_i \tag{7-8}$$

接收到发射天线或接收机的天线,其输入阻抗则等效为发射机或接收机的负载。因此输入阻抗值的大小就表征了天线与发射机或接收机的匹配状况,即表示导行波与辐射波之间能量转换的好坏,故是天线的一个重要电路参数。

2) 辐射电阻

将天线所辐射的功率看成被一个等效电阻所吸收的功率,这个假想的等效电路就称为天线的辐射电阻。辐射功率与辐射电阻的关系为

$$R_r = \frac{P_i}{I^2} \tag{7-9}$$

式中,I 为天线上某参考点电流的有效值。当天线辐射功率已知时,则辐射电阻 R_r 的大小就与电流 I 的参考点的取值有关。一般天线电流驻波的腹点电流 I_m 或输入电流 I_i 作为归算电流,由此得到的电阻分别称为归于腹点电流的辐射电阻和归于输入点电流的辐射电阻,前者用 R_{rm} 表示,后者用 R_{ri} 表示,对于正弦电流分布的天线的情况,它们之间的关系是

$$R_{rm} = R_{ri} \sin^2 \beta L \tag{7-10}$$

式中,L 是天线臂长。辐射电阻的大小取决于天线的尺寸、形状以及馈电电流的波长。辐射电阻的大小说明了天线的辐射能力或接收能力的强弱。

3) 损耗电阻

如果把天线系统中的损耗功率(包括导体中热损耗、绝缘介质中的介质损耗、地电流损耗等)也看成被一个等效电阻 R_l 所吸收的功率,则损耗电阻为

$$R_l = \frac{P_l}{I^2} \tag{7-11}$$

式中,P_l 为损耗功率;I 为天线上某参考点电流的有效值。

计算损耗电阻时,参考点多取腹点电流 I_m 为归算电流。显然天线输入电阻 R_i、辐射电阻 R_r 及损耗电阻 R_l 有如下关系:

$$R_i = R_r + R_l \tag{7-12}$$

5. 驻波系数与反射功率

阻抗概念对中低频天线特别有用,因为中低频天线中,易于确定一对输入点,阻抗是单值的且测量不难。阻抗概念虽在较高频率上也仍然有效,但是直接确定

和测量阻抗值却较困难。例如,在微波频率上,天线大都与波导相连,波导阻抗具有多值性,因此直接测取天线的阻抗几乎不可能,而是采用测量驻波系数或反射损耗的办法来计算出天线的输入阻抗。

因为

$$Z_i = Z_e \frac{1+\Gamma}{1-\Gamma} \tag{7-13}$$

式中,Z_e 为传输线特性阻抗;Γ 为反射系数,它是一个复数。

工程上常用电压驻波系数 VSWR 表征天线与馈线匹配的情况,它与反射系数模的关系为

$$\text{VSWR} = \frac{1+|\Gamma|}{1-|\Gamma|} \tag{7-14}$$

从驻波系数或反射系数的大小就可以算出从天线反射回发射机(或接收机)的功率的多少,也可以直接在阻抗圆图上得到具体的天线阻抗值。

6. 天线增益

1) 天线最大增益系数

平时也简称天线最大增益或天线增益,指在最大场强方向上某点产生相等电场强度的条件下,标准天线(无方向)的总输入功率对定向天线总输入功率的比值,称为该天线的最大增益系数。它比天线方向性系数更全面地反映天线对总的射频功率的有效利用程度,并用分贝数表示。可以用数学推证,天线最大增益系数等于天线方向性系数和天线效率的乘积。

2) 接收天线的方向性系数

对于接收天线,方向性系数是表征天线从空间接收电磁能量的能力,定义为在相同来波场强的情况下,该天线在某方向接收时向负载(接收机)输出的功率与点源天线在同方向接收时向负载输出的功率之比,即

$$D(\theta,\phi) = \frac{P_r(\theta,\phi)}{P_{O_r}} \tag{7-15}$$

方向性系数 D 通常用分贝表示,有时又称为方向增益。

3) 发射天线的增益

方向性系数是以辐射功率为基点,没有考虑天线的能量转换效率。为了完整描述天线性能,改用天线输入功率为基点来定义天线增益,即在输入功率相同条件下,天线在某方向某点产生的场强平方与点源天线同方向同一点产生场强平方的比值。

于是,天线的增益为

$$G(\theta,\phi) = \frac{E^2(\theta,\phi)}{E_0^2} \tag{7-16}$$

或者定义为在某方向某点产生相同场强的情况下,各点源天线的输入功率与该天线输入功率的比值,即

$$G(\theta,\phi) = \frac{P_{0in}}{P_{in}(\theta,\phi)} \tag{7-17}$$

通常天线增益均指最大辐射方向的增益,因此,以上两式可写为

$$G = \frac{E_m^2}{E_0^2} = \frac{P_{0in}}{P_{in}} \tag{7-18}$$

4) 接收天线的增益

接收天线的增益可写为

$$G(\theta,\phi) = \frac{P_{in}(\theta,\phi)}{P_{0in}} \text{(相同来波场强)} \tag{7-19}$$

主瓣最大值方向接收时,则有

$$G = \frac{P_{in}}{P_{0in}} \text{(相同来波场强)} \tag{7-20}$$

天线增益通常用分贝数表示,有时也称为增益系数或功率增益。

7.1.3 天线极化波

电磁波在空间传播时,若电场矢量的方向保持固定或按一定规律旋转,这种电磁波便叫极化波,又称天线极化波,或偏振波。通常可分为平面极化(包括水平极化和垂直极化)、圆极化和椭圆极化。

(1) 极化方向:极化电磁波的电场方向称为极化方向。

(2) 极化面:极化电磁波的极化方向与传播方向所构成的平面称为极化面。

(3) 垂直极化:无线电波的极化,常以大地作为标准面。凡是极化面与大地法线面(垂直面)平行的极化波称为垂直极化波。其电场方向与大地垂直。

(4) 水平极化:凡是极化面与大地法线面垂直的极化波称为水平极化波。其电场方向与大地相平行。

(5) 平面极化:如果电磁波的极化方向保持在固定的方向上,称为平面极化,也称线极化。电场平行于大地的分量(水平分量)和垂直于大地表面的分量,其空

间振幅具有任意的相对大小,可以得到平面极化。垂直极化和水平极化都是平面极化的特例。

(6) 圆极化:当无线电波的极化面与大地法线面之间的夹角从 0～360°周期地变化,即电场大小不变,方向随时间变化,电场矢量末端的轨迹在垂直于传播方向的平面上投影是一个圆时,称为圆极化。当电场的水平分量和垂直分量振幅相等,相位相差 90°或 270°时,可以得到圆极化。若极化面随时间旋转并与电磁波传播方向呈右螺旋关系,称右圆极化;反之,若呈左螺旋关系,称左圆极化。

(7) 椭圆极化:若无线电波极化面与大地法线面之间的夹角从 0～360°周期地改变,且电场矢量末端的轨迹在垂直于传播方向的平面上投影是一个椭圆,称为椭圆极化。当电场垂直分量和水平分量的振幅和相位具有任意值时(两分量相等时例外),均可得到椭圆极化。

7.2 煤岩电磁辐射接收天线特征参数及测量方法

由于电磁辐射技术是一种非接触式的测试,主要靠接收天线来接收煤岩破裂过程产生的电磁辐射信号,所以接收天线的设计选择等就显得十分重要了。

由于煤体在变形及破裂过程中产生的电磁辐射强度很弱,频带很宽,其主要频段在低频段范围,针对这种电磁辐射信号的接收,煤炭科学研究总院重庆分院马超群[88]等研制了 MMT-92 型煤与瓦斯突出危险探测仪,利用采掘工作面前方煤岩断裂破坏产生的电磁辐射脉冲数来预测工作面的突出危险性,该突探仪主要采用 57 ± 5 kHz 点频接收天线接收电磁辐射信号。

随后,中国矿业大学又研制了能够现场使用的 KBD5 矿用本安型电磁辐射监测仪。该监测仪中采用的是高灵敏度、宽频带接收天线,接收的是电磁辐射强度和脉冲数两个参数。频率:宽频带;接收天线灵敏度:50μV/m;接收机输入信号:$V_{pp}\geqslant 2\mu$V;电源电压 12V,电流不大于 500mA。中国矿业大学[152]研制的 KBD5 矿用本安型电磁辐射监测仪中,其接收天线选用的是宽频磁棒天线。在室内电磁辐射试验时选择了三种天线:点频磁棒天线、点频线圈天线、宽频铜天线(板状或圆筒状)。这些接收天线的频率从 1kHz 到 1MHz 不等。在实验室进行试验时,根据需要合理地布置天线位置及选择布置方式,并不是每次试验都要设置所有天线。根据测试得到的结果最后选定一组或几组天线进行试验。天线布置在煤样周围,距离为 3～10cm。环形线圈天线和圆筒宽频带天线直接套在煤样上,磁棒天线有的平行于煤样水平放置,有的平行于煤样垂直放置,有的垂直于煤样水平放置。平面板天线平行于煤样长轴方向垂直放置。在现场测试中,主要还是点频磁棒天线的应用比较常见,测试时,要尽量避免周围采掘设备、电缆等的干扰,天线的前端要尽量保持与煤壁垂直,并保持适当距离,一般为 1m 左右。

7.2.1 电磁辐射接收天线设计原则

天线的种类繁多,用途广泛,在天线的工程设计中选择哪种类型的天线很大程度上取决于特定场合系统的电气性能和机械方面的要求。由于煤岩受载变形破裂过程中产生的电磁辐射具有较低的频率且频带很宽,所以,宜选用圆环天线作为电磁辐射接收天线,接收效果会比较理想。根据天线应用环境和安设位置的不同,也就是说考虑到接收天线主要是用于钻孔和煤壁前方两个位置进行测试,接收天线外形会在圆环的基础上有所不同,以方便天线的安放。

1) 增强电磁辐射接收天线方向性原理

接收天线除了能接收周围空间的辐射外,还要能够接收所要求方向上的大部分辐射能量。也就是要求天线在指定方向上具有较强的接收能力,可以通过调整其方向图来使其满足要求。下面以对称振子天线方向图为例,来说明增强天线方向性的原理。该天线的立体方向图如图 7-3(a)所示,呈面包圈状。立体方向图的立体感强,但绘制困难。其中的图(b)和(c)分别是两个主平面方向图,平面方向图描述天线在某指定平面上的方向性。从图(b)可以看出,在天线的轴线方向上辐射为零,最大辐射方向在水平面上;而从图(c)可以看出,在水平面上各个方向上的辐射一样大。

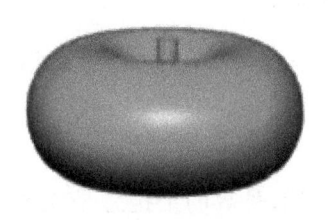

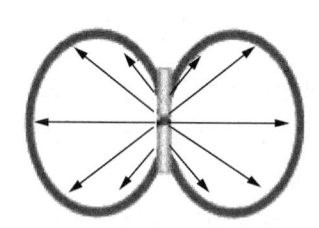

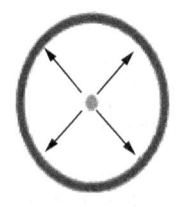

(a) 立体方向图　　　　(b) 垂直面方向图　　　　(c) 水平面方向图

图 7-3　对称振子天线方向图

图 7-4 是 4 个半波对称振子沿垂线上下排列成一个垂直四元阵时的立体方向图和垂直面方向图。此时,从图 7-4(a)中可以看出,垂直方向的辐射得到控制,面包圈变扁平了,能量集中到水平方向上来了。这说明采用振子组阵后垂直方向的辐射得到抑制,水平方向的辐射增强了,即增强了天线在水平方向上的方向性。

(a) 立体方向图 (b) 垂直面方向图

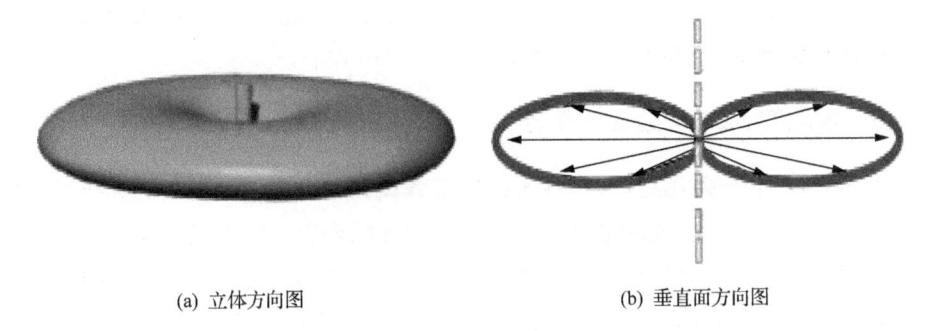

图 7-4　采用振子组阵后的方向图

如果接收是在一侧进行，也可以利用反射板，把辐射能控制到单侧方向，把平面反射板放在阵列的一边构成扇形区覆盖天线。图 7-5 是加平面反射板前后水平面方向图比较。由图 7-5 中水平面方向图的变化，可以说明在加设了平面反射板后，反射板把功率反射到单侧方向，提高了增益。

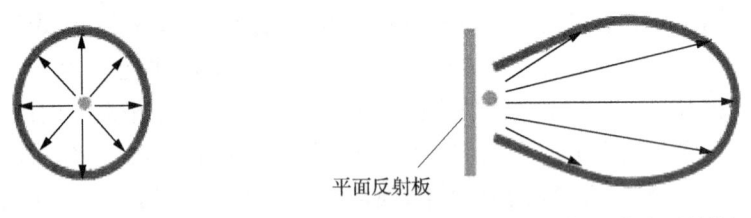

平面反射板

(a) 全向阵垂直阵列(不带平面反射板)　　(b) 扇形覆盖区(垂直阵列，带平面反射板)

图 7-5　采用平面反射板前后的方向图

另外，还可以使用抛物反射面，更能增强天线的辐射，像光学中的探照灯那样，把能量集中到一个小立体角内，从而获得很高的增益。

2) 接收天线的干扰防止

接收天线无论在实验室中使用还是在煤矿井下使用，外界的干扰总是或多或少的存在。在电磁辐射的试验系统中使用接收天线时，可以通过电磁屏蔽、接地或搭接的方式来达到防止干扰的目的。研究表明，煤体在变形及破裂过程中产生的电磁辐射强度很弱，其主要频段在低频范围内，因此，为了减少工业用电、无线电广播系统、电动机械等比较强的外界环境干扰，要求接收系统高增益、低噪声，采取严格的屏蔽措施。试验中采用厚度为 0.5mm 的双层铜皮或网格尺寸小于 0.5mm 的铜网作为屏蔽系统，铜皮或铜网直接接地。试验时，将电磁辐射信号接收天线、声发射探头、位移计、载荷传感器和压机压头等一起放入屏蔽系统内。在煤矿井下现场使用时，要在检修班时进行监测，并尽量使接收天线避开电缆或距离电缆一定的距离。除这些客观的影响外，在对天线的屏蔽设计方面，要采用把天线放置在铁皮制成的盒子里来防止外面的电磁干扰,从而提高其接收的效果。

7.2.2 电磁辐射接收天线基本特性

实验室(或现场)可以采用效率较高的环天线进行电磁辐射接收。下面对环天线的基本特性及其相关参量进行详细介绍。

1. 环天线简介

环天线是将一根金属导体绕成一定的形状(如圆形、方形、三角形),以导体的两端点作为馈电端的结构。绕制一圈的称为单圈环天线,绕制多圈(如螺旋线状或重叠绕制)的则称为多圈环天线。

环天线可按电尺寸的大小进行分类。绕制环的导体总长度远小于自由空间波长的称为电小环天线,它的实际应用最多,如用作收音机天线、便携式电台接收天线、无线电导航定位天线、场强计的探头天线等。当绕制环的导体长度接近谐振尺寸(环周长接近波长)时称为电大环天线,它主要用作定向阵的单元,属谐振型天线。若在天线适当部位接入负载电阻,使导体上载行波电流,就可构成非谐振型环天线或称加载环天线,它具有较宽的频带特性。有时为了提高电小环天线的辐射效率,除采用多圈环外,也可在环中放入磁芯进行磁加载。所以,环天线宜用于做接收天线。但是,环形天线的方向性弱,测试的是测试点处所有磁场的叠加。应在后面加反射板提高方向性,或者屏蔽掉后面的磁场。

2. 载有均匀电流的圆环天线

1) 电小圆环天线

沿电小环天线导体的电流分布可以假设是近似均匀的,即导体上每一点处电流都有相同的值 I_0。这种假设对于单圈圆环及单层密绕螺旋线多圈环都是适用的,只要多圈环导体的总长度比自由空间波长小得多,并且螺旋线圈的长度与直径比大于 3 ($l_e/(2a) \geqslant 3$) 即可。这里 l_e 是螺旋线圈的长度,a 是圆环的平均半径或方环的边长。

电小环天线的电磁场与具有 $m = I_0 NA$ 的磁偶极子相同,即

$$E_\phi = Z_0 k^2 m \left(1 - \frac{j}{kr}\right) \mathrm{e}^{-jkr} \sin\theta \tag{7-21}$$

$$H_\theta = -\frac{k^2 m}{4\pi r} \left(1 - \frac{j}{kr} - \frac{1}{k^2 r^2}\right) \mathrm{e}^{-jkr} \sin\theta \tag{7-22}$$

$$H_r = \frac{k^2 m}{2\pi r} \left(\frac{j}{kr} + \frac{1}{k^2 r^2}\right) \mathrm{e}^{-jkr} \cos\theta \tag{7-23}$$

式中，$m = I_0 NA$，而 I_0 是环电流，N 是圈数，A 是圆环面积。

这里，环平面垂直于球坐标系统的极轴，环心在坐标系统原点，如图 7-6 所示。在环的远区（$kr \to \infty$），仅式(7-21)和式(7-22)中的首项有意义，式(7-23)可以忽略，即

$$E_\phi = \frac{Z_0 k^2 m}{4\pi r} e^{-jkr} \sin\theta \tag{7-24}$$

$$H_\theta = -\frac{k^2 m}{4\pi r} e^{-jkr} \sin\theta \tag{7-25}$$

可以看出，E_ϕ 和 H_θ 在垂直平面内的方向图都是 8 字形的，如图 7-7 所示。

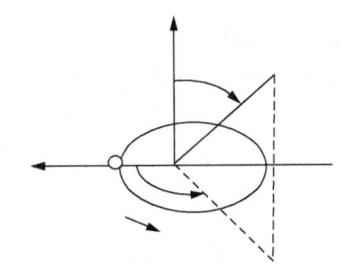

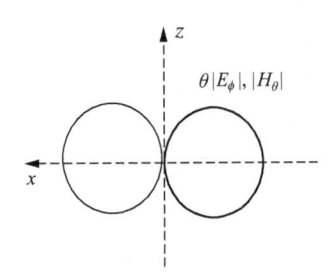

图 7-6　环天线和相应的环座　　　　图 7-7　电小环天线远区垂直面方向图

环天线激励点的电压和电流通过环的输入阻抗联系起来，即 $V = ZI_0$。对于电小环，馈电点阻抗是环外电感 L_e 的电抗、辐射电阻 R_r 和导体内阻抗 $Z_i = R_i + j\omega L_i$ 串联而成的，即

$$Z = R_r + Z_i + j\omega L_e = R_r + R_i + j\omega(L_e + L_i) \tag{7-26}$$

电小环输入阻抗可以看成一个等效电路，在这个等效电路中考虑到单圈环自身的和多圈环之间的分布电容有时与 Z 并联一个集总电容 C。但是电路中往往又省去了这个电容，这是因为实际上与环并联可变电容是为了与环电感调谐，环的分布电容仅减小所需的并联可变电容值。应该指出，根据连续性方程，因沿环导体没有电荷，所以具有真正均匀电流分布的环是没有电容的。

电小环天线的辐射电阻与圈数和面积乘积的平方成正比，即

$$R_r = \frac{Z_0}{6\pi} k^4 (NA)^2 \tag{7-27}$$

导体内阻抗实际上就是导线的表面电阻，因此，单圈环的电阻等于其环周长相同的直导线电阻，可以用式(7-28)计算：

$$Z_i = \frac{l}{2\pi b} R_S = \frac{l}{2\pi b}\sqrt{\frac{\omega \mu_0}{2\sigma}} \tag{7-28}$$

式中，l 是导线长度；b 是导线半径；R_S 是导线的表面电阻；σ 是导线的电导率。

式(7-28)只对单圈圆环适用，因为多圈环情况还应考虑集肤和邻近效应。对于圈间紧靠的多圈环，邻近效应产生的损耗电阻比集肤效应的大。

2) 接收电小圆环天线

当把电小环天线作为接收时，其输入端电压 V_{oc} 与垂直于环平面的入射波磁通密度成正比，即

$$V_{oc} = j\omega NAB_{iz} \tag{7-29}$$

式中，B_{iz} 是入射波磁通密度。

这里，假定穿过环平面的入射场是均匀的。B_{iz} 与 V_{oc} 这一简单关系使电小环天线可用作测量磁通密度的探头。如果在环中心入射电场与磁场的关系已知，则 V_{oc} 可用入射电场幅度 E_i 与有效长度 l_e 来表示。对入射波矢量为 K_i 的平面波，且波的取向如图 7-8 所示，则开路电压为

$$V_{oc} = j\omega NAB_{iz}\cos\phi_i\sin\theta_i = l_e(\phi_i,\theta_i)E_i \tag{7-30}$$

式中，$l_e(\phi_i,\theta_i) = V_{oc}/E_i = jkNA\cos\phi_i\sin\theta_i$。

根据图 7-9 所示的等效电路，可求得负载阻抗 Z_L 上的电压为

$$V_L = V_{oc}Z_L/(Z+Z_L) \tag{7-31}$$

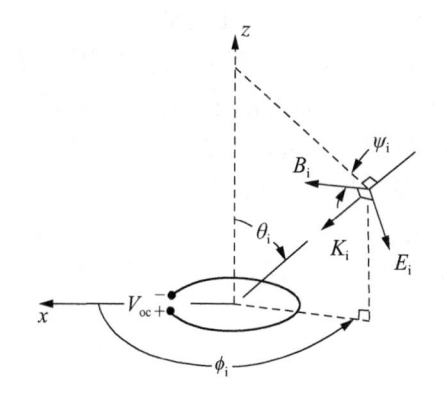

图 7-8 接收小环天线的平面波场入射 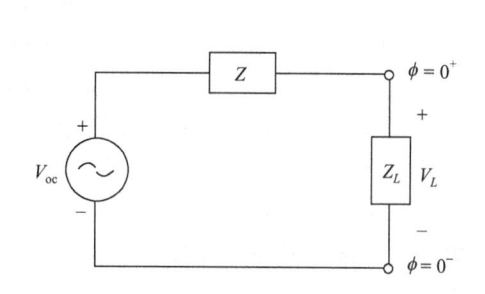　　图 7-9 接收小环天线的等效电路

3) 电大圆环天线

当环天线的电尺寸增加时，其环上的电流已不再像电小环天线上的均匀分布了。对于单圈圆环，当环周长大于 0.1λ 时，电流的非均匀性分布对天线性能有很大的影响。例如，具有均匀分布的电小环天线的辐射电阻，当 $ka=0.1$ 时，按式(7-27)计算的值约是实际值的 86%；而当 $ka=0.3$ 时，则仅是实际值的 26%。

在电大环天线的各种可能形状中,无论从理论上还是实际上最受人们注意的是单圈细线圆环,因为,可以把环上的电流展开为以下傅里叶级数来进行分析,方法简单。

$$I(\varphi) = I_0 + 2\sum_{n=1}^{m} I_n \cos n\varphi \tag{7-32}$$

7.2.3 电磁辐射接收天线参数测量

要确定天线的实际性能,如增益、波瓣图、极化、频带宽度和效率等,精确测量是必不可少的。天线在不同的应用场合各有其严格的指标要求。在许多情况下,天线的性能能够非常准确地得自理论计算。但是这对于复杂的天线或复杂环境中的天线是不可能的,要做太多的理想化和简化。通常很难对天线的使用环境进行建模,如接近于人头部、装置于飞机上或煤矿井下的天线。即使能算出理想天线的性能,现实世界中的天线仍需要通过测量来检验,由于加工容差和制造误差,其性能并不如所期望的那么好。只有测量结果才能为解决争议给出有价值的信息。

天线测量是解决天线问题的一种手段。通过测量取得定量的天线参数,能测量的参数越多,测量的越准确,就越能深入掌握各种天线的性能与特点。天线理论的研究与天线测量在解决天线技术问题中是相辅相成、相互促进的。天线测量和天线设计是同样困难的,而且在研制一副天线的同时就必须提出测量天线的方案。天线测量要在测试场中进行,而对于确定的天线,其最合适的测量场地主要取决于天线的物理尺寸和频率。对于不同的天线,测量参数的侧重有所不同,并且针对不同的天线参量要选择相应的天线测试场和相应的测量方法。大多数普通天线的测量是测定其远场的辐射特性,如定向波瓣图、增益或相位波瓣图等。

煤岩变形破裂产生的电磁波频率主要是在低频范围之内,且频带范围较宽。因此,电磁辐射接收天线的选择主要是采用圆环接收天线,这样接收效果会比较理想。对于电磁辐射接收天线的测试,主要是在屏蔽室内通过架设发射小环天线和电磁辐射接收天线实现对其测量。并且,对于电磁辐射接收天线,主要关注其方向性。根据不同方位的天线接收强度测试结果来绘制天线方向图,从而达到改进接收天线方向性的目的。

1. 磁棒天线方向图测试装置及方案

1)测试装置

天线测试场:铁铜结构屏蔽室。

测试仪器:扫频仪器(或信号发生器)作为发射机,小环形天线发射,测试天线作为接收天线,场强仪作为接收机。

第 7 章 煤岩电磁辐射接收天线特征参数及模拟研究

(1) 信号发生器。

采用 ZN1040B 低频功率信号发生器,如图 7-10 所示,这是一台多功能、宽频带兼有电压输出的低频功率源,可以产生 1Hz～1MHz 的正弦信号、方波信号及 TTL 逻辑电平信号。正弦波具有较大的输出功率,很小的波形失真,准确地输出电压。匹配阻抗有 8Ω、50Ω、600Ω、5kΩ 四种。输出电压为 0.1mV～200V。频率采用五位 LED 频率计跟踪显示,频率分段连续可调。

(2) 发射环天线。

所采用的发射小环如图 7-11 所示,环天线带宽:10kHz～30MHz;天线阻抗:50Ω;修正系数 K:20dB;误差:±1dB;测量范围:10μV/m～3.16mV/m;内部衰减器:20dB。

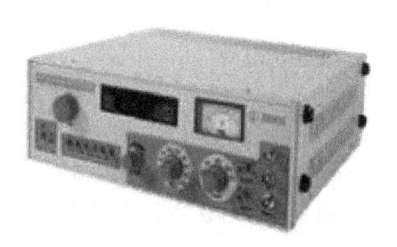

图 7-10　ZN1040B 低频功率信号发生器　　　图 7-11　发射环天线

(3) 场强接收机。

场强仪采用干扰场强测量仪,如图 7-12 所示,此型号的场强仪主要功能是利用磁性天线和鞭状天线测量频率为 10～150kHz 的干扰场强或正弦信号场强。

频率范围:10～150kHz;电压测量范围:−20～80dB(s/n=6dB,0dB=1μV);场强测量范围:24～124dB/m(环状天线),24～124dB/m(鞭状天线)(s/n=6dB,0dB/m=1μV/m);输入阻抗:50Ω;电源:220V(50Hz)。

(4) 电磁辐射接收磁棒天线。

图 7-13 为电磁辐射磁棒接收天线的实物图,它的接收频率范围主要是在中低频范围之内,一般在几 kHz 到几十 MHz,磁棒天线具有很强的方向性,天线的底部可以固定安装到支架上。

图 7-12　场强测量仪　　　图 7-13　磁棒接收天线

2) 测试方式

磁棒接收天线的测试是首先通过扫频仪为架设在支架(与天线连接处有刻度盘)上的小环形发射环天线提供不同的发射频率,而在距离小环形发射天线 50cm 的位置架设被测的磁棒天线,并在测试天线的一端放置场强仪作为接收机来测量场强的大小变化。测试简图如图 7-14 所示,左侧的环表示小环形发射天线,右端的表示被测的磁棒天线,上面的箭头表示磁棒天线的转动方向,发射天线到接收天线中心位置的距离是 50cm。其中发射频率 f 根据实际探测范围定;距离 D 根据频率计算波长定;转动方向按每 15°转动。

图 7-14 磁棒天线测试简图

2. 测试结果及分析

按照上述的测试方法我们对电磁辐射接收天线进行了测试,对不同频率不同角度下的接收强度数据进行处理并分析,绘制得到磁棒接收天线的方向图,如图 7-15 所示。

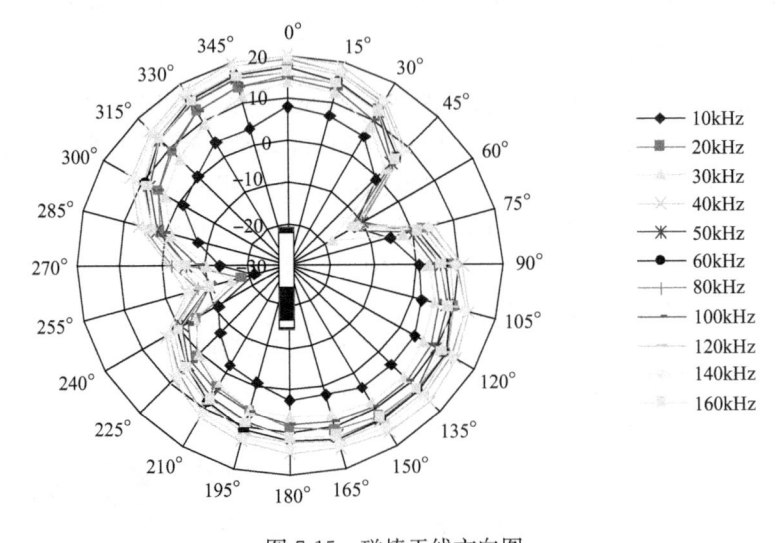

图 7-15 磁棒天线方向图

观察磁棒接收天线的测试方向图,磁棒接收天线的方向图与图 7-7 中的"8"字形状基本吻合,即磁棒接收天线的方向图测试结果与理论分析是一致的。从图 7-15 中可以看出,方向图的对称性也比较好,并且,接收天线同频一致度较好,但不同频率之间天线方向图的一致度还是不够理想。在被测磁棒天线与发射环垂直的位置即测试点 0°(或 360°)和 180°的位置,磁天线的接收强度比较强,而在 60°和

270°附近的位置,天线的接收强度就比较弱。但是0°(或360°)位置的接收强度比180°位置还要稍大一些,这是180°位置处接收天线内部有屏蔽措施造成的。

通过图7-16～图7-20显示的同一角度不同频率下的接收强度的比较可以看出,在0°(或360°)和180°位置附近的接收强度在20dB左右,而在60°和270°位置附近的接收强度在-20dB左右,与前两个位置相比,接收强度明显小了很多;并且在接近360°位置附近的345°位置接收强度又开始逐渐增强。

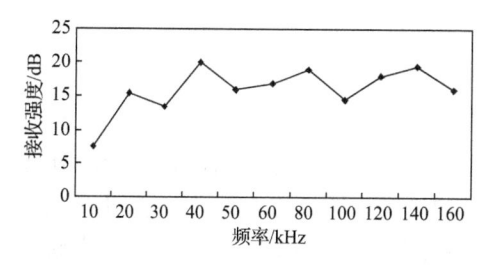

图7-16 0°时不同频率下的接收强度

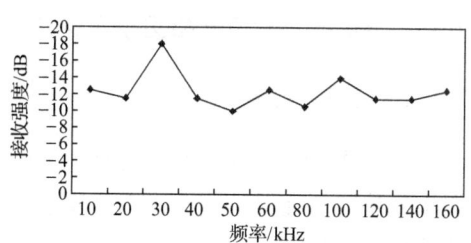

图7-17 60°时不同频率下的接收强度

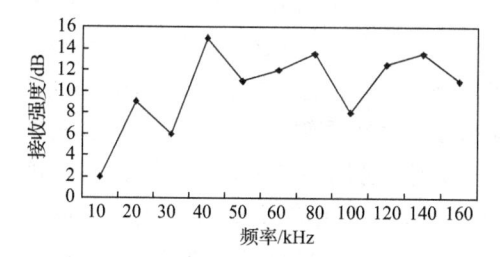

图7-18 180°时不同频率下的接收强度

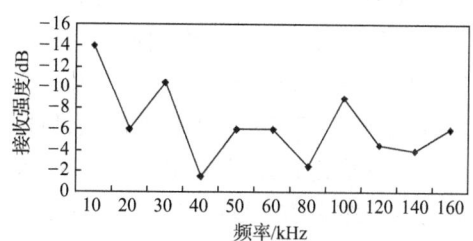

图7-19 270°时不同频率下的接收强度

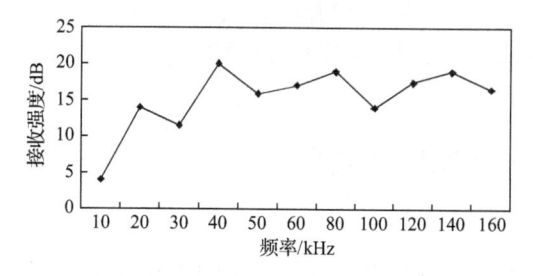

图7-20 345°时不同频率下的接收强度

综上所述,通过磁棒接收天线方向图的综合显示和分析,可以看到实测的磁棒天线接收方向图与理论分析基本上一致,趋于呈现"8"字形状。通过图7-16～图7-20对同一个角度不同频率下接收强度的分析,可以更直观地看到磁棒接收天线在0°(或360°)和180°位置的接收强度最强,而后又开始逐渐减弱;而在60°和270°位置的接收强度最弱,而后又逐渐增强。并且0°(或360°)和180°位置的接收强度明显要比60°和270°位置的接收强度大;而0°(或360°)和180°两个位置处,0°(或360°)位置的接收强度又是最强的,所以天线在架设时应该尽量使0°(或360°)位置对准煤岩壁。

7.3 煤岩电磁辐射接收天线模拟技术

7.3.1 HFSS软件及其相关技术定义

1. HFSS软件

Ansoft HFSS是通用商业软件,主要应用于三维结构电磁场仿真。Ansoft公司率先将有限元算法用于高频和高速部件的电磁场计算,在技术上一直处于领导者的地位。HFSS作为行业标准工具,广泛用于寄生参数抽取、三维电磁场求解和可视化、远场和近场计算、宽带SPICE模型生成以及设计性能的优化。

Ansoft HFSS使用了有限元法,自适应划分网格和杰出的图形界面。HFSS是一个用于任意三维无源器件的高性能全波电磁场仿真器,它采用基于Microsoft Windows的用户界面,学习和使用非常方便,建立了以电磁场仿真为基础的设计流程,精确地把握并实现高性能的设计,集成了实体模型输入、自动设置网格、精确仿真和图形化后处理等功能。HFSS有一个易学、易用的环境,并且能够快速、准确得到三维电磁问题的解。HFSS是一个互动式仿真系统,仿真系统的基本网格元素是四面体。这使用户以比其他方法少得多的时间求解任意三维几何形状的电磁问题,特别是那些具有复杂曲线和形状的三维电磁场问题。

HFSS能够提取包括集成电路封装、连接器及PCB等高速部件的三维全波电磁特性,从而避免反复加工测试和修改原模型的过程,提高成品率,缩短研发周期,并确保一次设计成功。

2. HFSS软件中的相关技术定义

1) 边界条件

用HFSS求解的波动方程是由微分形式的麦克斯韦方程推导出来的,在这些场矢量和它们的导数都是单值、有界而且沿空间连续分布的假设下,这些表达式才可以使用。在边界和场源处,场是不连续的,场的导数变得没有意义。因此,边界条件确定了跨越不连续边界处场的性质。

HFSS软件中有以下几种边界条件类型。

激励:激励端口是一种允许能量进入或导出几何模型的边界条件。

理想电边界:Perfect E是一种理想电导体或简称为理想导体,这种边界条件的电场垂直于表面。有两种边界条件被定义为理想电边界：①任何与背景相关的物体表面定义为理想电边界并命名为 outer 边界；②任何材料被赋值为 PEC（理想电导体）的物体的表面定义为理想电边界并命名为 smetal 边界。

理想磁边界：Perfect H 是一种理想的磁边界，边界上的电场方向与表面相切。

自然边界：当理想电边界与理想磁边界出现交叠时，理想磁边界也就成为自然边界。理想磁边界与理想电边界交叠的部分将去掉理想电边界的特性，恢复所选区域为它以前的原始材料特性。

有限电导率边界：把物体表面定义为有耗（非理想）的导体。它是非理想的电导体边界条件，并且可以类比为有耗金属材料。为了模拟有耗表面，需要损耗参数以及导磁率参数。计算的损耗是频率的函数。但是这个边界条件只能用于良导体损耗的计算。

阻抗边界：一个解析公式计算场行为和损耗参数的电阻性表面。

分层阻抗边界：在结构中多层薄膜可以模拟为阻抗表面。

集总 RLC 边界：一组并联的电阻、电感和电容组成的表面。这种仿真类似于阻抗边界。

无限地平面：通常，地面可以看成是无限的、理想电壁、有限电导率或者是阻抗的边界条件。如果模型中使用了辐射边界，地面的作用是对远场区能量的屏蔽物，防止波穿过地平面传播。

辐射边界：辐射边界也称为吸收边界。辐射边界能够模拟开放的表面。即波能够朝着辐射边界的方向辐射出去。系统在辐射边界处吸收电磁波，并把边界延伸到空间无限远处。辐射边界可以是任意形状并且靠近结构。

2）激励技术

端口是唯一一种允许能量进入和流出几何模型的边界类型。可以把端口定义给一个二维物体和三维物体的表面。在几何模型中三维全波电磁场计算之前，必须确定每一个端口激励场的模式。Ansoft HFSS 默认所有的几何模型都被完全装入一个导电的屏蔽层，没有能量能够穿过这个屏蔽层，当应用端口于几何模型时，能量通过这个端口进入和离开这个屏蔽层。作为端口的替代品，可以在几何模型内应用集中参数端口。集中参数端口在模拟结构内部的端口时非常有用。

3）模型与背景交界面设置

所谓背景是指几何模型周围没有被任何物体占据的空间。任何和背景有关联的物体表面将自动地定义为理想的电边界。可以把几何结构想象为外面有一层很薄而且是理想导体的材料。

如果有必要，可以改变暴露于背景材料的表面性质，使其性质与理想的电边界不同。为了模拟有耗表面，可以重新定义这个边界为有限电导或阻抗边界。有限电导边界可以是一种电导率和导磁率均为频率函数的有耗材料。阻抗边界默认在所有频率都具有相同的实数或复数值。为了模拟一个允许波进入空间辐射无限远的表面，重新定义暴露于背景材料的表面为辐射边界。背景能够影响对材料的定义。例如，要仿真充满空气的矩形波导，可以先建一个具有波导形状、特性为空气的简单物体。波导表面自动被假定为良导体而且给出外部边界条件，或者把它变成有损导体。

7.3.2 煤岩电磁辐射场仿真研究

电磁波从变形破裂的煤岩体中产生并辐射出来，就会经由煤岩并向周围空间中开始传播，如果整个空间均匀各向同性，并且是无限大的，那么电磁波向四周辐射开去；如果空间存在两种或两种以上不同的介质，那么电磁波在两种不同介质的分界面上就发生反射和折射，跟可见光在界面上发生的现象相同。通常情况下，煤矿井下环境、煤岩结构及其地质赋存条件等是非常复杂的。因此，仿真电磁波在煤岩中传播过程会受到很多因素的影响，使模型的构建比较复杂。下面主要对简化煤岩模型的电磁场传播分布情况进行初步仿真研究。

1. 煤岩模型

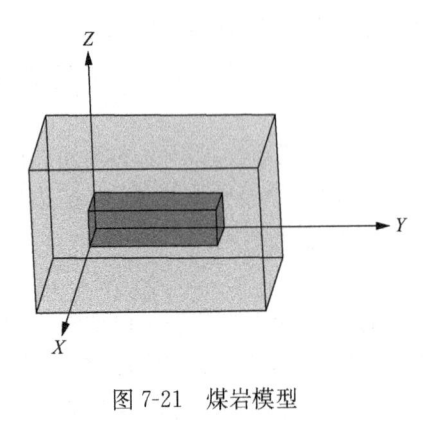

首先，选取煤岩尺寸为 20m×4m×4m，并且假定所选取的煤岩是均匀、线性、各向同性的。假设沿 Y 轴的负方向是掘进工作面向前掘进的方向。XZ 平面上的端面为入射波的入射处，假设此处即为煤岩内产生电磁辐射的位置，它会由内向外沿着煤岩体向掘进头处传播。根据上面边界条件技术定义，为了使能量能够自由地进出模型，把与背景直接接触的立方体六个面都设置成辐射边界条件。所建立煤岩模型如图 7-21 所示。

图 7-21　煤岩模型

2. 煤岩电磁辐射场中的电场分量

用 HFSS 软件，完成模型的建立之后，单击菜单中 HFSS 下的 Validation Check 选项，对所建模型进行确认检查，检查通过后，再单击 HFSS 下的 Analyze All，对模型运算求解。最后，可以利用项目管理器中 Field Overlays 场覆盖图功能，添加电场 E Field 项，显示对运算结果的后处理，来观察电场的变化情况。

图 7-22～图 7-25 是 HFSS 软件仿真受载变形破裂煤岩中电磁场分布的结果，显示了煤岩体内部和煤岩体周围空间的电场和矢量电场的传播分布。从图 7-22

和图 7-23 可以看出,煤岩中由内向外电场强度及矢量电场强度随着传播距离的增加,从 1.0740V/m 逐渐减弱到 2.4288×10^{-2} V/m。由图 7-24 和图 7-25 可以看出,煤岩体周围空间的电场强度和矢量电场强度则分别从 9.0307×10^{-1} V/m 逐渐减弱到 5.3068×10^{-3} V/m。

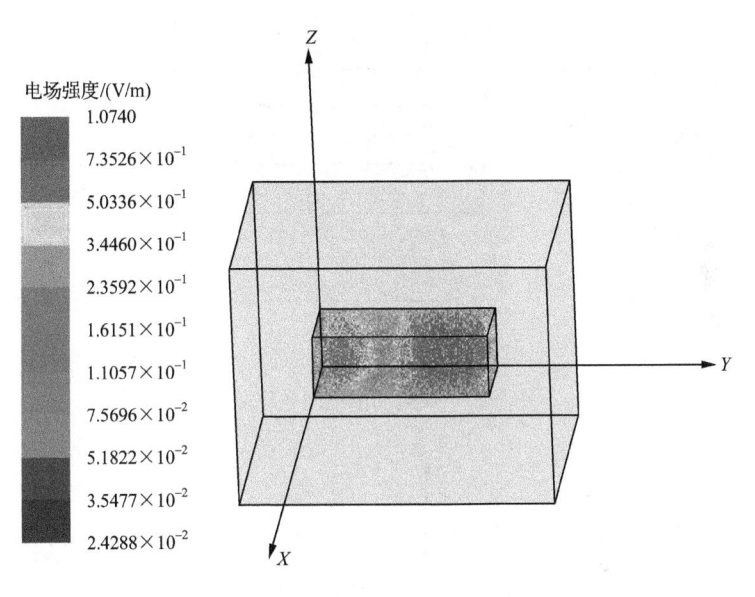

图 7-22 煤岩内部电场分布

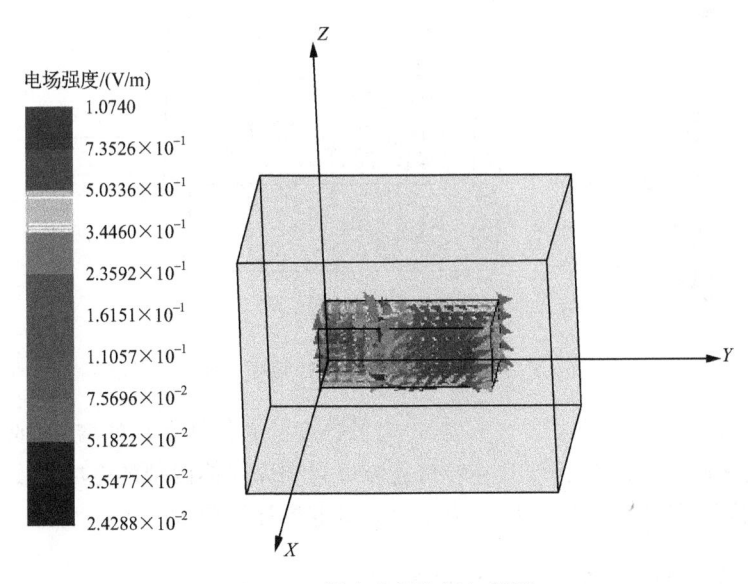

图 7-23 煤岩内部电场矢量图

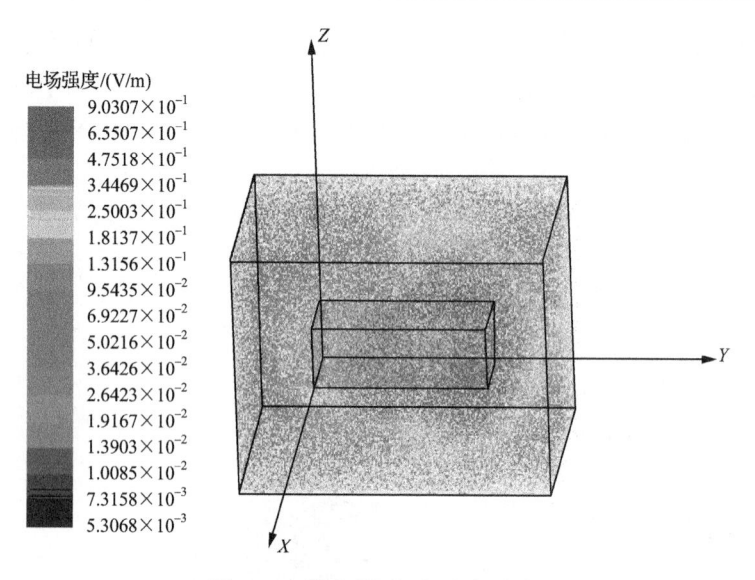

图 7-24　煤岩周围空间电场分布

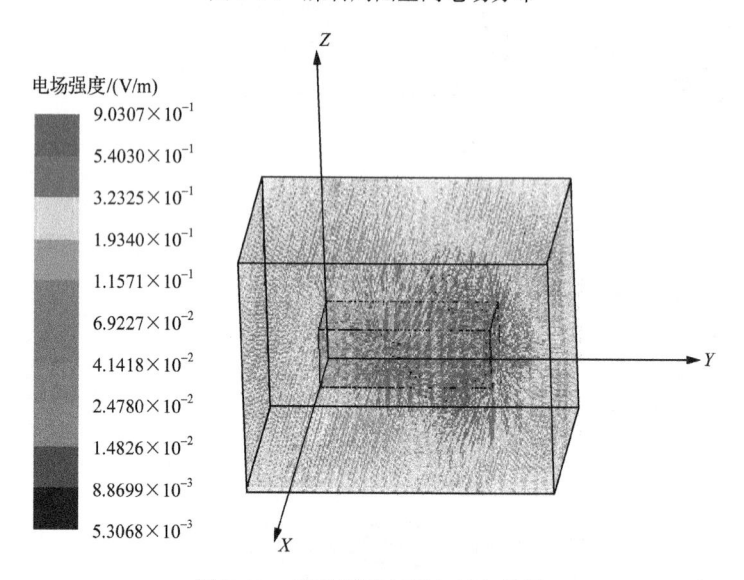

图 7-25　煤岩周围空间电场矢量图

这就说明电磁波在煤岩中传播时,电场强度随着传播距离的增加(或随着距离破裂源越来越远)而逐渐减弱。同时,还可以看到煤岩体内部的电场强度及矢量电场强度比煤岩体周围空间的电场强度及矢量电场强度要大。

3. 煤岩电磁辐射场中的磁场分量

图 7-26～图 7-29 显示了煤岩体内部及其周围空间的磁场及矢量磁场传播分

布情况。从图中可以看到,沿煤岩体由内向外,磁场强度是逐渐减弱的。煤岩内部的磁场强度由 4.7552×10^{-3} A/m 逐渐减弱到 1.1563×10^{-4} A/m,煤岩周围的磁场强度从 3.9527×10^{-3} A/m 逐渐减弱到 7.5922×10^{-6} A/m。由矢量磁场的三维分布图可以看出,磁场方向基本上与前面矢量电场分布图中的电场方向垂直。

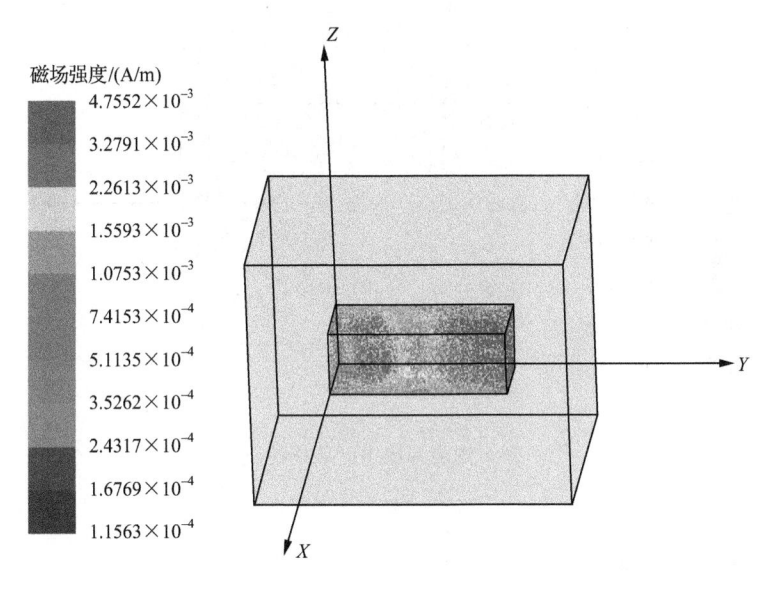

图 7-26 煤岩内部磁场能量分布

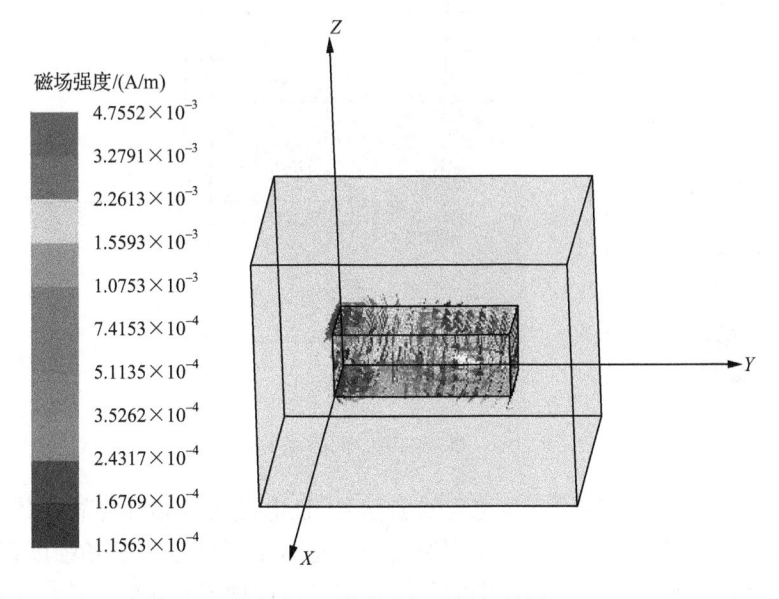

图 7-27 煤岩内部磁场矢量图

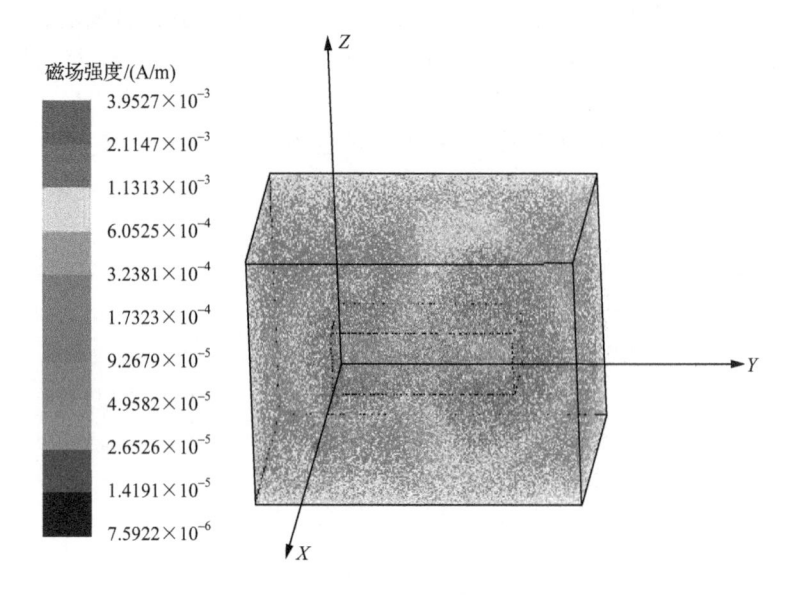

图 7-28 煤岩周围空间磁场能量分布

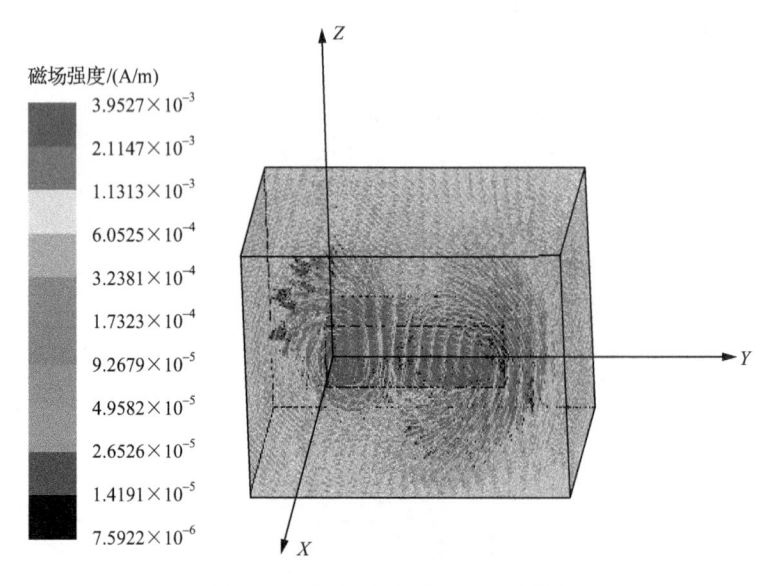

图 7-29 煤岩周围空间磁场矢量图

综上所述,当煤岩破裂产生电磁辐射信号,且电磁波开始在煤岩中传播时,随着传播距离的增加(或随着距离破裂源越来越远),电场强度和磁场强度都是逐渐减弱的,并且发现其能量在空间中的传播分布是与这种逐渐减弱的趋势相吻合的。并且可以发现在越靠近煤岩内部(或源产生处),无论电场还是磁场,其强度及能量分布都比较大,而越向外,能量分布开始变弱。这说明,在测试时如果能采集到煤岩内部的电磁辐射信号是最理想的。

7.3.3 电磁辐射接收天线仿真研究

1. 电磁辐射接收天线

电磁辐射接收天线是接收煤岩破裂产生的电磁辐射信号的装置,也就是通过接收天线这个装置来俘获在煤岩中的电磁能量,根据对收到的电磁信号强弱,分析得出煤岩变形破裂的程度,从而实现对煤岩动力灾害的预测预报。电磁辐射接收天线的接收性能及基本参量等直接关系到接收效果,并影响着预测预报的准确性。

由于煤岩变形破裂过程中产生的电磁信号属于中低频信号且频带很宽,所以宜选用环天线作接收天线。环形天线的种类也有很多种,如圆环天线、单圈圆环天线、多圈圆环天线、方环天线、三角形环天线、加载环天线等。接收天线主要是放置在距离巷道两帮煤壁或工作面前方煤壁一定距离范围内(或在巷道两帮和工作面煤层中的钻孔内)来完成测试的。比较天线性能、频带宽度和天线参量等要求,选择采用 A. H. Systems 公司的 SAS-560 环形天线,具体参数见图 3-5。

2. 环形接收天线方向性仿真模拟研究

HFSS 可以实现对射频和微波器件设计、高频 IC 设计、高速封装设计、高速 PCB 板和 RF PCB 板设计及天线、阵列天线和馈源设计。下面主要是借助其对天线的设计、优化和性能参数预测的功能对环形电磁辐射接收天线进行仿真研究。

1) 未设反射面时接收天线方向图

以下主要是根据煤岩变形破裂产生的电磁信号的频率特点,对环形接收天线进行了仿真研究。

(1) 建立模型。

首先,用软件中的绘图功能,合理地建立环形接收天线的模型图;其次,对模型参数进行设置,天线的材料设成铜、端口激励设置成集总端口、边界条件设置成辐射边界条件。经过以上几个设置步骤,最终完成对环形接收天线的仿真建模,如图 7-30 所示。

(2) 计算结果后处理显示。

经过计算处理后得出的天线方向图与理论分析是一致的,可以看到未设反射板时接收天线方向图,如图 7-31 所示。

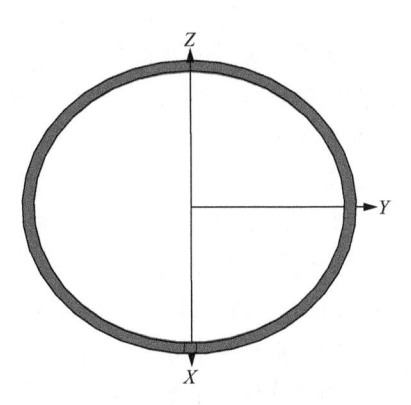

图 7-30 环形接收天线模型图

(a) 天线上方　　　　　　　(b) 天线下方

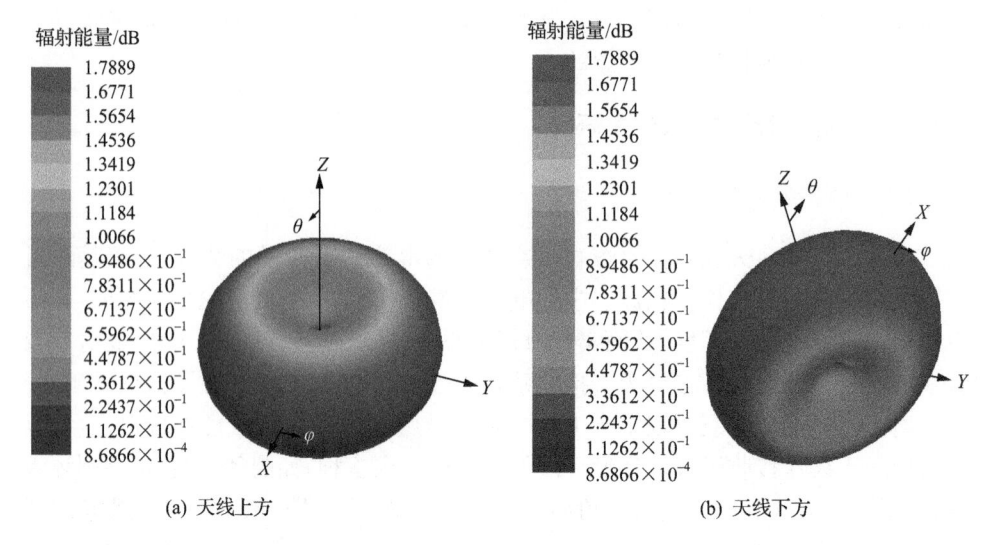

图 7-31　环形接收天线方向图

从环形接收天线方向图可以看出,环形接收天线在 XY 平面基本上是全向的,沿 Z 轴对称,并且可以观察到无论接收天线摆放在哪个位置,都会受到来自后方信号的影响。因此,这就要求采取措施来尽量削弱后方信号的影响。

2) 设反射面后接收天线方向图

在天线设计中,加设反射板可把辐射能量控制到单侧方向,即把功率反射到单侧方向,提高增益。反射板很多种,如平面反射板、抛物型反射面、圆锥型反射面(或漏斗形反射面)等。总之,通过适当加设不同类型反射板或面,就能使天线的辐射像光学中的探照灯那样,集中到一个小立体角范围内,从而获得很高的增益。

(1) 加设金属平面反射板。

如果在天线的背部($-Z$ 轴方向)放一个金属平面反射板,则方向性会沿 Z 轴正向增强,所以加上金属板对后方的干扰信号有一定的屏蔽效果。加平面反射板后的效果可以从图 7-32 中看到,来自后方的信号得到了抑制,并且开始向接收一侧集中。

对比加反射板前后环形接收天线方向图,可以看出加金属板后,反射板后面接收到的信号要比正面小,这样就尽可能地削弱了后方信号的干扰,增强了天线接收的方向性,为进一步提高预测预报的准确性提供了指导。

(2) 加设漏斗形反射面。

如果选择一个漏斗形的反射面,输入模型后如图 7-33 所示,运算结果后处理后得到的接收天线方向图如图 7-34 所示。

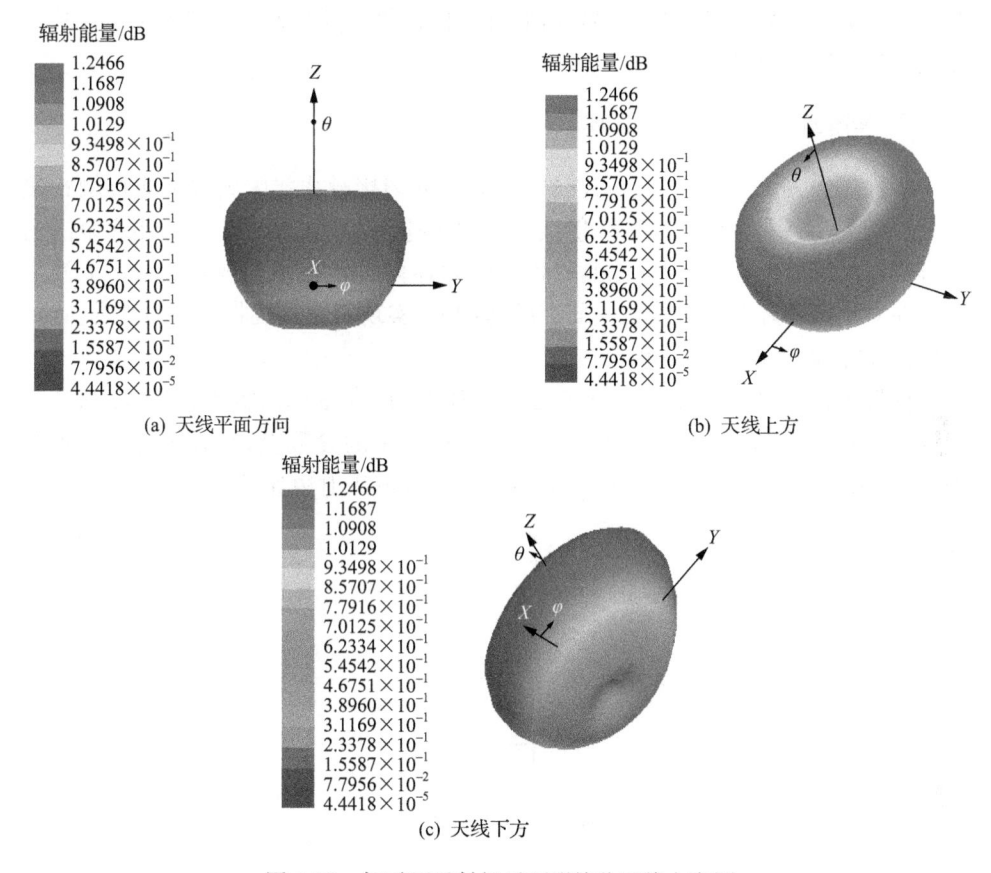

(a) 天线平面方向

(b) 天线上方

(c) 天线下方

图 7-32 加平面反射板后环形接收天线方向图

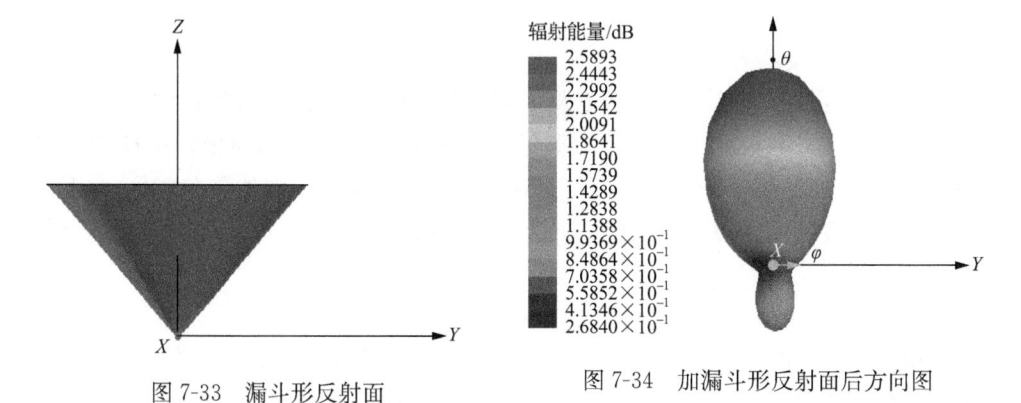

图 7-33 漏斗形反射面

图 7-34 加漏斗形反射面后方向图

与未加反射面的波瓣图比较，可以看出，背瓣被抑制了，所以采用漏斗形状的反射面对后方信号的屏蔽效果比平面金属反射板要理想。

所以，对井下干扰信号的屏蔽需要采取多种方式进行，可以在天线后端加上一个屏蔽反射板。另外,还要在信号处理方面进行干扰抑制,即寻找到干扰信号的特征,从信号处理的角度来抑制干扰。

3. 单圈圆环接收天线仿真模拟研究

根据接收方式的不同,电磁辐射接收天线分为接触式接收天线和非接触式接收天线两大类。非接触式电磁辐射接收天线是挂设在煤岩体前方一定距离范围内进行测试的,而接触式接收天线是放设在煤岩体内的钻孔中实现测试的。下面主要是在对单圈圆环接收天线仿真研究的基础上,实现对钻孔接收天线的改进。

1) 单圈圆环接收天线建模

根据理论计算得到单圈圆环天线的半径应为 $R=60\text{cm}$,首先,对单圈圆环天线进行仿真模拟,建立模型如图 7-35 所示。模型中的参数设置:天线材料设置为铜,天线激励端口设置为集总端口,边界条件设置成辐射边界条件。

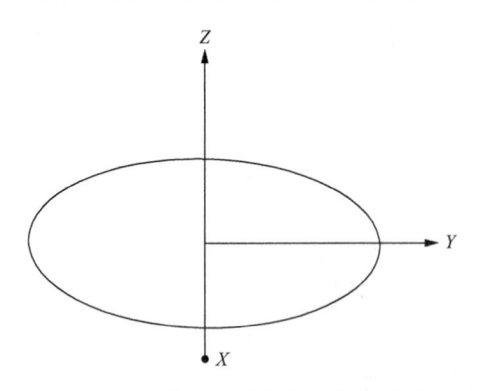

图 7-35 单圈圆环接收天线模型图

2) 单圆环接收天线近场处不同方向上电场三维分布

单圆环接收天线近场处全向、θ 及 φ 方向上电场三维分布模拟结果如图 7-36～图 7-38 所示,其中 θ 是球面坐标中球的垂直剖面方向,φ 是球面坐标中球的水平剖面方向,全向是整个球坐标系。可以观察到近场区电场强弱的分布变化,在近场区内电场强度在圆环的边缘处比较强,而越靠近环的中心位置处,场强就变得越弱。

3) 单圈圆环接收天线远场处不同方向上电场分布

单圈圆环接收天线远场处不同方向上电场分布结果如图 7-39～图 7-41 所示。单圈圆环接收天线在远场处电场强度的大小比近场处的电场强度要明显小,这也验证了前面所述:无论近场区还是远场区,都同时有感应场和辐射场存在,不过两者比较起来,在近区感应场很强,辐射场可以忽略;在远区辐射场较强,感应场可以忽略,因而近区主要表现出感应场的性质,远区主要表现出辐射场的性质。尽管在

第 7 章　煤岩电磁辐射接收天线特征参数及模拟研究

近区内辐射场比感应场弱，但仍比远场处的电场强度大的多。

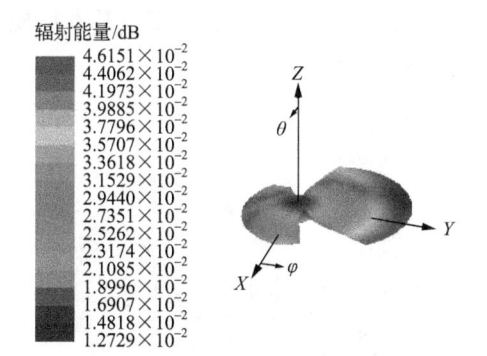

图 7-36　全向电场分布

图 7-37　θ 方向电场分布

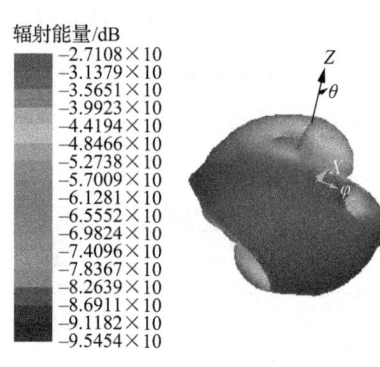

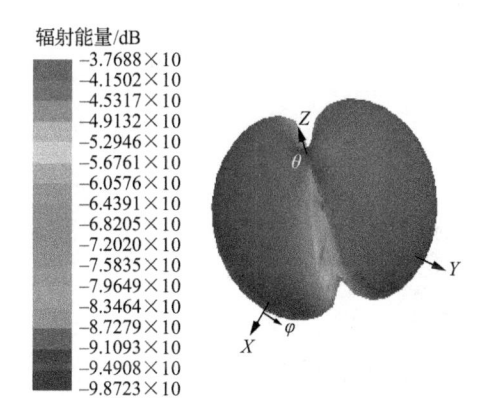

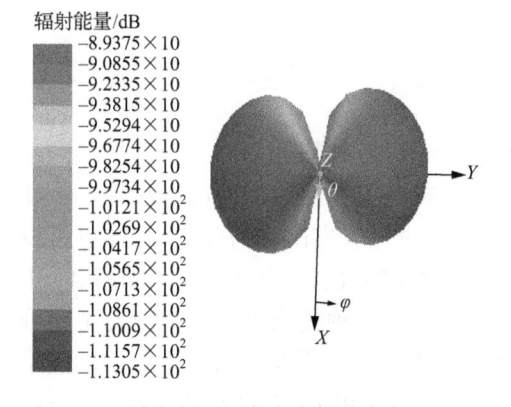

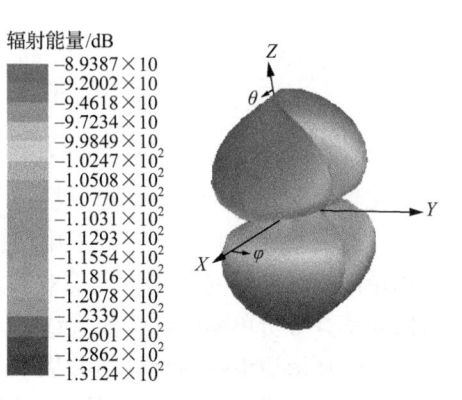

图 7-38　φ 方向电场分布

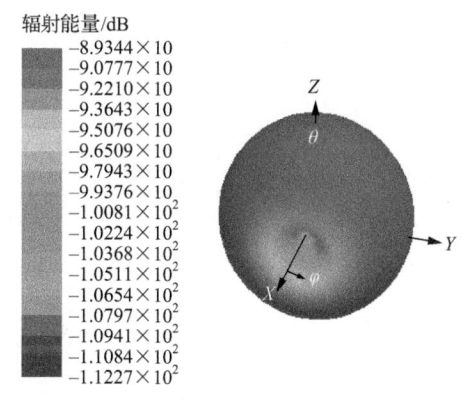

图 7-39　全向电场分布

图 7-40　φ 方向电场分布

图 7-41　θ 方向电场分布

4) 单圈圆环接收天线在远场处不同方向上增益变化

由图 7-42～图 7-44 可以看到，单圈圆环接收天线在远场增益的变化基本呈现出在环边缘处的增益比环中心处附近的增益要强的趋势。

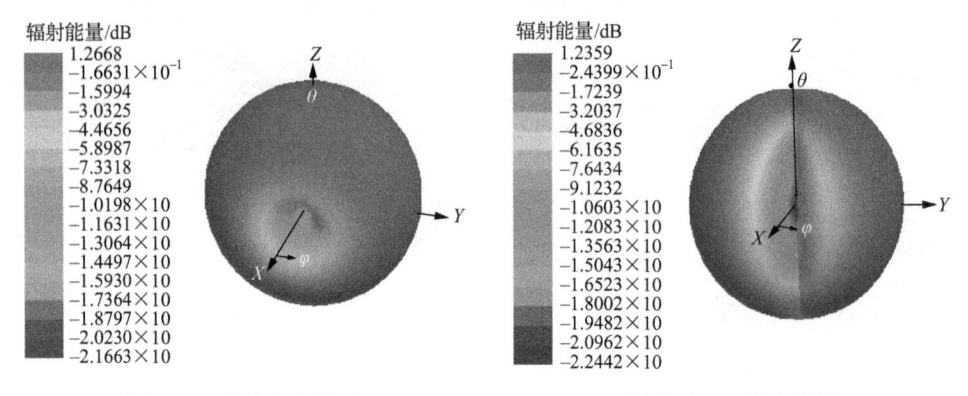

图 7-42　全向方向增益

图 7-43　φ 方向增益

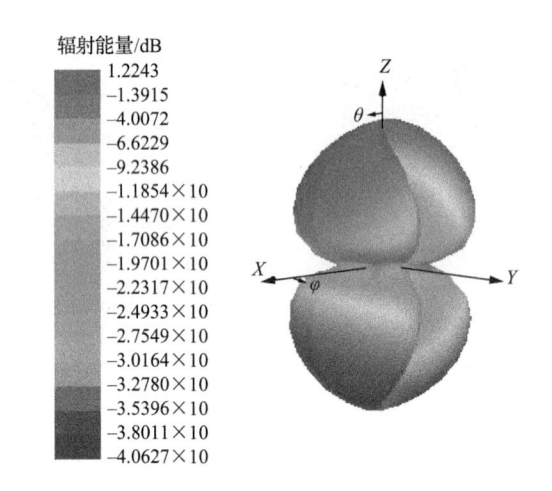

图 7-44　θ 方向增益

5) 单圈圆环接收天线在远场处不同方向上的方向性图

在工程实际中，人们很多时候往往更关注接收天线在远场处的方向性。上面已经针对实验室试验系统中所采用的接收天线进行了方向性的改进，同样也可以利用单圈圆环天线的方向图实现对其接收方向性的改善。从图 7-45～图 7-47 中可以观察并分析单圈圆环接收天线的方向性特征，这种接收天线的方向性主要分散在一个环形边缘带附近且不够集中，因此，应该尽量使分散在边缘比较强的能量集中到接收天线一侧，以增强接收一侧的辐射能量。可见，方向图对改进天线方向性有很大的指导意义。

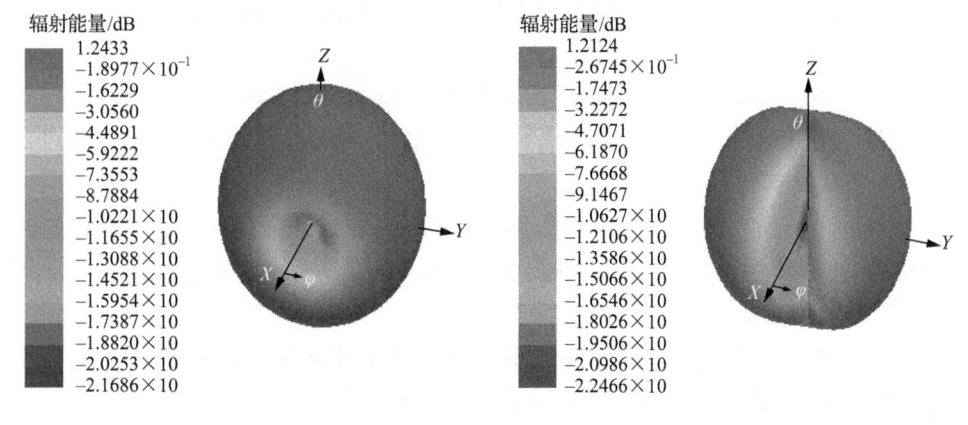

第 7 章 煤岩电磁辐射接收天线特征参数及模拟研究

图 7-45 全向上方向性

图 7-46 φ 方向上方向性

图 7-47 θ 方向上方向性

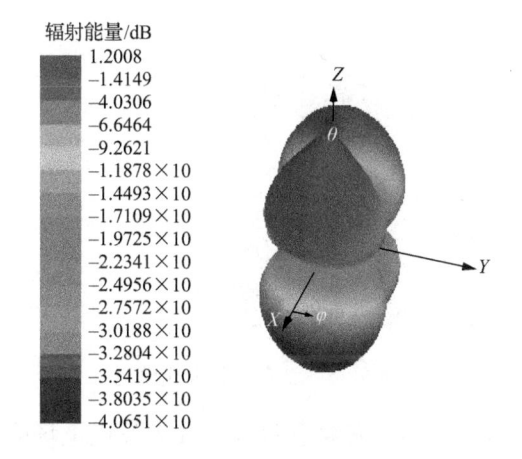

通过以上对单圈圆环天线近场处和远场处的电场、增益及方向图的研究分析，可以总结得出，在越靠近单圆环接收天线的环中心位置，能量分布越弱，电磁辐射强度就越弱；而在与圆环天线所在水平面垂直的平面内，越靠近此平面边缘处，能量分布越强，即在这个方向上电磁辐射强度分布是最强的。因此，在挂设圆环天线时，应尽量使圆环接收天线的水平面与煤岩壁面平行，这个方向附近接收天线的接收能力较强。

4. 多圈圆环接收天线仿真模拟研究

由上可知，虽然按照理论计算并选用单圆环接收天线可以达到比较理想的接收效果，但是，当通过钻孔来进行测试时，由于受钻孔尺寸的限制，单圈圆环接收天线的尺寸很难满足钻孔细长的特点并放置到钻孔内，基于此，可以把接收天线做成多圈圆环即螺旋状。下面通过 HFSS 软件，对其进行仿真模拟研究。

1) 模型建立

首先，建立多圈圆环天线的模型，如图 7-48 所示，模型中的参数设置情况：天线的制作材料设置为铜，激励端口设为集总端口，边界条件设置成辐射边界条件。

2) 检查并运行

模型建立完成之后，再通过菜单中的 Validation Check 检查功能来对模型进行检查修正直至检查通过，然后，直接单击 Analyze All 对模型进行运算求解。

3) 计算结果及分析

首先，通过工程目录树下面的 Radiation 选项来建立远场和近场，然后再单击 Results 选项，得到对接收天线计算结果的后处理显示。

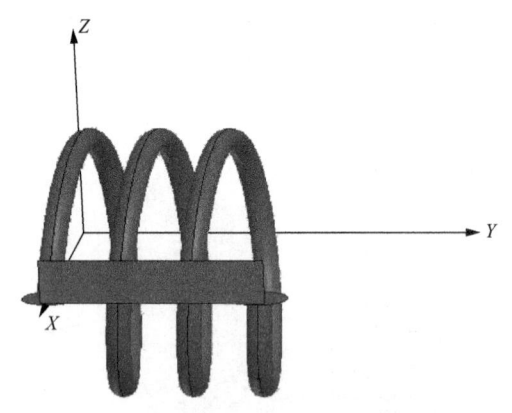

图 7-48　钻孔接收天线模型

图 7-49～图 7-51 是多圈圆环钻孔接收天线近场区电场能量在不同方向上的三维分布图。通过钻孔接收天线近场处电场能量分布图的分析，可以看到无论在 θ 方向、φ 方向还是全向上，在靠近边缘处的电场能量分布依然是最强的。

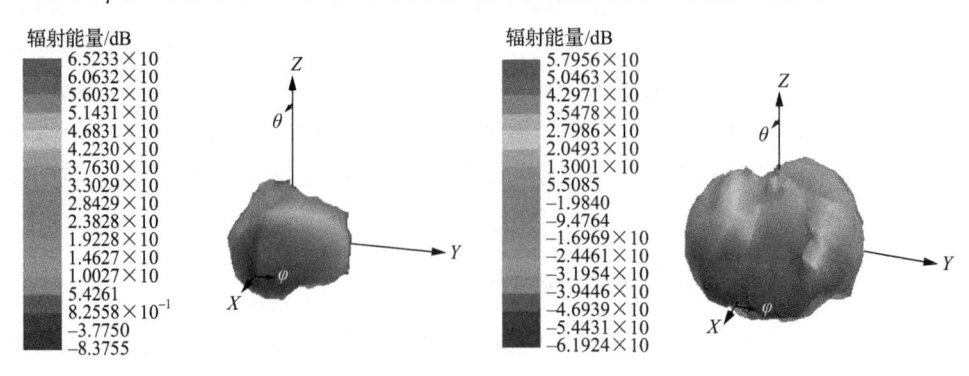

图 7-49　全向电场分布　　　图 7-50　θ 方向上电场分布

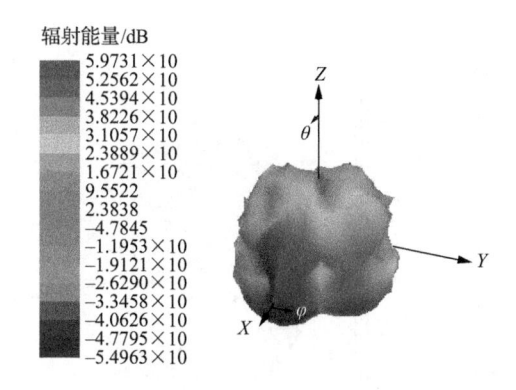

第 7 章 煤岩电磁辐射接收天线特征参数及模拟研究

图 7-51 φ 方向上电场分布

下面是钻孔接收天线在远场区处电场、增益和方向性三维变化分布图,通过对天线这些关键参量的研究和分析,从而实现对它们的改进设计,以便满足现场实际要求。图 7-52～图 7-60 显示了钻孔接收天线远场处不同方向上电场能量、增益和方向性的分布情况。从接收天线远场图中可以观察到,在越靠近每个圆环的中心位置处,能量分布仍然是越弱,而在越靠近圆环的边缘处,能量分布依然是越强,即边缘处的接收效果是比较理想的。

（1）多圈圆环钻孔接收天线近场区电场的三维分布。
（2）远场区多圈圆环接收天线增益图。
（3）远场区多圈圆环接收天线方向图。

通过对多圈圆环接收天线的仿真模拟研究与分析,改进了单圈环接收天线不能适应钻孔尺寸细长的特点,方便了现场操作,省时省力,但是,钻孔接收天线的改进空间还很大,这里只是对钻孔接收天线进行了初步的研究,以后还需要做更深入的研究工作。

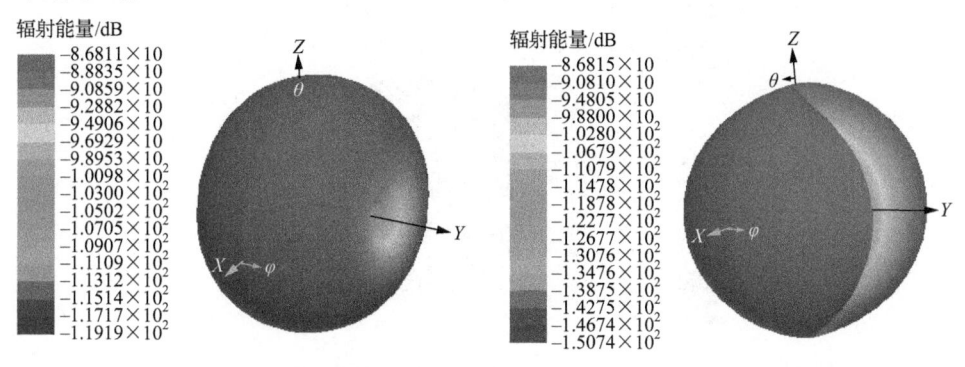

图 7-52 远场处全向方向上电场分布

图 7-53 远场处 φ 方向上电场分布

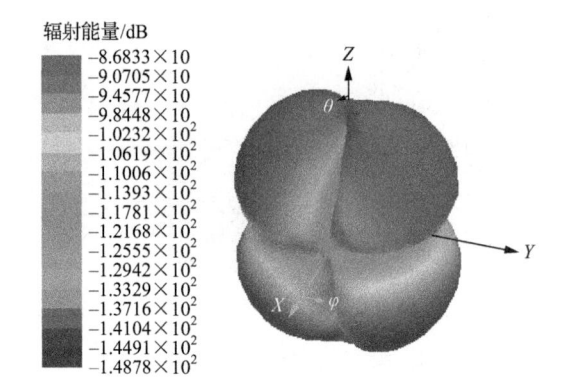

图 7-54 远场处 θ 方向上电场分布

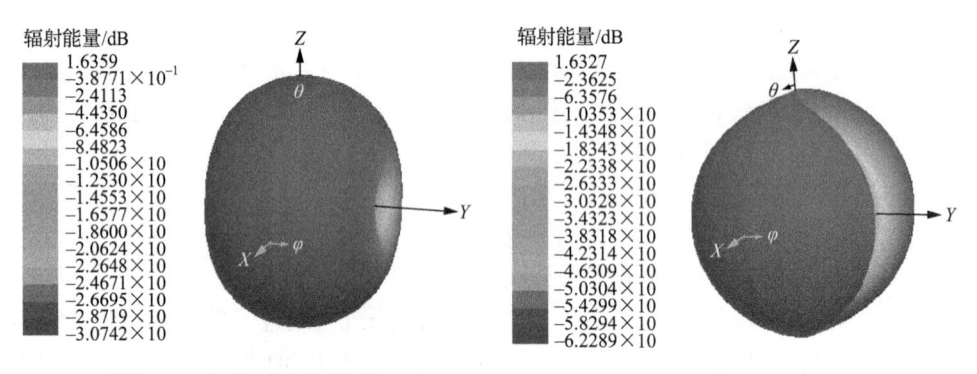

图 7-55 远场处全向增益

图 7-56 远场处 φ 方向上增益

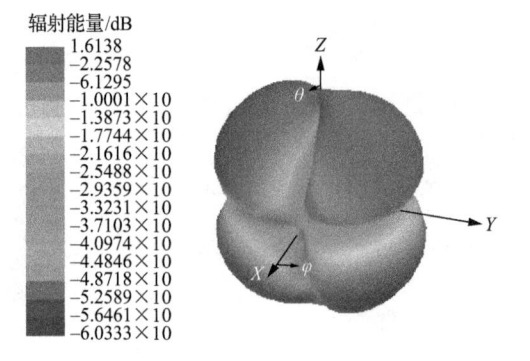

图 7-57 远场处 θ 方向上增益

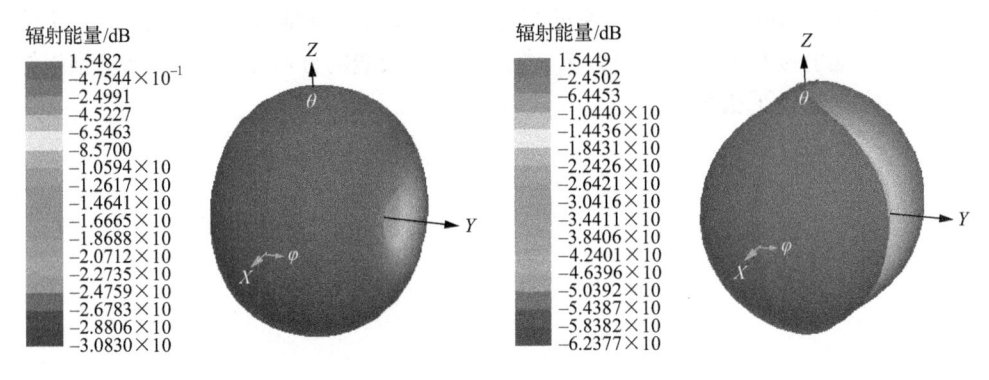

图 7-58 远场处全向方向图

图 7-59 远场处 φ 方向上方向图

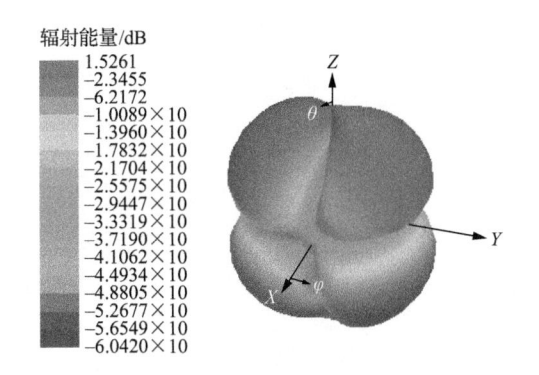

图 7-60 远场处 θ 方向上方向图

7.4 小　　结

　　本章在天线基本理论的基础上，研究了电磁辐射接收天线的接收性能，应用 Ansoft HFSS 三维结构电磁场仿真软件对电磁辐射接收天线即环形接收天线进行了仿真研究，对接收天线的方向性及钻孔接收天线进行了改进和完善，并结合接收天线相关参数的变化分布图，在对其仿真结果进行研究分析的基础上，初步得出以下结论。

　　（1）煤岩变形破裂电磁辐射场在均匀线性各向同性的煤岩体内部的变化分布是有一定规律性的，从仿真结果可以看到，随着由煤岩体内部向外部（或周围空间）电场强度及磁场强度（矢量电场强度及矢量磁场强度）是逐渐减弱的。

　　（2）通过对仿真结果的研究分析，表明煤岩破裂产生的电磁辐射在均匀线性各向同性的煤层介质中传播时是有衰减的，由于其频率较低，所以衰减并不是很大，由电场和磁场的强度值可以清楚地看出来。

（3）通过 Ansoft HFSS 软件对天线的仿真设计及性能参数的优化，进一步改善了电磁辐射接收天线的接收效果，增强了接收天线的方向性，为准确预测预报煤岩动力灾害提供了指导。

第8章 煤岩力电耦合模型及动力灾害预警准则

本章基于煤岩强度的统计损伤理论建立三维煤岩力电耦合的损伤力学模型,利用该模型分析电磁辐射脉冲数、幅值与应力之间的关系,模拟研究煤岩内部结构的均匀性、围压条件对应力和电磁辐射的影响,分析单轴压缩突然卸载及循环加载过程的电磁辐射特征,建立煤岩动力灾害的电磁辐射预警准则。

8.1 引　　言

煤岩体不管在单轴压缩、三轴压缩试验中,还是在矿井地下开采过程中,由于受到外力的作用,均会产生变形破裂,从而产生电磁辐射和声发射等一系列的能量释放现象。电磁辐射和声发射信号的变化反映的就是煤岩内部微裂纹或微缺陷变形发展的结果,而变形发展的快慢与内部微元体所受的应力大小及变化速率有关,因此通过电磁辐射或声发射信号监测可有效预测预报煤岩破裂后引起的煤岩动力灾害现象。

在声发射研究方面,因为声发射信号的产生是应力应变能的释放,是一种弹性波,许多学者利用统计理论、损伤力学和数值模拟方法对其进行了机理、损伤模式和声发射规律以及材料断裂失稳预测预报等众多方面的卓有成效的研究[205-213]。电磁辐射信号是电磁能的释放,是一种电磁脉冲波,是机械能转变成电磁能,这就比声发射的研究更加复杂。但是由于其产生均与煤岩变形破裂有关,与煤岩受压下内部损伤过程有关,因此同样可以引入损伤理论来研究应力场与电磁场的耦合关系,构造出应力场与电磁信号强度和脉冲数之间的煤岩材料的本构关系。

本节将主要介绍损伤力学及煤岩强度统计损伤理论相关方面的基础知识,为下一步煤岩力电耦合损伤力学模型的建立打下理论基础。

8.1.1 损伤力学及其发展

损伤力学是固体力学的一个分支学科,其概念起源于Качанов[214]1958年提出的连续度和Rabotnov[215]1963年提出的损伤因子概念。20世纪70年代,法国的Lemaitre用连续介质力学与热力学的观点研究了损伤对金属材料的弹性、塑性的影响;随后,瑞典的Hult[216]、英国的Leckie和Onat[217]研究了损伤和蠕变的耦合作用,1977年,Janson和Hult[218]提出了损伤力学的名词,形成了连续损伤力学的框架和基础。1981年欧洲力学协会(EUROMECH)在法国的Cachan举行了首次损伤力学国际讨论会。同年,我国的有关刊物也开始刊登关于损伤理论的文章。20世纪80年代以后的十多年,损伤力学有了很大的发展,主要是在宏观唯象理论框架和损伤材料本构行为的复杂连续介质描述等方面都有了较为成熟的研究成果。20世纪90年代以后损伤力学研究的重点是损伤的宏细微观理论,其特征是:引入多层次的缺陷几何结构,在材料的宏观体元引入细观或微观的缺陷结构,试图在材料细观结构的演化与宏观力学响应之间建立某种联系,对材料的本构行为进行宏、细、微观相结合的描述。这种研究正在成为追踪材料从变形、损伤到失稳或破坏的全过程,以解决这一固体力学最本质难题的主要途径。

  损伤是材料在外载和环境作用下,由细观结构的缺陷(如微裂纹、微孔洞等)引起的材料或结构的劣化过程。损伤力学就是研究含损伤的变形固体在载荷等外界因素的作用下,损伤场的演化规律及其对材料的力学性能的影响。

  作为破坏力学的一部分,损伤力学的应用范围主要是材料介质内部可看成连续分布的微小缺陷。如果以定量尺度来描述,损伤力学的起点是微观尺度上的裂纹、孔洞等缺陷;损伤力学的终点是材料的代表性体积单元(representative volume element,RVE,简称体元)发生了断裂,即产生了宏观裂纹。由于各种材料的组分及其最小尺寸(粒径)有很大差异,其微观尺度和体元尺度也各有差异,如表8-1所示。

表8-1 常见材料的代表性尺度[219]

材料	微观尺度	体元尺度
金属	晶粒:1.0μm~0.1mm	0.5mm×0.5mm×0.5mm
聚合物	分子:10μm~0.05mm	1.0mm×1.0mm×1.0mm
木材	纤维:0.1~1.0mm	1.0cm×1.0cm×1.0cm
砂浆	标准砂粒径:0.3~0.5mm	4.0mm×4.0mm×4.0mm
混凝土	骨料:1.0~2.0cm	10cm×10cm×10cm

  损伤力学的研究方法主要有四种[220]:细观方法(金属物理学方法)、宏观方法(唯象学方法)、统计学方法、宏细微观相结合的方法。细观方法主要从细观或微观的角度研究材料微结构的形态和变化及其对材料宏观力学性能的影响;宏观方法是从宏观的现象出发并模拟宏观的力学行为;统计学方法是用统计方法研究材料和结构中的损伤;损伤的形态及其演化过程是发生在细观层次上的物理现象,必须用细观观测手段和细观力学方法加以研究,而损伤对材料力学性能的影响则是细观的成因在宏观上的结果或表现,所以既然问题的因与果分属于细观和宏观两端,要想从根本上解决,就必须运用宏细微观方法进行研究,这就是宏细微观相结合的研究方法。

8.1.2 煤岩强度的统计损伤理论

众所周知,脆性材料区别于韧性材料的两个重要特征是强度的离散性和强度的体积效应。对于韧性材料,如低碳钢,其强度的离散性一般不超过平均强度的4%,所以韧性材料试验测定的强度平均值完全可以作为固有的材料常数用于工程设计,但对于脆性材料则不然,如煤岩,无论在拉或压试验强度的离散性可达100%以上,所以脆性材料的平均强度作为衡量材料的固有参量是不恰当的,另外,对于岩石、混凝土类材料,其强度还具有体积效应,材料的平均强度不是一个稳定的参数,而是随材料试样体积的增大而减小。煤岩类脆性材料呈现出强度离散性、强度体积效应等特性,是岩石材料内部大量不同尺度、随机分布的孔洞、裂隙、夹杂、沉淀、二相等细观缺陷随机演化的必然结果,应该用概率统计的方法来处理。而且煤岩材料是一种天然材料,由于生成条件、矿物成分、胶结材料的不同以及后来的地质构造极不均质,在其中存在强度不同的许多薄弱环节。岩石的破坏现象是许多微观破坏的综合表现,这些不均质的微观破坏只能用统计方法来研究。统计理论在研究材料的微观强度特性方面已经发挥了很大的作用。作为微观统计强度的宏观表现,它能较好地解释地质材料的变形和破坏所具有的特有性质,被认为是一种严格的和有前途的理论。从微观统计角度考虑材料的强度,反映的是材料强度的一种必然性。早在1939年,Weibull就应用最弱环原理对统计强度理论进行了开创性的工作,提出了著名的材料强度服从Weibull分布的假说[221]。Weibull在对脆性材料强度进行统计分析时做了两个基本假设:①材料是各向同性和统计均匀的,这表明材料任一部位发现一个给定危险程度的裂纹的概率是相同的;②最危险裂纹的失稳破坏导致材料整体的破坏。第二个假设即为最弱环原理,指一个由若干个环串联而成的链条中只要有一个环破坏,则整个链发生断裂。对于岩石类脆性材料,可理解为若岩石中有一个裂纹发生失稳扩展,则整个岩石发生断裂破坏。

8.1.3 煤岩材料的损伤力学模型

根据连续损伤力学,损伤模型建立如下:

$$\sigma = E(1-D)\varepsilon = (1-D)\sigma_e \tag{8-1}$$

式中,E为杨氏模量;ε为应变;σ_e为有效应力;$1-D$为有效承受内力的相对面积;D为损伤参量,在单轴应力状态下,D表示材料体积单元中存在的微裂纹(微孔隙、微缺陷)的比例。$D=0$相当于无损伤的完整材料,这是一种参考状态;$D=1$相当于体积元的破坏。

1982 年，Krajcinovic 和 Silva[222] 将连续损伤理论和统计强度理论有机结合起来，提出了一个统计损伤模型，如图 8-1 所示，将试样抽象为 N 根细长杆的集合体，其本构关系为

$$\sigma = E\varepsilon\left(1 - \frac{n}{N}\right) \tag{8-2}$$

式中，n 为已断裂的杆件数。当 N 很大时，Krajcinovic 认为可用 Weibull 分布代替式中的 n/N。

在煤岩材料中选取一个体元，如图 8-2 所示，它满足尺度的二重性：一方面，从宏观上讲其尺寸足够小，可以看成连续损伤力学的一个材料质点，因而其宏观应力应变场可视为均匀的；另一方面，从细观上讲其尺寸足够大，包含足够多的细观结构信息，包括许多微观裂纹与微观孔洞，可以体现材料的统计平均性质。这就保证了在微观上仍能以弹性力学的基本定律——胡克定律为基础，保证了数学推导的严密性。

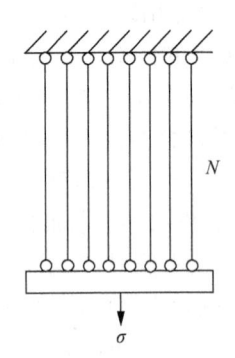

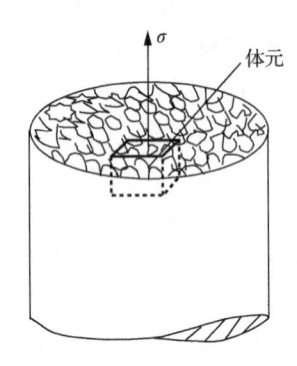

图 8-1 试样的细长杆集合体模型[222]　　图 8-2 体元示意图

8.1.4 基于 Weibull 分布的煤岩强度统计损伤模型

煤岩材料的内部构造极不均质，可能存在强度不同的许多薄弱环节。各体元所具有的强度也就不尽相同，考虑到材料在加载过程中的损伤是一个连续过程，故假设：①无损伤煤岩体元的平均弹性模量为 E，在体元破坏前，服从胡克定律，即体元具有线弹性性质；②各体元的强度服从统计规律，且服从 Weibull 分布：

$$\phi(\varepsilon) = \frac{m}{\varepsilon_0^m}\varepsilon^{m-1}\exp\left(-\left(\frac{\varepsilon}{\varepsilon_0}\right)^m\right) \tag{8-3}$$

式中，m、ε_0 为 Weibull 分布的分布标度和以应变形式表征的形态参数；ε 为煤岩微元体的应变；$\phi(\varepsilon)$ 为材料在加载过程中体积单元损伤率的一种量度，它从宏观上反映了试样的损伤程度，即劣化；从微观上看，体积单元只有两种状态，即不破坏和

破坏。正是这种各个体积单元由不破坏到破坏的状态变化,导致了宏观损伤程度的连续由小到大。体积单元破坏的积累导致试样的宏观劣化。

既然损伤参量 D 是材料损伤程度的量度,而损伤程度与各体元所包含的缺陷的多少有关,这些缺陷直接影响着体元的强度,因此,损伤参量 D 与体元破坏的概率密度之间存在如下关系: $\frac{dD}{d\varepsilon} = \phi(\varepsilon)$,如初始损伤 $D_0 = 0$,则得到

$$D = \int_0^\varepsilon \phi(x)dx = \frac{m}{\varepsilon_0^m}\int_0^\varepsilon x^{m-1}\exp\left(-\left(\frac{x}{\varepsilon_0}\right)^m\right)dx = -\exp\left(-\left(\frac{x}{\varepsilon_0}\right)^m\right)\bigg|_0^\varepsilon$$

即

$$D = 1 - \exp\left(-\left(\frac{\varepsilon}{\varepsilon_0}\right)^m\right) \tag{8-4}$$

此即为以材料体元强度统计分布表示的岩石损伤参量。当取 $m = 1$ 时,得到如下简单形式:

$$D = 1 - \exp\left(-\frac{\varepsilon}{\varepsilon_0}\right) \tag{8-5}$$

式(8-4)或式(8-5)的物理意义在于,在变形初期,试样内伴随着少量体元的破坏(这些体元的强度较低,见图 8-3(a));在变形的后期,试样中仍有少量体元没有破坏(这些体元强度较大,见图 8-3(c)),并继续经受着变形和破坏;只有在变形的中期(也就是强度值附近),试样内的体元破坏量最大,宏观的破坏在此阶段最明显。图 8-3 中的阴影面积正好反映了损伤参量 D 值的大小,因此损伤参量从总体上反映了损伤的积累。

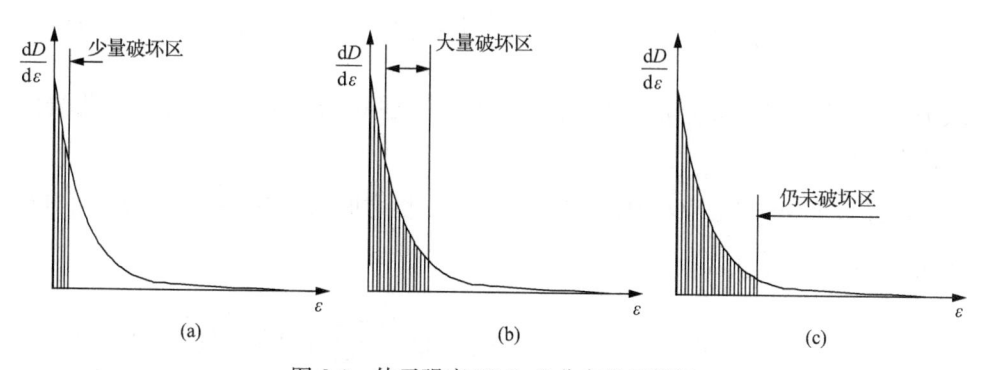

图 8-3 体元强度 Weibull 分布的函数图

图 8-4 为损伤参量 D 的函数图形,它反映了损伤参量 D 随应变的变化过程。

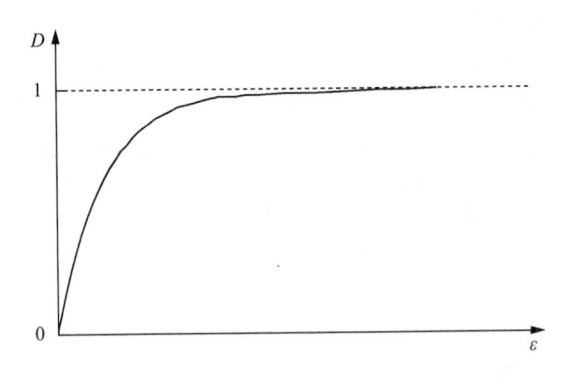

图 8-4　Weibull 分布损伤参量 D 随应变的变化曲线

将式(8-4)代入式(8-1)可以得到基于 Weibull 分布的一维煤岩损伤概率本构关系：

$$\begin{aligned}\sigma &= E\varepsilon(1-D)\\&= E\varepsilon\exp\left(-\left(\frac{\varepsilon}{\varepsilon_0}\right)^m\right)\end{aligned} \quad (8\text{-}6)$$

8.1.5　基于正态分布的煤岩强度统计损伤模型

对于煤岩材料，我们假设：①无损伤煤岩体元的平均弹性模量为 E，在体元破坏前，服从胡克定律，即体元具有线弹性性质；②各体元的强度服从统计规律，且服从正态分布：

$$\phi(\varepsilon) = \frac{1}{S\sqrt{2\pi}}\exp\left(-\frac{1}{2}\left(\frac{\varepsilon-\varepsilon_0}{S}\right)^2\right) \quad (\varepsilon \geqslant 0) \quad (8\text{-}7)$$

式中，ε_0、S 为正态(Poisson)分布的均值和方差，是由试验确定的常数；ε 为煤岩微元体的应变。

同样根据损伤参量 D 与体元破坏的概率密度之间的关系：$\frac{\mathrm{d}D}{\mathrm{d}\varepsilon} = \phi(\varepsilon)$ 和初始损伤 $D_0 = 0$，可以得到

$$D = \int_0^\varepsilon \phi(x)\mathrm{d}x = \frac{1}{S\sqrt{2\pi}}\int_0^\varepsilon \exp\left(-\frac{1}{2}\left(\frac{\varepsilon-\varepsilon_0}{S}\right)^2\right)\mathrm{d}x \quad (\varepsilon \geqslant 0) \quad (8\text{-}8)$$

图 8-5 和图 8-6 分别为正态分布时的体元强度分布的函数图和损伤参量 D 随应变的变化曲线。

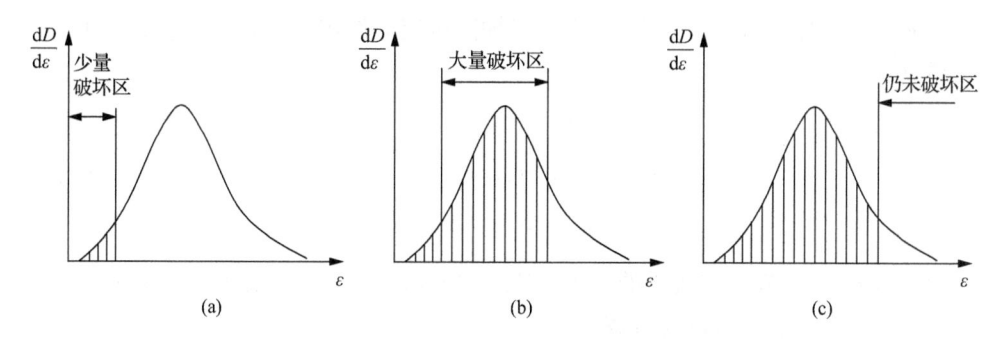

图 8-5　体元强度正态分布的函数图

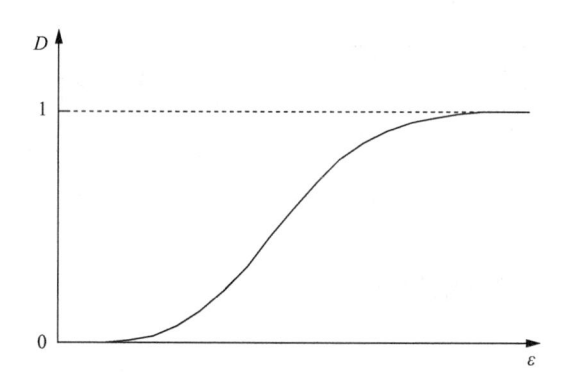

图 8-6　正态分布损伤参量 D 随应变的变化曲线

将式(8-8)代入式(8-1)可以得到基于正态分布的一维煤岩损伤概率本构关系：

$$\sigma = E\varepsilon(1-D) = E\varepsilon\left(1 - \frac{1}{S\sqrt{2\pi}}\int_0^\varepsilon \exp\left(-\frac{1}{2}\left(\frac{\varepsilon-\varepsilon_0}{S}\right)^2\right)dx\right) \quad (\varepsilon \geqslant 0)$$

(8-9)

8.1.6　三维煤岩力学损伤本构关系

陈忠辉等[223]利用统计损伤模型研究了泊松比 $\nu=0.25$，围压 $\sigma_2=\sigma_3$ 时的连续三维线弹性各向同性损伤本构方程。本节将在此研究基础上建立任意泊松比的煤岩体在围压相等条件下的三维线弹性各向同性损伤本构方程。煤岩在地底下经历了长期的地质作用，其内部包含大量的孔隙、位错等宏观和微观缺陷，假定把煤岩体分成若干个含有不同缺陷的微元体，由于微元体所含的缺陷不等，微元强度也就不一样。将微元体划分至很小并做出如下假设：①假设微元体符合广义的胡克定律；②假定微元体破坏符合 Mises 屈服准则。

如图 8-7 所示的力学模型,煤岩在三轴围压应力作用下,假设 $\sigma_2 = \sigma_3$,根据广义胡克定律[224],可得

$$\begin{cases} \sigma_1 = (\lambda + 2G)\varepsilon_1 + \lambda\varepsilon_2 + \lambda\varepsilon_3 \\ \sigma_2 = (\lambda + 2G)\varepsilon_2 + \lambda\varepsilon_1 + \lambda\varepsilon_3 \\ \sigma_3 = (\lambda + 2G)\varepsilon_3 + \lambda\varepsilon_1 + \lambda\varepsilon_2 \end{cases} \quad (8\text{-}10)$$

式中,σ_1、σ_2、σ_3 为微元体所受的三个主应力,MPa;ε_1、ε_2、ε_3 为微元体所受的三个主应变,mm/mm;λ、G 为拉梅常数。

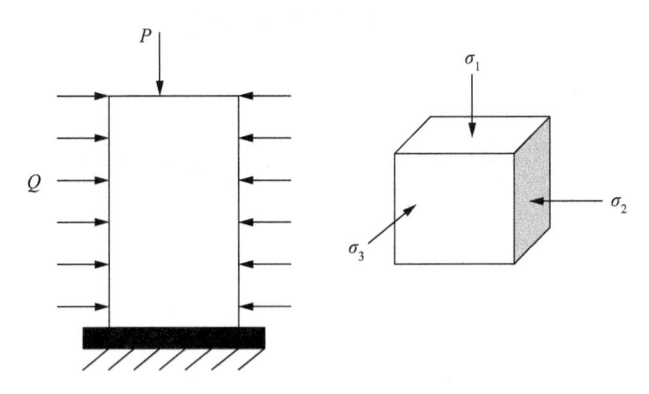

图 8-7 煤岩受围压及微元受力示意图

假定所有微元体的弹性模量 E 相等,则可以得到

$$\varepsilon_1 = \sigma_1/E - 2\nu\sigma_3/E \quad (8\text{-}11)$$

根据 Mises 屈服准则[225]:

$$(\sigma_1 - \sigma_2)^2 + (\sigma_2 - \sigma_3)^2 + (\sigma_3 - \sigma_1)^2 = 2\sigma_c^2 \quad (8\text{-}12)$$

式中,σ_c 为煤岩微元体的单轴抗压强度,MPa。

当围压 $\sigma_2 = \sigma_3$ 时,式(8-12)可变为

$$|\sigma_1 - \sigma_3| = \sigma_c \quad (8\text{-}13)$$

将式(8-13)代入式(8-11)可得到最大主应变和围压应力之间的关系:

$$\varepsilon_1 = \frac{\sigma_c}{E} + \frac{1-2\nu}{E}\sigma_3 \quad (8\text{-}14)$$

式中,$\dfrac{\sigma_c}{E}$ 为微元体在单轴应力作用下破裂时的应变,符合式(8-3)Weibull 统计分布或式(8-7)正态分布规律。

当围压 $\sigma_2 = \sigma_3$ 时,根据连续介质损伤力学理论的三维线弹性各向同性损伤本

构方程：

$$\varepsilon_{ij} = \frac{1+\nu}{E}\frac{\sigma_{ij}}{1-D} - \frac{\nu}{E}\frac{\sigma_{kk}\delta_{ij}}{1-D} \quad (i,j=1,2,3)$$

可以得到轴应力和轴应变之间的关系：

$$\sigma_1 = 2\nu\sigma_3 + E(1-D)\varepsilon_1 \tag{8-15}$$

分别把符合 Weibull 分布的损伤参量（即式(8-4)）和正态分布的损伤参量（即式(8-8)）代入式(8-15)可以得到基于 Weibull 分布和正态分布的煤岩材料三维应力作用下轴应力和轴应变之间的本构关系：

$$\sigma_1 = 2\nu\sigma_3 + E\varepsilon_1 \exp\left(-\left(\frac{E\varepsilon_1 - (1-2\nu)\sigma_3}{E\varepsilon_0}\right)^m\right) \tag{8-16}$$

$$\sigma_1 = 2\nu\sigma_3 + E\varepsilon_1\left(1 - \frac{1}{S\sqrt{2\pi}}\int_0^\varepsilon \exp\left(-\frac{1}{2}\left(\frac{\varepsilon-\varepsilon_0}{S}\right)^2\right)\mathrm{d}x\right) \tag{8-17}$$

此即三维应力下的煤岩力学损伤本构关系。

大部分煤岩材料泊松比 $\nu=0.25$，综合上述各式可得到泊松比 $\nu=0.25$，围压 $\sigma_2=\sigma_3$ 时的三维应力煤岩力学损伤本构关系：

$$\sigma_1 = \frac{1}{2}\sigma_3 + E\varepsilon_1 \exp\left(-\left[\frac{\varepsilon_1 - \frac{\sigma_3}{2E}}{\varepsilon_0}\right]^m\right) \tag{8-18}$$

$$\sigma_1 = \frac{1}{2}\sigma_3 + E\varepsilon_1\left(1 - \frac{1}{S\sqrt{2\pi}}\int_0^\varepsilon \exp\left(-\frac{1}{2}\left(\frac{\varepsilon-\varepsilon_0}{S}\right)^2\right)\mathrm{d}x\right) \tag{8-19}$$

8.2 煤岩力电耦合的损伤力学模型

煤岩体电磁辐射和声发射的产生与其变形破裂紧密相关，变形破裂从微观上讲是煤岩体在应力作用下微观缺陷或微裂纹变形扩展、融合、贯通的结果。如何将煤岩、混凝土材料细观的断裂机理与宏观特性结合起来，把强度和断裂理论建立于煤岩、混凝土材料中微裂纹演化的微观细观动力学基础上，从而统一导出所有重要的宏观力学量并以某些更能反映煤岩混凝土材料性质的基本物理量来表示，并以此建立更适于体现应力应变本构关系的物性方程，这正是断裂力学研究寻求的重要方法和手段。如前所述，目前正在发展和广泛应用的损伤力学是解决此问题的最好理论和方法。在声发射的研究方面[48,225-227]，已经大量利用了损伤力学的概念,本节将利用前述的统计损伤力学理论来研究煤岩材料电磁辐射的规律。

受载煤岩体电磁辐射是其在形变破裂过程中由于微破裂而向外辐射电磁波的一种现象,微破裂是材料内部微损伤的结果,因此可以肯定电磁辐射和煤岩的损伤之间有必然联系,即电磁辐射可以代表煤岩微损伤程度。所以,电磁辐射与煤岩材料的损伤参量、本构关系等存在着关系。假设每一个体元的破裂都对电磁辐射有一份贡献,则可以得到结论:煤岩材料的损伤参量与电磁辐射之间存在着正比关系。所以煤岩材料的电磁辐射反映了材料的损伤程度,与材料内部缺陷的演化与繁衍直接相关,由于电磁辐射的活动规律是一种统计规律,所以,必然与材料内部缺陷的统计分布规律一致[220]。

8.2.1 基于电磁辐射脉冲数的一维煤岩力电耦合模型

设单位面积体元损伤时产生的电磁辐射脉冲数为 n,则损伤面积为 ΔS 将产生的电磁辐射脉冲数 ΔN 为

$$\Delta N = n \Delta S$$

若整个截面面积为 S_m,S_m 全破坏的电磁辐射脉冲数累计为 N_m,则

$$\Delta N = \frac{N_m}{S_m} \Delta S$$

由体元的强度分布可知,当煤岩材料的应变增加 $\Delta \varepsilon$ 时,产生破坏的截面增量 ΔS 为

$$\Delta S = S_m \phi(\varepsilon) \Delta \varepsilon$$

由此得

$$\Delta N = N_m \phi(\varepsilon) \Delta \varepsilon \tag{8-20}$$

所以,试件受载,应变增至 ε 时的电磁辐射脉冲数累计为

$$\Sigma N = N_m \int_0^\varepsilon \phi(x) \mathrm{d}x \tag{8-21}$$

当 $\phi(x)$ 服从 Weibull 分布式(8-3)时

$$\frac{\Sigma N}{N_m} = 1 - \exp\left(-\left(\frac{\varepsilon}{\varepsilon_0}\right)^m\right) \tag{8-22}$$

当 $\phi(x)$ 服从正态分布式(8-7)时

$$\frac{\Sigma N}{N_m} = \frac{1}{S\sqrt{2\pi}} \int_0^\varepsilon \exp\left(-\frac{1}{2}\left(\frac{\varepsilon - \varepsilon_0}{S}\right)^2\right) \mathrm{d}x \tag{8-23}$$

比较式(8-4)、式(8-8)和式(8-21)可得如下重要关系：

$$D = \frac{\Sigma N}{N_\mathrm{m}} \tag{8-24}$$

由此可见,煤岩材料的电磁辐射脉冲数累计具有与损伤参量同样的性质。

将式(8-22)代入式(8-6)可以得到一维情况下电磁辐射脉冲数表示的煤岩材料本构关系：

$$\sigma = E\varepsilon\left(1 - \frac{\Sigma N}{N_\mathrm{m}}\right) \tag{8-25}$$

根据式(8-20)可以得到煤岩材料应变增加 $\Delta\varepsilon$ 时产生的电磁辐射脉冲数为

$$\Delta N = N_\mathrm{m} \cdot \frac{m}{\varepsilon_0^m}\varepsilon^{m-1}\exp\left(-\left(\frac{\varepsilon}{\varepsilon_0}\right)^m\right) \cdot \Delta\varepsilon \tag{8-26}$$

$$\Delta N = N_\mathrm{m} \cdot \frac{1}{S\sqrt{2\pi}}\exp\left(-\frac{1}{2}\left(\frac{\varepsilon-\varepsilon_0}{S}\right)^2\right) \cdot \Delta\varepsilon \tag{8-27}$$

如果考虑到微元体强度分布的随机性,可将上述公式右边乘上一个与 ε 有关的随机数,其值可以由计算机赋予,则式(8-26)和式(8-27)可以变为

$$\Delta N = N_\mathrm{m} \cdot \mathrm{RND}(\varepsilon) \cdot \frac{m}{\varepsilon_0^m}\varepsilon^{m-1}\exp\left(-\left(\frac{\varepsilon}{\varepsilon_0}\right)^m\right) \cdot \Delta\varepsilon \tag{8-28}$$

$$\Delta N = N_\mathrm{m} \cdot \mathrm{RND}(\varepsilon) \cdot \frac{1}{S\sqrt{2\pi}}\exp\left(-\frac{1}{2}\left(\frac{\varepsilon-\varepsilon_0}{S}\right)^2\right) \cdot \Delta\varepsilon \tag{8-29}$$

随机数 $\mathrm{RND}(\varepsilon)$ 是随着轴向应变而变化的,应变值越大,则其值也越大,从而微元体损伤程度越大,产生电磁辐射脉冲数的概率也越大。

式(8-28)和式(8-29)即为基于 Weibull 分布和正态分布的一维煤岩力电耦合模型。

8.2.2 基于电磁辐射脉冲数的三维煤岩力电耦合模型

煤岩动力灾害发生时,煤岩变形破裂往往处于围岩应力作用下,不是单轴受力状况,为了寻求围压下煤岩变形破坏的应力和电磁辐射之间的耦合规律,必须考虑三维的情况。

假定微元体一旦破裂就会产生一定数量的电磁辐射脉冲数,对总的电磁辐射脉冲数记录作出一份贡献。由于电磁辐射的活动规律是一种统计规律,分别将式(8-3)、式(8-7)与式(8-11)联立,则煤岩在变形破坏过程中产生电磁辐射脉冲数基于 Weibull 分布和正态分布的概率分别为

$$\phi(\varepsilon) = \frac{m}{\varepsilon_0} \left[\frac{\varepsilon_1 - \frac{1-2\nu}{E}\sigma_3}{\varepsilon_0} \right]^{m-1} \exp\left(-\left[\frac{\varepsilon_1 - \frac{1-2\nu}{E}\sigma_3}{\varepsilon_0}\right]^m\right) \quad (8\text{-}30)$$

$$\phi(\varepsilon) = \frac{1}{S\sqrt{2\pi}} \exp\left(-\frac{1}{2}\left[\frac{\varepsilon_1 - \frac{1-2\nu}{E}\sigma_3 - \varepsilon_0}{S}\right]^2\right) \quad (\varepsilon \geqslant 0) \quad (8\text{-}31)$$

式中，$\phi(\varepsilon)$ 即为煤岩在围压为 σ_3 时，当轴向应变为 ε_1 时产生电磁辐射信号脉冲数的概率。如果考虑到微元体强度分布的随机性，可将上述公式右边乘上一个与 ε_1 有关的随机数，其值可以由计算机赋予，则式(8-30)和式(8-31)可以变为

$$\phi(\varepsilon) = \mathrm{RND}(\varepsilon_1) \frac{m}{\varepsilon_0} \left[\frac{\varepsilon_1 - \frac{1-2\nu}{E}\sigma_3}{\varepsilon_0}\right]^{m-1} \exp\left(-\left[\frac{\varepsilon_1 - \frac{1-2\nu}{E}\sigma_3}{\varepsilon_0}\right]^m\right)$$

$$(8\text{-}32)$$

$$\phi(\varepsilon) = \mathrm{RND}(\varepsilon_1) \frac{1}{S\sqrt{2\pi}} \exp\left(-\frac{1}{2}\left[\frac{\varepsilon_1 - \frac{1-2\nu}{E}\sigma_3 - \varepsilon_0}{S}\right]^2\right) \quad (\varepsilon \geqslant 0)$$

$$(8\text{-}33)$$

根据式(8-20)，则煤岩变形从 ε 增加到 $\varepsilon + \Delta\varepsilon$ 时产生的电磁辐射脉冲数 ΔN 可以用如下公式计算：

$$\Delta N = N_m \cdot \mathrm{RND}(\varepsilon_1) \frac{m}{\varepsilon_0} \left[\frac{\varepsilon_1 - \frac{1-2\nu}{E}\sigma_3}{\varepsilon_0}\right]^{m-1} \exp\left(-\left[\frac{\varepsilon_1 - \frac{1-2\nu}{E}\sigma_3}{\varepsilon_0}\right]^m\right) \cdot \Delta\varepsilon$$

$$(8\text{-}34)$$

$$\Delta N = N_m \cdot \mathrm{RND}(\varepsilon_1) \frac{1}{S\sqrt{2\pi}} \exp\left(-\frac{1}{2}\left[\frac{\varepsilon_1 - \frac{1-2\nu}{E}\sigma_3 - \varepsilon_0}{S}\right]^2\right) \cdot \Delta\varepsilon \quad (\varepsilon \geqslant 0)$$

$$(8\text{-}35)$$

此即煤岩材料的三维力电耦合模型。

当 $\sigma_3 = 0$ 时

$$\Delta N = N_m \cdot \mathrm{RND}(\varepsilon_1) \frac{m}{\varepsilon_0} \left(\frac{\varepsilon_1}{\varepsilon_0}\right)^{m-1} \exp\left(-\left(\frac{\varepsilon_1}{\varepsilon_0}\right)^m\right) \cdot \Delta\varepsilon$$

$$\Delta N = N_{\mathrm{m}} \cdot \mathrm{RND}(\varepsilon_1) \frac{1}{S\sqrt{2\pi}} \exp\left(-\frac{1}{2}\left(\frac{\varepsilon_1 - \varepsilon_0}{S}\right)^2\right) \cdot \Delta\varepsilon \quad (\varepsilon \geqslant 0)$$

此即一维煤岩受载电磁辐射脉冲数与应变之间的关系。

下面考虑应力的情况,设煤岩体变形从 ε 增加到 $\varepsilon + \Delta\varepsilon$ 时对应的最大主应力 σ_1 从 σ 变化到 $\sigma + \Delta\sigma$,将式(8-30)与式(8-31)、式(8-32)联立,并代入式(8-34)、式(8-35)中,可以得到煤岩体变形破裂过程中产生的电磁辐射脉冲数与加载主应力之间的关系:

$$\Delta N = N_{\mathrm{m}} \cdot \mathrm{RND}(\sigma_1) \frac{m}{E\varepsilon_0} \left(\frac{\sigma_1 - (1-2\nu)\sigma_3}{E\varepsilon_0}\right)^{m-1} \exp\left(-\left(\frac{\sigma_1 - (1-2\nu)\sigma_3}{E\varepsilon_0}\right)^m\right) \cdot \Delta\sigma \tag{8-36}$$

$$\Delta N = N_{\mathrm{m}} \cdot \mathrm{RND}(\sigma_1) \frac{1}{ES\sqrt{2\pi}} \exp\left(-\frac{1}{2}\left(\frac{\sigma_1 - (1-2\nu)\sigma_3 - E\varepsilon_0}{ES}\right)^2\right) \cdot \Delta\sigma \quad (\sigma \geqslant 0) \tag{8-37}$$

代入式(8-21)中,可以得到电磁辐射累计脉冲数与主应变之间的关系为

$$\Sigma N = N_{\mathrm{m}} \int_0^\varepsilon \varphi(x)\mathrm{d}x = N_{\mathrm{m}} \cdot \frac{m}{\varepsilon_0} \cdot \int_0^\varepsilon \left(\frac{\varepsilon_1 - \frac{1-2\nu}{E}\sigma_3}{\varepsilon_0}\right)^{m-1} \exp\left(-\left(\frac{\varepsilon_1 - \frac{1-2\nu}{E}\sigma_3}{\varepsilon_0}\right)^m\right)\mathrm{d}\varepsilon \tag{8-38}$$

$$\Sigma N = N_{\mathrm{m}} \int_0^\varepsilon \varphi(x)\mathrm{d}x = N_{\mathrm{m}} \cdot \frac{1}{S\sqrt{2\pi}} \cdot \int_0^\varepsilon \exp\left(-\frac{1}{2}\left(\frac{\varepsilon_1 - \frac{1-2\nu}{E}\sigma_3 - \varepsilon_0}{S}\right)^2\right)\mathrm{d}\varepsilon \tag{8-39}$$

同理可以得到电磁辐射累计脉冲数与加载主应力之间的关系:

$$\Sigma N = N_{\mathrm{m}} \cdot \frac{m}{E\varepsilon_0} \cdot \int_0^\sigma \left(\frac{\sigma_1 - (1-2\nu)\sigma_3}{E\varepsilon_0}\right)^{m-1} \exp\left(-\left(\frac{\sigma_1 - (1-2\nu)\sigma_3}{E\varepsilon_0}\right)^m\right)\mathrm{d}\sigma \tag{8-40}$$

$$\Sigma N = N_{\mathrm{m}} \cdot \frac{1}{ES\sqrt{2\pi}} \cdot \int_0^\sigma \exp\left(-\frac{1}{2}\left(\frac{\sigma_1 - (1-2\nu)\sigma_3 - E\varepsilon_0}{ES}\right)^2\right)\mathrm{d}\sigma \tag{8-41}$$

式(8-34)~式(8-41)即为基于 Weibull 分布和正态分布的煤岩体变形破裂过程产生的电磁辐射脉冲数、累计脉冲数与煤岩体主应变及所受主应力之间的关系。

8.2.3 基于电磁辐射强度的煤岩力电耦合模型

受载条件下的煤岩微元体在变形破裂过程中每发出一个电磁辐射脉冲，就相当于向外辐射出一份能量，在单位时间内产生的电磁辐射脉冲数越多，则向外辐射的电磁能量也越大，设每一个电磁辐射脉冲辐射的能量相同，记为 W_0，根据煤岩损伤理论和强度统计理论分析，在单轴压缩条件下煤岩体的应变为 ε（或应变变化 $\Delta\varepsilon$）时产生的电磁辐射脉冲数可以由式(8-26)或式(8-27)求得，则在煤岩体应变为 ε（或应变变化 $\Delta\varepsilon$）时电磁辐射脉冲数的总能量为

$$W = \Delta N \cdot W_0 \tag{8-42}$$

由电磁理论可以得到瞬时电磁辐射能量 W_e 与电磁辐射强度 E 存在以下关系：

$$W_e = \int_V w_e dV = \int_V \frac{1}{2} E \cdot D dV = \frac{1}{2}\eta E_m^2 V \tag{8-43}$$

式中，E_m 为电磁辐射场的平均电场强度；w_e 为瞬时电磁辐射能量密度；D 为电位移；η 为介电常数；V 为煤岩体的体积。

令 $W = W_e$，将式(8-42)和式(8-43)联立得

$$E_m^2 = \frac{2W_0 \cdot \Delta N}{\eta \cdot V} \tag{8-44}$$

则电磁辐射强度和脉冲之间的关系为

$$E_m = \sqrt{\frac{2W_0 \cdot \Delta N}{V \cdot \eta}} \tag{8-45}$$

将式(8-26)和式(8-27)代入式(8-45)，可得一维煤岩破裂电磁辐射强度和应变之间的关系为

$$E_m = \sqrt{\frac{2W_0 \cdot N_m}{V \cdot \eta}} \cdot \left(\frac{m}{\varepsilon_0^m}\varepsilon^{m-1}\exp\left(-\left(\frac{\varepsilon}{\varepsilon_0}\right)^m\right)\cdot\Delta\varepsilon\right)^{\frac{1}{2}} \tag{8-46}$$

$$E_m = \sqrt{\frac{2W_0 \cdot N_m}{V \cdot \eta}} \cdot \left(\frac{1}{S\sqrt{2\pi}}\exp\left(-\frac{1}{2}\left(\frac{\varepsilon-\varepsilon_0}{S}\right)^2\right)\cdot\Delta\varepsilon\right)^{\frac{1}{2}} \tag{8-47}$$

将式(8-34)和式(8-35)依次代入式(8-45)，则得三维煤岩破裂电磁辐射强度和应力之间的关系为

$$E_m = \sqrt{\frac{2W_0 \cdot N_m}{V \cdot \eta}} \cdot \left(\frac{m}{\varepsilon_0}\left(\frac{\varepsilon_1 - \dfrac{1-2\nu}{E}\sigma_3}{\varepsilon_0}\right)^{m-1} \exp\left(-\left(\frac{\varepsilon_1 - \dfrac{1-2\nu}{E}\sigma_3}{\varepsilon_0}\right)^m\right)\Delta\varepsilon\right)^{\frac{1}{2}}$$

$$\tag{8-48}$$

$$E_{\mathrm{m}} = \sqrt{\frac{2W_0 \cdot N_{\mathrm{m}}}{V \cdot \eta}} \cdot \left(\frac{1}{S\sqrt{2\pi}} \exp\left(-\frac{1}{2} \left[\frac{\varepsilon_1 - \frac{1-2\nu}{E}\sigma_3 - \varepsilon_0}{S} \right]^2 \right) \Delta\varepsilon \right)^{\frac{1}{2}} \quad (8\text{-}49)$$

8.3 力电耦合模型相关参数计算

8.3.1 力电耦合模型的相关参数意义

基于 Weibull 分布的力电耦合模型中的参数 m 为 Weibull 分布的形态参数，当 m 由小到大变化时，微元的强度分布曲线由缓而宽到陡而窄变化。参数 m 反映了材料内部的均质性，缓而宽的曲线表明煤岩微元强度的分布比较分散，材料不均质；陡而窄的曲线表明煤岩微元强度的分布比较集中，材料比较均质。也就是说，m 越大，煤岩越均质；反之，则越不均质。

8.3.2 力电耦合模型参数的计算方法

煤是特殊的岩石材料，与其他岩石相比，其明显的特点是强度低，孔隙、裂纹多。因此，其均质程度比普通岩石差，相应的参数 m 就小，并且不同煤样的均质程度也有所不同，如何确定合理的参数 m 对于分析和模拟煤岩电磁辐射规律显得尤为重要。m 值可以通过对测试的电磁辐射试验数据进行拟合来确定。

对式(8-22)进行移项，公式两侧取两次对数运算后得

$$\ln\left(-\ln\left(1-\frac{\Sigma N}{N_{\mathrm{m}}}\right)\right) = m\ln\varepsilon - m\ln\varepsilon_0, \quad 0 < \frac{\Sigma N}{N_{\mathrm{m}}} < 1 \quad (8\text{-}50)$$

设 $x = \ln\varepsilon$，$y = \ln\left(-\ln\left(1-\frac{\Sigma N}{N_{\mathrm{m}}}\right)\right)$，$n = m\ln\varepsilon_0$，则式(8-50)可化为

$$y = mx - n \quad (8\text{-}51)$$

以横坐标 $x = \ln\varepsilon$，纵坐标 $y = \ln\left(-\ln\left(1-\frac{\Sigma N}{N_{\mathrm{m}}}\right)\right)$ 进行拟合，就可以求出 m、n 值。

8.3.3 计算结果

实验室利用煤岩变形破裂电磁辐射采集系统对试验进行研究，煤样采自四川芙蓉矿务局白皎煤矿具有严重突出危险的 2084 瓦斯巷(k1 煤样)和 20112 瓦斯巷(k3 煤样)。煤样单轴压缩变形破裂过程的应力-应变曲线、电磁辐射试验结果如图 8-8 和图 8-9 所示，其中 k1 煤样是采用 1MHz 的电磁辐射天线测试的，k3 煤样

是用 50kHz 天线测试的。

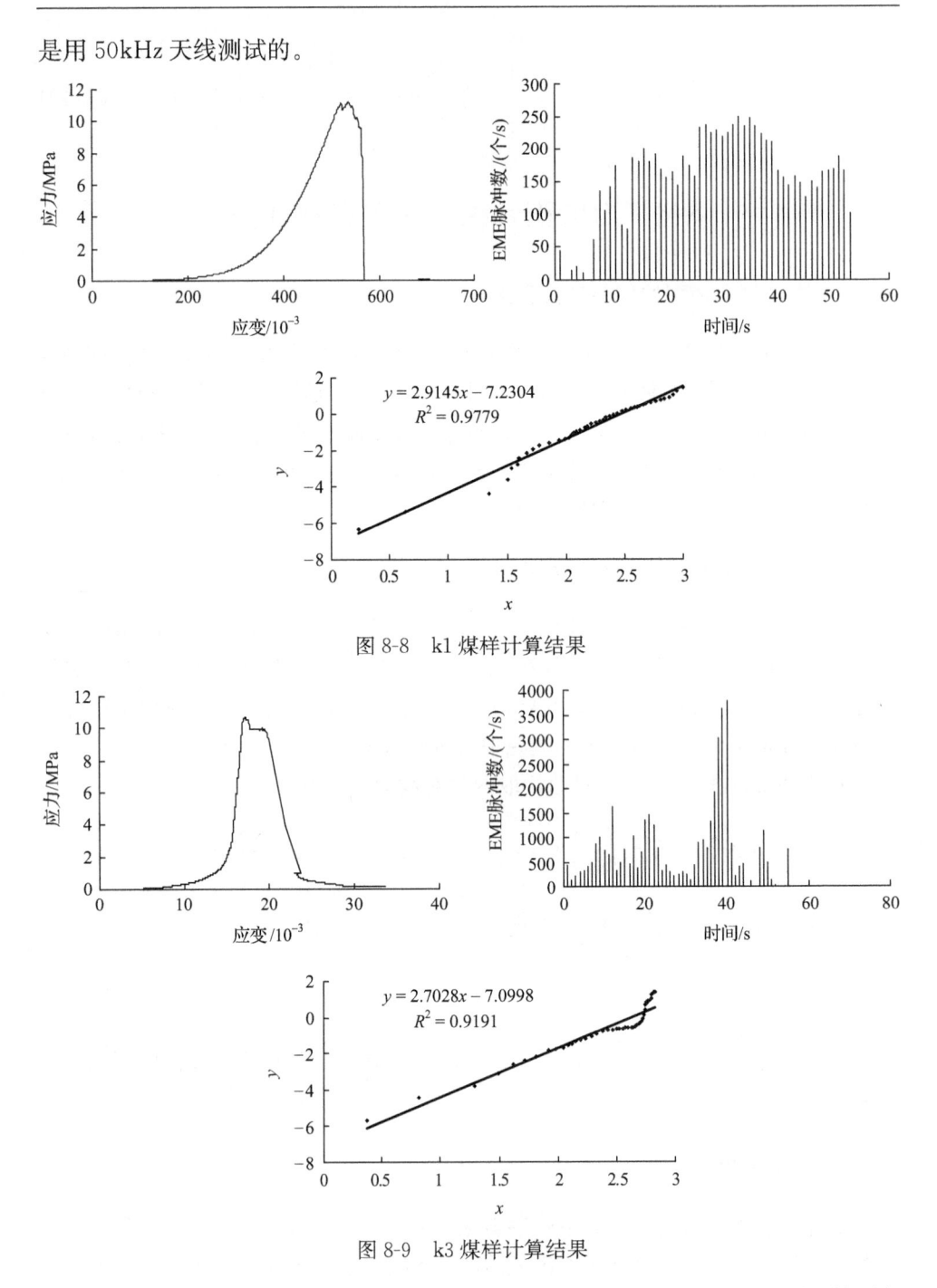

图 8-8 k1 煤样计算结果

图 8-9 k3 煤样计算结果

利用 8.3.2 节的力电耦合参数确定方法分别对试验数据进行了拟合,结果如下:对于 k1 煤样,力电耦合参数 $m=2.91$, $\varepsilon_0 =11.95\times 10^{-3}$;对于 k3 煤样,力电

耦合参数 $m=2.70$，$\varepsilon_0=13.83\times10^{-3}$。

从以上拟合和模拟的结果看，参数 m 和 ε_0 的数据拟合精度较高，相关系数 R^2 都在 0.90 以上，满足数据分析的要求。煤岩电磁辐射力电耦合模型较好地反映了试验测试结果，为进行煤岩电磁辐射的分析和数值模拟提供了基础依据。现场实际煤体的均质程度比实验室试验样品差，因此在现场实际应用中要考虑尺度效应带来的差异。

模拟结果表明，依据损伤力学的统计方法和电磁辐射与煤岩体内在损伤的直接比例关系建立的煤岩体力电耦合模型是符合实际的，可以很好地描述煤岩体流变破坏过程中电磁辐射的变化趋势和特征。其意义在于间接地证明了电磁辐射现象的损伤破坏的本原特征和用电磁辐射监测矿井煤岩动力灾害的可行性和合理性。同时，也可以将一维的模型扩展到三维的情形，利用模拟的结果探索三维情况，甚至大尺度条件下电磁辐射的规律，为煤岩动力灾害的监测预警报奠定基础。

8.4 煤岩力电耦合模型的应用

前面从煤岩统计和损伤理论出发研究了煤岩变形破裂电磁辐射脉冲数、强度与加载应力的关系，得到煤岩破裂电磁场的变化规律与其内部微元体的应力场变化规律有着相当强的耦合关系。下面将从第 2 章的试验研究结果出发，对煤岩变形破裂电磁辐射脉冲数、强度与加载应力的关系进行分析研究，并利用前面建立的力电模型研究三维应力下的电磁辐射特征。

8.4.1 煤岩均匀性对电磁辐射的影响

图 8-10 为单轴压缩（即没有围压）时轴向应力与轴向应变之间随 m 的变化关系，从岩石统计损伤力学本构关系可知，Weibull 分布形状参数 m 反映煤岩样材料力学性质的均质度，m 越大表示煤岩材料的性质越均匀。从模拟结果图 8-10 可以

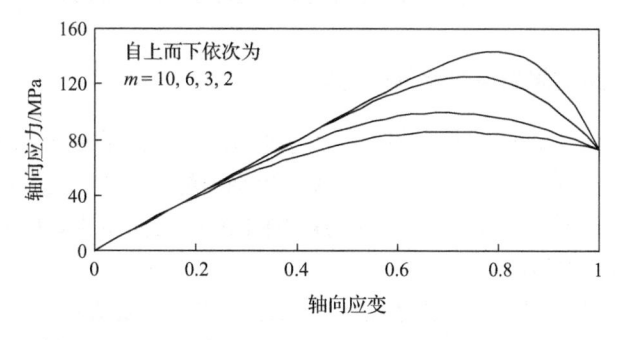

图 8-10 单轴压缩时煤岩材料应力-应变关系（$E=200$，$\varepsilon_0=1$）

看出,随着 m 的增大,在应变相同的情况下,轴向主应力也是逐渐增加的,说明对于多孔隙煤岩材料,均匀度越大则承压能力越强,这也可以作为解释岩石的抗压强度比煤的抗压强度大的原因。

对不同均质度煤岩材料单轴压缩时电磁辐射与应变的关系进行了模拟,结果如图 8-11 所示。可以看出,在弹性模量相同时,强度越大的煤岩,其电磁辐射脉冲数产生得越多,这与试验结果一致。另外还可以得出如下结论,均质度越大的煤岩材料,其初期加载时的脉冲数越少;而均质度越小的煤岩,在初期加载时产生的电磁辐射脉冲数越多。这是由于均质度小的煤岩材料内部孔隙、颗粒分布不均匀,初期加载时颗粒、孔隙会发生较大的挤压、摩擦等损伤,因此会产生较多的电磁辐射脉冲;而均质度大的煤岩材料往往在加载后期才会发生较大的损伤。

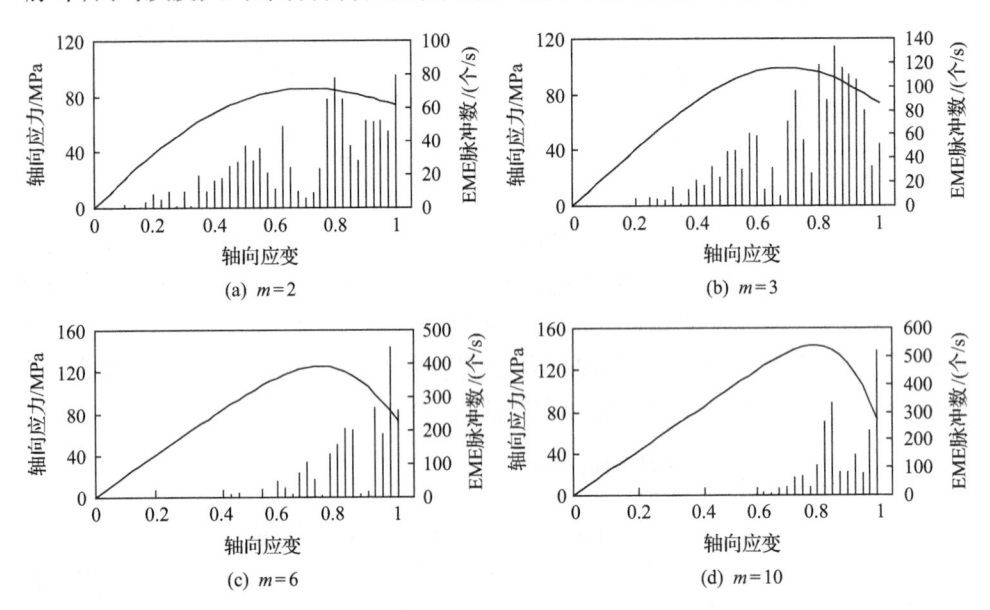

图 8-11 不同均质度煤岩材料单轴压缩时应变与电磁辐射脉冲数的关系($E=200, \varepsilon_0 = 1$)

8.4.2 不同围压对煤岩电磁辐射的影响

图 8-12 为不同围压条件下轴向应力与轴向应变之间的模拟结果。可以看出,轴向应力随应变增加而增大,其曲线与煤岩单轴压缩本构曲线是相似的;随着围压的增大,在应变相同的情况下,轴向应力随围压的增大而增大,所以说围压的存在会增加煤岩材料的抗压能力。

对不同围压条件下的电磁辐射进行了数值模拟,模拟结果如图 8-13 所示。可以看出,在加载过程中,应力-应变特征和电磁辐射脉冲数有很强的相关作用,电磁辐射活动特性和煤岩的非弹性应变间接地反映了煤岩材料的损伤程度。

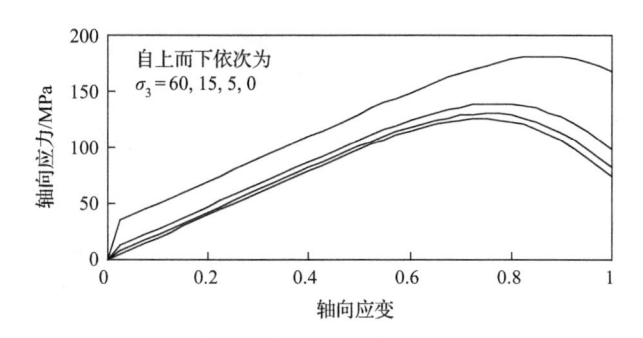

图 8-12　不同围压煤岩材料应力-应变关系（$E=200, \varepsilon_0=1, m=6$）

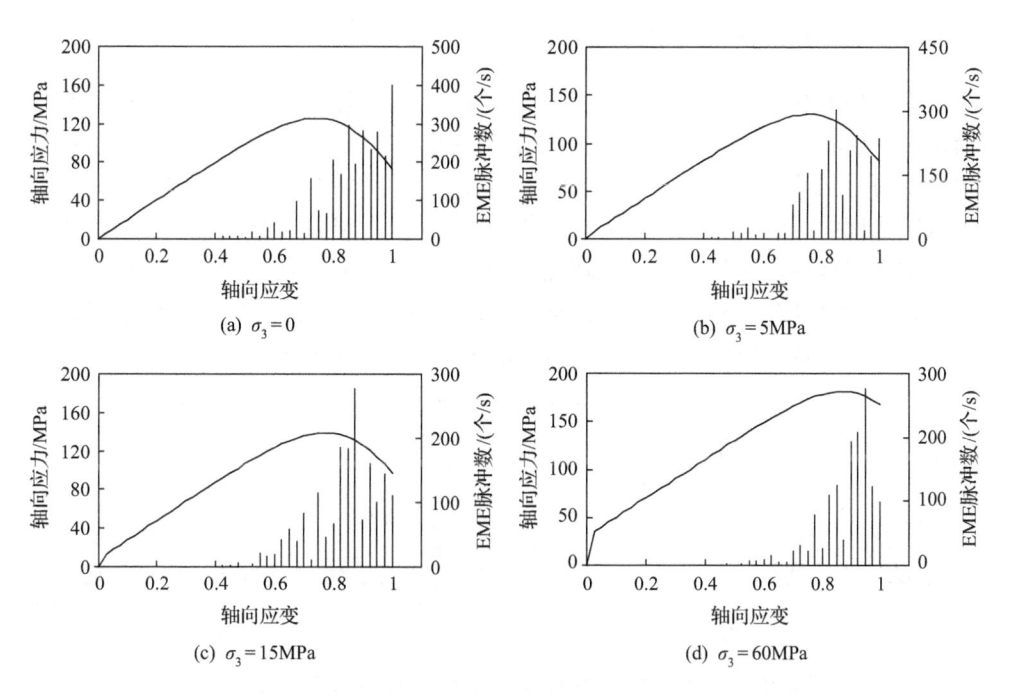

图 8-13　不同围压煤岩材料应变与电磁辐射脉冲数的关系（$E=200, \varepsilon_0=1, m=6$）

8.4.3　单轴压缩煤岩样突然卸载时的电磁辐射特征

对单轴压缩突然卸载时的电磁辐射与应力的关系进行了研究，结果如图 8-14 所示。可以看出，卸载前的电磁辐射特征与单轴加载煤岩材料的一致，卸载后电磁辐射随应力的减小逐渐减小，这与第 2 章的试验结果一致。而且均质度小的煤岩体，卸载后电磁辐射脉冲数是逐渐减小的，而均质度大的煤岩体，卸载后电磁辐射脉冲数迅速减小。这与煤岩体的内部结构具有密切的关系，均质度小的煤岩体卸载后还会发生较大的损伤，均质度大的煤岩体卸载后损伤程度很小。

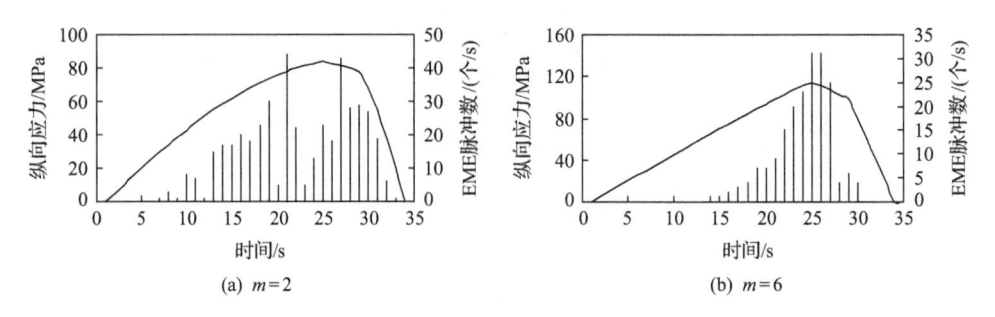

图 8-14　单轴压缩突然卸载时电磁辐射脉冲数时间序列($E=200,\varepsilon_0=1$)

8.4.4　循环加载过程的电磁辐射特征

对循环加载过程的电磁辐射变化规律进行了模拟,结果如图 8-15 和图 8-16 所示。可以看出,循环加载过程电磁辐射的变化规律与第 2 章试验结果一致,根据第 2 章对记忆效应判断的连续性准则和突然增大准则,可以发现,在最大应力不超过极限强度的 80% 时,电磁辐射对以前所承受的最大载荷具有记忆效应。均质度越小的煤岩材料,其产生的电磁辐射信号越丰富,而且对先前的应力记忆效果越明显,这是由于均质度小的煤岩材料,其变形破坏过程的不可逆性更强,而能量耗散的不可逆性正是煤岩材料具有电磁辐射记忆效应的根本原因。

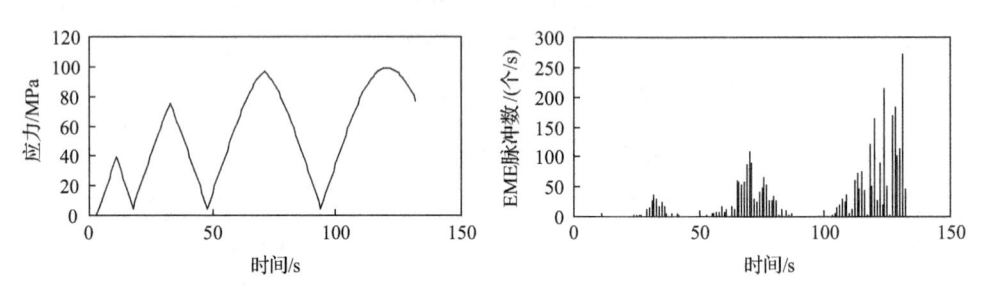

图 8-15　单轴压缩循环加载电磁辐射特征($m=3,E=200,\varepsilon_0=1$)

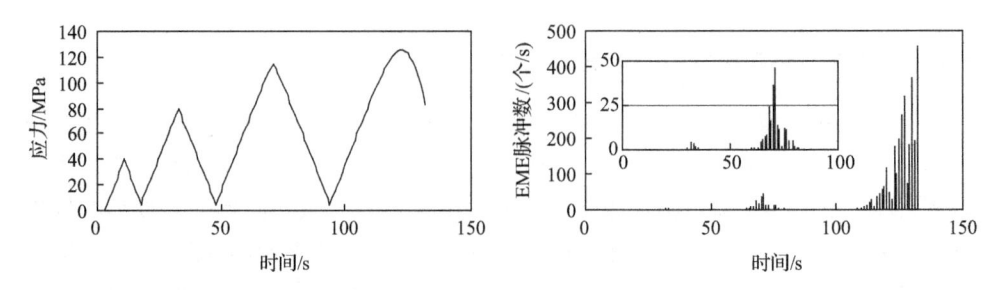

图 8-16　单轴压缩循环加载电磁辐射特征($m=6,E=200,\varepsilon_0=1$)

8.5 矿山煤岩电磁辐射预警准则

电磁辐射技术已经在煤与瓦斯突出、冲击矿压等矿井煤岩动力灾害预测预报实践中进行了较多的应用[91,92,120,121]，预警技术是该技术得以广泛推广应用的关键，也是现场管理人员最为关注的问题。预警技术包括两方面的内容，一是预警指标，二是预警准则。由于矿井煤岩动力灾害的复杂性，不同矿区、不同作业地点煤岩动力灾害所表现出的前兆电磁辐射特征不尽相同，这就使得煤岩电磁辐射预警技术，尤其是预警准则的确定比较困难。因此，研究科学的、可靠的煤岩动力灾害电磁辐射预警准则具有重要的理论和现实意义。

8.5.1 电磁辐射监测预警指标

煤与瓦斯突出和冲击矿压电磁辐射预测主要采用强度和脉冲数两项指标，电磁辐射强度主要反映煤岩体的受载程度及变形破裂强度，脉冲数主要反映煤岩体变形及微破裂的频次。预测手段上采用临界值和趋势法进行综合评判，即根据某一矿区煤岩电磁辐射测试数据，参考常规预测方法的预测结果，进行统计分析，确定灾害危险性的电磁辐射临界值。当电磁辐射数据超过临界值时，认为有动力灾害危险；当电磁辐射强度或脉冲数具有明显增强趋势时，也表明有动力灾害危险；电磁辐射强度或脉冲数较高，当出现明显由大变小，一段时间后又突然增大时，这种情况更加危险。这种预测预报方法，在现场煤岩动力灾害预测时得到较好的应用，但缺少一定的理论根据。由于不同灾害的前兆特征不同，对不同地点所采取的预测方法也不尽相同，给预报工作增加了一定的难度。电磁辐射监测预警煤岩动力灾害技术同其他预测方法一样，最重要的是预警准则的确定方法，这也是技术推广应用的关键技术难题之一。

8.5.2 煤岩动力灾害电磁辐射预警准则

1) 电磁辐射脉冲数预警准则

煤岩体宏观上的变形破坏最终都表现为组成煤岩体的微元变形破坏和位移，对于煤岩微元体，由损伤力学基本假设知其符合弹性变形关系：

$$\varepsilon = \frac{\sigma}{E} \tag{8-52}$$

根据前述力电耦合模型，对于泊松比 $\nu = 0.25$，$\sigma_2 = \sigma_3$ 时煤岩电磁辐射脉冲数和应力有如下关系：

$$\Delta N = N_{\mathrm{m}} \cdot \frac{m}{\sigma_0} \left[\frac{\sigma_1 - \frac{\sigma_3}{2}}{\sigma_0} \right]^{m-1} \exp\left(- \left[\frac{\sigma_1 - \frac{\sigma_3}{2}}{\sigma_0} \right]^m \right) \cdot \Delta\sigma \qquad (8\text{-}53)$$

式中，N_{m} 为煤样全破坏的电磁辐射累计脉冲数；σ_1、σ_3 分别为轴向应力和围压；ΔN 为 $\Delta\sigma$ 对应电磁辐射脉冲数，在现场实测的就是此值；m、σ_0 为 Weibull 分布函数的参数。

据此可以得到不同轴向应力变化 $\Delta\sigma_1$、$\Delta\sigma_2$ 时对应的电磁辐射脉冲数 ΔN_1、ΔN_2 之比为

$$\frac{\Delta N_2}{\Delta N_1} = \left[\frac{\sigma_2 - \frac{\sigma_3}{2}}{\sigma_1 - \frac{\sigma_3}{2}} \right]^{m-1} \exp\left(\left[\frac{\sigma_1 - \frac{\sigma_3}{2}}{\sigma_0} \right]^m - \left[\frac{\sigma_2 - \frac{\sigma_3}{2}}{\sigma_0} \right]^m \right) \cdot \frac{\Delta\sigma_2}{\Delta\sigma_1} \qquad (8\text{-}54)$$

为了讨论方便，在此以单轴压缩为例进行计算，因此得到

$$\frac{\Delta N_2/\Delta\sigma_2}{\Delta N_1/\Delta\sigma_1} = \left(\frac{\sigma_2}{\sigma_1}\right)^{m-1} \exp\left(\left(\frac{\sigma_1}{\sigma_0}\right)^m - \left(\frac{\sigma_2}{\sigma_0}\right)^m \right) \qquad (8\text{-}55)$$

这样，就得到单位应力的电磁辐射脉冲数与应力之间的关系，只要确定出煤岩流变-突变过程不同阶段应力之间的关系，即可得到煤岩流变-突变过程不同阶段电磁辐射脉冲数变化量的关系，从而求得电磁辐射的临界值和变化趋势系数。

设没有煤岩动力灾害时的应力为 σ_{w}，对应的电磁辐射脉冲数为 ΔN_{w}，达到弱危险和强危险的应力分别为 σ_{r}、σ_{q}，对应电磁辐射脉冲数分别为 ΔN_{r}、ΔN_{q}，由式(8-55)可以得到

$$\begin{aligned}K_{Nr} &= \frac{\Delta N_{\mathrm{r}}/\Delta\sigma_{\mathrm{r}}}{\Delta N_{\mathrm{w}}/\Delta\sigma_{\mathrm{w}}} = \left(\frac{\sigma_{\mathrm{r}}}{\sigma_{\mathrm{w}}}\right)^{m-1} \exp\left(\left(\frac{\sigma_{\mathrm{w}}}{\sigma_0}\right)^m - \left(\frac{\sigma_{\mathrm{r}}}{\sigma_0}\right)^m \right) \\ K_{Nq} &= \frac{\Delta N_{\mathrm{q}}/\Delta\sigma_{\mathrm{q}}}{\Delta N_{\mathrm{w}}/\Delta\sigma_{\mathrm{w}}} = \left(\frac{\sigma_{\mathrm{q}}}{\sigma_{\mathrm{w}}}\right)^{m-1} \exp\left(\left(\frac{\sigma_{\mathrm{w}}}{\sigma_0}\right)^m - \left(\frac{\sigma_{\mathrm{q}}}{\sigma_0}\right)^m \right)\end{aligned} \qquad (8\text{-}56)$$

式中，K_{Nr}、K_{Nq} 分别为有弱危险和强危险时电磁辐射脉冲数的临界值系数和动态变化趋势系数。

此即为电磁辐射脉冲数的预警准则。

2) 电磁辐射强度预警准则

受载条件下的煤岩体在变形破裂过程会向外辐射各种能量，包括弹性能、热能、声能、电磁能等。煤岩所承受的载荷越大，变形就越大，则煤岩所具有的能量就越高，从而向外辐射的电磁能也就越高。煤岩体在应力为 σ、应变为 ε 时所具有的能量为 $W = \sigma \cdot \varepsilon = \sigma^2/E$。

设电磁辐射能与此能量成正比,则电磁辐射能为

$$W_e = a_e W = a_e \frac{\sigma^2}{E} = a\sigma^2 \tag{8-57}$$

由电磁理论可以得到电磁辐射能 W_e 与电磁辐射强度 E' 存在以下关系:

$$W = \int_V w_e dV = \int_V \frac{1}{2} E' \cdot D dV = \frac{1}{2} \varepsilon' E'^2 V \tag{8-58}$$

式中,a_e 为常数;w_e 为电磁辐射能量密度;E' 为电磁辐射强度;D 为电位移;V 为煤岩体的体积;ε' 为煤岩体的介电常数。

煤岩体的介电常数和体积变化不大,所以,电磁辐射能量 W_e 与电磁辐射强度平方成正比,即

$$W_e = bE'^2 \tag{8-59}$$

此处,b 为常数。

由式(8-57)和式(8-59)得到

$$E'^2 = k'\sigma^2$$

因此

$$E' = k\sigma \tag{8-60}$$

此处,k'、k 为常数。所以电磁辐射强度与应力呈正比关系。

设没有煤岩动力灾害时的电磁辐射强度为 E_w,达到弱危险和强危险的电磁辐射强度分别为 E_r、E_q,所以可以得到

$$K_{Er} = \frac{E_r}{E_w} = \frac{\sigma_r}{\sigma_w}, \quad K_{Eq} = \frac{E_q}{E_w} = \frac{\sigma_q}{\sigma_w} \tag{8-61}$$

式中,K_{Er}、K_{Eq} 分别为有弱危险和强危险时的电磁辐射强度预警临界值系数和动态变化趋势系数。

此即为电磁辐射强度的预警准则。

8.5.3 预警临界值及动态趋势系数的确定

由上述分析可知,煤岩变形破裂过程产生的电磁辐射脉冲数和电磁辐射强度从理论上可以与应力建立联系。只要确定了煤岩变形破裂过程达到弱危险、强危险对应的应力值就能够得到电磁辐射预测的临界值系数,这也是电磁辐射进行动态预测时所要采用的动态变化趋势系数。

根据前述确定的预警准则,结合大量的实验室和现场试验,确定煤与瓦斯突出电磁辐射脉冲数和电磁辐射强度预警临界值系数和动态变化趋势系数分别为

$$K_{Nr}=1.8, \quad K_{Nq}=1.8, \quad K_{Er}=1.3, \quad K_{Eq}=1.7 \qquad (8-62)$$

冲击矿压的预警临界值系数和动态变化趋势系数为

$$K_{Nr}=1.7, \quad K_{Nq}=2.3, \quad K_{Er}=1.3, \quad K_{Eq}=1.7 \qquad (8-63)$$

这样就得出了电磁辐射动态预测煤岩动力灾害的临界值系数和动态变化趋势系数。根据预警临界值系数和动态变化趋势系数可以得出煤岩动力灾害电磁辐射静态预警的临界值和动态趋势预警方法的变化系数,实际应用时应根据矿区的煤岩层和采掘条件等具体情况,对该系数进行修正。

8.5.4 煤岩动力灾害电磁辐射预警技术

电磁辐射对煤岩动力灾害进行预测时,可以采用静态临界值方法和动态趋势方法相结合的方法进行预警。实际对某一矿区或某一采掘工作面进行监测预警时,首先测试巷道后方稳定区域的电磁辐射脉冲数和电磁辐射强度,并将此数值作为基准值 N_w、E_w,然后根据式(8-62)或式(8-63)来确定电磁辐射静态预警的临界值和动态趋势预警方法的变化系数。表8-2为由此得到的煤与瓦斯突出和冲击矿压危险预测时,静态预警方法与动态趋势预警方法的判断方法。图8-17和图8-18是根据预警方法绘制的三级预警三维图。其中动态趋势方法中 K_E 表示电磁辐射强度的动态变化系数,K_N 表示电磁辐射脉冲数的动态变化系数,此变化系数在现场使用时,可以利用现场实际测试得到的电磁辐射数值与前面测试得到的数值的比例来计算。为了真实反映工作面前方煤岩破坏电磁辐射的统计规律,防止由于监测数据少而发生误报,针对不同矿区的实际情况,确定出合理的监测数据域来进行预警。

表8-2 煤岩动力灾害危险电磁辐射预警方法及防治对策

项目	煤与瓦斯突出			冲击矿压		
	无危险	弱危险	强危险	无危险	弱危险	强危险
静态临界值方法	$E<1.3E_w$ 且 $N<1.5N_w$	$E\geqslant1.3E_w$ 或 $N\geqslant1.5N_w$	$E\geqslant1.7E_w$ 或 $N\geqslant1.8N_w$	$E<1.3E_w$ 且 $N<1.7N_w$	$E\geqslant1.3E_w$ 或 $N\geqslant1.7N_w$	$E\geqslant1.7E_w$ 或 $N\geqslant2.3N_w$
动态趋势方法	$K_E<1.3$ 且 $K_N<1.5$	$K_E\geqslant1.3$ 或 $K_N\geqslant1.5$	$K_E\geqslant1.7$ 或 $K_N\geqslant1.8$	$K_E<1.3$ 且 $K_N<1.7$	$K_E\geqslant1.3$ 或 $K_N\geqslant1.7$	$K_E\geqslant1.7$ 或 $K_N\geqslant2.3$
措施	不需要采取措施	需要采取措施	撤人或立即采取措施	不需要采取措施	需要采取措施	撤人或立即采取措施

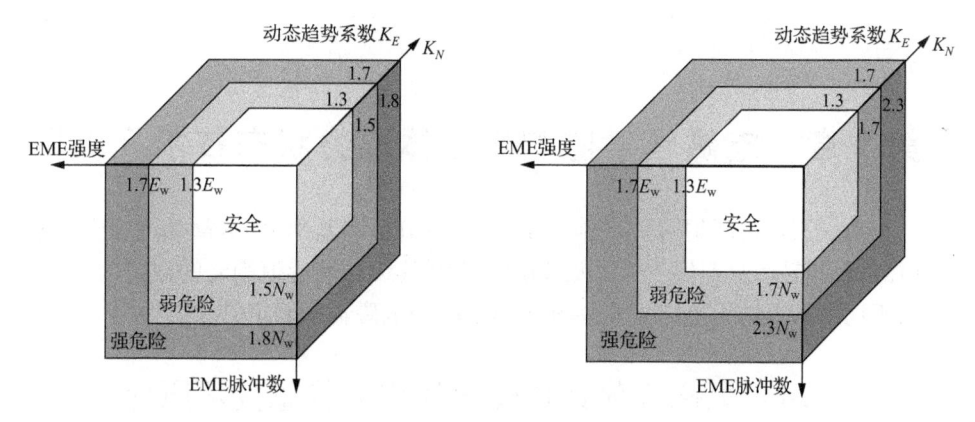

图 8-17　煤与瓦斯突出电磁辐射预警值域图　　图 8-18　冲击矿压电磁辐射预警值域图

利用受载煤岩的力电耦合模型和煤岩体的变形破裂特征从理论上建立了煤岩动力灾害的电磁辐射预警准则,根据煤与瓦斯突出和冲击矿压发生的不同特点及现场测试的大量数据,分别得到了两种灾害的预警临界值系数和动态变化趋势系数的理论确定方法,提出了电磁辐射分级预警技术及相应的治理措施。电磁辐射预警技术还需要在现场不断验证和完善,以期最终为矿井煤岩动力灾害的非接触预测预报提供可靠的技术支持。

8.6　小　　结

(1) 通过对煤岩材料的三维损伤力学模型分析,建立了三维煤岩力电耦合的损伤力学模型,分析了电磁辐射脉冲数与加载应力之间的关系,并对试验结果进行了拟合,结果表明,脉冲数累计与应力符合多项式关系。

(2) 利用三维煤岩力电耦合的损伤力学模型,分析了煤岩均匀性对电磁辐射的影响。结果表明,均质度小的煤岩材料,在加载初期电磁辐射脉冲数就会出现增大趋势,而均质度大的煤岩材料往往在加载后期才会增大。

(3) 用该模型模拟了不同围压条件下的应力-应变关系及电磁辐射特征,结果表明,围压的存在会增加煤岩材料的抗压能力,而电磁辐射脉冲数与应力有很强的相关性,并且能够反映煤岩的损伤程度。

(4) 用该模型对单轴加载突然卸载及循环加载的电磁辐射变化规律进行了模拟,结果与第 2 章的试验结果一致,表明该模型能够描述煤岩变形破裂过程的电磁辐射特征。

第9章　电磁辐射监测煤岩体应力状态技术及应用

在对煤岩电磁辐射规律实验室试验、理论分析的基础上,本章在现场应用电磁辐射测试系统测试煤体的应力状态分布,在线连续监测巷道围岩的稳定性,确定采场顶板周期来压的电磁辐射规律和来压步距的电磁辐射确定方法。

9.1　电磁辐射评价煤岩体应力状态技术原理

煤岩在力的长期作用下是流变体。它的弹性和塑性并不像一般固体那样把屈服点以前的弹性变形及其后的塑性变形结合起来,而是在弹性范围内就同时显现弹性和塑性,并且当煤层具有高度黏塑性时还能够发生流动。原始的煤岩层经过漫长的地质年代,其流变运动已进行得相当缓慢,变形速率趋向于零,这时含瓦斯煤岩层处于准平衡状态。采矿作业破坏了这种准平衡状态,使采掘空间附近一定区域内的煤岩从流变准平衡状态转变为变形速度较大的流变状态。我们对钻孔内部的电磁辐射随时间的变化规律进行了测试,结果如图 9-1～图 9-7 所示。

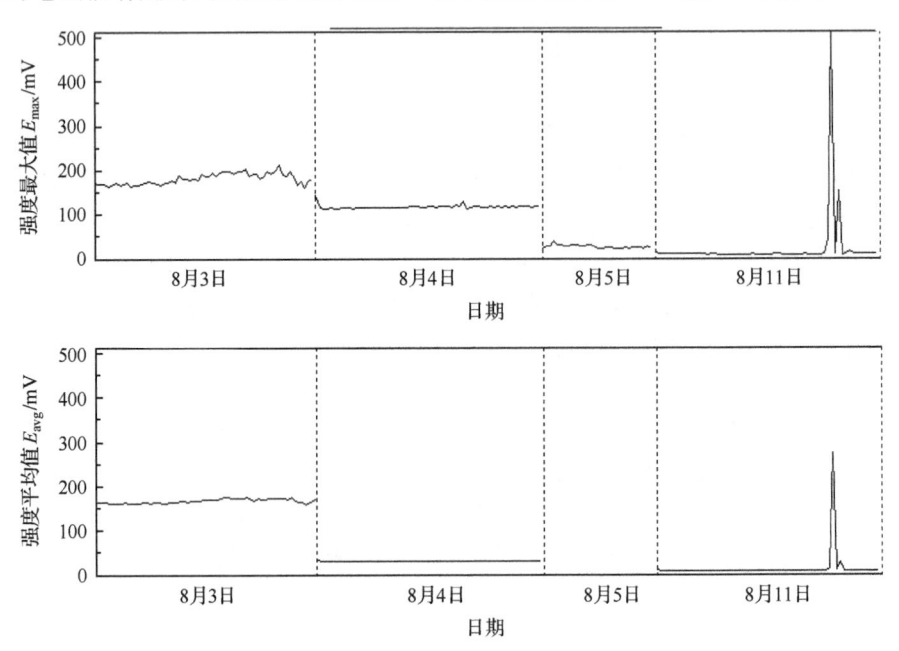

图 9-1　掘进面巷帮 1 号钻孔 7m 处 EME 值时间效应

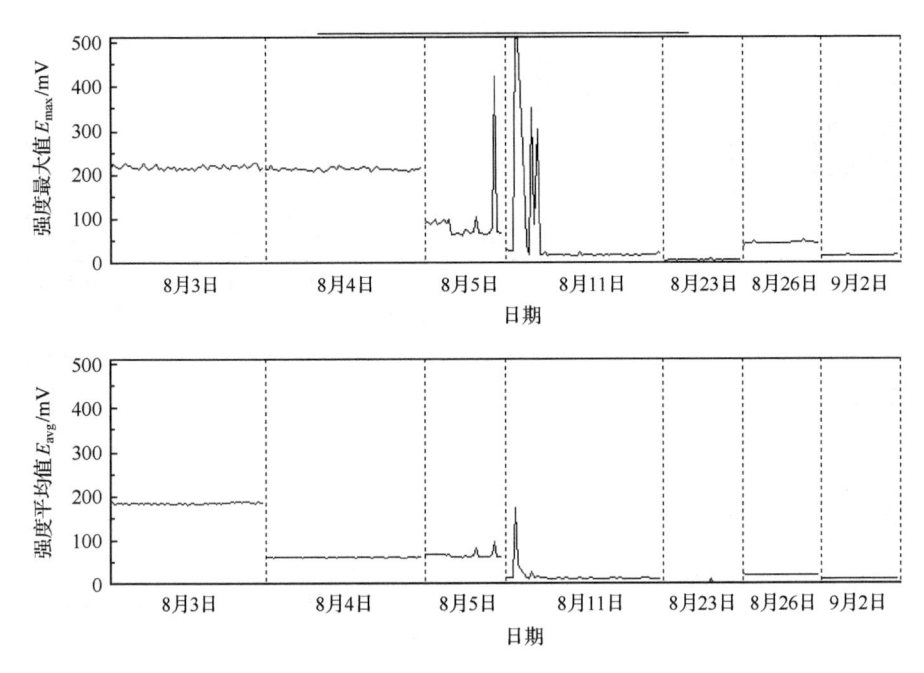

图 9-2 掘进面巷帮 1 号钻孔 4m 处 EME 值时间效应

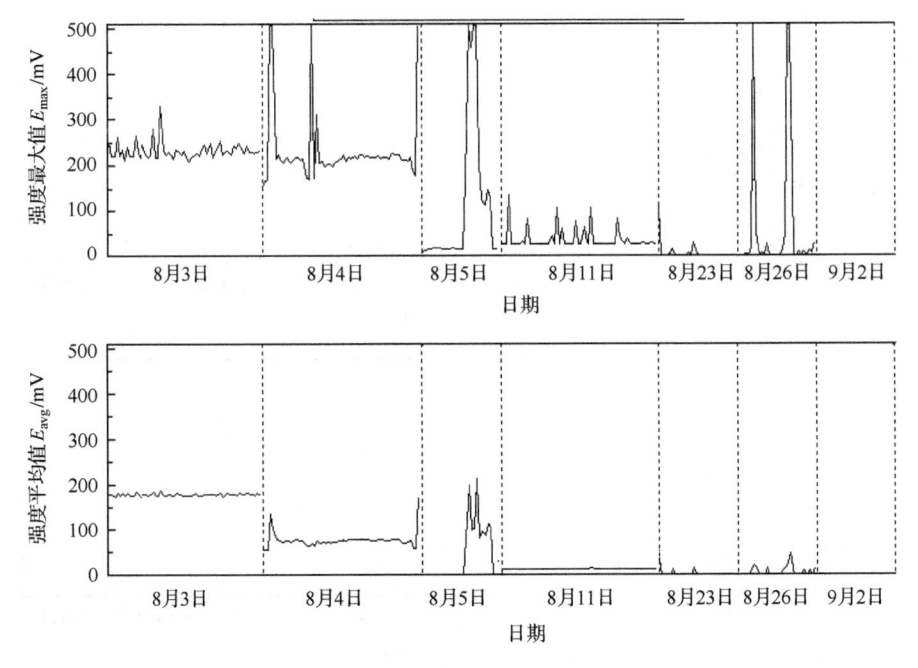

图 9-3 掘进面巷帮 1 号钻孔 1m 处 EME 值时间效应

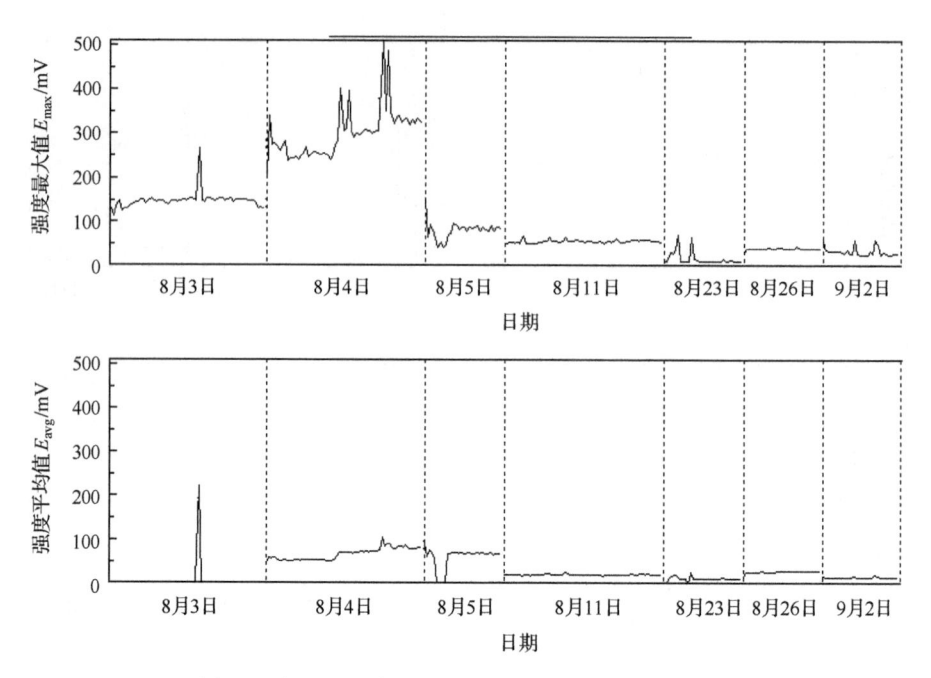

图 9-4　掘进面巷帮 3 号钻孔 7m 处 EME 值时间效应

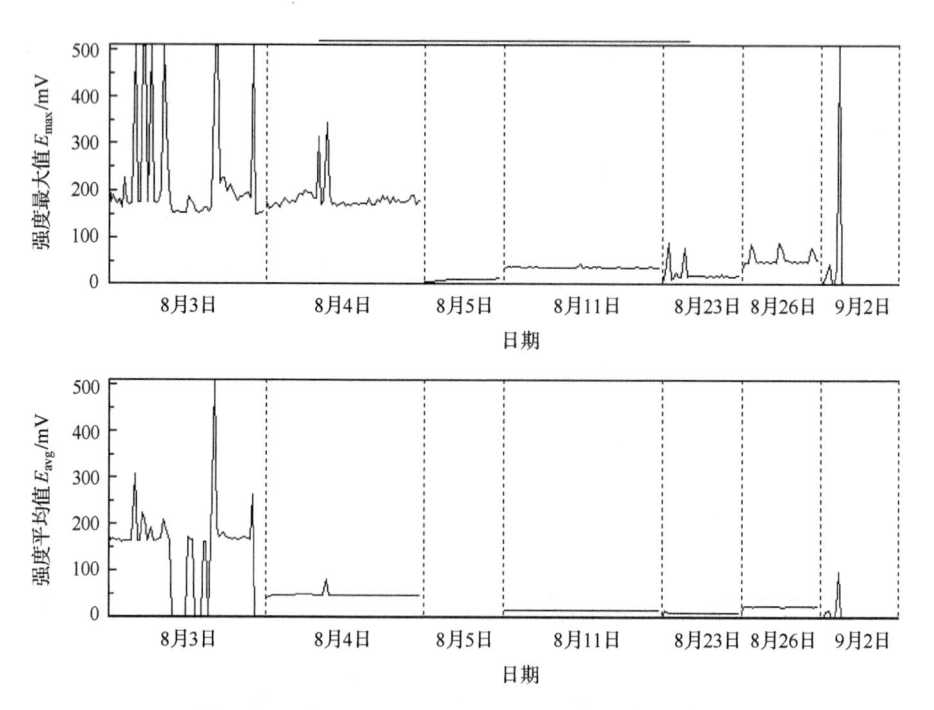

图 9-5　掘进面巷帮 3 号钻孔 4m 处 EME 值时间效应

第 9 章 电磁辐射监测煤岩体应力状态技术及应用

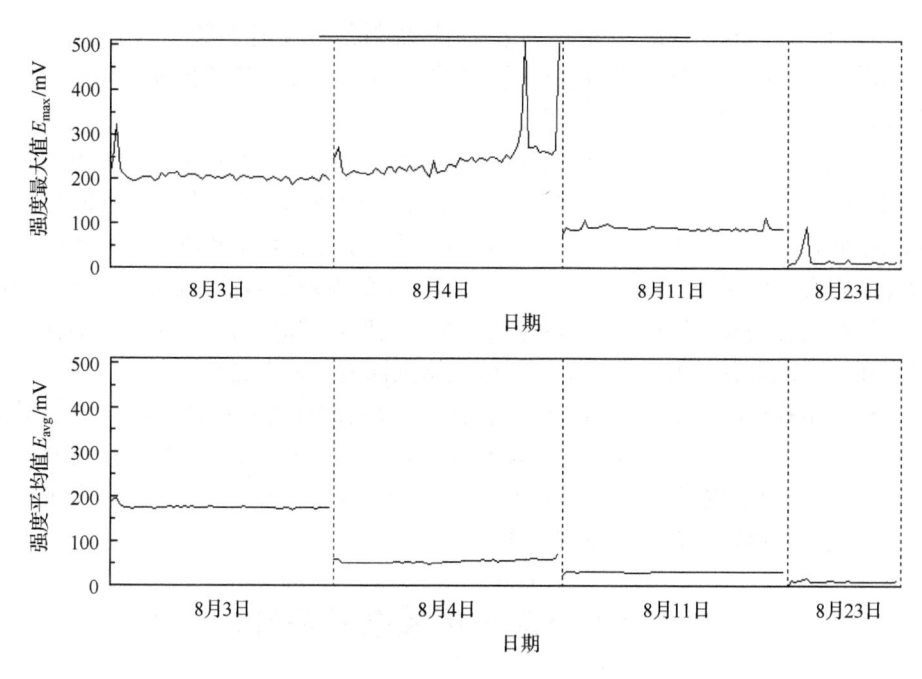

图 9-6 03 钻孔 1m 处 EME 值时间效应

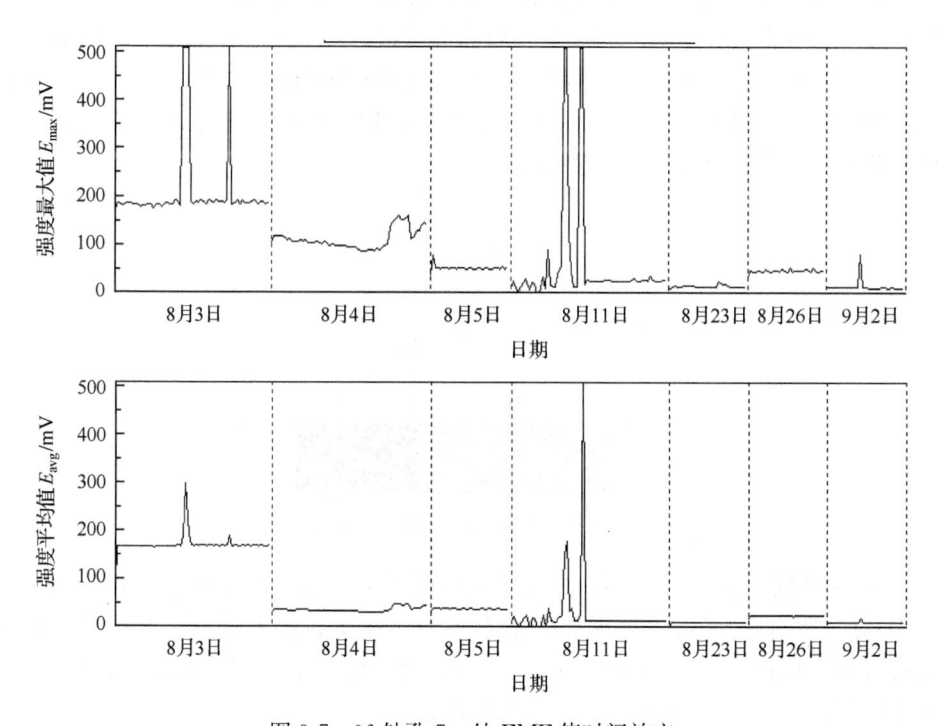

图 9-7 06 钻孔 7m 处 EME 值时间效应

从图中可以看出，随着时间的延长，电磁辐射信号逐渐下降，说明随时间巷道帮侧煤岩体状态从剧烈变形破裂阶段逐渐趋于稳定。而且随着掘进工作面的向前推进，由采掘过程造成的应力重新分布逐渐达到稳定。

通过对钻孔电磁辐射的时间效应进行研究表明，煤岩体中含有大量的孔隙和裂隙，在外载荷作用下，这些孔隙裂隙发生闭合。煤体的强度比较低，裂隙闭合时，裂隙壁面附近的部分煤体会发生变形和微破裂，这足以引起电磁辐射的产生。因为几乎所有的微裂纹都参与这一过程，这时产生的电磁辐射信号也较多，在脉冲数上表现得尤为明显。同时，该阶段也包含弹性变形，当卸载后会产生一定的弹性回复。在该阶段电磁辐射和声发射事件数先增加而后呈减少趋势。

根据钻孔电磁辐射的时间效应，利用煤岩流变破坏过程中产生的电磁辐射对掘进巷道的煤岩动力灾害现象进行预测预报，正是在"流变机理"的理论基础上来进行的，测试的电磁辐射信号来自于流变破坏区域，煤岩流变破坏电磁辐射现象为预测事故发生提供了新的手段和方法。

9.2　煤岩体前方应力区域电磁辐射评价技术

在采掘工作面前方，依次存在着三个区域(图 9-8)，它们是流变松弛区域(即卸压带)A、强流变区(应力集中区)B 和弱流变区(原始应力区)C。采掘空间形成后，煤体前方的这三个区域始终存在，并随着工作面的推进而前移。在 A 区，煤体已发生屈服，在煤体内部形成了大量的裂隙，煤体已大体破碎，已不能承受太大的应力作用。因此该区域的应力较低。

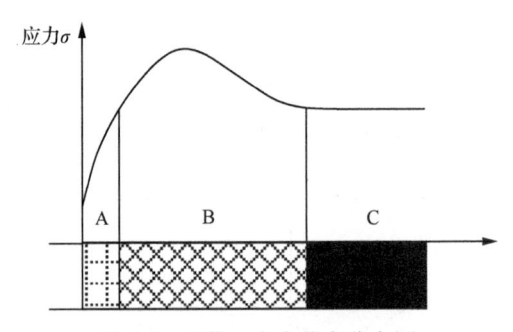

图 9-8　工作面应力状态分布图

由 A 区到 B 区，应力越来越高，因此电磁辐射信号也越来越强。在应力集中区 B，应力达到最大值，因此煤体的变形破裂过程也较强烈，电磁辐射信号最强。越过峰值区后进入 C 区，电磁辐射强度将有所下降。沿着工作面煤体深度方向，电磁辐射应产生一个应力曲线型的理论曲线。

工作面前方的这三个区的范围及距工作面煤壁的距离随周期性掘进或回采工

作的进行而发生变化。在新的采掘空间形成的瞬时,工作面煤体卸压带很小,应力集中带的应力集中程度较高,而后向内部逐渐转移。所以工作面前方的应力区域是随时间和空间而变化的。但是对于地质条件变化不大、推进匀速的工作面,三个区域的范围基本上变化不大。

采掘工作面形成后,工作面煤岩体始终处于动态变形及破裂过程,且应力越高,变形及破裂过程越强烈。在煤岩体中形成钻孔后,钻孔周围的煤岩体产生应力释放,发生变形破裂。钻孔钻进过程中及形成后煤岩的破坏程度与地应力有关,且地应力越大,煤岩的破坏程度也越强烈。前面试验及理论研究证明,电磁辐射信号的强度与煤岩破坏程度是一致的,电磁辐射同载荷之间有较好的一致性,随着载荷的增加,电磁辐射信号的幅度不断增大。因此,电磁辐射信号能够用来反映钻孔钻进过程中煤岩破坏的程度,由煤岩钻孔检测的电磁辐射结果,能够确定采掘工作面前方应力区域的范围。

9.2.1 掘进工作面应力状态电磁辐射测试

1. 电磁辐射测点布置及测试方案

对山西晋城成庄矿 2218 掘进工作面前方应力状态进行了测试。2218 掘进巷煤层老顶为中砂岩,厚 2.50m;直接顶为泥岩,厚 6.27m。本巷主要受一个背斜和两个向斜控制,背斜轴部距切眼 360m;一向斜距切眼 170m,二向斜距 2218 巷开口 520m。顶网采用菱形金属网,靠 2309 采面侧帮网采用塑料网,靠煤柱侧帮网采用菱形金属网。

经过研究,确定测试 2218 掘进巷道电磁辐射的位置及各测点编号如图 9-9 所示。在掘进工作面巷道两侧各布置 3 个钻孔,间隔 30m,钻孔深度均为 7m(见图中

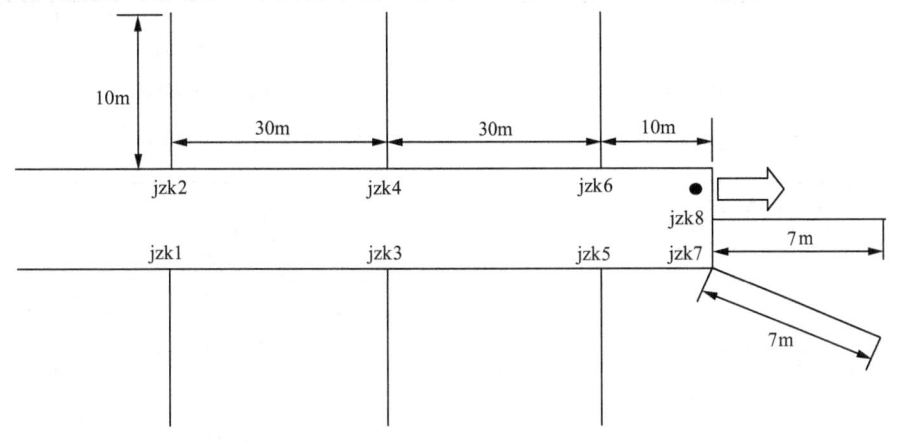

图 9-9 2218 掘进巷道电磁辐射钻孔布置示意图

细实线),在掘进工作面每推进100m左右布置2个钻孔,研究掘进巷道前方及两帮的煤岩体相对应力状态和应力区域分布。测试时,按照电磁辐射测试步骤,利用钻孔电磁辐射测试探头在钻孔内每半米一个测点进行测试。

利用KBD7电磁辐射监测系统在线式非接触测试时,将监测系统安装在掘进工作面(见图中实心圆点),天线开口朝向前方煤岩体,接收掘进工作面迎头附近煤岩体发出的电磁辐射信号。通过与矿井环境监测系统联网,可以在地面中心站实时观测电磁辐射信号,研究掘进过程中的相对应力状态变化规律。

在2218巷迎头正前方和斜前方各布置一个钻孔(图9-9),测试深度受通信线长度所限,为7m。

2. 掘进面前方应力状态钻孔电磁辐射测试结果

实测两个钻孔的电磁辐射结果如图9-10和图9-11所示。对于某一测点,电磁辐射信号随时间的增长而衰减,我们测定的是最大值。从图上可以看出,在煤壁附近,钻孔电磁辐射强度非常低,由煤壁向煤体深处,电磁辐射强度急剧增加,过一段距离之后,电磁辐射强度的增长趋于缓慢。之后,电磁辐射强度又出现下降的趋势。电磁辐射强度增长变缓的地方,即为卸压带的边界。而进入应力集中区,电磁辐射强度逐渐增大,在应力集中区的中心达到最大,之后逐渐变小,进入原始应力区。

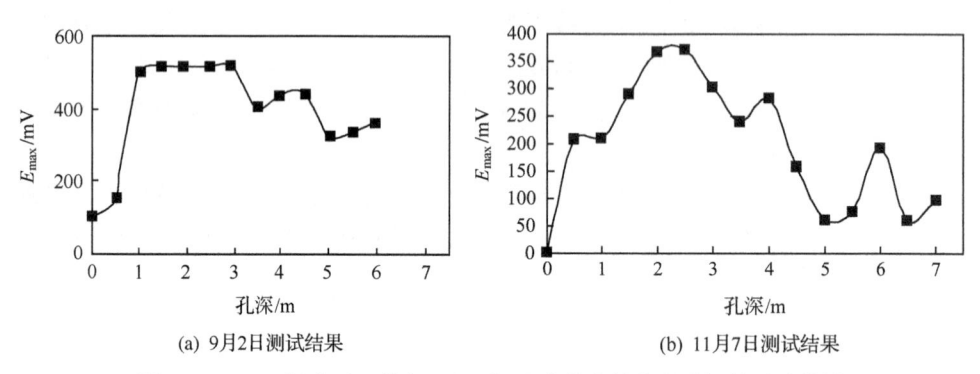

(a) 9月2日测试结果

(b) 11月7日测试结果

图9-10 2218掘进面正前方(jzk8孔)应力状态钻孔电磁辐射测试结果

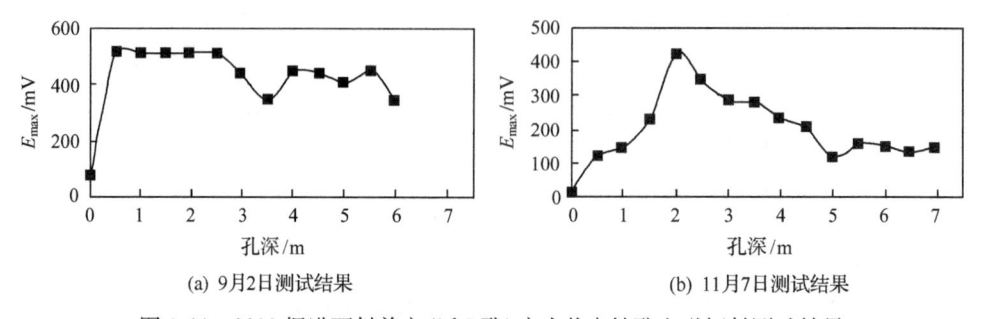

(a) 9月2日测试结果

(b) 11月7日测试结果

图9-11 2218掘进面斜前方(jzk7孔)应力状态钻孔电磁辐射测试结果

由图 9-10 和图 9-11 可以看出,卸压带的宽度大约为 1m,应力集中区在 1～3m。2218 掘进巷为沿顶掘进,巷道顶板为岩石,因而掘进面前方煤体所承受压力不大,煤体受压屈服程度较轻,压力沿煤体变化也不大,卸压带的宽度较小。测试结果与第 4 章的模拟结果较为一致。

从测试结果看,电磁辐射与采掘工作面前方地应力的分布状况一致,这与理论分析相同。地应力由煤岩壁到应力集中区逐渐增大,因而在卸压带内钻进过程中煤岩体破坏强度逐渐增大,电磁辐射强度也增大。在应力峰值处出现电磁辐射强度的最大值,之后逐渐减弱,在原岩应力区内趋于一个稳定值。

判别工作面前方或者巷道卸压带比较准确的方法是,让钻孔穿透卸压带、应力集中区而进入原岩应力区,在卸压带和应力集中区之间找出与原岩应力区的电磁辐射强度值相近的点,该点即为卸压带与应力集中区的分界点,其到孔口的距离即为卸压带的范围。找出电磁辐射不再下降的测试点,即为应力集中区到原始应力区的边界点。

9.2.2 回采工作面前方应力状态电磁辐射测试

1. 电磁辐射测点布置及测试方案

研究主要在晋煤集团成庄矿 2315 工作面开展。工作面走向长 2412m,工作面倾斜长 166m,煤层平均厚度为 6.94m。本工作面煤层为黑色优质无烟煤,质较硬,硬度 $f=2\sim4$,煤层倾角为 $1.5°\sim30°$,本煤层有一层 0.1m 厚的泥岩夹矸。老顶为细砂岩,厚 1.25m;直接顶为泥岩,厚 4.71m。本工作面采用走向长壁、后退式综合机械化放顶煤,一次采全高顶板全部垮落采煤法。

为了测试 2315 工作面前方的应力状态,在工作面靠近回风巷一侧布置了 5 个钻孔,间隔 15m 左右,如图 9-12 所示。

2. 回采面前方应力状态钻孔电磁辐射测试结果

测试结果如图 9-13～图 9-17 所示,分析可知,gz1、gz2、gz3 孔处煤体卸压带深度均为 2m,gz4 孔处电磁辐射测试结果不明显,gz5 孔处煤体卸压带深度为 2.5m。因为该工作面采用的是放顶煤回采工艺,沿煤层底板割煤,工作面上方煤层较厚,工作面前方压力较大,煤体受压屈服程度较大,所以该处煤体的卸压带深度要比 2218 掘进巷迎头的大。

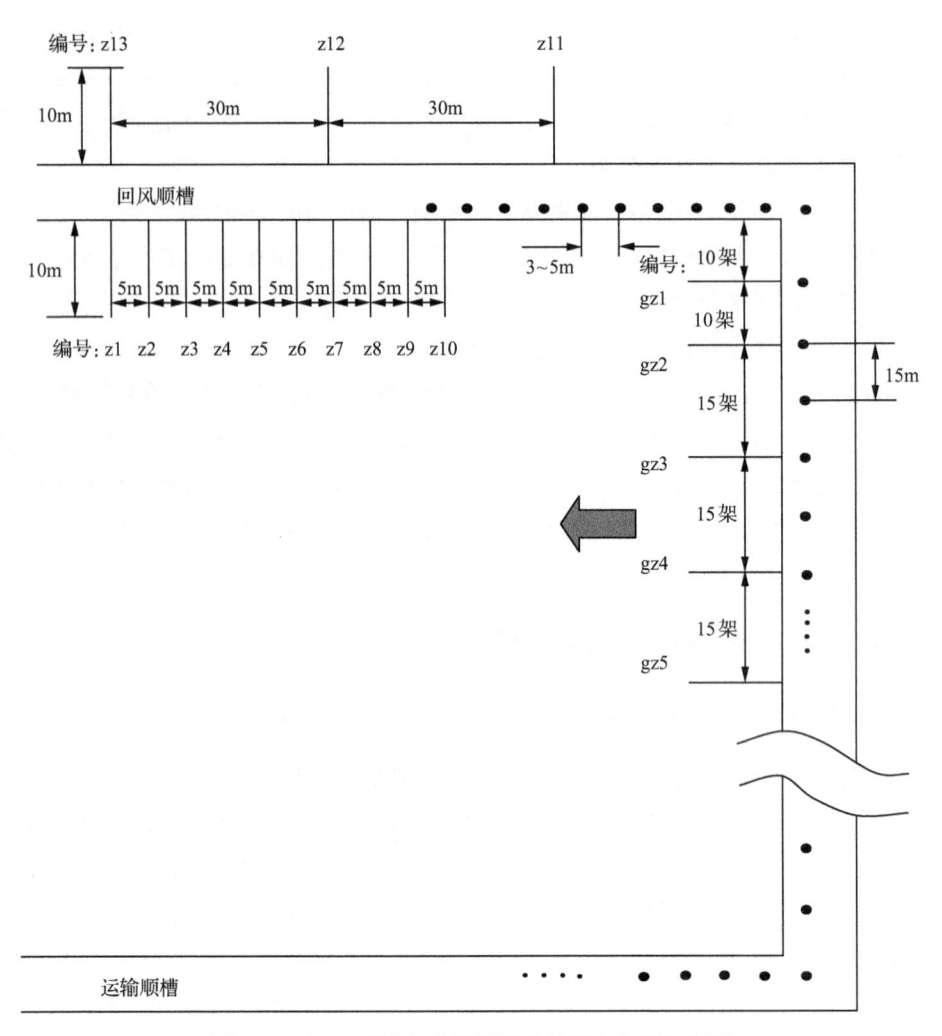

图 9-12 2315 采面电磁辐射钻孔及测点布置示意图

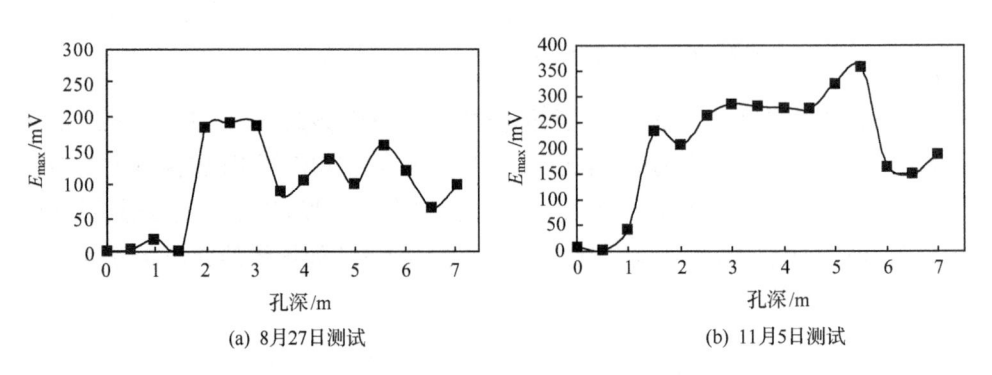

(a) 8月27日测试

(b) 11月5日测试

图 9-13 2315 采面 gz1 孔应力状态电磁辐射测试结果

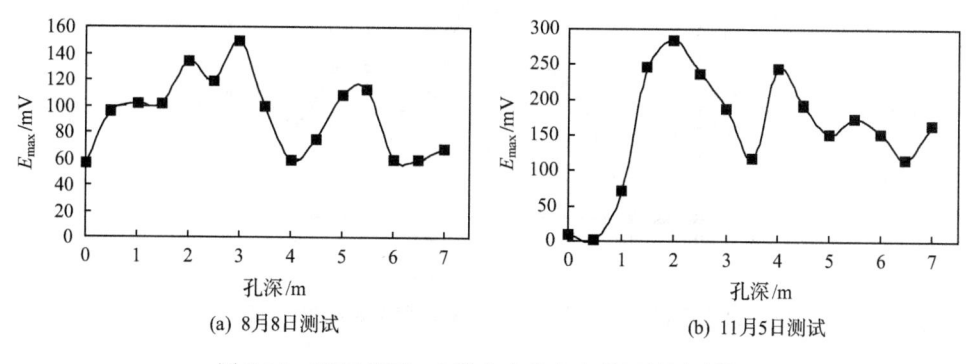

(a) 8月8日测试   (b) 11月5日测试

图 9-14   2315 采面 gz2 孔应力状态电磁辐射测试结果

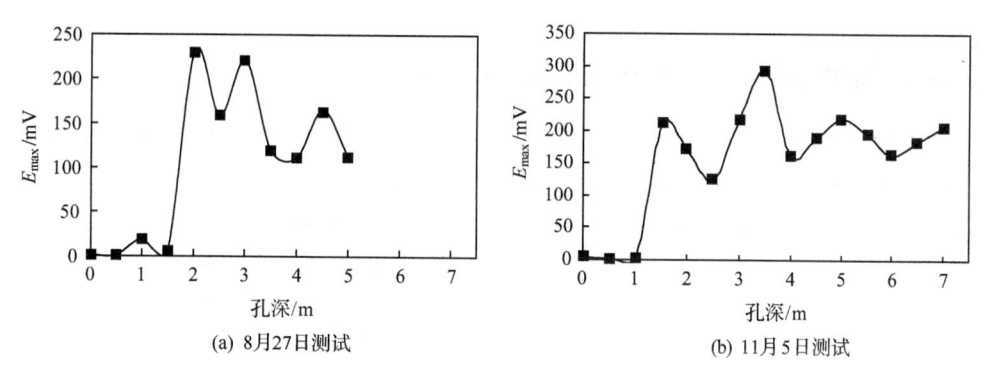

(a) 8月27日测试   (b) 11月5日测试

图 9-15   2315 采面 gz3 孔应力状态电磁辐射测试结果

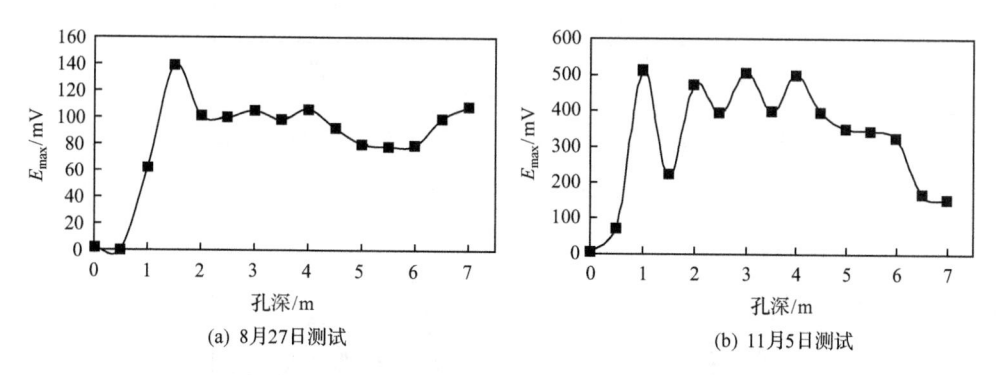

(a) 8月27日测试   (b) 11月5日测试

图 9-16   2315 采面 gz4 孔应力状态电磁辐射测试结果

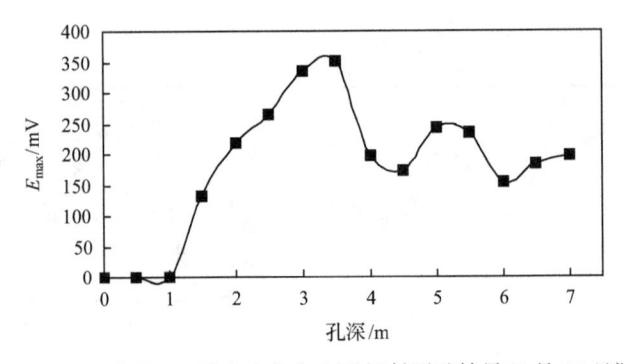

图 9-17 2315 采面 gz5 孔应力状态电磁辐射测试结果（8 月 27 日测试）

9.3 采掘应力场电磁辐射监测评价技术

9.3.1 掘进巷两帮应力状态电磁辐射监测技术

为了测试成庄矿 2218 掘进巷两帮的煤体应力状态，在巷道两帮各布置了 3 个钻孔，共 6 个。测试结果如图 9-18～图 9-23 所示。

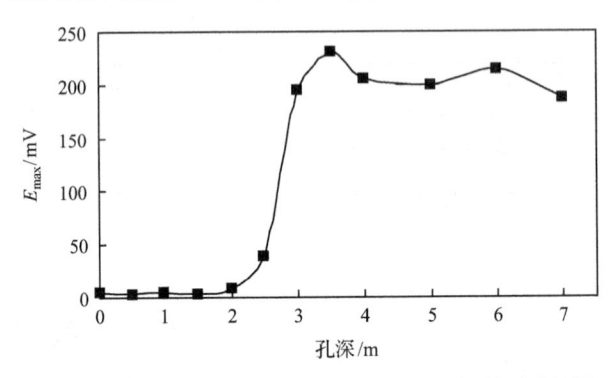

图 9-18 掘进巷 jzk1 孔应力状态钻孔电磁辐射测试结果

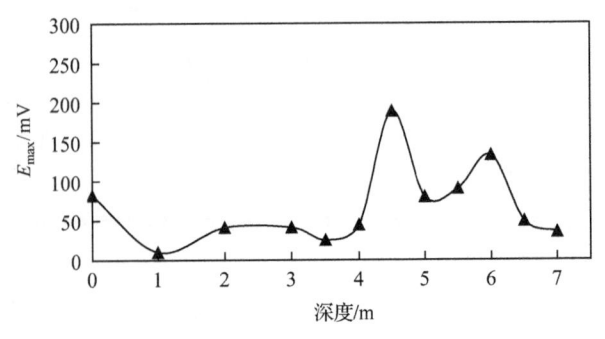

图 9-19 掘进巷 jzk2 孔应力状态钻孔电磁辐射测试结果

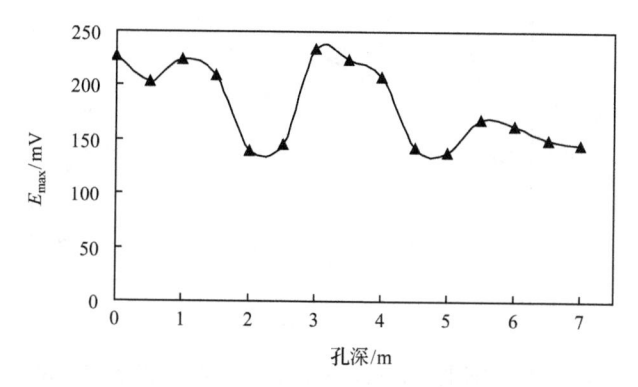

图 9-20　掘进巷 jzk3 孔应力状态钻孔电磁辐射测试结果

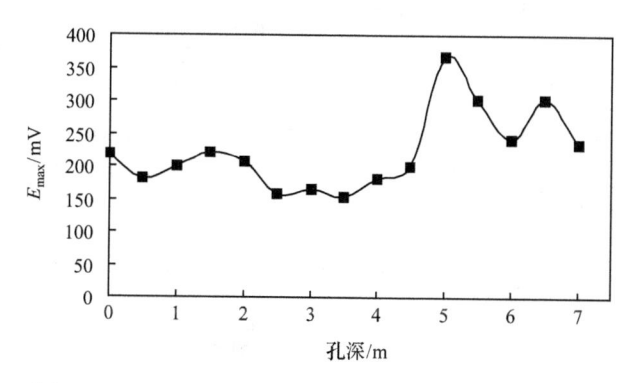

图 9-21　掘进巷 jzk4 孔应力状态钻孔电磁辐射测试结果

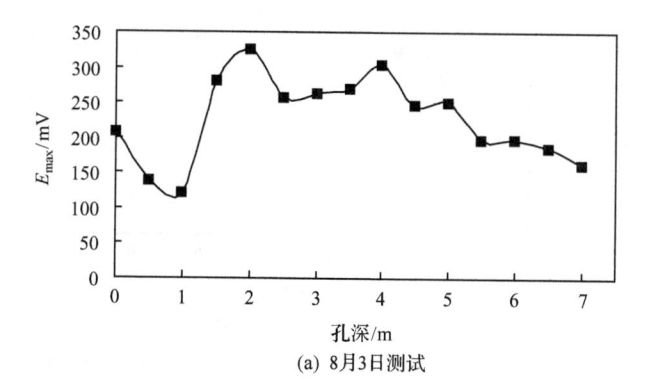

(a) 8月3日测试

(b) 11月7日测试

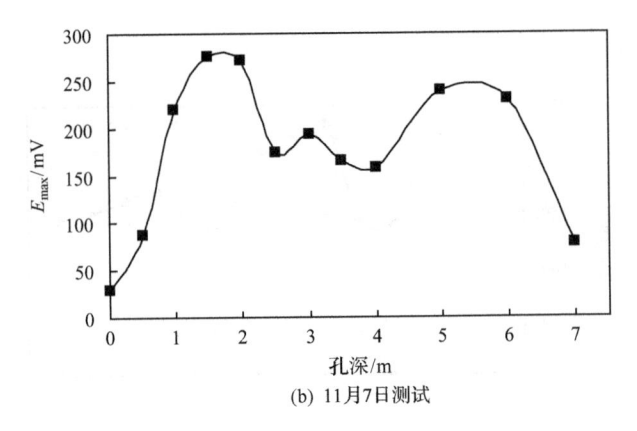

图 9-22　掘进巷 jzk5 孔应力状态钻孔电磁辐射测试结果

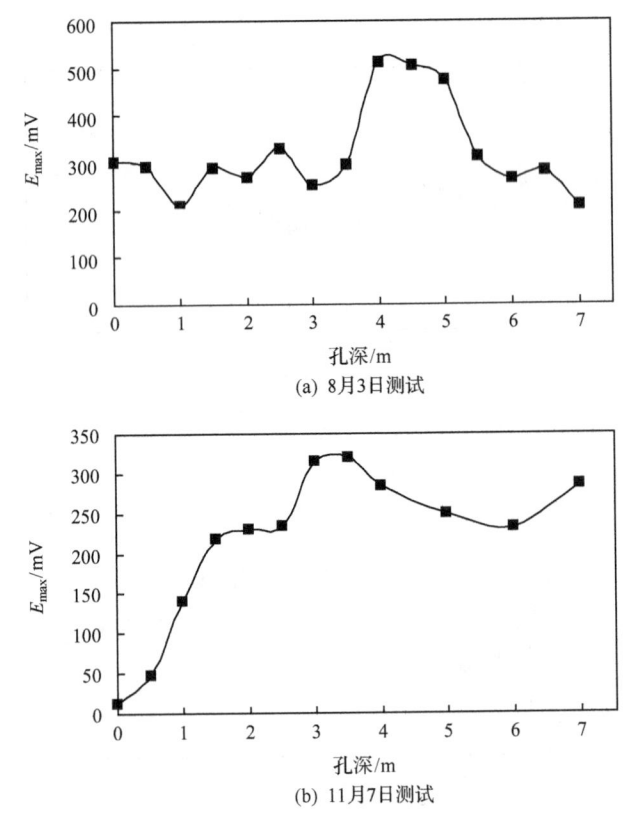

(a) 8月3日测试

(b) 11月7日测试

图 9-23　掘进巷 jzk6 孔应力状态钻孔电磁辐射测试结果

jzk1 孔煤体卸压带宽度为 2m(图 9-18)。jzk3 孔失去了最佳测试时期,电磁辐射测试结果与深度的变化关系不明显(图 9-20),无法直接得出卸压带宽度。根据

图 9-22 可知，jzk5 孔的煤体卸压带宽度为 1.5m，因此可以推断，实体煤一侧巷道煤壁卸压带宽度 1.5～2m。

根据图 9-19、图 9-22 和图 9-23 可知，处于采空区侧的煤体的卸压带宽度为 4m 左右。采空区侧的煤体（即煤柱）的卸压带宽度为 20m，上方的矿山压力比较大，煤柱两侧的煤体受压力的影响，屈服程度较大，卸压带宽度也较大。

电磁辐射技术测定巷道应力状态的方法与其他方法相比，需要时间较短，花费人力物力较少，测试结果较为准确。随着电磁辐射测试技术的进一步改进和完善，该方法一定会具有广阔的应用前景和巨大的实用价值。

9.3.2 回风巷煤壁应力状态电磁辐射监测技术

根据图 9-24 和图 9-25 可知，成庄矿 2315 采面回风巷实体煤一侧巷道煤壁卸压带宽度为 3m。根据图 9-13～图 9-17 可知，回采工作面煤体集中应力区的宽度为 6m 左右，封孔长度应大于卸压带宽度和集中应力区宽度，合理的封孔长度应该大于 6m。目前，该采面瓦斯抽放所采用的钻孔封孔长度为 8m，理论上可以满足瓦斯抽放的需要。

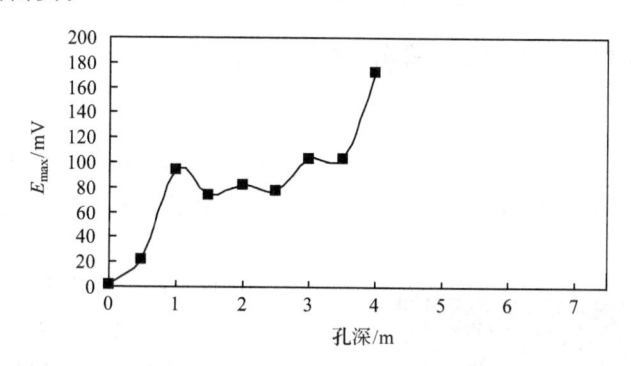

图 9-24 回风巷 z5 孔应力状态钻孔电磁辐射测试结果

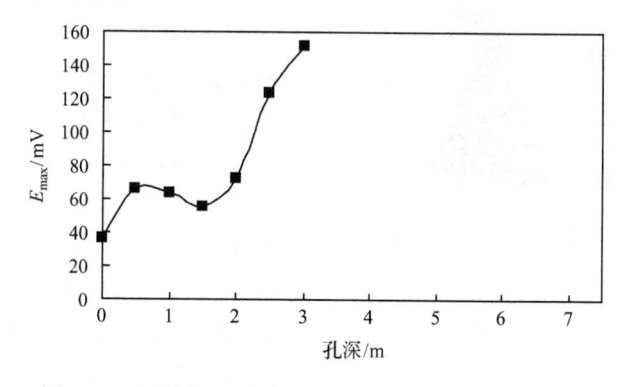

图 9-25 回风巷 z7 孔应力状态钻孔电磁辐射测试结果

电磁辐射技术测定卸压带的方法与其他方法相比,需要时间较短,花费人力物力较少,测试结果较为准确可靠。随着电磁辐射测试技术的进一步改进和完善,该方法一定会具有广阔的应用前景和巨大的实用价值。

9.4 回采工作面周期来压电磁辐射监测技术

回采工作面的顶板动态监测是煤矿安全生产的重要工作,目前主要的监测预报方法有位移法、压力法和地音法等。位移法和压力法主要通过监测采场前方及采场内部的位移和压力信息的变化过程来监测预报顶板的断裂时间和位置,而地音法则通过地音大事件频度的变化来推断顶板端部的断裂时间。

电磁辐射监测技术是近几年发展起来的地球物理预测预报方法,目前已用于地震、煤矿冲击矿压及煤与瓦斯突出等动力灾害的监测预报,取得了较好的效果。在电磁辐射方法监测预报回采工作面冲击矿压的实践中发现,采场前方的电磁辐射信号随着回采工作面的推进呈周期性起伏变化,变化的周期与初次来压和周期来压的步距相对应。因此,电磁辐射方法可以作为监测顶板运动的一种新的途径。

9.4.1 回采工作面前方非接触式电磁辐射测试结果

1) 非接触式电磁辐射监测方法

在工作面煤壁向外的超前回风巷道内设置巷道监测区域,在测区内等间距设置固定的监测点,测点间距一般为5m(图9-12)。随着工作面的推进,需要随时增设测点,使测区内的测点数量始终保持一定。

监测仪器采用KBD5矿用本安型便携式电磁辐射监测仪,该机具有人机对话、定向接收、数据接收、数据处理、数据存储、数据或图形显示、数据查询、与计算机通讯等多种功能。监测指标为电磁辐射幅值最大值、幅值平均值、脉冲数3个。

采用定期、定点的监测方式,一般情况下每天监测一次,每点测量时间不小于2min。将天线悬吊。天线开口朝向被监测区域,天线轴向平行于被测煤岩的外表面,距煤岩体表面小于1m,如图9-26所示。

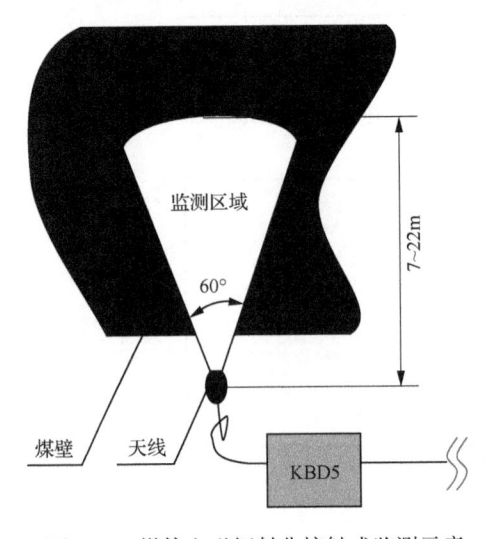

图9-26 煤体电磁辐射非接触式监测示意

2) 电磁辐射测试结果

在 2315 综放回采工作面的回风巷道内,超前工作面 100m 范围内,四天测试的电磁辐射数据如图 9-27～图 9-30 所示。图中纵坐标为某测点所测一批电磁辐射强度的幅值。

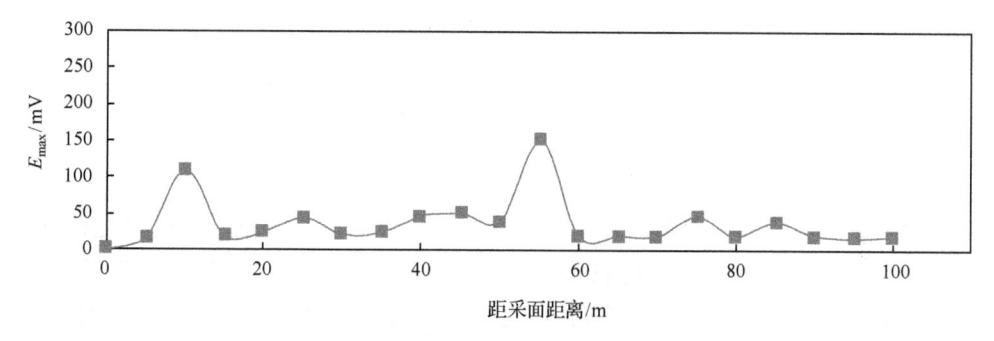

图 9-27 8 月 15 日测试结果

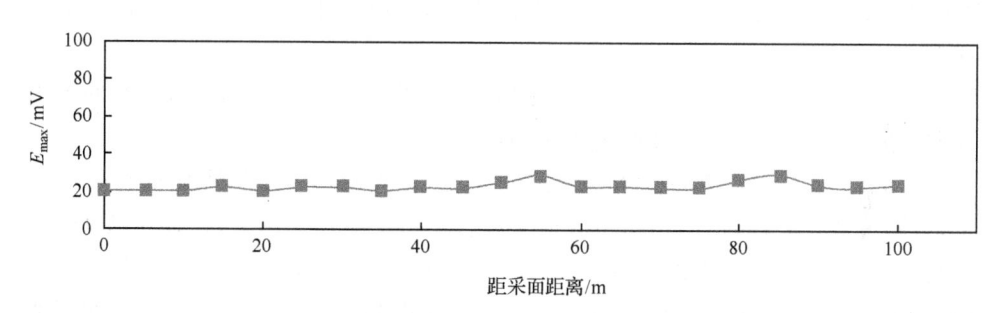

图 9-28 8 月 16 日测试结果

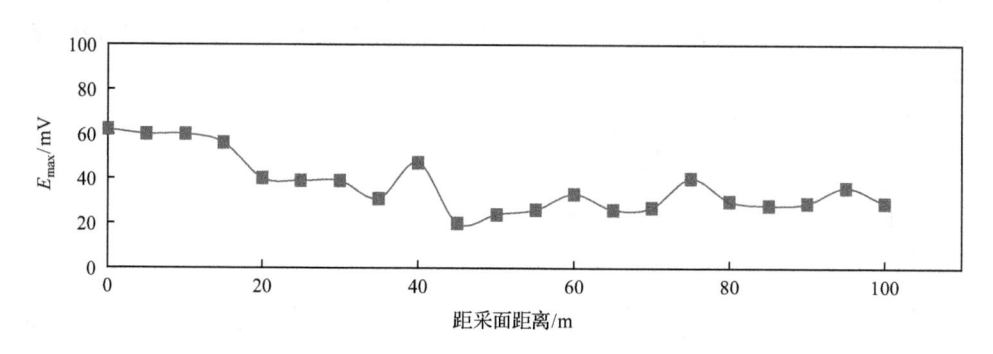

图 9-29 8 月 17 日测试结果

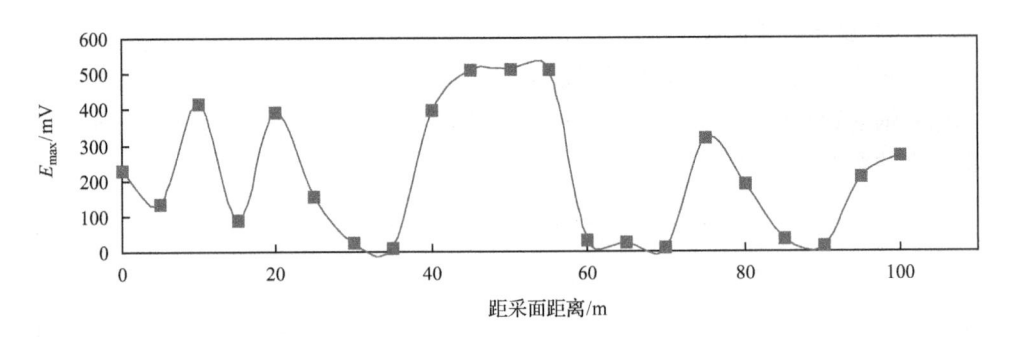

图 9-30 8月18日测试结果

由图可知,2315 采面前方 100m 范围内的电磁辐射强度随时间的变化情况,8月15日、16日、17日的电磁辐射强度均不大,平均值分别为 37.67mV、23.19mV、37.24mV。18日电磁辐射强度突然增大,平均值为 212.86mV,表明工作面老顶来压,工作面前方压力增大,电磁辐射强度随之增加。在 15~18 日三天时间内,工作面推进了 20m,因此,可以初步推断,该工作面周期来压步距为 20m 左右。

从图 9-30 中可以看出,工作面老顶岩层周期断裂、运动时,影响范围在回采工作面前方 100m 以内,显著影响范围集中在工作面前方 10~50m 范围内。

在 z2 孔处每天定点测试,随着工作面的推进,电磁辐射变化情况如图 9-31 所示,由图可知,当采面距 z2 孔 22m 和 44m 时,z2 孔处所测电磁辐射幅值明显增大,表明工作面周期来压,顶板发生断裂,2315 采面周期来压步距为 22m。此处工作面周期来压步距稍大,主要原因是 z2 孔所在回风巷在此处为顶板巷,工作面在回风巷一端采高只有 2.5m 左右,采空区高度较小,垮落顶板对采空区的充填程度较高,采空区垮落岩石承受采场上方矿山压力较多,采面前方支承压力相对较小,老顶断裂步距相应增大。

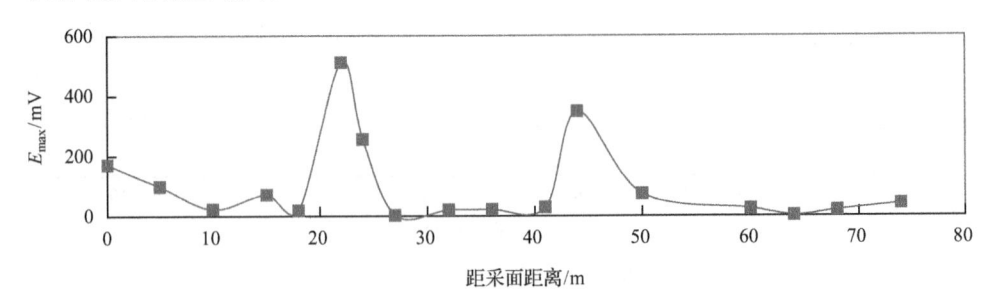

图 9-31 z2 孔电磁辐射测试结果

由图 9-31 可知,两次断裂的电磁辐射幅值不同,采面距测点 22m 时的电磁辐射幅值为 511mV,采面距测点 44m 时的电磁辐射幅值为 350mV。这主要是因为测点距采面的距离不同,周期来压对测点的影响程度不同,测点距采面较近时,周期来压对电磁辐射测试幅值的影响较大。

9.4.2 回采工作面非接触式电磁辐射测试结果

1) 电磁辐射监测方法

在 2315 回采工作面设置测区,测区与工作面长度大致相同(图 9-12)。在测区内以支架架号为单位设置固定的监测点,分别在 15 架、30 架、45 架、60 架、70 架、80 架、90 架、100 架、110 架布置测点,共 9 个测点。采用定期、定点的监测方式,一般情况下每天监测一次,每点测量时间不小于 2min。

监测仪器采用 KBD5 矿用本安型便携式电磁辐射监测仪,监测指标为电磁辐射幅值最大值、幅值平均值、脉冲数 3 个。

2) 电磁辐射测试结果

在 2315 综放回采工作面内,8 月 15 日、16 日、17 日、18 日四天测试的电磁辐射数据如图 9-32~图 9-35 所示。图中纵坐标为某测点所测一批电磁辐射幅值最大值的平均值。

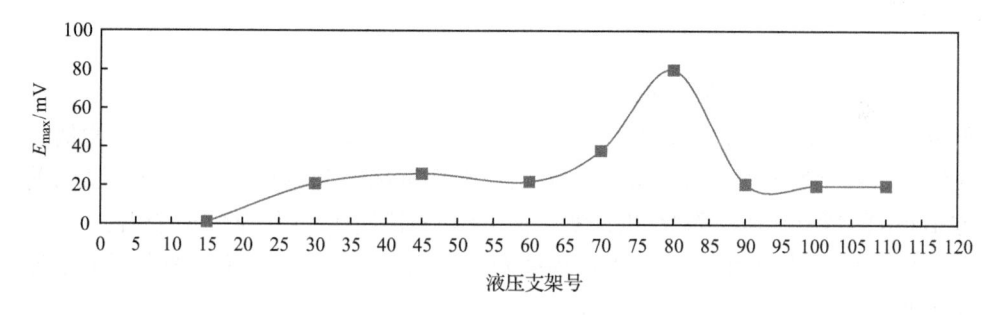

图 9-32　8 月 15 日测试结果

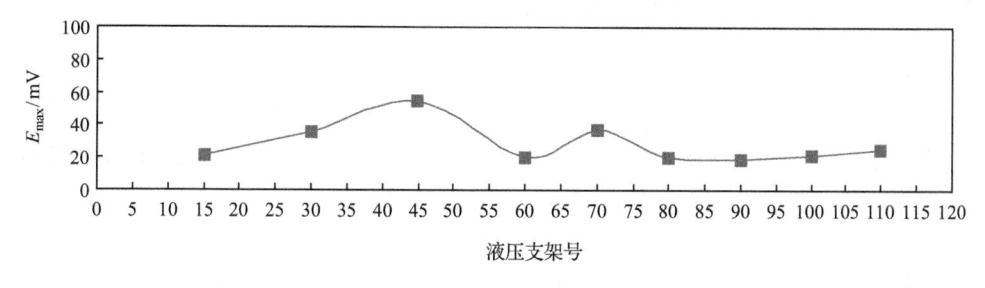

图 9-33　8 月 16 日测试结果

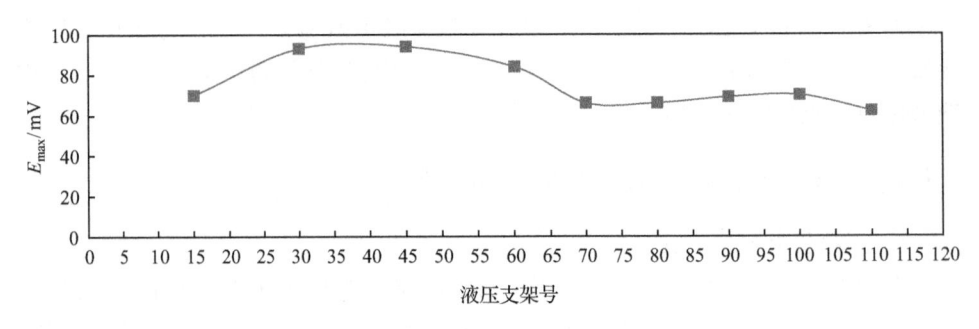

图 9-34　8月17日测试结果

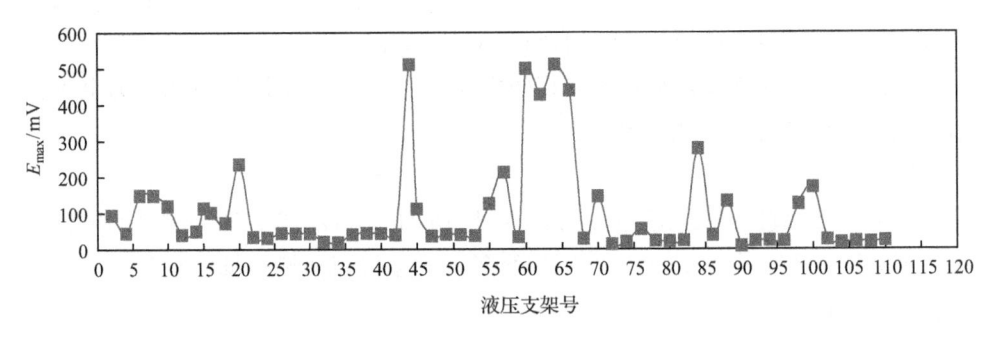

图 9-35　8月18日测试结果

由图 9-32~图 9-35 可知,8 月 15 日、16 日、17 日的电磁辐射强度均不大,平均值分别为 27.67mV、28.33mV、73.6mV。18 日电磁辐射强度突然增大,平均值为 102.96mV。四天内 2315 采面走向电磁辐射强度随时间的变化情况与所测的前方 100m 的情况类似。因此,也证实了该工作面周期来压步距为 20m 左右。

从图 9-32 中可以看出,工作面周期来压时,第 60~66 架液压支架上压力增加比较明显。

9.4.3　回采工作面顶板周期来压钻孔电磁辐射测试结果

1) 监测方法

在回风巷的工作面侧煤帮布置 10 个钻孔,在煤柱侧布置 3 个钻孔,钻孔深度均为 10m(见图 9-12 中细实线)。测试时,沿钻孔深度方向每隔 0.5m 用电磁辐射测定系统测定该位置(L)的电磁辐射信号。

2) 监测结果

在测试 z11 孔时,接触式天线被卡住,又从厂家调运天线。受此影响,2315 工作面回风巷 z5~z13 钻孔未能连续观测,z1、z2、z3、z4 钻孔电磁辐射幅值加权平均值测定结果如图 9-36 所示。

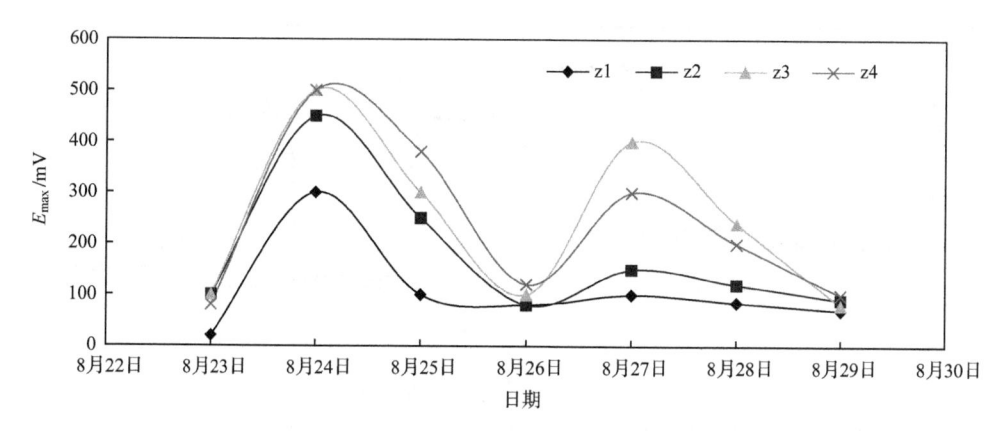

第 9 章 电磁辐射监测煤岩体应力状态技术及应用

图 9-36 回风巷钻孔电磁辐射幅值加权平均值测定结果

四个孔的电磁辐射幅值在 8 月 24 日和 8 月 27 日两次达到最大值,说明在这两日顶板分别来压。8 月 2315 面的日平均进尺为 6m,因此可以初步推断周期来压步距为 18m 左右。

8 月 26 日,z3、z4 孔电磁辐射幅值分别为 100mV、120mV,8 月 27 日,z3、z4 孔电磁辐射幅值分别为 400mV、300mV,说明工作面前方压力显著影响区从 z4 孔前移到了 z3 孔。8 月 27 日,z3 孔距工作面 30m,说明工作面前方压力显著影响区的范围在前方 30m 左右,所以在正常情况下超前支护距离必须大于 30m。当遇到地质构造带压力异常区域时,应加大超前支护距离。在回采工作面前方压力显著影响区内,煤体上承受的支承压力显著增大,煤体变得破碎,裂隙增多,煤体瓦斯渗透率增大,有利于瓦斯抽放。因此,在回采工作面前方 30~50m 范围内,随着工作面的推进,应该加强对瓦斯抽放工作的日常管理,充分利用采动压力的作用来提高煤层的瓦斯抽放率。

z3 钻孔深度 1.5m 处测点、z4 钻孔深度 1.0m 处测点连续多日测试结果如图 9-37 和图 9-38 所示,两测点在 8 月 24 日和 27 日电磁辐射强度也明显增大,表明顶板来压,印证了上述结论。从测试结果还可以看出,采煤造成的前方压力在距离工作面大约 46m 位置处已经显现出来。

图 9-39 为 11 月工作面周期来压回风巷电磁辐射监测结果,当工作面周期来压时(5 日、11 日、21 日),钻孔电磁辐射监测值明显增大。因此,可以根据钻孔电磁辐射值监测回采工作面的周期来压现象。

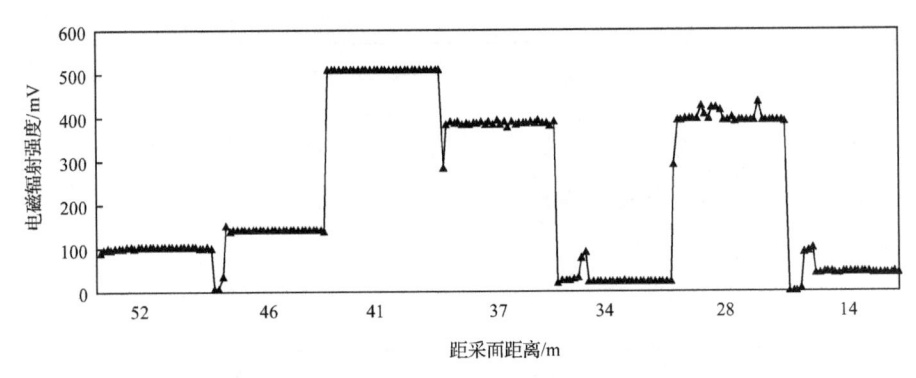

图 9-37　z3 孔 1.5m 深处电磁辐射测试结果

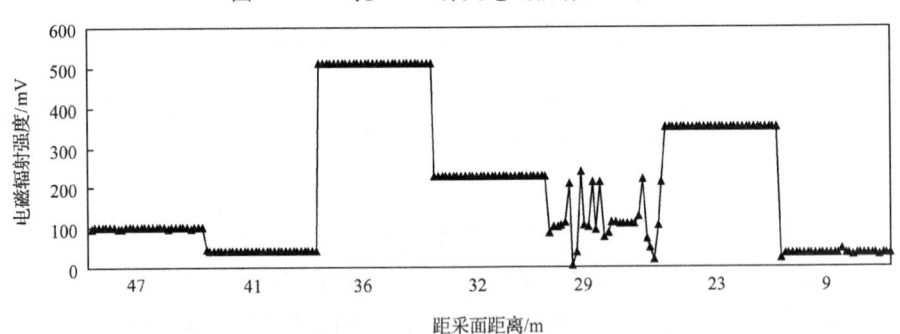

图 9-38　z4 孔 1.0m 深处电磁辐射测试结果

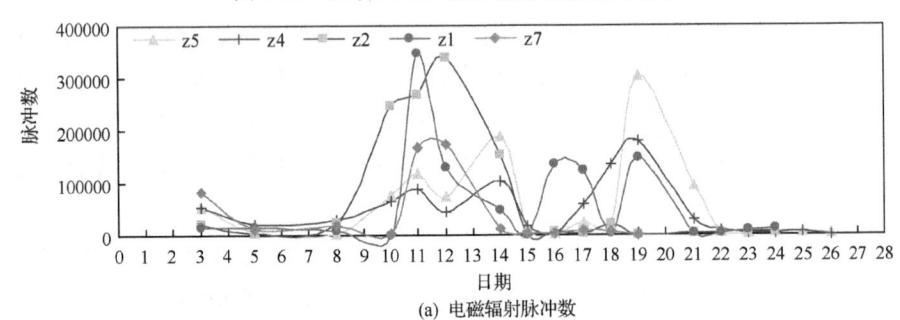

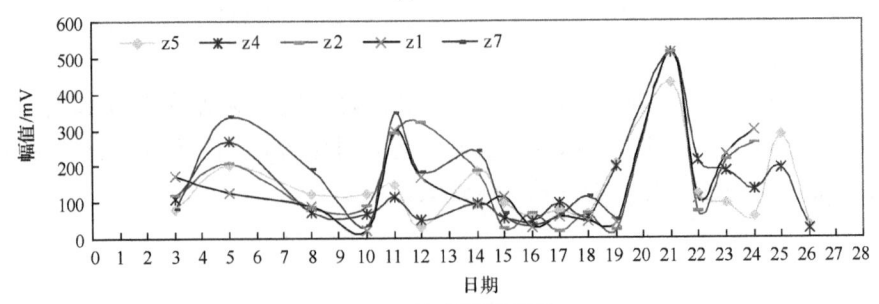

(a) 电磁辐射脉冲数

(b) 电磁辐射强度

图 9-39　工作面周期来压电磁辐射测试曲线图（11 月测试）

回采工作面顶板运动的电磁辐射现场监测表明,电磁辐射信息可以监测预报工作面顶板运动。在工作面顶板相对稳定阶段,电磁辐射信号比较平稳。而工作面推进到顶板的断裂步距时,在顶板端部断裂和应力转移过程中,煤体的应力状态发生急剧的变化,煤体内的电磁辐射信号发生突变。因此,根据电磁辐射信号的变化可以推断工作面顶板运动状态的发展,确定顶板端部断裂的时间。电磁辐射监测技术监测方便、工作量小,不受人为因素的干扰,是监测回采工作面顶板运动的一种有效的新方法。

9.5 小　　结

根据复合煤岩变形破坏电磁辐射规律,分析了现场煤岩系统煤体应力状态和顶板稳定性的电磁辐射监测技术方法,通过在成庄煤矿掘进巷和回采面的应用实践取得了以下结论。

(1) 采用电磁辐射的方法测试了成庄煤矿 2218 掘进巷、2315 回采面等处的应力状态。煤体应力状态电磁辐射现场测试实践表明,可以应用电磁辐射技术测试煤体的应力状态分布。

(2) 回采工作面顶板周期来压电磁辐射现场监测表明,电磁辐射信息可以监测预报工作面顶板运动。在工作面顶板相对稳定阶段,电磁辐射信号比较平稳。当工作面周期来压时,煤体内的电磁辐射信号发生显著变化,根据电磁辐射信号的变化可以推断工作面顶板运动状态,确定顶板来压周期等参数。

第10章 煤岩电磁辐射监测技术的应用研究

煤与瓦斯突出、冲击矿压是矿山安全生产中亟待解决的重大安全技术问题,防治的关键是预测问题。本章我们根据前面电磁辐射试验及理论分析结果,对电磁辐射监测系统及其数据处理软件进行叙述。并叙述利用该设备,对矿山煤与瓦斯突出、冲击矿压等煤岩动力灾害现象进行预测预报的实例。

10.1 电磁辐射监测技术

煤岩动力灾害现象(如冲击地压、煤与瓦斯突出、顶板事故等)严重制约着矿山生产、安全和经济效益的提高,给矿井工作者造成了极大的精神和心理压力。我国是世界上煤岩动力灾害最严重的国家之一。近年来,随着矿井开采深度和强度的增加以及现代化采煤技术的发展,大采高、大断面的放顶煤技术的推广使用,带来了顶板支护和维护的新问题,因此预测和防治顶板灾害是目前矿山最主要的安全工作之一,连续动态非接触预测是目前急需解决的问题。

前述煤岩电磁辐射试验研究结果表明,煤岩变形破裂过程产生的电磁辐射信号与变形破裂的剧烈过程紧密相关,电磁辐射是煤岩体变形破裂过程的能量释放现象,是很有发展前途的预报动力灾害的地球物理方法之一。电磁辐射方法实现了真正的非接触,无需打钻,不受传感器与煤岩体的接触程度影响,可实现定向接收,受监测区域外围环境干扰较小。

中国矿业大学对受载煤体电磁辐射的特性进行了大量的研究,研究结果证明,受载煤岩体能够产生电磁辐射,电磁辐射能够反映煤岩体的变形破裂过程,煤岩变形破裂过程中的电磁辐射是频谱很宽的脉冲信号,而且电磁辐射的频谱随着载荷及变形破裂强度的增加而增高;加载速率等对电磁辐射有较大影响;单轴受载煤岩体的电磁辐射具有记忆效应。中国矿业大学根据上述研究成果提出了电磁辐射法预测煤与瓦斯突出和冲击地压及煤岩体应力状态监测的技术方法,研制开发了KBD5便携式和KBD7在线式(可与KJ系列煤矿安全监测系统联网运行)矿用本安型电磁辐射监测系统。

该技术目前主要应用于监测预报矿山煤岩动力灾害,对于煤岩巷道及工作面前方的相对应力状态及顶板稳定性方面还没有进行研究。本课题就是利用电磁辐射技术对巷道和工作面相对应力状态和顶板稳定性进行监测。

10.2 电磁辐射测试装备

10.2.1 KBD5 便携式电磁辐射监测仪的组成及功能

1. KBD5 电磁辐射监测仪的组成及功能

KBD5 电磁辐射监测仪由宽频带高灵敏度定向接收天线、主机和远程通讯接口(MODEM)组成,主机由放大电路、数据采集电路、单片机、程序存储器、数据存储器、显示电路、RS232 近距离通讯电路、远程通讯电路、键盘控制电路和供电电路等组成。仪器结构及原理如图 10-1 所示,其实物如图 10-2 所示。

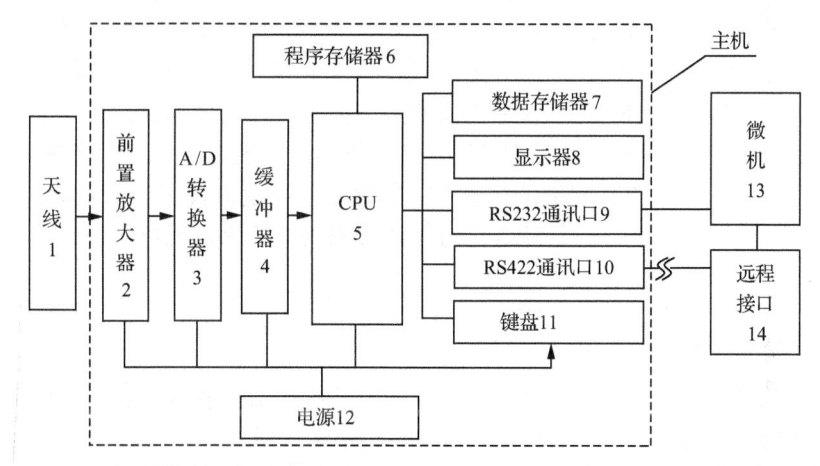

图 10-1　KBD5 监测仪结构及原理

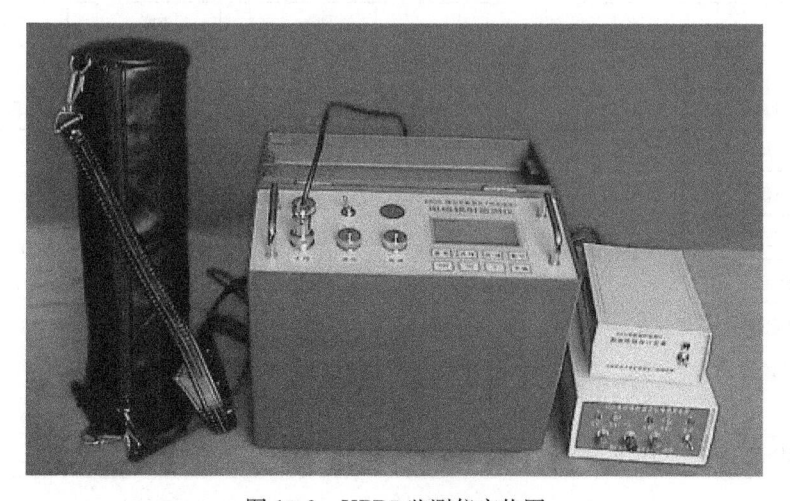

图 10-2　KBD5 监测仪实物图

定向接收天线将天线有效接收范围内的煤岩电磁辐射信息接收后,电信号经信号放大、滤波后,存入缓冲器,由CPU进行数据分析及统计,并将测试数据存入数据存储器,同时将测试及统计结果显示在显示器上。

数据存储器采用了大容量非易失性存储器,正常或意外停电、断电时,存储数据均不会丢失。本监测仪大幅度提高了存储容量,对于移动式监测,特别是在同一班对多个工作面进行煤岩动力灾害预测,或者对一个回采工作面进行煤岩动力灾害预测时,最大测点数达到了230。这一方面提高了仪器的利用率,另一方面也减小了劳动强度。

单片机软件采用PLM语言编写,大幅度提高了编程速度和调试的方便性。监测仪显示器显示界面采用菜单式,按参数设置、预警、测试、查询和电源管理等功能分成了5个菜单。软件的成功设计使监测仪的操作极为简便。

KBD5型电磁辐射监测仪电磁辐射强度指标 E 输出时以最大值的最大值 $E_{\text{max-max}}$、最大值的平均值 $E_{\text{max-avg}}$、最大值的最小值 $E_{\text{max-min}}$ 和平均值的最大值 $E_{\text{avg-max}}$、平均值的平均值 $E_{\text{avg-avg}}$、平均值的最小值 $E_{\text{avg-min}}$ 六个参数在监测仪上显示;脉冲数指标 N 输出时则以最大值 N_{max}、平均值 N_{avg} 和最小值 N_{min} 三个参数在监测仪上显示输出,以便供用户在井下即可更准确更快捷地掌握工作面电磁辐射强度和脉冲数的大小及变化剧烈程度,并与其他常规测试结果及现场显现进行对比,确定敏感指标。

2. KBD5软件

开发了基于Windows95以上环境的可在PC机或工控机上运行的电磁辐射监测及数据分析软件。该软件的主要功能如图10-3所示。

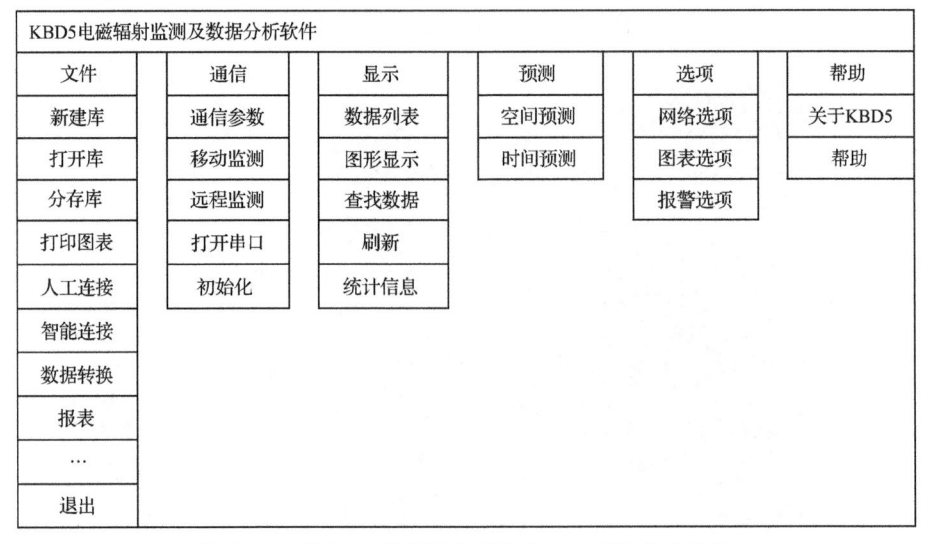

图10-3 KBD5电磁辐射监测及数据处理软件功能图

该软件可以通过"人工连接"及"预测"将不同地点或不同时间的测试数据进行连接并进行区域或时间动态危险性预测,也可通过"智能连接"和"预测"将同一测点不同时间的测试数据按连接标记进行智能化连接并进行动态危险性预测。

该软件既可通过 RS232 通讯电缆与监测仪进行数据通讯、参数设置等和控制监测仪的操作,也可通过远程数据通讯接口(MODEM)对监测仪进行远程控制。

为了方便用户进行其他图表分析或发送信息,特设计了与其他常用软件的连接功能,可以很方便地将部分或全部测试数据转换为 Excel 格式,也可将报表资料输入 Word 文档。

KBD5 电磁辐射监测及数据处理软件中建立了非常完善的帮助系统,除可对软件的安装、操作等进行寻求帮助外,还可对电磁辐射监测及预报技术、监测仪的结构、功能、用途及操作等寻求帮助。

3. 工作面煤岩应力状态电磁辐射监测预报方法

1)非接触式监测方法

采用本监测仪对含瓦斯煤体既可进行定点长时监测,也可进行动态跟踪监测。定点监测就是在巷道中选定某一测点,监测选定区域内煤体在采掘过程中电磁辐射的变化。动态跟踪监测就是随着工作面的进尺,在工作面迎头布置测点,监测进尺后工作面前方煤体的电磁辐射,以监测工作面前方的相对应力状态。对于现场掘进工作面测试,以后者为主。具体操作如下。

(1)在掘进工作面布置 3 个测点,分别位于左、中、右方,天线分别朝向左前方、正前方和右前方,如图 10-4 所示。1 号测点位于巷道迎头的左帮侧,距迎头和左帮各 0.5~0.7m,天线开口朝向左前方,2 号测点距迎头 0.5~0.7m,位于巷道中央,天线朝向工作面正前方,3 号测点设于巷道迎头右帮侧,距迎头和右帮各 0.5~0.7m,天线开口朝向右前方。在每一个测点,天线有两种布置方式,一种是天线轴向朝向煤层,如图 10-4(a)所示,另一种是天线轴向垂直于巷道顶、底板,开口槽朝向煤壁,如图 10-4(b)所示。

(2)安装好支架和天线,并连接好主机及电源。

(3)打开仪器,设置好测定参数:门限值、组数等;若各参数在井上已通过计算机传输设置好,在井下可直接打开电源,待显示稳定后,直接进行测试,不需重新设置参数。

(4)按开始键进行测试,测定电磁辐射强度和脉冲数。测定及数据记录电磁辐射监测仪自动完成,当确定临界值后,可自动报警。

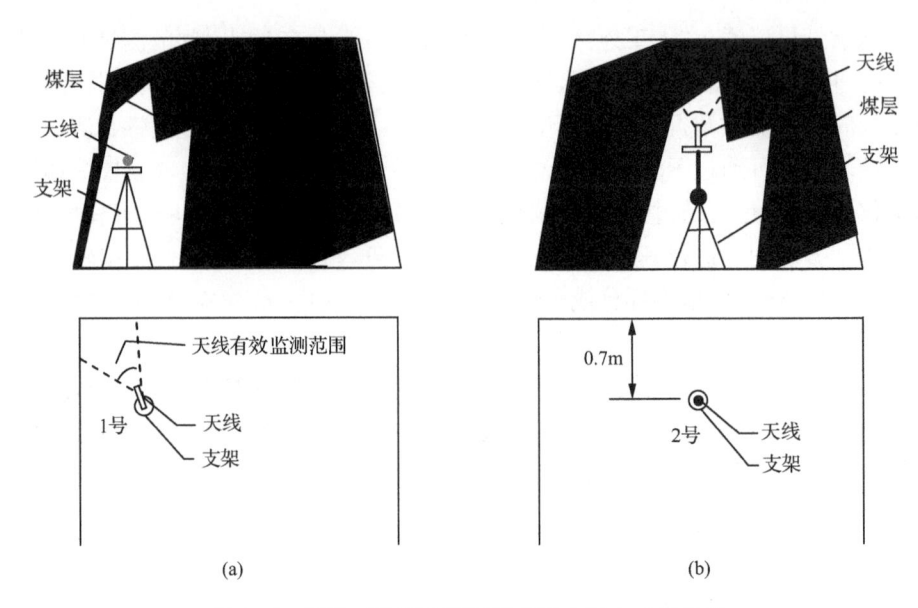

图 10-4 掘进工作面电磁辐射天线布置方式及位置

测试结束后,可现场查询数据,且可将便携式监测仪带到井上,将数据传输到微机中,进行进一步的趋势分析。

在回采工作面或巷道进行移动式监测煤岩相对应力状态,如图 10-5 所示。在一个测点测试一定时间(可设定,也有缺省值)后,移动到下一测点进行测试。利用测试得到的电磁辐射信号来研究巷道或回采工作面测试位置的相对应力状态。

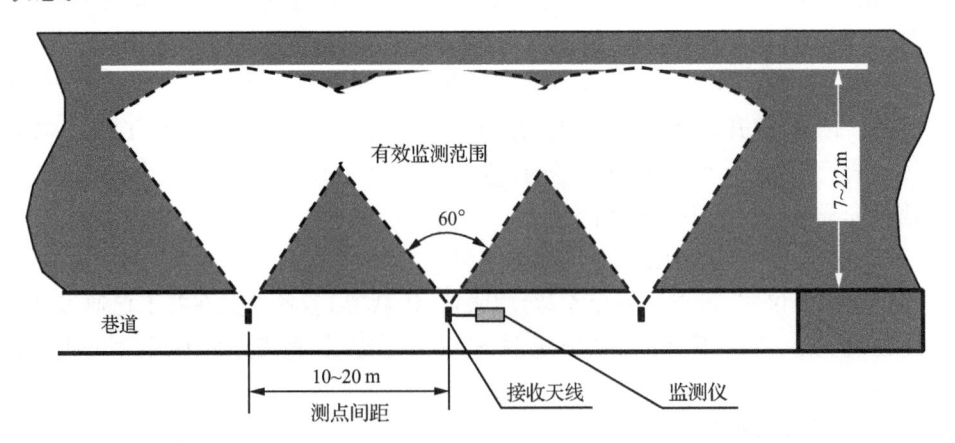

图 10-5 工作面或巷道相对应力状态监测

2) 钻孔式测试方法

我们也可以利用钻孔电磁辐射测试方法对钻孔内部不同位置的煤岩体所受到的相对应力状态进行监测。

测试所用的电磁辐射信号接收系统由 3 个部分组成，即电容式电磁信号传感器、推拉杆和 KBD5 电磁辐射监测仪。其基本工作原理是，煤岩破坏产生的电磁辐射信号由电容式信号传感器接收后，送信号放大器放大，然后由电磁辐射监测仪主机记录电磁辐射信号强度和脉冲数。仪器的工作稳定，抗干扰能力强，且操作方便。试验时，垂直煤岩壁向煤岩体深处打钻，钻孔深度为 7~8m，钻孔完成后快速退出钻杆，立即用电磁辐射测定系统每 0.5m 一个测点沿钻孔测定电磁辐射信号。然后对钻孔内部不同位置的煤岩所受到的相对应力状态进行监测分析。也可以在钻孔内连续测试同一位置随采掘工作面的推进，测试位置煤岩体相对应力状态的变化规律。

测定系统布置如图 10-6 所示。我们制作了推拉杆，可以方便地进行拆装。

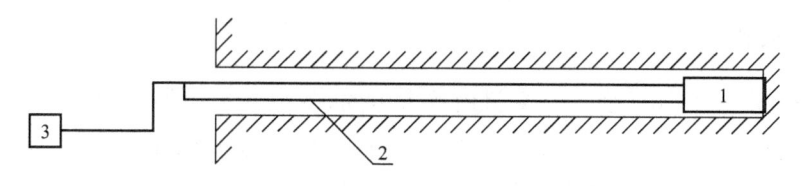

图 10-6 钻孔电磁辐射测定示意图
1-传感器；2-推拉杆；3-KBD5 电磁辐射监测仪

KBD5 电磁辐射监测仪主要由定向接收天线、监测主机、电源、微机及通讯及数据处理软件组成。KBD5 监测仪中安装有可充电电源，可连续工作 8h，间断工作 6h 左右。

KBD5 电磁辐射监测仪的主要工作原理是，将定向接收天线对准监测区域，对其电磁辐射连续监测 2~3min。当监测到的电磁辐射超过临界值时，预报有危险；或者当同一地点相邻班次或工作日电磁辐射呈明显增长趋势或变化较大时，预报有顶板垮落危险。在一个测点的测试工作完成后，移动到下一测点，继续进行测试工作。

因此，电磁辐射法监测方法已经实现了便携、移动式监测，预测时间较短，操作较为简便。但其缺点是，不能完全进行连续不间断监测。这会漏检大量的电磁辐射信息，不能连续、真实地反映煤岩体动态活动情况。所以，实现电磁辐射连续自动监测非常有意义。因此在 KBD5 电磁辐射监测仪的基础上，开发了能够连续自动非接触监测的矿用本安型 KBD7 在线式电磁辐射监测仪。

10.2.2 KBD7煤岩动力灾害非接触电磁辐射监测仪

1. KBD7在线式电磁辐射监测仪组成及主要技术指标

电磁辐射连续监测系统由定向接收天线、监测主机、活动操作键盘等组成。主要技术指标如下。

(1) 供电方式:外接21~12V隔爆兼本安电源,工作电流不大于150mA。
(2) 接收信号频带宽1~500kHz,信噪比≥6dB。
(3) 接收天线灵敏度为71dB±1dB。
(4) 测试方式:非接触式。
(5) 通讯方式:RS485或输出标准信号:4~20mA或200~1000Hz。
(6) 报警方式:超限自动报警。
(7) 防爆型式:ibI,本安型。

2. 硬件系统

监测仪如图10-7所示。主机由放大电路、数据采集电路、单片机、程序存储器、显示电路、RS485通讯电路、远程通讯(标准信号输出)电路、键盘控制电路和供电电路等组成。仪器结构及原理如图10-8所示。

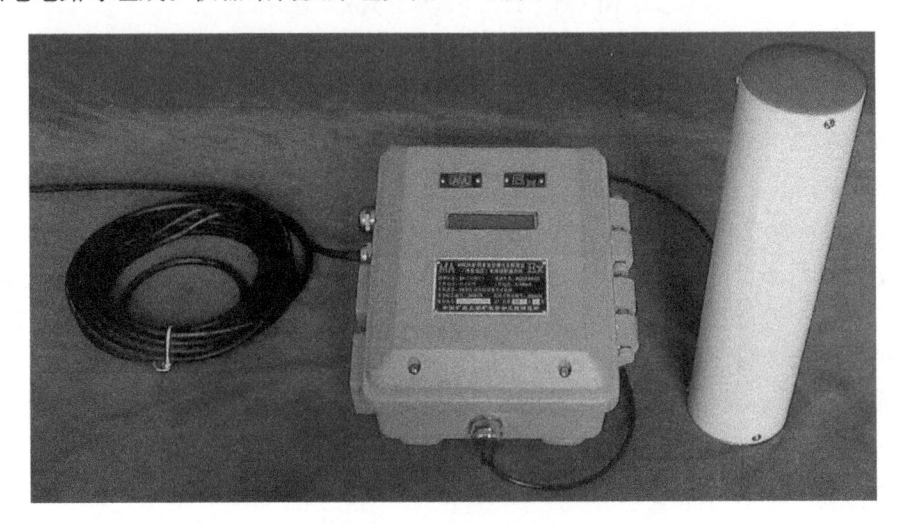

图10-7 监测仪实物图

第10章 煤岩电磁辐射监测技术的应用研究

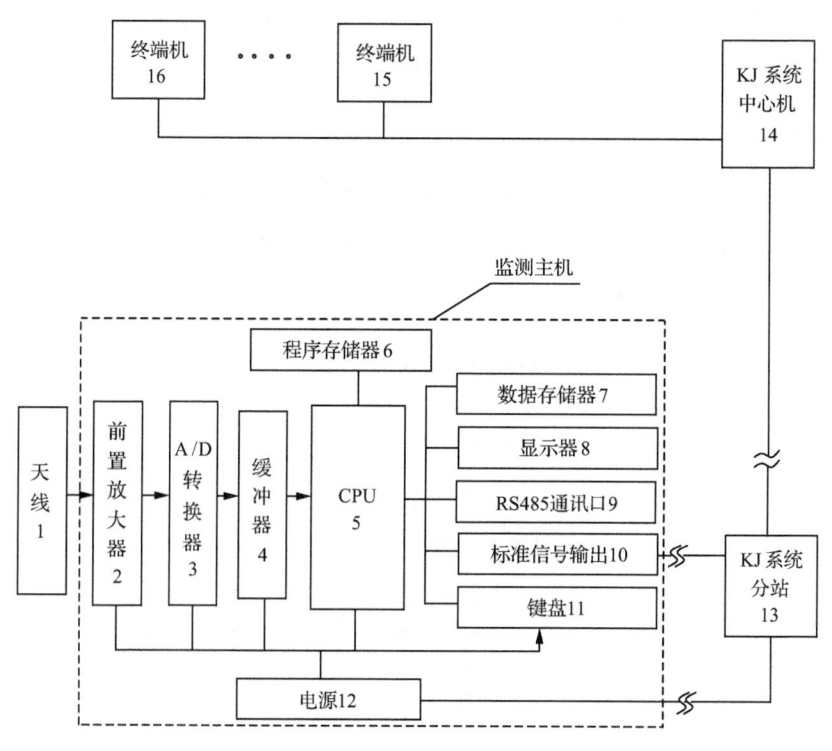

图 10-8　KBD7 电磁辐射连续监测系统结构及原理

定向接收天线将天线有效接收范围内的煤岩电磁辐射信息接收后,电信号经信号放大、滤波、模数转换后,存入缓冲器,由 CPU 进行数据分析及统计,并将能够反映顶板垮落危险的测试数据以标准信号(1~5mA 或 4~20mA 或 200~1000Hz)输出,同时将测试及统计结果显示在显示器上。测试数据经 KJ 煤矿安全监测系统传送到地面中心机。电磁辐射可在 KJ 煤矿安全监测系统地面软件上以数据形式显示,也可对其历史数据以图形形式进行显示。

其信号流程是:顶板煤岩体强烈变形破裂→发射电磁辐射信号→定向接收天线→电磁辐射监测主机→分站→井下电缆→地面→中心机→监测终端机→显示及预报。

为了减少周围测试环境中其他电磁信号的干扰,如风机、运输机等工作机械工作时产生电磁干扰信号,本监测仪的接收天线参数及外观:①使天线的方向性进一步增强;②选择了合适的带宽和增益,减少了周围工作机械启动和停止时强电磁脉冲对有效电磁辐射信号的干扰;③改进了天线的外观结构,减少了天线的轴向尺寸,使之便于携带及调整;④改进了天线的外壳材料,采用非金属材料,提高了天线外壳的密封性能,减少了人体、机械等接触天线时引起的电磁干扰。

3. 单片机软件系统

在本仪器中,单片机系统软件采用 PLM 语言编写,并采用模块式结构设计技术编制,主要包括主控程序(图 10-9)、测量子程序、时钟子程序、显示子程序、键盘扫描子程序、通信子程序等。

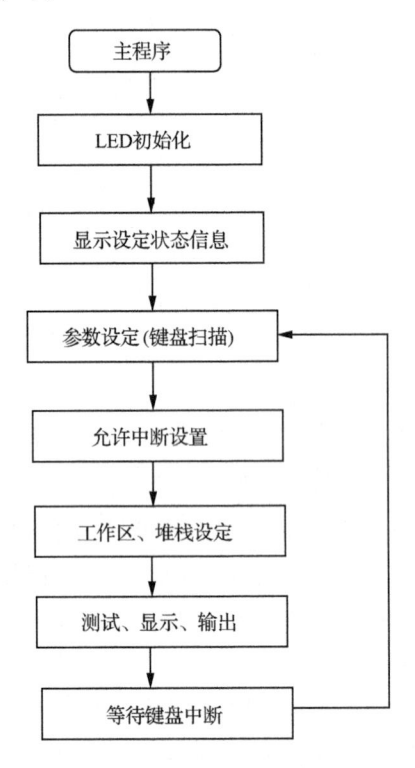

```
主程序
  ↓
LED初始化
  ↓
显示设定状态信息
  ↓
参数设定(键盘扫描) ←┐
  ↓                  │
允许中断设置          │
  ↓                  │
工作区、堆栈设定      │
  ↓                  │
测试、显示、输出      │
  ↓                  │
等待键盘中断 ─────────┘
```

图 10-9 单片机主控程序框图

4. 电磁辐射监测传感系统地面软件系统

开发了基于 Windows95 以上环境的可在 PC 机或工控机上运行的电磁辐射监测及数据分析软件。该软件的主要功能如图 10-10 所示,其主界面如图 10-11 所示。

该软件可从 KJ 煤矿安全监测系统中心机上实时调用各类监测数据,并进行实时显示,也可对历史数据进行查询或对比。

第 10 章　煤岩电磁辐射监测技术的应用研究

KBD7电磁辐射监测及数据分析软件					
系统	设置	实时监测	数据管理	报表	帮助
新建	监测设置	图表显示	查询显示	信息输入	关于KBD7
打开	文件路径	表格显示	文件分析	打印输出	主题帮助
保存					
另存为					
打印					
打印预览					
…					
退出					

图 10-10　电磁辐射监测及数据处理软件功能图

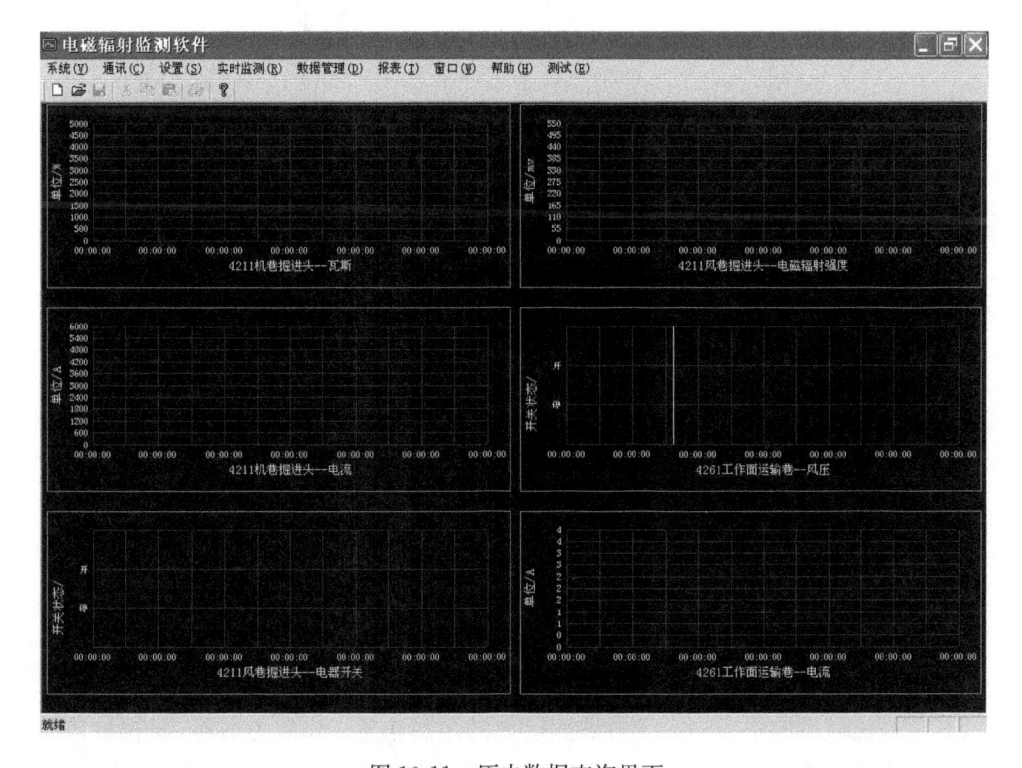

图 10-11　历史数据查询界面

5. 电磁辐射监测传感系统使用方法

在进行掘进工作面相对应力状态及顶板稳定性监测时,可以将电磁辐射监测传感系统安装在掘进工作面进行联网监测,具体的监测步骤如下。

(1) 监测掘进工作面煤与瓦斯突出或相对应力状态时监测预报回采工作面煤与瓦斯突出、冲击地压或工作面相对应力状态时监测仪布置方式如图 10-12 所示。

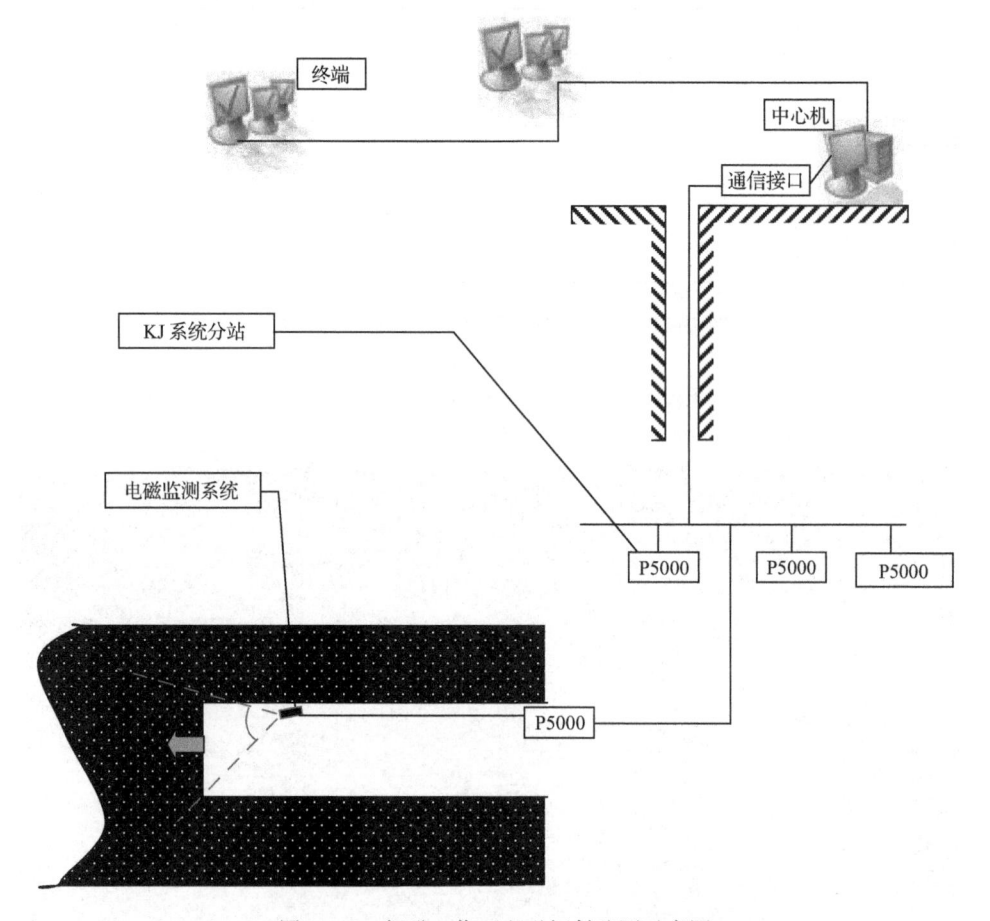

图 10-12　掘进工作面电磁辐射监测示意图

(2) 将接收机及天线带入井下测试地点。

(3) 将天线用支架固定好,天线开口朝向工作面前方煤岩体的被预测区域,天线置于被测区域的中心。天线与被测区域的距离小于 5m 最为适宜,要视被监测区域的大小而定,确定的原则是将被监测区域刚好包含在天线的开口方向内。

(4) 用矿用 4 芯电缆将 KBD7 监测仪与 KJ 系列煤矿安全监测系统的监测分

站进行连接。

（5）用键盘中"选择"和"向上"、"向下"键调试参数（输出参数、时间间隔、报警值、门限值等），按"测试"键开始测试并向监测分站输出标准信号，同时测试结果显示在 LED 屏幕上。

10.3 电磁辐射监测技术在煤与瓦斯突出预测中的应用

利用 KBD7 在线式电磁辐射监测系统联网在祁东矿进行突出预测，在线监测的位置在祁东煤矿 $3_2 48$ 运输联巷，开展了连续跟踪试验测试和分析工作，研究了采掘过程、构造和各种干扰因素对电磁辐射的影响，从而实现对煤与瓦斯突出的非接触预测。

10.3.1 $3_2 48$ 运输联巷基本情况

$3_2 48$ 运输联巷地质特征较简单，按照技术科设计，运输联巷自 $3_2 48$ 风巷 f4 点前 10m 按 $187°$ 拨门施工，预计在本月施工范围内。根据 $3_2 48$ 风巷和四采区运输大巷实际揭露情况，预计拨门 15m 左右将揭露 BF($310°\angle 75°H=4.0m$)正断层。煤层情况为：拨门处巷底距 3_2 煤 1.0m，揭露断层后对盘即揭露 3_2 煤。3_2 煤黑色块状，玻璃光泽，平均煤厚 2.2m。由于靠近断层施工，局部煤层可能变薄。Ⅱ类构造较为发育。3_2 煤直接顶板灰色细沙岩，层状，厚 2.5m；老顶为中细砂岩，致密层状厚 15.0m；3_2 煤底板，浅灰色泥岩，致密块状，含较多植物根茎化石。靠近断层施工、局部顶底板破碎。根据瓦斯地质图分析，该区域 3_2 煤瓦斯含量达 10.45mL/g，绝对瓦斯涌出量约为 15m³/min，属于瓦斯突出危险区。水文地质条件简单，局部顶板破碎处可能有少量砂岩裂隙水，呈淋滴水状。图 10-13 是 $3_2 48$ 运输联巷地质情况。

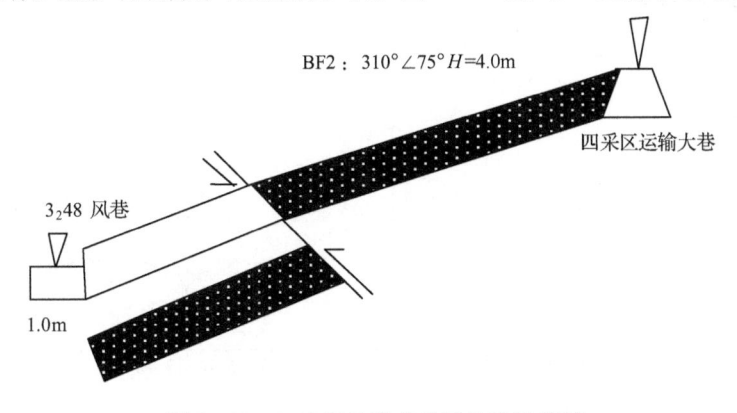

图 10-13 $3_2 48$ 运输联巷地质构造示意图

10.3.2 KBD7 电磁辐射监测仪测试与分析

从图 10-13 中可以看出，$3_2 48$ 运输联巷掘进面预测将要通过一个从岩石到煤岩的过渡区。为了比较不同见煤点的电磁辐射指标，并观察进入高瓦斯区域前后的电磁辐射指标变化情况，2006 年 12 月 12 日开始，到 12 月 22 日 10 天的时间，$3_2 48$ 运输联巷掘进面一直都是岩石或者半煤岩。在工作面全岩时，采取打 3 个直径为 42mm、深为 3m 的探眼，若未见煤则保留 1.5m 岩柱，可前掘 1.5m，仍执行 3m 探眼。

先在地面对电磁辐射监测仪进行校正，确认通道，电磁辐射强度为 5 号分站的 15 号通道，脉冲为 5 号分站的 16 号通道。KBD7 的门限值设定为 50，采集时间间隔设定为 18s，电磁辐射强度上限设定为 500，脉冲上限设定为 10000。

12 月 13 日，掘进到距离三叉门 15.2m，迎头为全岩，岩石为细砂岩，较硬，层理清晰，迎头瓦斯浓度 $CH_4 \% = 0.1\%$，回风巷瓦斯浓度 $CH_4 \% = 0.38\%$，瓦斯解析指标 $K_1 = 0.24$，无瓦斯突出预兆，进尺 1.4m。电磁辐射强度和脉冲数与采掘工艺的对比如图 10-14 所示。

由图 10-14 可知，在不开扒矸机出货、清渣以及零活时，电磁辐射强度和脉冲数变化平稳，基本没有尖点曲线；在开动扒矸机和停止扒矸机时出现尖点起伏曲线，说明扒矸机对电磁辐射具有较大的影响。从瓦斯曲线和电磁辐射强度以及脉冲数对比来看，此段时间没有放炮，因此瓦斯浓度应该不会出现大的波动，而在 20 点到 21 点瓦斯浓度突然变大，分析原因主要是在打帮眼的过程中，释放出一定量的瓦斯。在此期间电磁辐射强度和脉冲数也有一定起伏，主要是因为抽放作用以及帮眼在释放瓦斯过程中与煤体摩擦产生较大的电磁辐射信号。

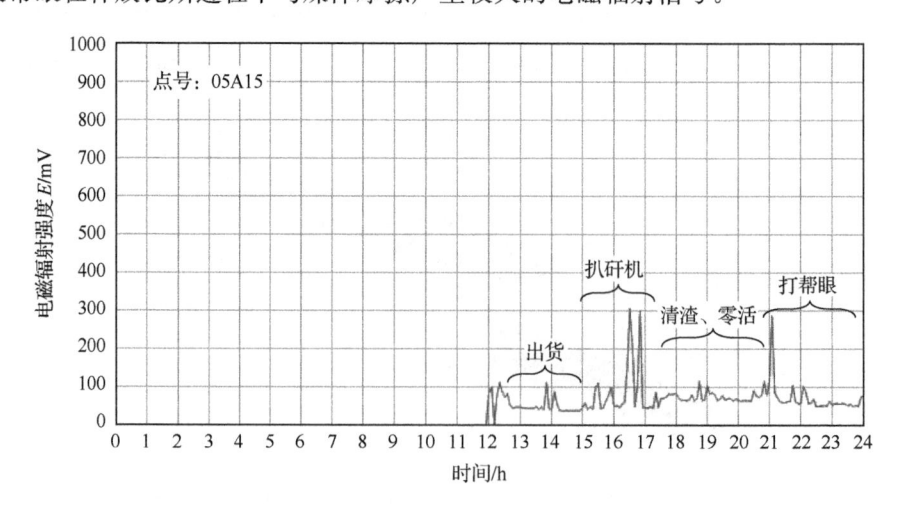

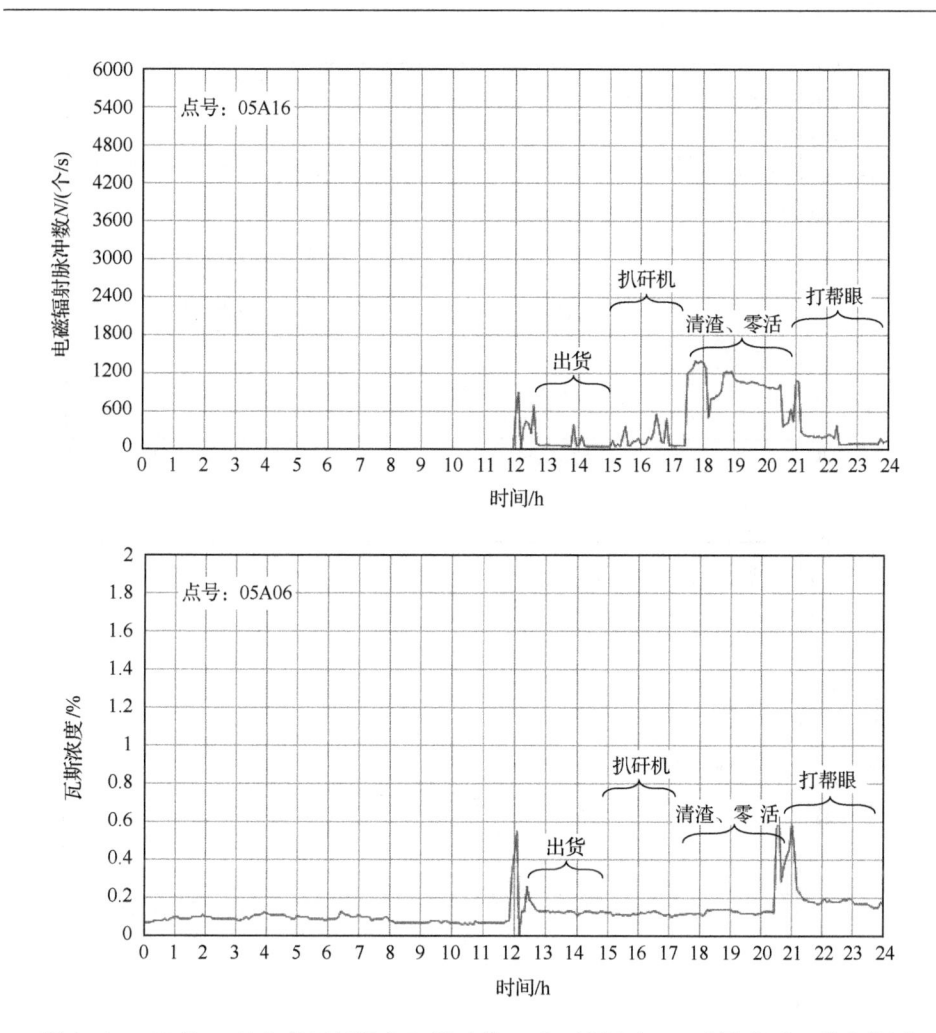

图 10-14　12 月 13 日电磁辐射强度 E、脉冲数 N 和瓦斯浓度 CH_4‰与掘进工艺曲线图

12 月 14 日，迎头为全岩，为粉砂岩，岩性较硬，层理清晰，迎头瓦斯浓度 CH_4‰＝0.16%，回风巷瓦斯浓度 CH_4‰＝0.27%。在此班采取防突综合分析，打孔 4 个，1 号号孔，＋15°（"＋"代表上方向，"－"代表下方向，下同），7m 未见煤；2 号号孔，＋10°打 7m，0.8m 时见煤，在 1.3m 时顶钻；3 号号孔，＋8°，打 6m，未见煤；4 号号孔，0.8m 时见煤，2.5m 时夹钻、吸钻、喷孔和钻屑量大等突出预兆；瓦斯解吸指标 K_1＝1.4，钻屑量 S_{max}＝110N/m。根据常规判断，钻屑量超标，而且有瓦斯突出预兆，因此需要停止掘进并采取相应的防突措施。在此期间电磁辐射强度和脉冲数以及瓦斯浓度测试数据如图 10-15 所示。

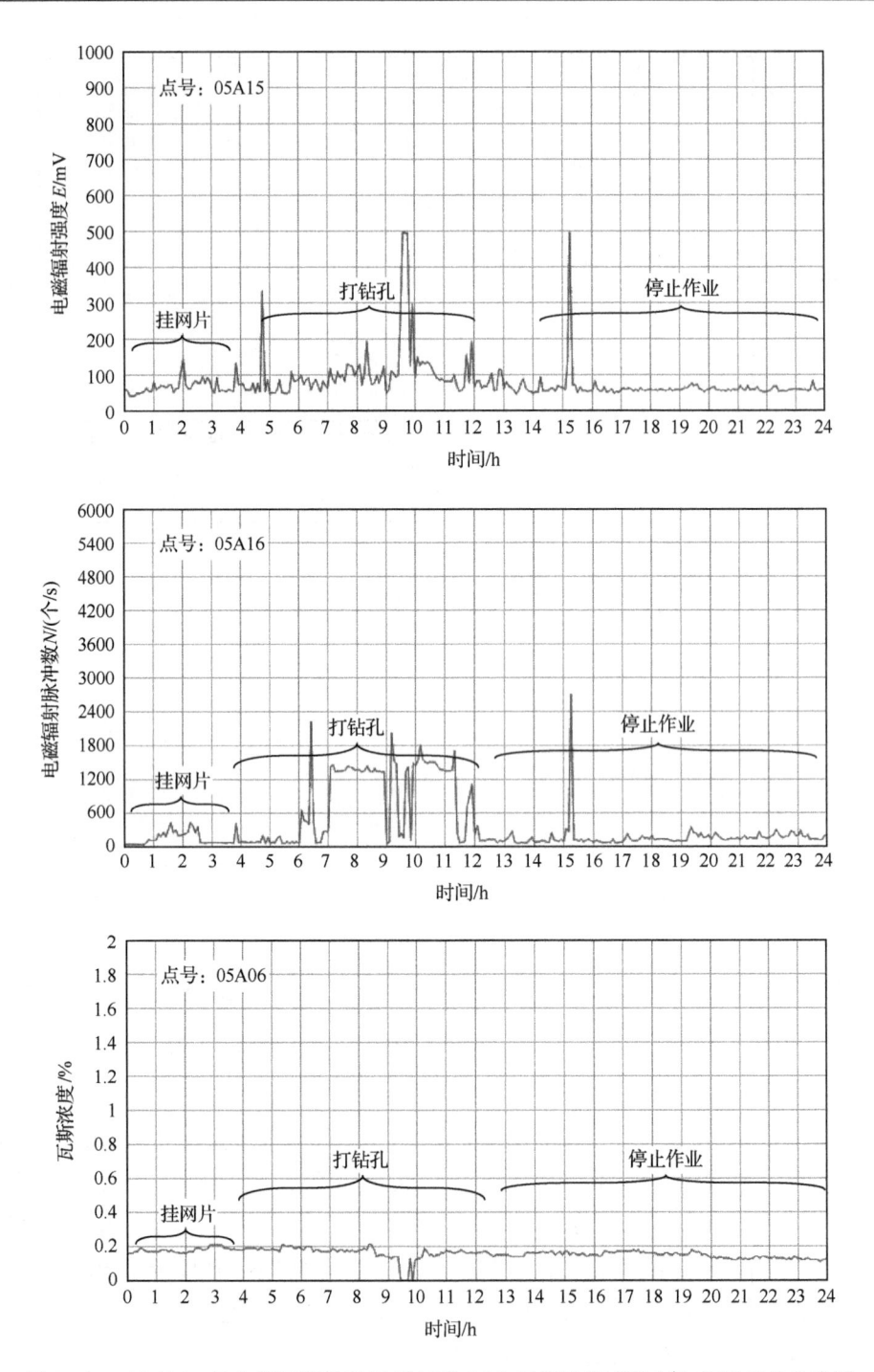

图 10-15　12 月 14 日电磁辐射强度 E、脉冲数 N 和瓦斯浓度 CH_4 ‰ 与掘进工艺曲线图

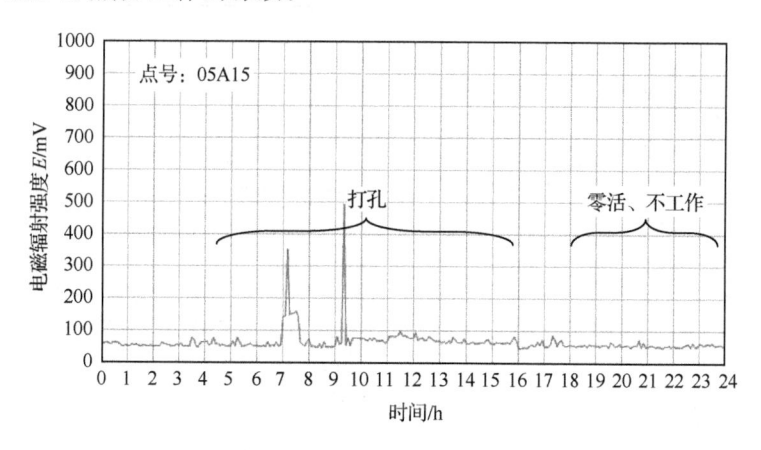

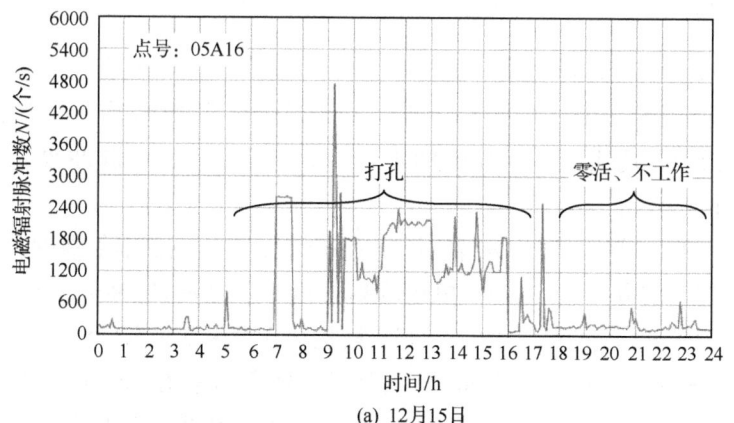

第 10 章 煤岩电磁辐射监测技术的应用研究

12月15日到12月16日期间,工作工艺主要是打孔和清渣,为抽排放瓦斯作准备。12月15日,迎头为全岩层理清晰光泽半暗,煤质较硬,有裂隙面,迎头瓦斯浓度 $CH_4\% = 0.13\%$,回风巷瓦斯浓度 $CH_4\% = 0.2\%$,打孔2个,1号号孔+10°,4m见煤,有孔喷现象;2号号孔+10°,顶钻现象。12月16日,迎头全岩,为砂岩,较厚层理清晰,迎头瓦斯浓度 $CH_4\% = 0.6\%$,回风巷瓦斯浓度 $CH_4\% = 0.11\%$,打孔4个。电磁辐射强度和脉冲数变化曲线如图10-16所示。

由图10-16可知,在15日到16日期间主要工艺是打孔和冲孔,其他时间不工作。主要是打抽放孔工艺,停止进尺,祁东煤矿采用的是气动钻,因此没有电的影响,在打孔过程中电磁辐射强度不敏感,电磁辐射脉冲数出现敏感性,主要是打孔人员在仪器天线前方工作的缘故。

(a) 12月15日

(b) 12月16日

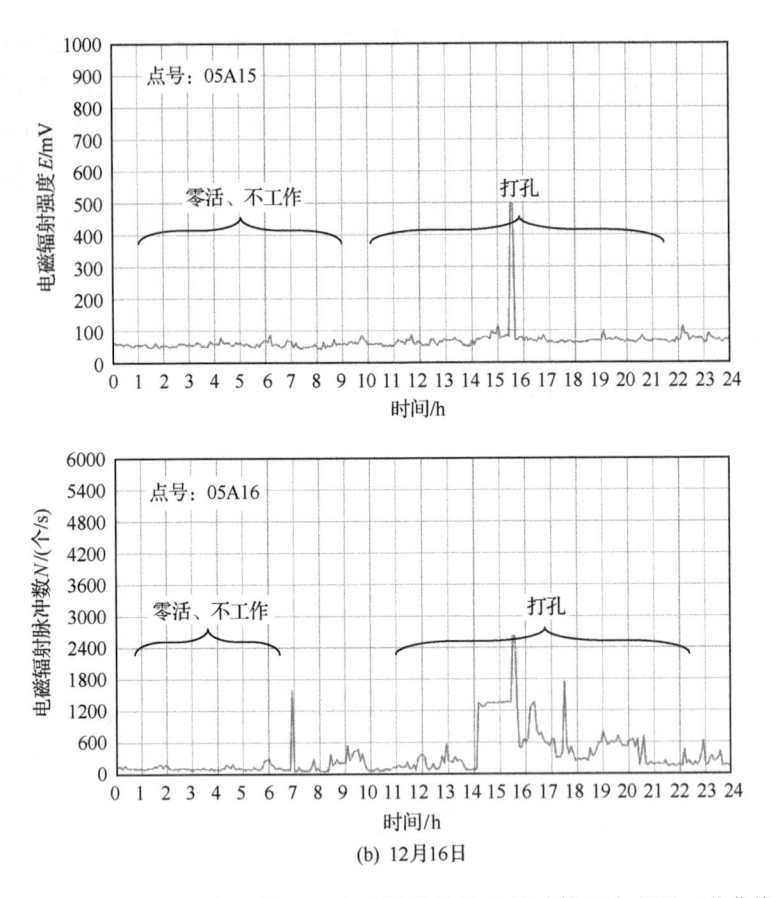

图 10-16　12 月 15 日到 12 月 16 日电磁辐射强度 E、脉冲数 N 与掘进工艺曲线图

12 月 17 日,迎头为全岩,层理清晰,岩性较硬,砂岩,迎头瓦斯浓度 $CH_4\% = 0.6\%$,回风巷瓦斯浓度 $CH_4\% = 0.11\%$,迎头已经打孔 7 个,其中 4 个正在抽放,在 7:00 至 8:00 迎头前方有煤炮的声音。电磁辐射强度与脉冲数变化规律如图 10-17 所示。

由图 10-17 可知,在迎头进行零活或者停止工作时,电磁辐射强度和脉冲数比较平稳,当迎头前方发生煤炮时,电磁辐射强度平稳升高,脉冲数出现平头高点。在开始抽放瓦斯时,迎头前方由于受到瓦斯扰动导致内部平衡失稳产生动力现象,因此电磁辐射强度和脉冲数出现较大的波动。随着新平衡的稳定,电磁辐射强度和脉冲数将变得平稳,但在平稳的基础上有所升高。脉冲数由于量程较大,变化更为明显,出现较大幅度的增长。

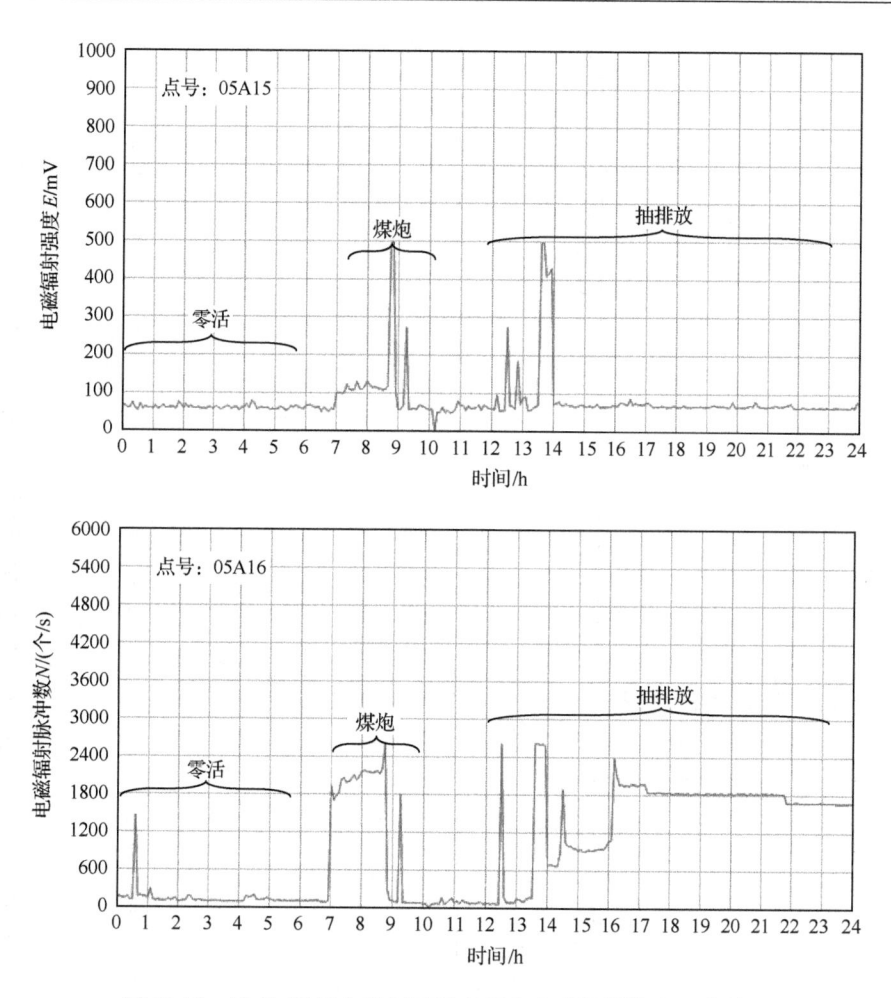

图 10-17 12 月 17 日电磁辐射强度 E 和电磁辐射脉冲 N 曲线图

由图 10-18 可知,从 12 月 18 日开始到 12 月 25 日,$3_2$48 运输联巷进行瓦斯抽排放,在这段时间里,由于迎头前方没有任何施工,电磁辐射强度和脉冲数基本平稳。受瓦斯抽放的影响,电磁辐射在这段时间里会有几个较大的波动,主要原因是抽放瓦斯扰动了岩石内部的最初平衡,导致新平衡的产生,这一过程会使电磁辐射产生较大变化。另外,电磁辐射曲线偶尔产生尖点波动,主要是瓦检员进行瓦斯浓度测量时的干扰造成的。

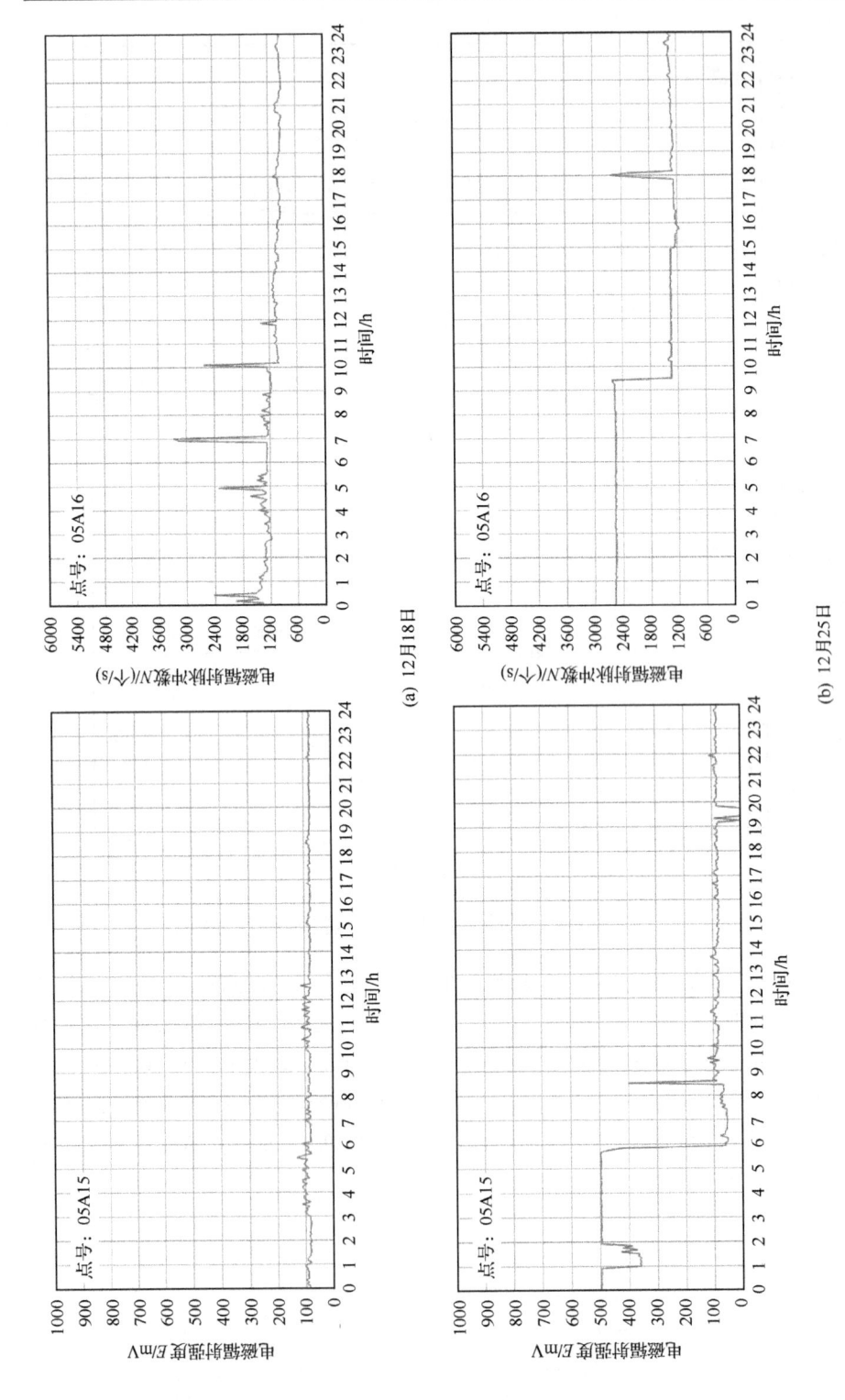

图 10-18 12 月 18 日到 12 月 25 日电磁辐射强度 E 和电磁辐射脉冲 N 代表性曲线图

12月26日,由于抽放措施的效果,电磁辐射强度和脉冲数下降,根据常规预测方法进行了综合分析,瓦斯解吸指标 $K_1=0.14$,钻屑量 $S_{max}=55N/m$,抽放孔的瓦斯浓度 $CH_4\%$ 从18日的 $20\%\sim38\%$ 降到 $1\%\sim9\%$。图10-19为12月26日电磁辐射强度和脉冲数的曲线。其中从10:50到13:15这段时间由于井下分站停电,无采集数据。

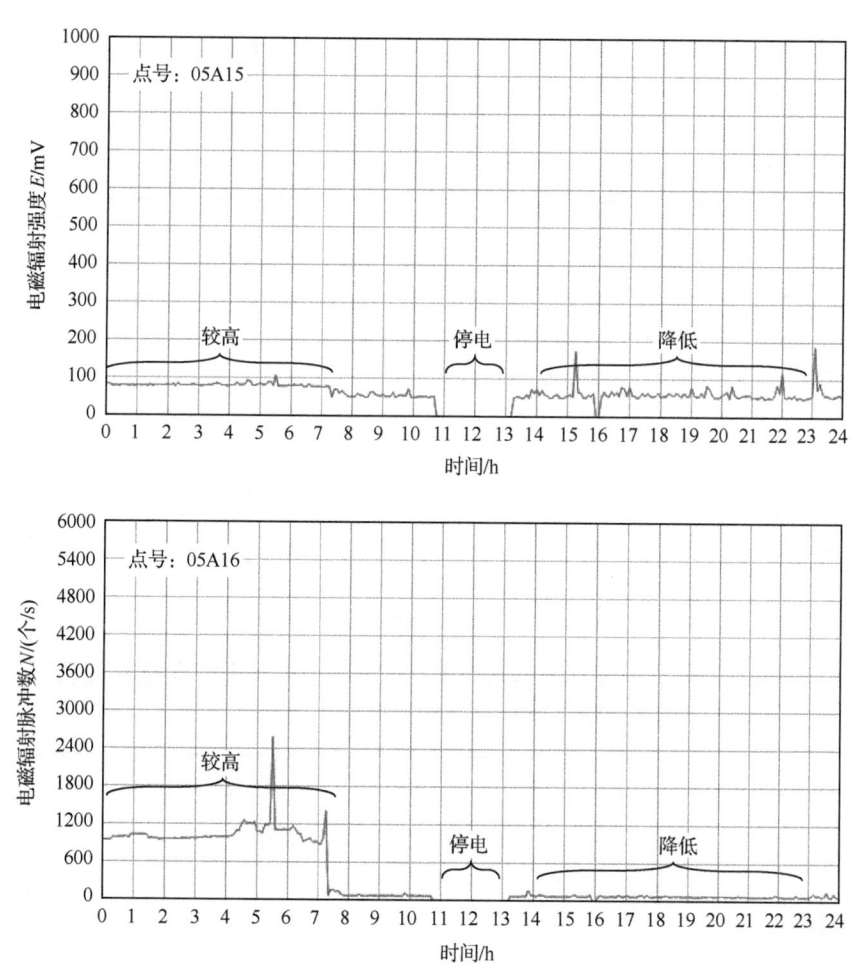

图10-19　12月26日电磁辐射强度 E 和电磁辐射脉冲 N 曲线图

12月27日,由于井下信号分站停电,电压不稳定,传输上来的数据较少而且干扰因素较多,没有将其列为观测分析对象。12月28日继续进尺,开采手段是放炮掘进。在此过程中电磁辐射强度、脉冲数、瓦斯浓度与掘进工艺的关系如图10-20所示。

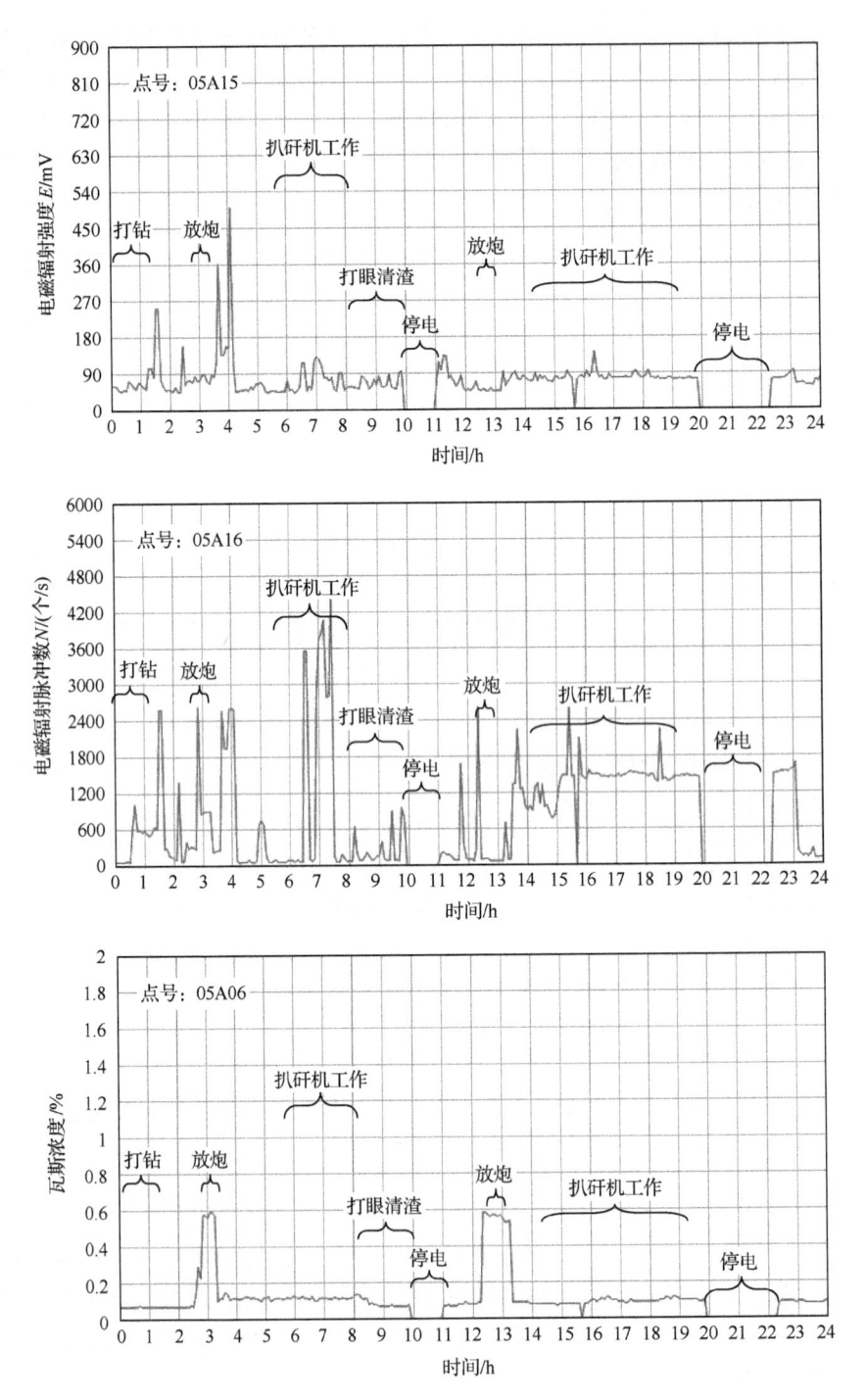

图 10-20 12月28日掘进工艺与电磁辐射强度、脉冲数和瓦斯浓度对比

综上所述,从 12 月观察发现,12 月 15 日前几天强度值比较平稳,脉冲数敏感度也较小,起伏较平稳,在 50 上下浮动,在 12 月 15 日后强度值有比较明显的增加趋势,到了 17 日后又有明显上升,并在 18 日 14 点多突然下降,其主要的原因是:在 15 日之前掘进过程是全岩掘进,并且没有断层,随着掘进的向前发展,离断层越来越近,而且全岩也向半煤岩构造发展,因此掘进前方内部的动力现象由稳定状态逐渐活跃;在 15 日,根据常规指标预测得知有突出危险,因此采取瓦斯抽排放,随着抽排放的实施,煤体内部收缩产生动力摩擦,岩石内部的平衡受到破坏,出现从一个平衡向另一个平衡变迁的现象,因此电磁辐射信号也发生起伏和波动。

10.3.3 电磁辐射的影响因素分析

在采动影响下,工作面前方含瓦斯的煤岩体发生变形破坏,同时煤体内的平衡瓦斯由煤壁向工作面空间涌出,煤岩体的变形破坏产生电磁辐射现象,但在不同条件下,煤岩体产生的电磁辐射信号强弱不同,其同时受到许多因素的影响,如综掘工艺、地质构造、煤体暴露时间、措施实施情况及工作面瓦斯涌出情况等,因此,利用 KBD7 煤与瓦斯突出电磁辐射监测仪预测工作面煤层突出危险性时,需要对不同情况下的电磁辐射值进行分析。

1. 综掘工艺和电磁辐射的关系

我们通过记录工作面每天每班的工艺,来考察 $3_2 48$ 运输联巷工作情况对电磁辐射值的影响。主要工作过程为放炮、打钻测试(包括预测孔、措施孔)、打锚杆锚锁、挂锚网、出货及检修零活等,在工作面全岩阶段,进尺工艺主要为放炮。12 月 29 日至 12 月 30 日选取 $3_2 48$ 运输联巷进行连续 3 个班次的跟班工艺流程记录,具体如表 10-1 所示。

表 10-1 $3_2 48$ 运输联巷工艺流程连续跟踪记录

时间	迎头工作	迎头人数	E/mV	$N/(个/\mathrm{s})$	CH_4 浓度/%
12 月 29 日 9:10~9:40	风锤打眼	6	50	92	0.04
12 月 29 日 9:40~9:55	冲眼清渣	2	50	72	0.07
12 月 29 日 9:55~10:20	扒矸机出货	1	53	90	0.07
12 月 29 日 10:20~11:10	打帮眼	3	58	89	0.07
12 月 29 日 11:10~11:40	打眼清渣	3	50	78	0.08
12 月 29 日 11:40~12:00	装药	4	52	62	0.08
12 月 29 日 13:10~14:00	放炮	无人	298	2971	0.24
12 月 29 日 14:50~15:40	清渣	4	52	64	0.11
12 月 29 日 16:00~17:00	扒矸机开停	2	132	274	0.10

续表

时间	迎头工作	迎头人数	E/mV	$N/(\text{个}/\text{s})$	CH_4 浓度/%
12月29日 17:00～17:25	风锤打眼	4	53	88	0.09
12月29日 17:50～19:05	装药	6	72	256	0.12
12月29日 19:05～19:30	放炮	无人	352	2315	0.32
12月29日 19:40～20:20	空闲	2	76	174	0.16
12月29日 20:20～21:00	扒矸机开停	4	71	207	0.17
12月29日 21:00～22:00	扒矸、打锚杆	7	193	4349	0.16
12月29日 22:00～22:30	挂网、风锤	5	143	4352	0.13
12月29日 22:30～00:00	扒矸、帮眼	7	145	4353	0.14
12月30日 00:00～02:00	扒矸、打钻	6	81	2154	0.15
12月30日 02:00～03:30	风锤打钻	6	88	1496	0.14
12月30日 03:30～5:30	打钻、提钻	7	70	195	0.13

根据跟踪记录表 10-1,进行对照分析可得到如图 10-21 所示的 $3_2 48$ 运输联巷工艺流程与电磁辐射的关系。

从图 10-21 可以看出,掘进工艺对电磁辐射的影响较大,分清各种工艺对电磁辐射的影响是预测煤与瓦斯突出的关键。经分析,放炮时电磁辐射强度曲线表现为瞬时尖峰形状,电磁辐射脉冲数表现为尖峰或者弱尖峰形状;瓦斯浓度曲线在放炮时表现的特征和电磁辐射强度一致,为尖峰形状。风锤对电磁辐射强度的影响不大,在瓦斯浓度中也没有表现。扒矸对电磁辐射强度和脉冲数的影响比较大,对瓦斯浓度没有影响。扒矸机的开停对电磁辐射的影响主要表现为:当扒矸机开时,电磁辐射强度和脉冲数出现尖峰,开动过程中曲线呈现平稳,当扒矸机停止的瞬间,电磁辐射强度和脉冲数也出现尖峰,因此,在扒矸机工作时,电磁辐射强度和脉冲数是上下波动的表象。

根据近 20 多天的测试结果分析,将掘进工作工艺对电磁辐射的影响总结如下。

(1) 炮掘过程。

进入全岩阶段后,根据规程,主要的前进工艺为炮掘。12 月 29 日 8:00 开始对 $3_2 48$ 运输联巷掘进工艺进行详细记录。13:00 左右开始放炮,然后电磁辐射强度开始增大,并达到了较高的水平。炮后 4h 交接班时,电磁辐射值变化最大,其后慢慢趋于平缓状态。放炮后工作面岩体由于受放炮采动的影响而发生破坏和变形,其破坏强度和频度均比放炮前要剧烈,此时的电磁辐射强度要大于放炮前。放炮后一段时间岩体变形破坏基本达到稳定流变阶段,此时的电磁辐射信号并不一定强于放炮前的电磁辐射信号测定结果,有的情况下甚至低于放炮前的电磁辐射信号强度,具体参照图 10-21。

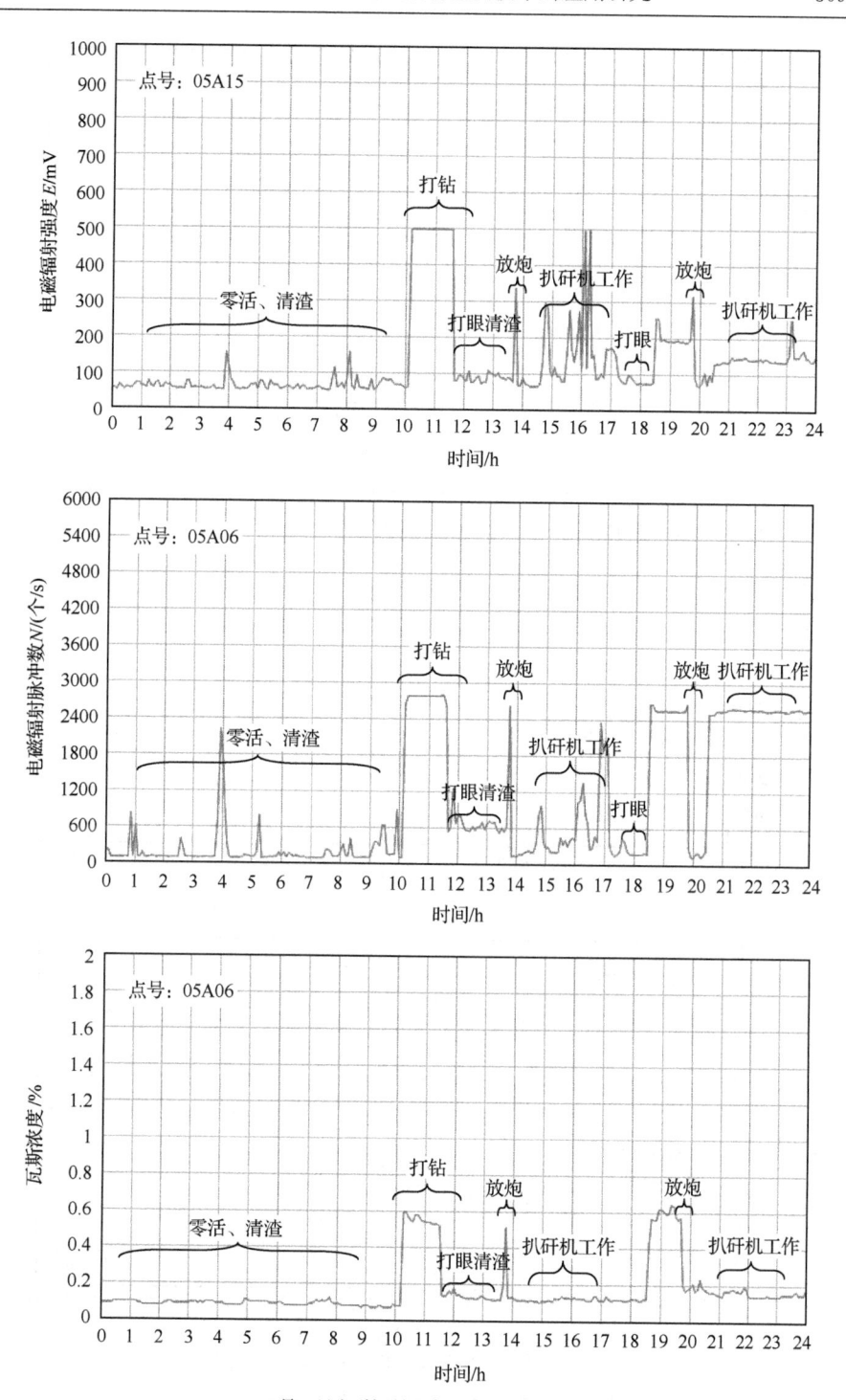

(a) 12月29日电磁辐射强度、脉冲数和瓦斯浓度曲线

(b) 12月30日电磁辐射强度、脉冲数和瓦斯浓度曲线

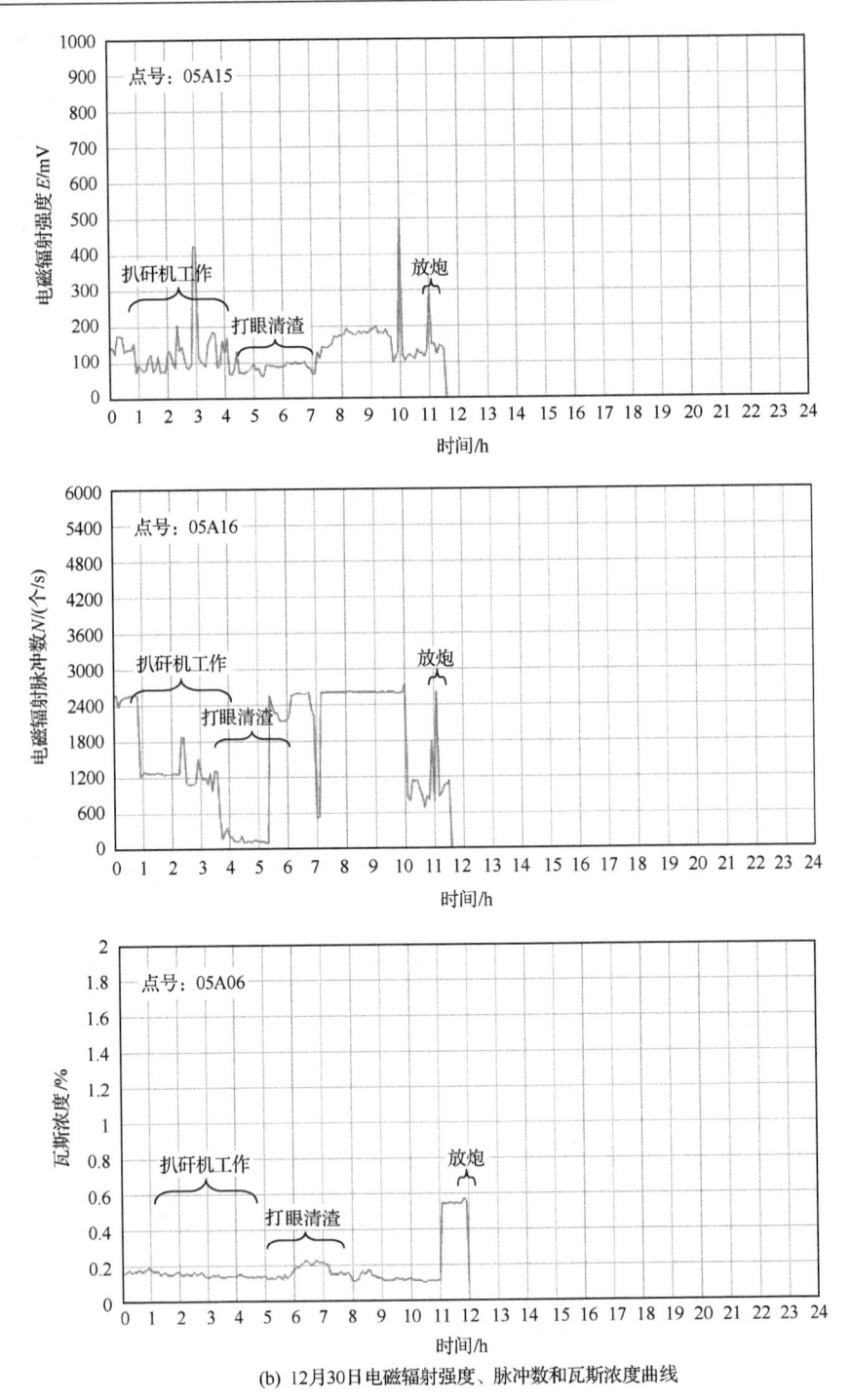

图 10-21 掘进工艺与电磁辐射强度、脉冲数和瓦斯浓度对比图

(2) 打钻过程。

图 10-15 为 12 月 14 日电磁辐射强度曲线,8:00 左右打预测孔,一直持续到 10:00,从图中可以看出,打钻过程对电磁辐射的影响并无十分明显的规律,某些时刻电磁辐射值会有增大,某些时刻也可能没有明显的变化。在打预测孔时,我们发现当瓦斯解析指标 Δh_2 测值比较高时,电磁辐射值的变化更大一些。电磁辐射强度值在打钻期间最高达到了 450mV,需打措施孔。零活期间常规预测值都比较低,电磁辐射强度或有一些变化,幅度不大,或基本没有变化。

(3) 打锚杆、锚索挂网过程。

打锚杆、锚索挂网是综掘工艺中非常重要的一个支护环节,一般在工作面前掘后立即进行该项工作。观察图 10-15,我们发现,打锚杆、锚索、挂网等支护过程对电磁辐射有一定的影响,但没有什么规律,而且它的影响程度一般远小于打钻过程。

(4) 瓦斯抽放过程。

图 10-17 和图 10-18 为瓦斯抽排放期间的电磁辐射脉冲数曲线。此时,工作面进行的是打钻和抽排放,煤岩体没有发生破裂跌落。可以看出,电磁辐射在打钻时起伏较大,在抽排放时曲线非常平缓,基本呈现缓慢下降趋势。可见,在工作面未被采动,并且无其他因素影响的情况下,随着抽排放的时间,电磁辐射基本上保持一个非常平稳下降的状态。

2. 地质构造和电磁辐射的关系

煤与瓦斯突出的发生,除受采动扰动等外部因素外,地应力、瓦斯压力和煤岩的物理力学性质等内在因素也起到非常重要的作用。同一开采条件下,地质构造异常带和瓦斯赋存不均匀地带往往是发生矿井煤岩动力灾害的薄弱环节。在这些灾害危险性较大的地方,受采动影响,煤岩体产生的电磁辐射往往也有异常的表现,这对电磁辐射法预测预报矿井煤岩动力灾害具有重要的意义。我们在现场考察了电磁辐射与地质构造、煤层产状的变化关系。

图 10-22 为 12 月 15 日左右 3_248 运输联巷遇到小断层(BF2:310°∠75°$H=4.0m$)时的电磁辐射情况。在靠近断层一定距离内,电磁辐射强度随着距断层面距离的减小而增大,过断层面后电磁辐射强度相对下降。分析原因可能是断层附近的煤岩体在未采动前受断层破坏带的影响均呈现出较高的应力集中,断层产状不同,断层面附近应力集中区的位置不尽相同,一旦断层面附近煤岩体被采落,应力集中迅速释放,转变为较低应力水平的新的应力平衡,集中应力的变化致使煤岩体变形破坏剧烈,因此,断层面附近电磁辐射信号强弱表现出一定的规律性。

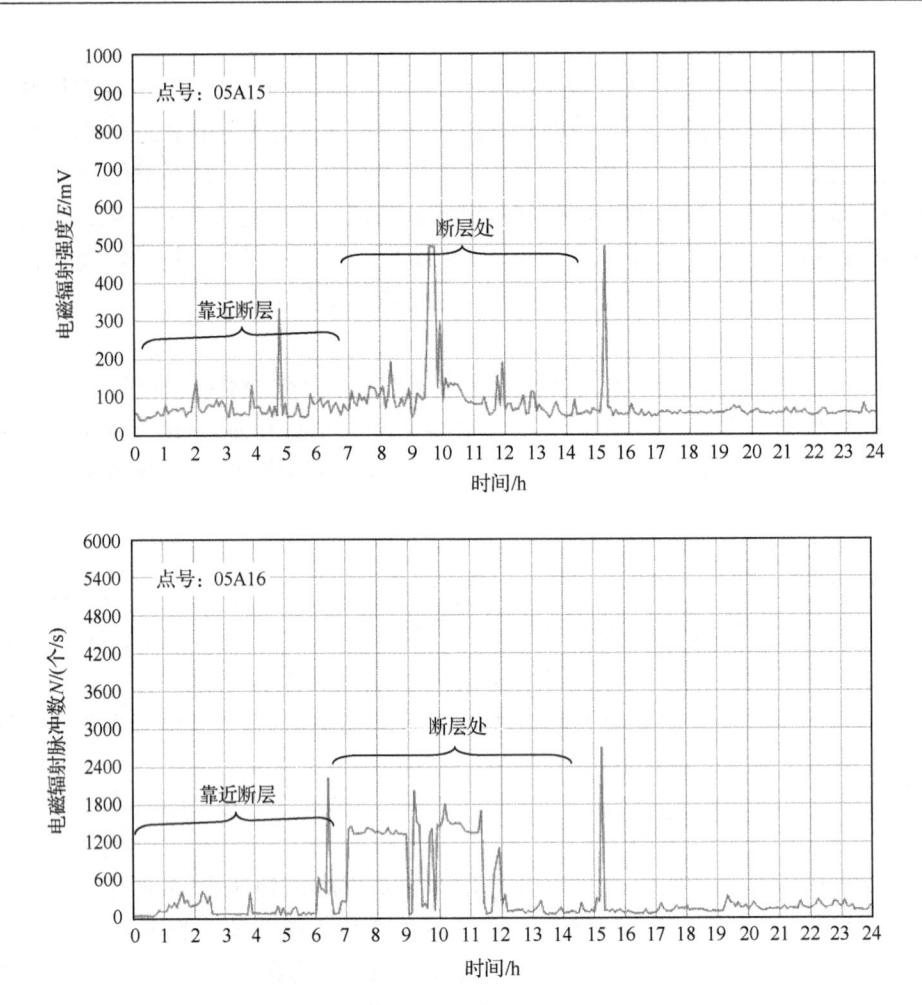

图 10-22 断层处电磁辐射强度和脉冲数情况

3. 防突措施和电磁辐射的关系

防突措施效果检验是"四位一体"防治煤与瓦斯突出动力灾害的重要环节。电磁辐射预测法作为一种新的预测法亦必须遵循这一规律。通常,采取打超前排放钻孔、煤层注水、松动爆破、巷旁开钻场长钻孔抽放瓦斯等措施防止煤与瓦斯突出。防突措施是否有效,需进行效果检验,检验有效方可进行采掘作业。图 10-23 是运输联巷 12 月 18 日电磁辐射变化情况,经常规预测超过临界值,后打措施孔并抽排放。从图中可以看出,对于有突出危险的采掘工作面,措施后的电磁辐射强度值明显低于措施前的电磁辐射强度值,且比措施前变化平稳,表明钻孔排放瓦斯措施有效,因打排放钻孔不仅有利于排放瓦斯,而且起到了卸载集中应力并使集中应力峰

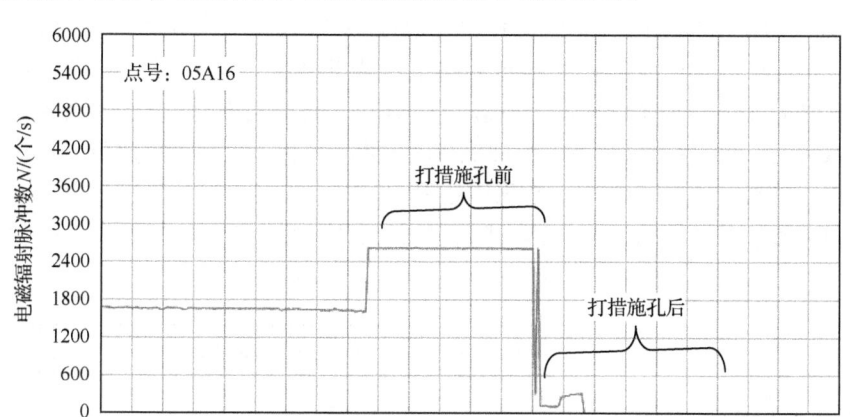

值点向煤体深部移动的作用,导致电磁辐射信号相对减弱。

图 10-23 打措施孔前后电磁辐射脉冲数

10.3.4 电磁辐射规律分析与实施步骤

1. 电磁辐射监测规律宏观分析

通过 10.1 节的数据,我们可以除去开采工艺和现场环境对电磁辐射产生的影响,将数据进行归整统计分析,可以得到如下反映掘进过程中掘进前方电磁辐射和迎头瓦斯浓度的变化趋势,如图 10-24～图 10-26 所示。

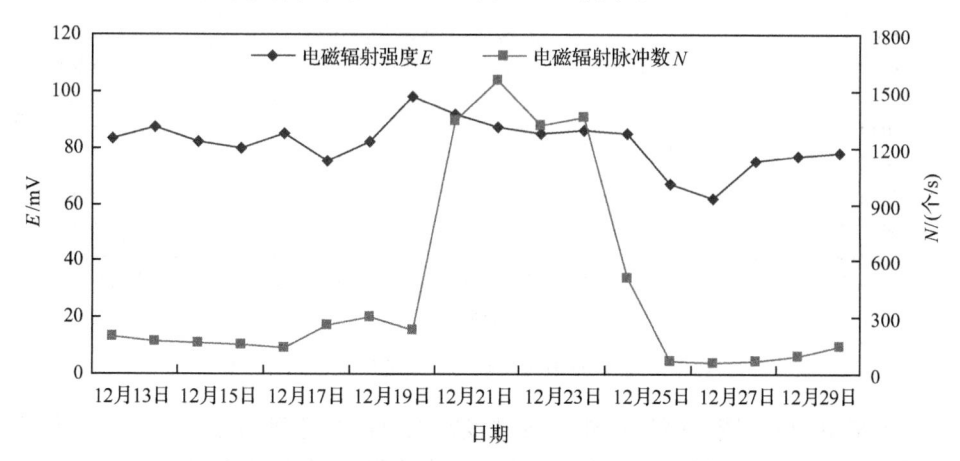

图 10-24 电磁辐射强度与脉冲数变化趋势对比

由图 10-24 可知,从 2006 年 12 月 13 日开始测试,测试的电磁辐射强度与脉冲数变化趋势可以看出,12 月 20 日到 12 月 24 日电磁辐射强度和电磁辐射脉冲数最大;12月13日到12月19日电磁辐射强度和电磁辐射脉冲数也较大;12月25日到12月27日电磁辐射强度和脉冲数最小,并且是逐渐减下的变化趋势;在12月30日开始电磁辐射强度和脉冲数重新逐渐变大。这种变化趋势主要是因为,在12月13日时,掘进面前方有煤与瓦斯突出动力现象,根据常规预测指标显示一致,需要进行抽排放工作,在12月15日早班,抽排队封面并进行抽排放工作。但是由于迎头前方的内部动力变化依然强烈,所以在12月21日到12月24日电磁辐射强度和脉冲数依然很强烈。随着抽排放措施的进行,电磁辐射强度和脉冲数在12月25日慢慢降低,因此可以继续进行向前进尺。

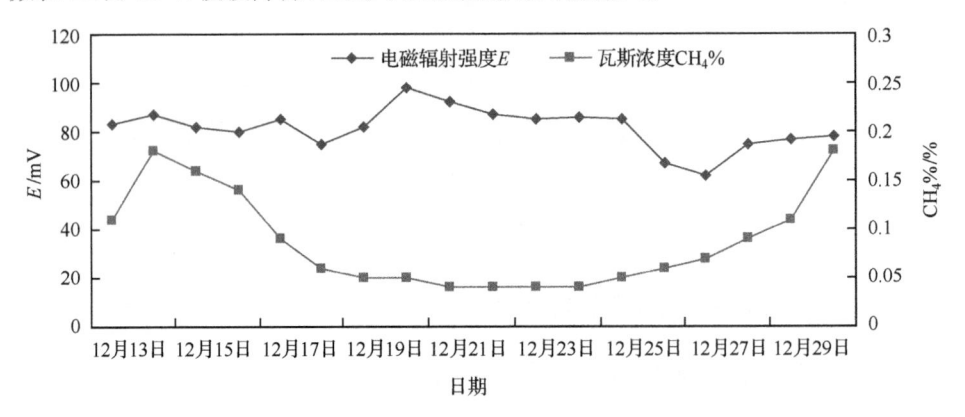

图 10-25　电磁辐射强度与瓦斯浓度变化趋势对比

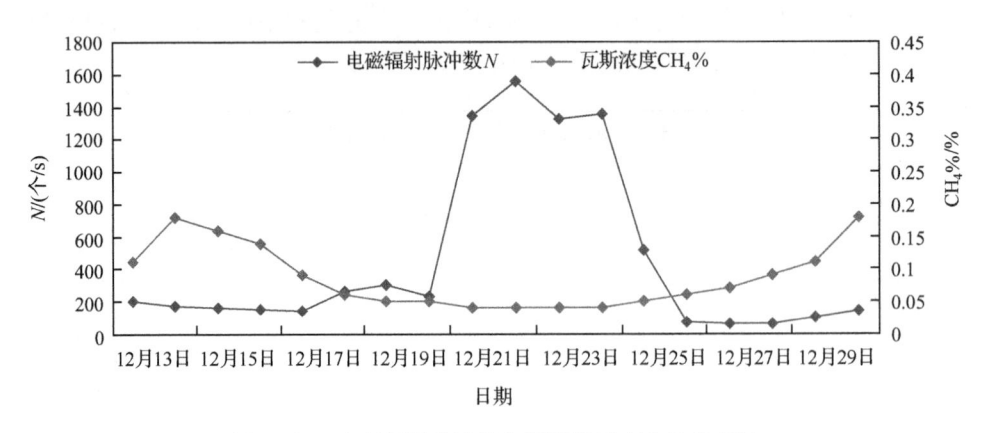

图 10-26　电磁辐射脉冲数与瓦斯浓度变化趋势对比

由图 10-25 和图 10-26 可知,瓦斯浓度在 12 月 13 日到 12 月 15 日比较大,从 12 月 15 日中班开始到 12 月 24 日瓦斯浓度变化很小,并且浓度很低,只有 0.03% 左右,这是由于在 12 月 14 日时,为了防止突出而进行封面抽排瓦斯,迎头前方瓦斯涌出速度降低,以至于不向外涌出。而从 12 月 25 日开始,根据常规预测和电磁辐射预测结果可知突出危险消除,迎头前方的动力现象逐渐减小可以进尺,掘进工作又使瓦斯浓度逐渐增加。电磁辐射强度和脉冲数的变化趋势在12月13日到12月15日及12月25日到12月30日基本一致,表明电磁辐射强度敏感性比较强,对于预测煤与瓦斯突出具有可行性。12月15日到12月24日随着电磁辐射强度和脉冲数的变大,瓦斯浓度基本不变,这是由于在这期间没有进尺,主要是进行防突措施抽排工作,所以掘进面前方的瓦斯没有涌出,而前方内部的动力现象依然存在,并且抽排放使内部平衡发生失稳,从而产生较大的电磁辐射信号。因此,在这段时间电磁辐射强度和脉冲数很大,而瓦斯浓度没有变化。

2. 电磁辐射监测与常规预测指标对比分析

我们在进行电磁辐射监测时,也采用了常规方法进行了预测,图10-27和图10-28为3_248运输联巷前方随掘进的推进电磁辐射及常规预测方法的测试结果。

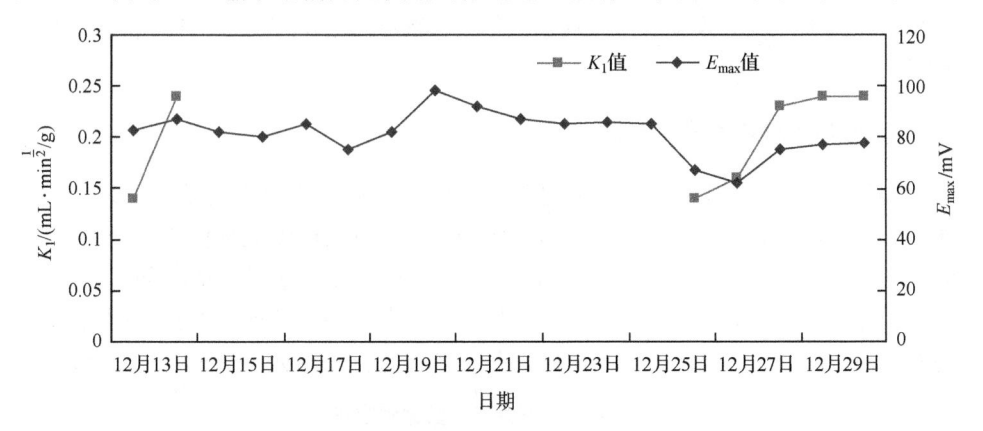

图10-27　3_248运输联巷电磁辐射与K_1值对比

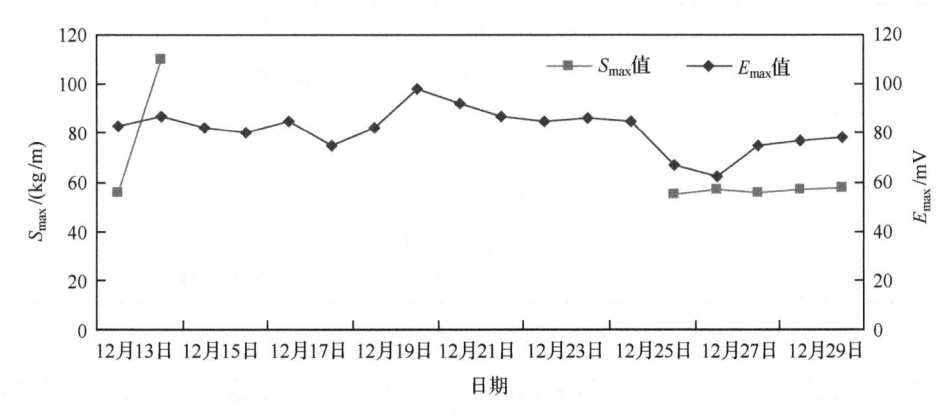

图10-28　3_248运输联巷电磁辐射与S_{max}值对比

12月13日到12月15日进行了常规预测,由于预测有突出危险,因此在16日开始停止进尺,进行瓦斯抽放,在12月26日又进行了常规预测,并开始继续进尺。从图10-27和图10-28的结果来看,电磁辐射与常规方法的K_1值和S_{max}值变化基本一致。从现场测试来看,有时随着释放钻孔数量的增加及瓦斯的释放,危险性并不一定减小,所以无论是常规预测方法还是电磁辐射方法,测试的结果也并不一定减小,有时反而增加。这是因为当掘进工作面停止时,前方煤体一直处于围岩应力和瓦斯压力不断变化并向新的平衡态的运动过程中,在这个过程中,煤层深部的瓦斯可能受到瓦斯抽放的扰动,从而内部失衡。开始内部瓦斯释放时速度较快,而且在煤体向新平衡态过渡过程中,煤体会在压力作用下不断地受到破坏,所以在打钻排放初期,有可能瓦斯解吸指标K_1和钻屑量增大。当然,随着瓦斯的不断排放和地应力的重新分配,煤岩体会逐渐达到一个新的准动态平衡状态,总体上突出危险性下降。例如,从12月17日开始E_{max}变大,然后逐渐趋于平衡,随着抽放的进行缓慢降低。这在电磁辐射测试和常规预测指标的测试结果中都能够体现这一点。

3. 电磁辐射监测实施步骤

根据跟踪过程分析,所取得电磁辐射强度和脉冲数主要来自清渣工序或者工作面无工作状态,此时的电磁辐射强度和脉冲数最能体现掘进前方的动力状态。因此,建议在使用电磁辐射监测时,应该设立专人进行掘进现场情况的记录,尤其是要记录电磁辐射前方无工艺施工的时间,如检修时间、清渣且不打眼的时间等。另外,要记录放炮的准确时间以及掘进前方是否有突出预兆等,如表10-2所示。

表10-2 下井记录数据跟踪表

记录项目	记录内容
煤岩情况	煤层层理紊乱、煤暗淡无光泽、煤层片帮、开裂
突出预兆	煤层外鼓、内鼓、煤尘增大、顶钻夹钻、喷煤瓦斯、吸钻、钻孔变形、工作面或者煤壁温度降低、特殊气味、闷雷声、爆竹声、可缩性支架摩擦声、煤层断裂声等
地质构造	监测前方地质构造有无断层
工艺流程	检修班准确时间段、放炮时间、迎头无施工工艺时间段 扒矸机工作时间段、打钻时间段、清渣时间段的准确时间

根据最近这段时间的跟踪记录和测试分析得出祁东煤矿3_248运输联巷电磁辐射综合预警判据,如表10-3所示,其中E_{max}指的是迎头无施工工艺的电磁辐射强度值,因此需要井下人员记录好至少30min无人工作时的电磁辐射测试时间段,与地面井上预测人员电话沟通,进行预测预报。

第 10 章　煤岩电磁辐射监测技术的应用研究

表 10-3　电磁辐射综合预警判据

判断条件	危险程度	防突措施
$E_{max} \geqslant 89\text{mV}$	有突出危险	高度警惕,并施加防突措施
$55\text{mV} \leqslant E_{max} < 89\text{mV}$ $S_{max} \geqslant 6\text{kg/m}$ 或 $K_1 \geqslant 0.5\text{mL} \cdot \min^{\frac{1}{2}}/\text{g}$ 或有突出预兆	有突出危险	需要进行防突措施
$E_{max} < 55\text{ mV}$	无突出危险	可直接进尺

由于电磁辐射强度 E_{max} 对于煤岩动力具有较高的敏感性,因此,采取电磁辐射强度 E_{max} 和钻屑瓦斯解吸指标以及突出预兆来综合判断瓦斯突出危险状态。当电磁辐射强度 $E_{max} \geqslant 89\text{mV}$ 时,表明煤岩前方有突出危险,应直接及时进行防突措施;当电磁辐射强度 $55\text{mV} \leqslant E_{max} < 89\text{mV}$ 且 $S_{max} \geqslant 6\text{kg/m}$ 或 $K_1 \geqslant 0.5\text{mL} \cdot \min^{\frac{1}{2}}/\text{g}$ 或有突出预兆时,有突出危险,应该进行防突措施;当电磁辐射强度 $E_{max} < 55\text{mV}$ 时,无突出危险,可以直接进尺。当电磁辐射强度和脉冲数变化剧烈时要提高警惕,并做相应的常规预测,如果有危险及时加强防突措施。当有突出预兆时,应该施加常规预测。

利用电磁辐射综合分析方法进行判断突出危险是一种比较科学的可行方法,但是由于受多种因素(如环境、地质、电信号干扰等)的影响,需要对其规律进一步摸索,以便更好地进行预测。因此,所确定的临界指标需要进一步修正检验与完善。

10.4　电磁辐射监测技术在冲击矿压预测中的应用

10.4.1　冲击矿压发生前后的电磁辐射变化规律

在徐州矿业集团三河尖矿、张集矿,兖州东滩矿,山东新汶华丰矿,抚顺老虎台等矿利用电磁辐射监测技术对冲击矿压进行了预测预报。

在三河尖矿 7204 工作面开采期间,多次诱发了冲击矿压,同时也发生了两次较大规模的冲击矿压,其冲击地点和范围为材料道从工作面向外 13m 开始的 13m 长,工作面从材料道往下 11m 开始的 22m 长的煤壁。从诱发和发生的冲击矿压前后电磁辐射变化情况看,有这样的规律,即冲击矿压发生前的一段时间,电磁辐射值较高,之后有一段时间相对较低,但这段时间内,其电磁辐射值均达到、接近或超过临界值,之后发生冲击矿压。这说明了能量的聚集与释放的过程,而且这种规律与前面试验得到的结果一致。图 10-29 和图 10-30 为冲击矿压发生前后工作面煤壁和降低材料道处的电磁辐射强度和能量的变化规律,图中横轴为测试的时间和班次。

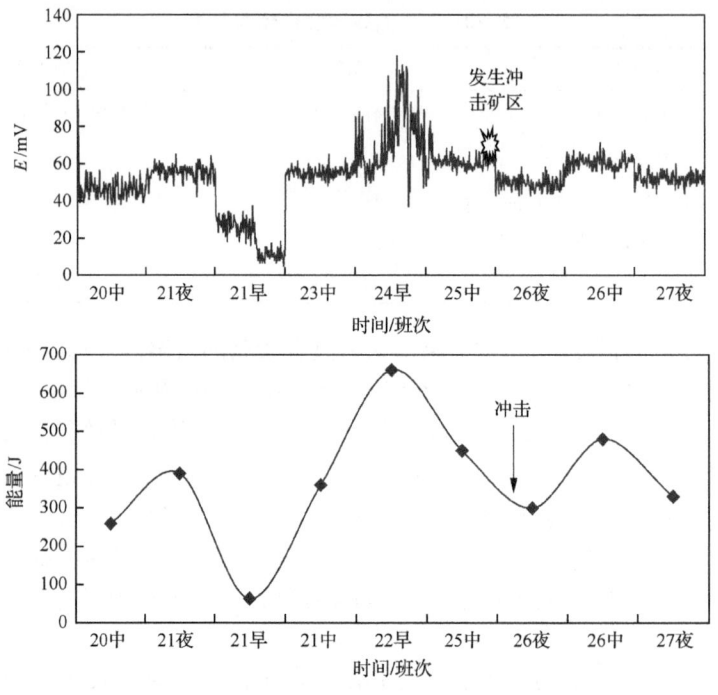

图 10-29　冲击前后工作面电磁辐射的变化

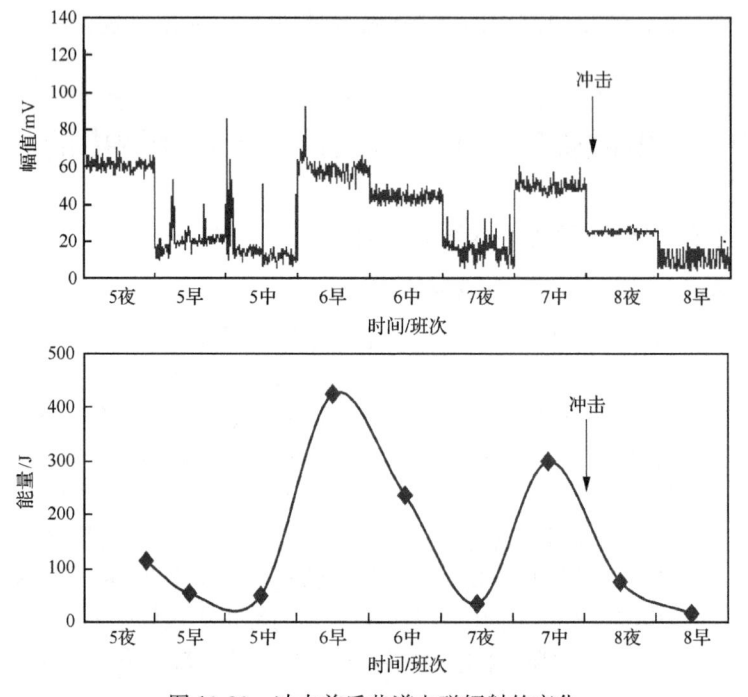

图 10-30　冲击前后巷道电磁辐射的变化

图 10-31 为 7204 工作面 12 月 16 日诱发冲击矿压前后电磁辐射的变化规律。从这一点可以看出同样的规律,即冲击矿压发生前的一段时间,电磁辐射连续增长或先增长,然后下降,之后又呈增长趋势。

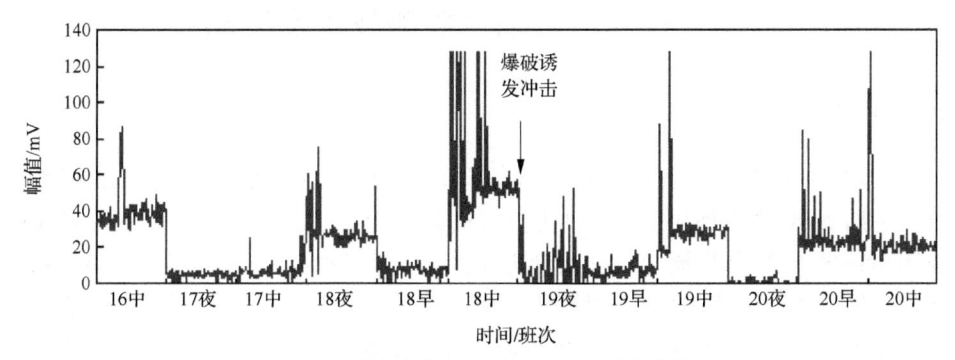

图 10-31 诱发冲击矿压前后电磁辐射变化规律

10.4.2 电磁辐射与微震震级间的关系

在山东新汶矿业集团华丰矿对冲击矿压发生过程电磁辐射与微震系统测试的结果进行了对比,如图 10-32 所示,图中曲线分别为电磁辐射强度的最大值、平均

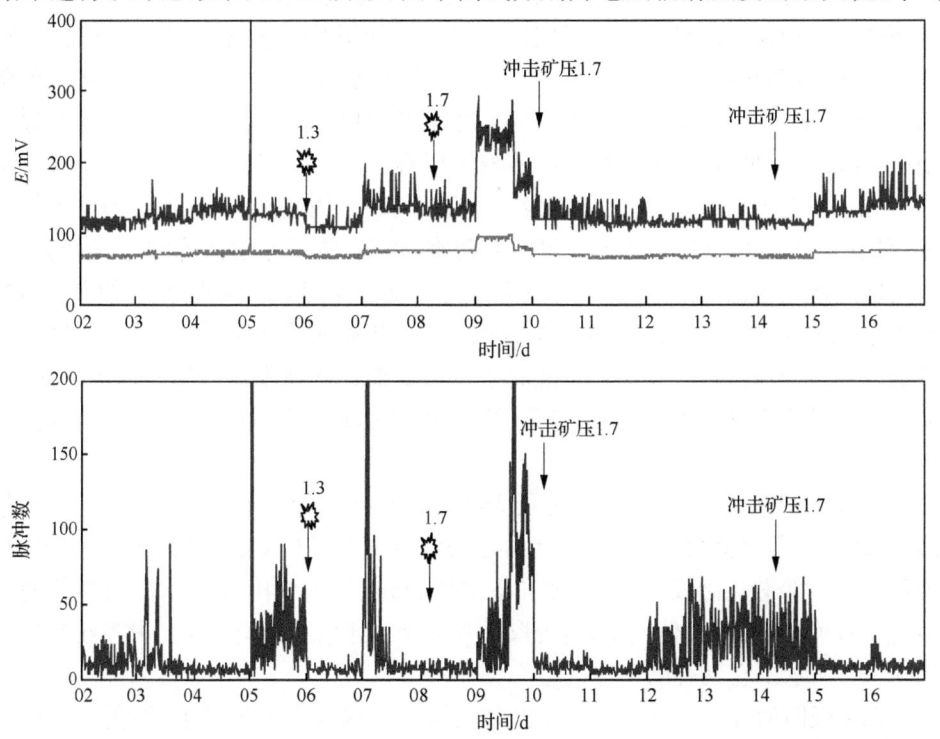

图 10-32 华丰 3406 面电磁辐射与微震震级间的对应关系

值和脉冲数。从图中可以看出，电磁辐射与微震震级间呈较好的对应关系，这也表明用电磁辐射法预测冲击地压是可行的。

10.5 煤岩电磁辐射监测技术发展趋势

10.5.1 "智慧线"通信技术

实现井下灾害的预测预警是保障煤矿安全生产的重要措施。目前人们已经对煤与瓦斯突出、冲击地压等煤岩动力灾害机理进行了大量探索，并提出了多种实时监测与预报方法，如微震、声发射、电磁辐射、红外辐射等，其中电磁辐射、声发射等作为非接触预测方法，具有不用打钻，不占用生产时间，并可以实现对突出危险性连续预测的优点，有着很大的应用前景，是未来突出预测的发展方向。现有煤矿安全监控系统具有瓦斯等实时监测、报警与断电功能，部分系统具有冲击地压等灾害预警功能，但预警准确率较低，难以满足煤矿安全生产的需要。因此，迫切需要提高煤矿重大灾害预警准确率，研究基于瓦斯地质、瓦斯压力、瓦斯浓度、煤岩特性、声发射、电磁辐射等多元信息融合的灾害监控预警系统。

但煤矿井下的特殊性，极大地制约了地面自动化、信息化、智能化技术在煤矿井下的直接应用。煤矿井下有甲烷、一氧化碳等可燃性气体和煤尘，空间受限，空气湿度大，设备集中，电磁环境复杂，电磁波传输衰减大，井下电网电压波动范围大，严重影响了监控、通信和监视等设备的正常工作。采掘工作面的不断推进变更，工作场所分散，使得无中继无线传输距离难以满足需求。瓦斯爆炸、顶板冒落等事故也易造成电缆断缆、设备损毁。这就要求井下安全监控设备必须要求体积小，具有高度的防爆性能和较好的防尘、防水、防潮、防腐等性能；能移动监控，具有较强的电源电压波动适应能力，并具有一定的抗灾变能力。显然，传统的灾害监控预警系统还难以实时监测现场安全状况，无法快速应对突发事件[228-232]。这就要求必须能够快速构造一个无论是地面还是地下都具有高度适应性的通信网络，并实现灾害预警管理的现代化、信息化、智能化，从而对灾害预防、事故救助等发挥积极作用。

现今，"智慧线"技术的迅速发展为我们提供了一个可行的解决方案。"智慧线"采用信号数字预失真技术、抗扰信道编码技术和 TOA 矩阵联合检测技术，将通信和定位等芯片沿线布置，封装在电缆中，将这样的线缆铺设到需要通信的区域，便自动形成无线通信网络，实现煤矿井下无线通信和人员定位。其系统布置如图 10-33 所示。它具有以下特点。

(1) 极简的部署。智慧线可以像普通线缆一样挂在巷道壁上，可剪接、分叉，抗拉耐磨，能够应对矿井巷道复杂的分支结构，不受空间的拐角、岔路等结构因素

第 10 章　煤岩电磁辐射监测技术的应用研究

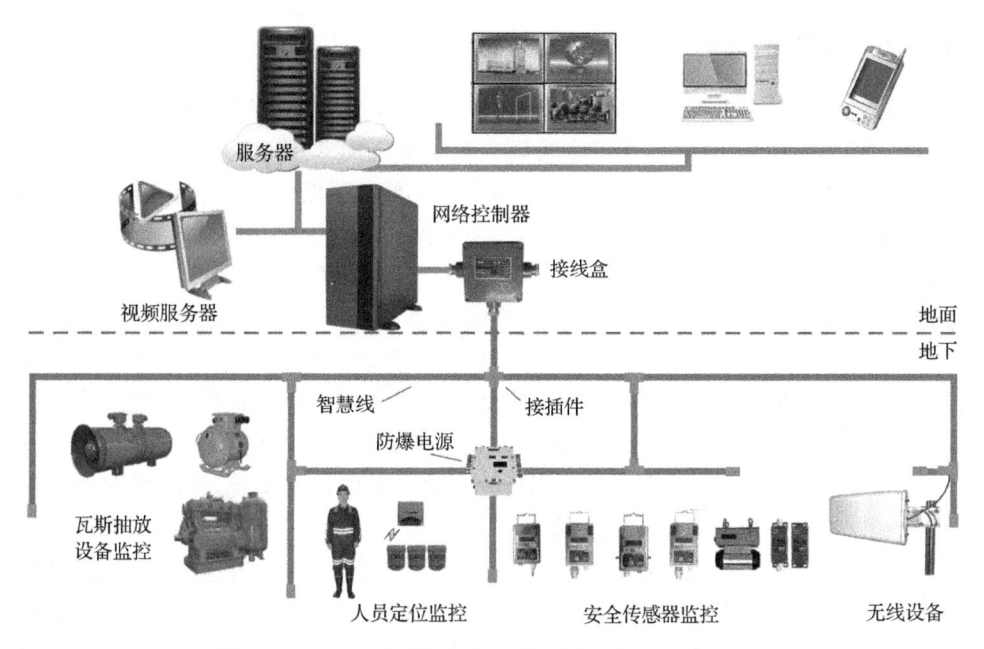

图 10-33　基于"智慧线"的矿井瓦斯灾害监控预警系统

影响,部署方式快速极简。线缆采用功耗低设计,两个相邻的加电位置间最长可连接 2km 的智慧线,减少供电次数。

（2）信号均匀,全覆盖。智慧线铺设到的地方即能形成均匀的无线信号覆盖,覆盖以线缆为中心的 30m 范围内,与传统的基站部署方式相比,覆盖无死角、无盲区,抗干扰能力更强。

（3）易维护,修复快。系统具备自检功能,后台实时监测线缆、信息转换器等设备的运行状态,出现故障及时报警;支持远程诊断、升级和重启等操作。某段线缆出现故障,可直接剪除,利用快速连接器接上一段新的新线缆即完成排障工作。线缆更换过程与普通电缆类似,维修人员不需要具备通信设备相关的专业知识和技能;线缆连接采用冷接方式,无需专业工具,徒手或使用简单的扳手即能完成操作。

（4）多系统融合,综合性能好。可以实现"六大系统"中监控监测、人员定位、通信联络三套系统功能;各种传感器免安装,无线上报数据和自身位置信息,后期维护、移动、更换方便;多种通信终端可选,满足井下各种人员、设备的不同通信需求。

（5）实时连续定位。实时定位,定位精度优于 2m。全程定位,确保无漏卡。定位轨迹连续,支持实时和历史轨迹查看,与区域定位模拟重建轨迹相比,能够保证数据的真实性和准确性。

10.5.2 "智慧线"技术在煤岩电磁辐射监测中的应用

"智慧线"技术的应用,可以集人员区域定位、应急通信、安全预警、灾后辅助救援、日常管理等功能于一体,使安全管理人员能够随时掌握施工现场人员、设备的分布状况,实时监测各项安全指标的变化情况,实现瓦斯压力、瓦斯浓度、煤岩特性、声发射、电磁辐射等监控信息的融合,为灾害的预测预警提供可靠的工作平台,提高瓦斯、火灾、冲击地压等灾害的预警准确率。"智慧线"的高精度、低功耗、低复杂度的特点,使其能适应井下工作场所空间狭小、分散、距离远,生产环境变化快,危险因素多等状况,有助于优化瓦斯等传感器布置,实现瓦斯无盲区监控与断电控制,实现煤与瓦斯突出、冲击地压前兆信息的实时分析和应急预警,对避免或减少瓦斯爆炸、突出等事故具有十分重要的意义。当事故发生时,救援人员也可根据安全监测系统所提供的数据、图形,迅速了解有关人员的位置情况,及时采取相应的救援措施,提高应急救援工作的效率。

在实际实施时,无线传感器节点可以放置于巷道、工作面、采空区的固定位置,用于采集巷道瓦斯浓度、环境温度、通风状况参数等,并通过"智慧线"与信息转换器进行通信,即固定节点。这些固定节点可以位于顶板、底板或巷道两帮上,也可以位于风筒、电源等设备或采空区上隅角等需要重点监控的位置。无线传感器节点也可以配带在工作人员身上或者安装在移动设备上,用于测量矿工位置、设备情况和生产参数等,即移动节点。这些移动节点随着工作面和采掘设备的推进而推移,并且适时调整或增加无线传感器节点,以满足监控的需要。一定区域范围内的无线传感器节点构成一个簇,该簇内的节点之间通过信息转换器互相通信,并由"智慧线"网络与其他簇连接,同时通过信息转换器将节点采集信息经由光纤传送到地面监控网络,实现无线传感器网络与有线网络的互联。

采用"智慧线"技术对含瓦斯煤体进行煤岩电磁辐射监测时,既可进行定点长时监测,也可进行动态跟踪监测。定点监测时,将无线接收天线放置在巷道中选定的测点,监测区域内煤体电磁辐射的变化。动态跟踪监测时,在工作面迎头布置无线接收天线,随着工作面的进尺,不断延长"智慧线"和增加测点,监测前方煤体的电磁辐射。测试数据通过光纤传输到地面微机中,进行进一步的趋势分析。监测煤岩电磁辐射时,可以同时布置无线声发射传感器、瓦斯传感器、温度传感器、顶板压力传感器、风压传感器等,获取井下环境中瓦斯、一氧化碳、氧气、水、顶板压力、温度等环境参数。传感器将各个监测点采集的数据通过智慧线经由信息处理器和光纤准确及时地传送到地面信息监控中心,信息监控中心对收集到的环境信息进行处理,通过观察和分析各个工作面的瓦斯、风速等数据进行安全调度,预防瓦斯事故的发生。当井下监测节点采集到的数据出现异常状态时启动井下节点报警,并将信息及时上报调度中心。还可以在传感器节点上接驳摄像头、麦克风等,对井

第 10 章 煤岩电磁辐射监测技术的应用研究

下重要位置进行视频和音频监控，及时发觉异常。掘进工作面和回采工作面部署场景如图 10-34 和图 10-35 所示。

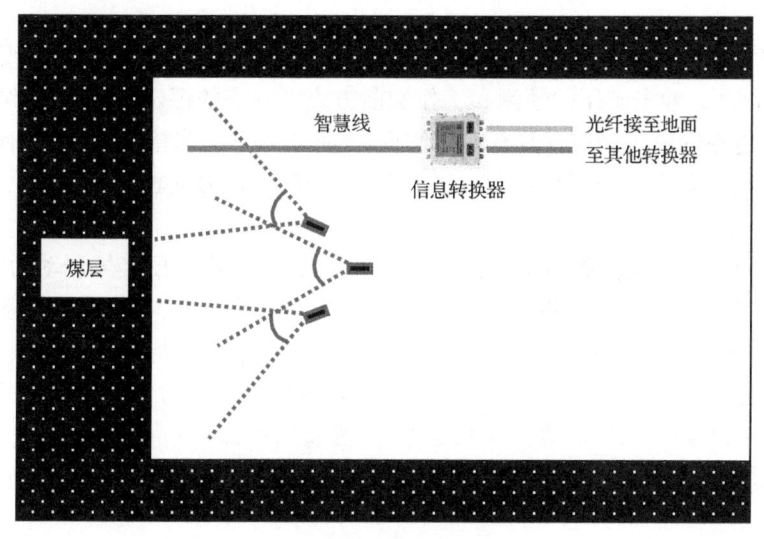

图 10-34 掘进工作面部署场景

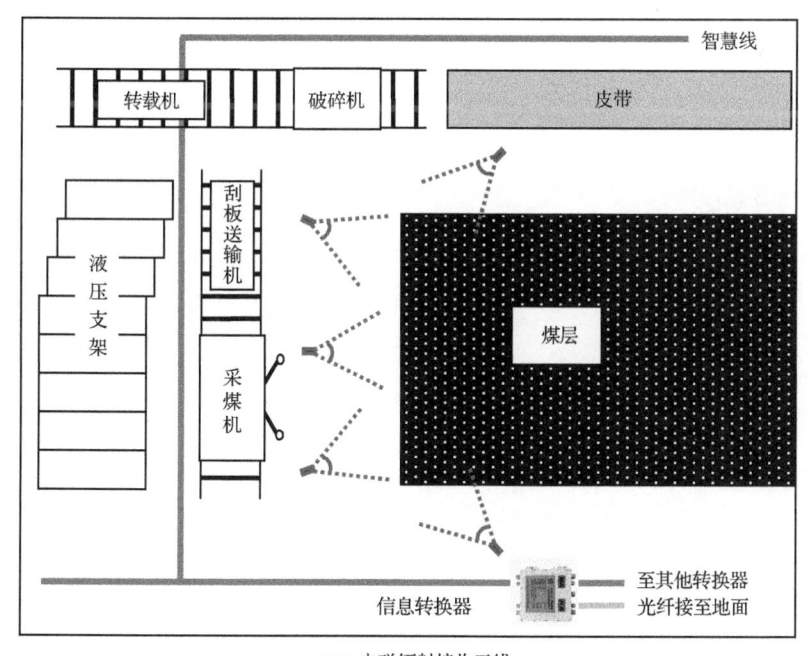

图 10-35 回采工作面部署场景

10.6 小 结

本章首先介绍了电磁辐射监测仪表,并在现场进行了大量的应用,主要进行了煤与瓦斯突出、冲击矿压的预测和工作面前方应力状态的评定,得出如下结论。

(1)电磁辐射监测技术具有如下优点:实现了真正的非接触,天线具有定向接收功能,预测快捷,仪表操作简单,既能探测煤壁附近动力灾害发生的危险性,又能检验防治措施的效果。

(2)电磁辐射监测技术能够预测煤与瓦斯突出、冲击矿压等煤岩动力灾害,与常规预测方法比较一致。机械设备在测试天线有效测试方向外1m时,基本对测试没有影响,可以进行便携式操作,而连续监测需要进一步研究滤噪方法。

(3)电磁辐射监测技术能够评价工作面前方的相对应力状态,划分卸压带、应力集中带和原始应力区。该方法测定方便,需要时间短,花费人力物力少,具有广阔的应用前景。基于"智慧线"技术的安全监测监控技术将是未来煤岩电磁辐射监测的重要方向。

参 考 文 献

[1] 王恩元,刘晓斐,李忠辉,等.电磁辐射技术在煤岩动力灾害监测预警中的应用[J].辽宁工程技术大学学报：自然科学版,2012,31(5)：642-645.

[2] 王恩元,何学秋,刘贞堂.煤岩电磁辐射特性及其应用研究进展[J].自然科学进展,2006,5：532-536.

[3] 姜耀东,潘一山,姜福兴,等.我国煤炭开采中的冲击地压机理和防治[J].煤炭学报,2014,39(2)：205-213.

[4] Wang E Y, He X Q, Dou L M, et al. Forecasting rock burst with the non-contact method of electromagnetic radiation[C]//Progress in Safety Science and Technology (Vol. Ⅲ). Beijing: Science Press, 2002：111-116.

[5] Sa Z Y, Nie B S, He X Q, et al. An Experimental study on predicting the danger of coal and methane outburst using a new comprehensive analysis method[C]//Progress in Safety Science and Technology (Vol. Ⅲ). Beijing: Science Press, 2002：40-45.

[6] 窦林名,何学秋.采矿地球物理学[M].北京：中国科学文化出版社,2002.

[7] 窦林名,何学秋.冲击矿压防治理论与技术[M].徐州：中国矿业大学出版社.2002.

[8] 何学秋,窦林名,牟宗龙,等.煤岩冲击动力灾害连续监测预警理论与技术[J].煤炭学报,2014,39(8)：1485-1491.

[9] 霍多特 B B.煤与瓦斯突出[M].宋士钊,王佑安,译.北京：中国工业出版社,1966.

[10] 陈国祥,窦林名,曹安业,等.电磁辐射法评定冲击矿压危险等级及应用[J].煤炭学报,2008,33(8)：866-870.

[11] 仪垂祥.非线性科学及其在地学中的应用[M].北京：气象出版社,1995.

[12] 蒋承林,俞启香.煤与瓦斯突出的球壳失稳机理及防治技术[M].徐州：中国矿业大学出版社,1998.

[13] 马中飞,俞启香.煤与瓦斯承压散体失控突出机理的初步研究[J].煤炭学报,2008,31(3)：329-333.

[14] 胡千庭.煤与瓦斯突出的力学作用机理及应用研究[D].北京：中国矿业大学(北京)博士学位论文,2007.

[15] 氏平增之.煤与瓦斯突出机理的模型研究及其理论探讨[C]//第21届国际煤矿安全研究会议论文集.北京：煤炭工业出版社,1985：80-85.

[16] 郑哲敏,陈力,丁雁生.一维瓦斯突出破碎阵面的恒稳推进[J].中国科学(A辑),1993,25(4)：377-384.

[17] 俞善炳.煤与瓦斯突出的一维流动模型和启动判据[J].力学学报,1992,24(4)：418-431.

[18] 俞善炳,郑哲敏,谈庆明,等.含气多孔介质的卸压破坏及突出的极强破坏准则[J].力学学报,1997,29(6)：641-646.

[19] 俞善炳,谈庆明,丁雁生,等.含气多孔介质卸压层裂的间隔特征——突出的前兆[J].力

学学报,1998,30(2):145-150.
[20] 丁晓良,丁雁生,俞善炳. 煤在瓦斯一维渗流作用下的初次破坏[J]. 力学学报,1990, 22(2):154-162.
[21] 梁冰. 煤和瓦斯突出固流耦合失稳理论[M]. 北京:地质出版社,2000.
[22] 蔡成功. 煤与瓦斯突出三维模拟试验研究[J]. 煤炭学报,2004,29(1):66-69.
[23] 郭德勇,韩德馨. 煤与瓦斯突出粘滑机理研究[J]. 煤炭学报,2003,28(6):598-602.
[24] 王继仁,邓存宝,邓汉忠. 煤与瓦斯突出微观机理研究[J]. 煤炭学报,2008,33(2):131-135.
[25] 郭德勇,韩德馨,王新义. 煤与瓦斯突出的构造物理环境及其应用[J]. 北京科技大学学报,2002,24(6):581-585.
[26] 张玉贵,张子敏,曹运兴. 构造煤结构与瓦斯突出[J]. 煤炭学报,2007,32(3):281-284.
[27] 景国勋,张强. 煤与瓦斯突出过程中瓦斯作用的研究[J]. 煤炭学报,2005,30(2):169-171.
[28] 刘明举,颜爱华,丁伟,等. 煤与瓦斯突出热动力过程的研究[J]. 煤炭学报,2003,28(1):50-54.
[29] 韩军,张宏伟,霍丙杰. 向斜构造煤与瓦斯突出机理探讨[J]. 煤炭学报,2008,33(8):908-913.
[30] Cao Y X, He D D, Glick D C. Coal and gas outbursts in footwalls of reverse faults [J]. International Journal of Coal Geology,2001,48(1):47-63.
[31] 王云海,何学秋,窦林名. 冲击矿压电磁辐射监测预警技术研究[J]. 中国应急管理,2007,(9):28-31.
[32] 窦林名,何学秋. 煤矿冲击矿压的分级预测研究[J]. 中国矿业大学学报,2007,36(6):717-722.
[33] 赵本钧,岳之学. 冲击地压发生理论之探讨[J]. 矿山压力与顶板管理,1992,(1):70-74.
[34] 张万斌,王淑坤,腾学军. 我国冲击地压研究与防治的进展[J]. 煤炭学报,1992,17(3):27-35.
[35] 陈炎光,钱鸣高. 中国煤矿采场围岩控制[M]. 徐州:中国矿业大学出版社,1994.
[36] 赵本均,腾学军. 冲击地压及其防治[M]. 北京:煤炭工业出版社,1995.
[37] 闵长江,卜凡启,周廷振,等. 煤矿冲击矿压及防治技术[M]. 徐州:中国矿业大学出版社,1998.
[38] 周晓军,鲜学福. 煤矿冲击地压理论与工程应用研究的进展[J]. 重庆大学学报:自然科学版,1998,21(1):126-132.
[39] 章梦涛. 冲击地压失稳理论与数值计算[J]. 岩石力学与工程学报,1987,6(3):197-204.
[40] Dyskin A V, Germanovich L N. Model of rockburst caused by cracks growing near free surface[C]//Rockburst and Seismicity in Mines. Rotterdam: A. A. Balkema,1993:169-174.
[41] 缪协兴,安里千,翟明华,等. 岩(煤)壁中滑移裂纹扩展的冲击矿压模型[J]. 中国矿业大学学报,1999,28(2):113-117.

[42] 张晓春, 缪协兴, 杨挺青. 冲击矿压的层裂板模型及试验研究[J]. 岩石力学与工程学报, 1999, 18(5): 497-502.
[43] 张晓春. 煤矿岩爆发生机制研究[D]. 武汉: 华中理工大学博士学位论文, 1998.
[44] 冯涛, 潘长良. 洞室岩爆机理的层裂屈曲模型[J]. 中国有色金属学报, 2000, 10(2): 287-290.
[45] 齐庆新, 刘天泉, 史元伟. 冲击地压的摩擦滑动失稳机理[J]. 矿山压力与顶板管理, 1995, (3): 174-177.
[46] 齐庆新, 史元伟, 刘天泉. 冲击地压粘滑失稳机理的试验研究[J]. 煤炭学报, 1997, 22(2): 144-148.
[47] 齐庆新, 高作志, 王升. 层状煤岩体结构破坏的冲击矿压理论[J]. 煤矿开采, 1998, (2): 14-17.
[48] 唐春安. 岩石破裂过程中的突变[M]. 北京: 煤炭工业出版社, 1993.
[49] 潘一山, 章梦涛, 李国臻. 洞室岩爆的尖角型突变模型[J]. 应用数学和力学, 1994, 15(10): 893-900.
[50] 潘一山, 王来贵, 章梦涛, 等. 断层冲击地压发生的理论与试验研究[J]. 岩石力学与工程学报, 1998, 17(6): 642-649.
[51] 徐曾和, 徐小荷, 唐春安. 坚硬顶板下煤柱岩爆的尖点突变理论分析[J]. 煤炭学报, 1995, 20(5): 485-491.
[52] 徐曾和, 徐小荷, 陈忠辉. 孤立煤柱岩爆的尖点突变与时间效应[J]. 西部探矿工程, 1996, 8(4): 1-5.
[53] 徐曾和, 徐小荷. 柱式开采岩爆发生条件与时间效应的尖点突变[J]. 中国有色金属学报, 1997, 7(2): 17-23.
[54] 费鸿禄, 徐小荷, 唐春安. 地下硐室岩爆的突变理论研究[J]. 煤炭学报, 1995, 20(1): 29-33.
[55] 秦四清, 何怀锋. 狭窄煤柱冲击地压失稳的突变理论分析[J]. 水文地质工程地质, 1995, (5): 17-20.
[56] 潘岳, 刘英, 顾善发. 矿井断层冲击地压的折迭突变模型[J]. 岩石力学与工程学报, 2001, 20(1): 43-48.
[57] He X Q, Chen W X, Nie B S, et al. Electromagnetic emission theory and its application to dynamic phenomena in coal-rock[J]. International Journal of Rock Mechanics and Mining Sciences, 2011, 48(8): 1352-1358.
[58] He X Q, Nie B S, Chen W X, et al. Research progress on electromagnetic radiation in gas-containing coal and rock fracture and its applications[J]. Safety Science, 2011, 50(4): 728-735.
[59] Fukui K, Okubo S, Terashima T. Electromagnetic radiation from rock during uniaxial compression testing: The effects of rock characteristics and test conditions[J]. Rock Mechanics and Rock Engineering, 2005, 38(5): 411-423.
[60] 洪祖展, 杨小生. 地震电磁辐射观测技术应用研究[J]. 地震学刊, 2000, 20(3): 38-43.

[61] 许振国, 毛浦森, 景呈国. 地震电磁辐射特征曲线的研究[J]. 山西地震, 2000, (3): 26-28, 31.

[62] 熊皓. 地震孕育后期的电磁辐射及其相关效应[J]. 地震地磁观测与研究, 2001, 22(1): 1-8.

[63] Johnston M, Hayakawa M. Seismo electromagnetics[C]//American Geophysical Union, 1998 Western Pacific Geophysics Meeting, Taiwan, 1998.

[64] Johnston M, Uyeda S, Park S, et al. Electromagnetic methods for monitoring earthquakes and volcanic eruptions[R]. IUGG99, Birmingham, 1999: 32-33.

[65] Gokhberg M B, Pilipenko V A, Pohotelov O A. Satellite observations of electromagnetic emission over the epicentral region in the pre-earthquake stage[J]. Doklady Akademii Nauk, 1983, 268(1): 56-58.

[66] Larkina V I, Migulin V V, Molchanov O A, et al. Some statistical results on very low frequency radiowave emissions in the upper ionosphere over earthquake zones[J]. Physics of the Earth and Planetary Interiors, 1989, 57(1-2): 100-109.

[67] Ruzhin Y Y, Larkina V I. Magnetic conjugate and time coherency of seismoionosphere VLF bursts and energetic particles[C]//Proceeding of 13th international Wroclaw Symposium on Electromagnetic Compatibility. Wroclaw, 1996: 645-648.

[68] Gasev G A, Gufeld I L. Quantun theory of seismicity and seismo-ionospheric interaction [C]//International Workshop on Seismo Electromagnetics. Tokyo, 1997: 117-118.

[69] Maltseva O A. Propagation of the seismogenic electromagnetic emission in the ionosphere modeling[C]//International Workshop on Seismo Electromagnetics. Tokyo, 1997: 186.

[70] Korepanov V. The experimental study of electromagnetic emission in the ionosphere[C]// International Workshop on Seismo Electromagnetics. Tokyo, 1997: 187-188.

[71] Isaev N V, Serebryakova O N, Chmyrev V M. Seismo-electromagnetic and plasma phenomena in the ionosphere[C]//Proceedings of the International Conference on Marine Electromagnetics. Brest, 1997: 6.

[72] 刘志远, 陈英方. 卫星预测地震研究进展综述[J]. 地震地磁观测与研究, 2001, 22(4): 96-99.

[73] Nitsan U. Electromagnetic emission accompanying fracture of quartz-bearing rocks[J]. Geophysics Research Letters, 1977, 4(8): 333-336.

[74] Шевцов Г И, Мигунов Н И, Другие И. Электризация по-левых штапов при деформации и разрушении[J]. Д АН СССР, 1975, 225(2): 313-315.

[75] 李均之, 曹明, 毛浦森, 等. 岩石压缩试验与震前电磁波辐射的研究[J]. 北京工业大学学报, 1982, 8(4): 47-53.

[76] Гохберг М Б, Гуфельд И Л, Другие И. Электромагнитные эффекты при разрушении земли коры[J]. Физика Земли, 1985, 1: 71-87.

[77] 佩列利曼 М Е, 哈季阿什维利 Н Г. 破裂电磁辐射理论研究[C]//苏联地震预报研究文集(三). 北京: 地震出版社, 1993: 35-39.

[78] Ogawa T, Oike K, Miura T. Electromagnetic radiation from rocks[J]. Journal of Geophys Research, 1985, 90(D4): 6245-6249.

[79] Cress G O, Brady B T, Rowell G A. Sources of electromagnetic radiation from fracture of rock samples in the laboratory[J]. Geophysics Research Letters, 1987, 14(4): 331-334.

[80] Frid V, Rabinovitch A, Bahat D. Fracture induced electromagnetic radiation[J]. Journal of Physics D (Applied Physics), 2003, 36(13): 1620-1628.

[81] Rabinovitch A, Frid V, Goldbaum J, et al. Polarization-depolarization process in glass during percussion drilling[J]. Philosophical Magazine, 2003, 83(25): 2929-2940.

[82] Rabinovitch A, Frid V, Bahat D. Gutenberg-Richter-type relation for laboratory fracture-induced electromagnetic radiation[J]. Physical Review E-Statistical, Nonlinear, and Soft Matter Physics, 2002, 65(1): 114011-114014.

[83] 郭自强, 周大庄, 施行觉, 等. 岩石破裂中的光声效应[J]. 地球物理学报, 1988, 31(1): 37-41.

[84] 郭自强, 周大庄, 施行觉, 等. 岩石破裂中的电子发射[J]. 地球物理学报, 1988, 31(5): 566-571.

[85] 郭自强, 郭子祺, 钱书清, 等. 岩石破裂中的电声效应[J]. 地球物理学报, 1999, 42(1): 74-83.

[86] 郭自强, 尤峻汉, 李高, 等. 破裂岩石的电子发射与压缩原子模型[J]. 地球物理学报, 1989, 32(2): 173-177.

[87] 朱元清, 罗祥麟, 郭自强, 等. 岩石破裂时电磁辐射的机理研究[J]. 地球物理学报, 1991, 34(5): 595-601.

[88] 何学秋, 刘明举. 含瓦斯煤岩破坏电磁动力学[M]. 徐州: 中国矿业大学出版社, 1995.

[89] 谢绍东, 王恩元, 李忠辉, 等. 煤体瓦斯非稳态流动表面电位试验研究及机理探讨[J]. 煤矿安全, 2011, 42(1): 1-4.

[90] Wang E Y, Jia H L, Song D Z, et al. Use of ultra-low-frequency electromagnetic emission to monitor stress and failure in coal mines[J]. International Journal of Rock Mechanics and Mining Sciences, 2014, 70: 16-25.

[91] 王恩元. 含瓦斯煤破裂的电磁辐射和声发射效应及其应用研究[D]. 徐州: 中国矿业大学博士学位论文, 1997.

[92] 聂百胜. 含瓦斯煤岩力电效应及机理的研究[D]. 徐州: 中国矿业大学博士学位论文, 2001.

[93] 聂百胜. 煤岩电磁效应规律及其应用研究[R]. 北京: 中国矿业大学(北京), 2003.

[94] Warwick J W, Stoker C, Meyer T R. Radio emission associated with rock fracture: possible application to the Great Chilean Earthquake of May 22, 1960[J]. Journal of Geophysical Research, 1982, 87(B4): 2851-2859.

[95] Yamada I, Masuda K, Mizutani H. Electromagnetic and acoustic emission associated with rock fracture[J]. Physics of the Earth and Planetary Interiors, 1989, 57: 157-168.

[96] Frid V, Goldbaum J, Rabinovitch A, et al. Electric polarization induced by mechanical

loading of solnhofen limestone[J]. Philosophical Magazine Letters, 2009, 89(7): 453-463.

[97] Frid V, Rabinovitch A, Bahat D. Crack velocity measurement by induced electromagnetic radiation[J]. Physics Letters A, 2006, 356(2): 160-163.

[98] Frid V, Bahat D, Rabinovich A. Analysis of en échelon/hackle fringes and longitudinal splits in twist failed glass samples by means of fractography and electromagnetic radiation [J]. Journal of Structural Geology, 2005, 27(1): 145-159.

[99] Bahat D, Frid V, Rabinovitch A, et al. Exploration via electromagnetic radiation and fractographic methods of fracture properties induced by compression in glass-ceramic[J]. International Journal of Fracture, 2002, 116(2): 179-194.

[100] Goldbaum J, Frid V, Bahat D, et al. An analysis of complex electromagnetic radiation signals induced by fracture[J]. Measurement Science & Technology, 2003, 14(10): 1839-1844.

[101] Rabinovitch A, Frid V, Bahat D. Parameterization of electromagnetic radiation pulses obtained by triaxial fracture of granite samples[J]. Philosophical Magazine Letters, 1998, 77(5): 289-293.

[102] 郭自强, 刘斌. 岩石破裂电磁辐射的频率特性[J]. 地球物理学报, 1995, 38(2): 221-226.

[103] 钱书清, 任克新, 吕智. 伴随岩石破裂的 VLF、MF、HF 和 VHF 电磁辐射特性的试验研究[J]. 地震学报, 1996, 18(3): 346-351.

[104] 王恩元, 何学秋, 刘贞堂. 岩流变破坏电磁辐射特性研究进展[J]. 自然科学进展, 2006, 16(5): 532-536.

[105] 王恩元, 贾慧霖, 李楠, 等. 煤岩损伤破坏 ULF 电磁感应试验研究[J]. 煤炭学报, 2012, 37(10): 1658-1664

[106] Nie B S, He X Q, Wang E Y, et al. Study on de-noising EMR signals with wavelet transform[C]//Proceedings in Mining Science and Safety Technology, 2002'ISMSST. Jiaozuo, 2002: 498-501.

[107] Li X C, Liu F B, Nie B S, et al. The experiment of coal body electrical parameters under triaxial stress [J]. Applied Mechanics and Materials, 2013, 295-298: 2924-2927.

[108] 撒占友, 何学秋, 张永亮, 等. 煤岩电磁辐射效应及其在煤与瓦斯突出预测中的应用[J]. 中国矿业, 2006, 15(1): 48-51.

[109] 撒占友, 何学秋, 王恩元. 煤与瓦斯突出危险性电磁辐射异常判识方法[J]. 煤炭学报, 2008, 33(12): 1373-1376.

[110] Rabinovitch A, Frid V, Bahat D. A note on the amplitude-frequency relation of electromagnetic radiation pulses induced by material failure[J]. Philosophical Magazine Letters, 1999, 79(4): 195-200.

[111] Frid V, Rabinovitch A, Bahat D. Electromagnetic radiation associated with induced triaxial fracture in granite[J]. Philosophical Magazine Letters, 1999, 79(2): 79-86.

[112] Frid V I, Shabarov A N, Proskuryakov V A, et al. Forming of coal seam electromagnetic

radiation[J]. Fiziko-Tekhnicheskie Problemy Razrabotki Poleznykh Iskopaemykh, 1992, (2): 40-47.

[113] Rabinovitch A, Bahat D, Frid V. Similarity and dissimilarity of electromagnetic radiation from carbonate rocks under compression, drilling and blasting[J]. International Journal of Rock Mechanics and Mining Sciences, 2002, 39(1): 125-129.

[114] Frid V. Electromagnetic radiation method water-infusion control in rockburst-prone strata [J]. Journal of Applied Geophysics, 2000, 43(1): 5-13.

[115] Zhu C W, Nie B S. Spectrum and energy distribution characteristic of electromagnetic emission signals during fracture of coal[J]. Procedia Engineering, 2011, 26: 1447-1455.

[116] 王恩元, 何学秋, 聂百胜, 等. 受载岩石电磁辐射特性及其应用研究[J]. 岩石力学与工程学报, 2002, 21(10): 1473-1477.

[117] 撒占友, 何学秋, 王恩元. 煤岩破坏电磁辐射记忆效应特性及产生机制[J]. 辽宁工程技术大学学报, 2005, 24(2): 153-156

[118] Nie B S, He X Q, Wang E Y, et al. Experimental Study on EMR during the Shearing Process of Coal[C]//Progress in Safety Science and Technology(Vol. Ⅲ). Beijing: Science Press, 2002: 492-496.

[119] 聂百胜, 何学秋, 王恩元, 等. 煤体剪切破坏的电磁辐射和声发射特性研究[J], 中国矿业大学学报, 2002, (6): 609-611.

[120] 何学秋, 聂百胜, 王恩元, 等. 矿井煤岩动力灾害电磁辐射预警技术[J]. 煤炭学报, 2007, 32(1): 56-59.

[121] 窦林名, 何学秋. 冲击矿压危险预测的电磁辐射原理[J]. 地球物理学进展, 2005, 20(2): 427-430.

[122] 李忠辉, 王恩元, 宋晓艳, 等. 基于控制图的煤矿冲击地压电磁辐射预测[J]. 煤炭科学技术, 2009, 37(6): 46-48.

[123] 刘晓斐, 王恩元, 何学秋. 孤岛煤柱冲击地压电磁辐射前兆时间序列分析[J]. 煤炭学报, 2010, 35(S1): 15-18.

[124] Liu M J, He X Q. Electromagnetic response of outburst-prone coal[J]. International Journal of Coal Geology, 2001, 45(2-3): 155-162.

[125] 何学秋, 王恩元, 魏建平, 等. 煤岩电磁辐射的力-电耦合模型[J]. 科技导报, 2007, 25(17): 46-51.

[126] Nie B S, He X Q, Zhu C W. Study on mechanical property and electromagnetic emission during the fracture process of combined coal-rock [J]. Procedia Earth and Planetary Science, 2009, 1(1): 281-287.

[127] 王恩元, 何学秋, 窦林名, 等. 煤矿采掘过程中煤岩体电磁辐射特征及应用[J]. 地球物理学报, 2005, 48(1): 216-221.

[128] 胡少斌, 王恩元, 李忠辉, 等. 受载煤体电磁辐射动态非线性特征[J]. 中国矿业大学学报, 2014, 43(3): 380-387.

[129] 刘贞堂, 赵恩来, 王恩元, 等. 不同尺度电磁辐射时间序列的混沌特征初步分析[J]. 煤

炭学报，2009，34(2)：224-227.

[130] Hu S B, Wang E Y, Li Z H, et al. Time-varying multifractal characteristics and formation mechanism of loaded coal electromagnetic radiation[J]. Rock Mechanics and Rock Engineering，2014，47(5)：1821-1838.

[131] 宋大钊，王恩元，刘晓斐，等. 煤岩循环加载破坏电磁辐射能与耗散能的关系[J]. 中国矿业大学学报，2012，41(2)：175-181.

[132] Song D Z, Wang E Y, Liu J. Relationship between EMR and dissipated energy of coal rock mass during cyclic loading process[J]. Safety Science，2012，50(4)：751-760.

[133] Paul K. Forewarning and prediction of gas outbursts in a West German mine[C]//The Occurrence, Prediction and Control of Outbursts in Coal Mines. Southern Queensland Branch of the Australian Institute of Mining and Metallurgy. Brisbane，1980：13-22.

[134] Noack K, Paul K, Poertge F. Present stage in the prevention of outbursts of coal and gas in West German bituminous coal mines[C]//Proceeding of the 20th International Conference of Safety in Mines Research Institutes. Sheffield，1983：3-17.

[135] 王佑安，杨其銮. 煤和瓦斯突出危险性预测[J]. 煤矿安全，1988，04：35.

[136] 王佑安. 煤与瓦斯突出预测方法[J]. 煤矿安全，1984，(4)：18-19.

[137] 于不凡. 煤与瓦斯突出机理[M]. 北京：煤炭工业出版社，1985.

[138] 彭立世. 用地质观点进行瓦斯突出预测[J]. 煤矿安全，1985，(2)：6-11.

[139] 煤炭科学研究院抚顺研究所，等. 关于煤层和区域突出危险性预测方法的建议[C]//煤炭工业部科学研究院重庆分院. 煤与瓦斯突出机理和预测预报第三次科研工作及学术交流会议论文选集. 重庆：煤炭科学研究总院重庆分院，1983：31-33.

[140] 俞启香. 矿井瓦斯防治[M]. 徐州：中国矿业大学出版社，1992.

[141] 于不凡. 国外煤和瓦斯突出日常预测研究综述[Z]//煤炭工业部煤炭科学研究院重庆分院. 煤和瓦斯突出资料汇编. 重庆：科学技术文献出版社，1978：1-7.

[142] 王日存，王佑安. 钻孔钻屑量测定及其与突出危险性关系[J]. 煤矿安全，1983，14(9)：1-9.

[143] 重庆煤研所瓦斯预测小组. 煤与瓦斯突出预测研究报告[J]. 煤炭工程师，1986，(4)：14-25.

[144] Poturayev V N, Bulat A F, Khokholev V K. Combined detection of electromagnetic and acoustic emissions associated with rock failure[J]. Transactions (Doklady) of the USSR Academy of Sciences：Earth Science Sections，1989，308(5)：86-89.

[145] Frid V. Rockburst hazard forecast by electromagnetic radiation excited by rock fracture[J]. Rock Mechanics and Rock Engineering，1997，30(4)：229-236.

[146] Frid V. Electromagnetic radiation method for rock and gas outburst forecast[J]. Journal of Applied Geophysics，1997，38(2)：97-104.

[147] Frid V, Shabarov A, Proskuryakov V, et al. Formation of electromagnetic radiation in coal stratum[J]. Soviet Mining Science，1992，28(2)：139-145.

[148] Frid V, Goldbaum J, Rabinovitch A, et al. Time-dependent Benioff strain release diagrams[J]. Philosophical Magazine, 2011, 91(12): 1693-1704.

[149] Frid V, Vozoff K. Electromagnetic radiation induced by mining rock failure[J]. International Journal of Coal Geology, 2005, 64(1-2): 57-65.

[150] Rabinovitch A, Frid V, Bahat D, et al. Fracture area calculation from electromagnetic radiation and its use in chalk failure analysis[J]. International Journal of Rock Mechanics and Mining Sciences, 2000, 37(7): 1149-1154.

[151] Bahat D, Rabinovitch A, Frid V. Fracture characterization of chalk in uniaxial and triaxial tests by rock mechanics, fractographic and electromagnetic radiation methods[J]. Journal of Structural Geology, 2001, 23(10): 1531-1547.

[152] 何学秋, 王恩元, 聂百胜, 等. 煤岩流变电磁动力学[M]. 北京: 科学出版社, 2003.

[153] 何学秋. 安全工程学[M]. 徐州: 中国矿业大学出版社, 2000.

[154] He X Q, Chen W X, Nie B S, et al. Classification technique for danger classes of coal and gas outburst in deep coal mines [J]. Safety Science, 2010, 48(2):173-178.

[155] Wang E Y, He X Q, Liu X F, et al. A non-contact mine pressure evaluation method by electromagnetic radiation [J]. Journal of Applied Geophysics, 2011, 75(2): 338-344.

[156] Wang E Y, He X Q, Wei J P, et al. Electromagnetic emission graded warning model and its applications against coal rock dynamic collapses[J]. International Journal of Rock Mechanics and Mining Sciences, 2011, 48(4): 556-564.

[157] Chen W X, He X Q, Nie B S. Coal-rock dynamic disaster assessment model based on electromagnetic emission and least-squares support vector machine [J]. International Journal of Risk Assessment & Management, 2010, 14(6): 459-467.

[158] 李成武, 杨威, 王启飞. 利用煤体破裂电磁信号进行局部震源定位方法研究[J]. 地球物理学报, 2014, 57(3): 1001-1011.

[159] 邢云峰. 煤与瓦斯突出前兆低频电磁信号接收技术研究[D]. 北京: 中国矿业大学(北京)博士学位论文, 2014.

[160] Wang E Y, He X Q, Liu X F, et al. Comprehensive monitoring technique based on electromagnetic radiation and its applications to mine pressure [J]. Safety Science, 2012, 50(4): 885-893.

[161] 王恩元, 刘晓斐, 李忠辉, 等. 煤岩电磁辐射技术及在矿山动力灾害预测的应用[C]// 2014年中国地球科学联合学术年会——专题2: 电磁地球物理学研究应用及其新进展论文集, 2014: 289-292.

[162] 王恩元, 刘晓斐. 冲击地压电磁辐射连续监测预警软件系统[J]. 辽宁工程技术大学学报: 自然科学版, 2009, 28(1): 17-20.

[163] 姚精明, 闫永业, 刘茜倩, 等. 基于能量理论的煤岩体破坏电磁辐射规律研究[J]. 岩土力学, 2012, 33(1): 233-237.

[164] 王先义. 煤岩电磁辐射特性及其应用研究[D]. 徐州: 中国矿业大学博士学位论文, 2003.

[165] 王云海. 煤岩冲击破坏的电磁辐射前兆及其预测研究[D]. 徐州：中国矿业大学博士学位论文，2003.

[166] 肖红飞，何学秋，王恩元. 受压煤岩破裂过程电磁辐射与能量转化规律研究[J]. 岩土力学，2006，27(7)：1097-1100.

[167] 肖红飞，何学秋，冯涛，等. 煤岩动力灾害力电耦合[M]. 北京：地质出版社，2005.

[168] 魏建平. 矿井煤岩动力灾害电磁辐射预警机理及其应用研究[D]. 徐州：中国矿业大学硕士学位论文，2004.

[169] 魏建平，王恩元，何学秋，等. 煤岩电磁辐射连续监测软件的研制[J]. 工矿自动化，2004，30(3)：1-2.

[170] 黄宇峰. 基于电磁辐射的煤与瓦斯突出监测仪的研究[D]. 太原：太原理工大学硕士学位论文，2012.

[171] 何学秋. 含瓦斯煤岩流变动力学[M]. 徐州：中国矿业大学出版社，1995.

[172] 谭学术，鲜学福，郑道访，等. 复合岩体力学理论及其应用[M]. 北京：煤炭工业出版社，1994.

[173] 撒占友. 煤岩流变破坏电磁辐射效应与异常判识技术的研究[D]. 徐州：中国矿业大学博士学位论文，2003.

[174] 王佑安，陶玉梅，王魁军，等. 煤的吸附变形与吸附变形力[J]. 煤矿安全，1993，(6)：19-26.

[175] 姚宇平，周世宁. 含瓦斯煤的力学性质[J]. 中国矿业学院学报，1988，(1)：4-10.

[176] 许江，鲜学福，杜云贵，等. 含瓦斯煤的力学特性的试验分析[J]. 重庆大学学报：自然科学版，1993，(5)：42-47.

[177] 周世宁，林柏泉. 煤层瓦斯赋存与流动理论[M]. 北京：煤炭工业出版社，1999.

[178] 刘明举，何学秋，许考. 孔隙气体对断裂电磁辐射的影响及其机理[J]. 煤炭学报，2002，27(5)：483-487.

[179] 郝宇宁. 基于DSP的小波分析在声发射信号处理中的应用研究[D]. 南宁：广西大学硕士学位论文，2007.

[180] 金解放，赵奎，王晓军，等. 岩石声发射信号处理小波基选择的研究[J]. 矿业研究与开发，2007，(2)：12-15.

[181] 张平. 集成化声发射信号处理平台的研究[D]. 北京：清华大学博士学位论文，2002.

[182] 党建军，李学娟，朱瑞卿. 基于小波分析的瓦斯突出预测信号提取技术研究[J]. 中州煤炭，2008，(1)：6-7.

[183] 李海涛，王成国，许跃生，等. 基于EEMD的轨道-车辆系统垂向动力学的时频分析[J]. 中国铁道科学，2007，28(5)：26-29.

[184] Huang N E, Shen Z, Long S R, et al. The empirical mode decomposition and the Hilbert spectrum for nonlinear and non-stationary time series analysis [J]. Royal Society of London Proceedings Series A，1998，454(1)：903-955.

[185] 赵永林，刘桂雄. 应用经验模式分解法处理超声无损检测信号[J]. 仪器仪表/检测/监控，2006，(4)：90-92.

[186] 杨世锡，胡劲松，吴昭同，等. 旋转机械振动信号基于 EMD 的希尔伯特变化和小波变化时频分析比较[J]. 中国电机工程学报，2003，23(6)：102-107.
[187] 郑君里，应启珩，杨为理. 信号与系统[M]. 北京：高等教育出版社，2000.
[188] 熊学军，郭炳火，胡筱敏，等. EMD 方法和 Hilbert 谱分析法的应用与探讨[J]. 黄渤海海洋，2002，20(2)：12-21.
[189] 陈子雄，吴琛，周瑞忠. 希尔伯特-黄变换谱及其在地震信号分析中的应用[J]. 福州大学学报：自然科学版，2006，34(2)：261-264.
[190] 张世杰. 煤岩破坏电磁辐射特征及信号分析处理技术研究[D]. 北京：中国矿业大学（北京）博士学位论文，2009.
[191] 何学秋，聂百胜，何俊，等. 顶板断裂失稳电磁辐射特征研究[J]. 岩石力学与工程学报，2007，(S1)：2935-2940.
[192] 葛长虹. 工业测控系统的抗干扰技术[M]. 北京：冶金工业出版社，2006.
[193] 雷柏伟，吴兵，程根银，等. 煤矿井下主要设备噪声源测定分析研究[J]. 中国安全生产科学技术，2011，(1)：72-75.
[194] Pachard N H, Crutchfield J P, Farmer J D, et al. Geometry from a time series[J]. Physical Review Letters, 1980, 45: 712-716.
[195] 吕金虎，陆君安，陈士华. 混沌时间序列分析及其应用[M]. 武汉：武汉大学出版社，2002.
[196] Grassberger P, Procaccia I. Measuring the Strangeness of strange attractors[J]. Physica D: Nonlinear Phenomena, 1983, 9(1-2): 189-208.
[197] 袁曾任. 人工神经元网络及其应用[M]. 北京：清华大学出版社，1999.
[198] 冯夏庭，王永嘉. 采矿工程智能系统——人工智能与神经网络在矿业中的应用[M]. 北京：冶金工业出版社，1994.
[199] 楼顺天，施阳. 基于 MATLAB 的系统分析与设计—神经网络[M]. 西安：西安电子科技大学出版社，2000.
[200] 邓建，古德生，李夕兵. 可视化自适应神经网络及在矿业中的应用[J]. 中南工业大学学报，2000，31(3)：205-207.
[201] 冯夏庭，王泳嘉，姚建国. 煤矿顶板矿压显现实时预报的自适应神经网络方法[J]. 煤炭学报，1995，20(5)：455-459.
[202] 巴拉尼斯. 天线理论——分析与设计[M]. 于志远，等译. 北京：电子工业出版社，1988.
[203] Kraus J D, Marhefka R J. 天线[M]. 3 版. 章文勋，译. 北京：电子工业出版社，2004.
[204] 林昌禄，聂在平. 天线工程手册[M]. 北京：电子工业出版社，2002.
[205] 陈忠辉，傅宇方，唐春安. 岩石破裂声发射过程的围压效应[J]. 岩石力学与工程学报，1997，16(1)：65-71.
[206] 窦林名，何学秋. 煤岩特性对应力分布影响的试验研究[J]. 辽宁工程技术大学学报：自然科学版，2001，(4)：484-486.
[207] 陈忠辉. 岩石微破裂损伤演化诱致突变的数值模拟[J]. 岩土工程学报，1998，20(6)：

9-15.

[208] 张晓春. 煤矿岩爆发生机制研究[D]. 武汉：华中理工大学博士学位论文，1998.

[209] 傅宇方，唐春安. 岩石力学加载系统的计算机仿真[J]. 东北大学学报，1994，15(S)：375-379.

[210] 唐春安. 岩石声发射规律数值模拟初探[J]. 岩石力学与工程学报，1997，16(4)：368-374.

[211] 唐春安. 脆性材料破坏过程分析的数值试验方法[J]. 力学与实践，1999，21(2)：21-24.

[212] 秦四清，李造鼎，张倬元，等. 岩石声发射技术概论[M]. 成都：西南交通大学出版社，1993.

[213] 纪洪广. 混凝土损伤的声发射模式研究[J]. 声学学报，1996，21(S4)：601-608.

[214] Качанов ЛМ. О Времени разрушения в условиях пользучести, Изв[J]. АН. СССР, ОТН, 1958, 8：23-31.

[215] Rabotnov Y N. On the equations of state for creep[C]//Progress in Applied Mechanics. New York，1963：307-315.

[216] Hult J. Damage induced tensile instability[C]//Trans. 3rd SMIRT, London, 1975：1-10.

[217] Leckie F A, Onat E T. Tensorial nature of damage measuring internal mechanics[C]// Hult J, Lemaitre J. Proceedings of IUTAM Symposium. on Physical Non-Linearties in Structural Analysis. Senlis：Springer-Verlag, 1980：140-155.

[218] Janson J, Hult J. Fracture mechanics and damage mechanics, a combined approach[J]. Journal de Mécanique Appliquée, 1977, 1(1)：59-64.

[219] 李兆霞. 损伤力学及其应用[M]. 北京：科学出版社，2002.

[220] 王恩元，何学秋，李忠辉，等. 煤岩电磁辐射技术及其应用[M]. 北京：科学出版社，2009.

[221] Weibull W. A statistical theory of the strength of materials[C]//Royal Swedish Institute of Engineering Research. Stockholm, 1939：45-48.

[222] Krajcinovic D, Silva M A G. Statistical aspects of the continuous damage theory[J]. International Journal of Solids and Structures, 1982, 18(7)：551-562.

[223] 陈忠辉，林忠明，谢和平，等. 三维应力状态下岩石损伤破坏的卸荷效应[J]. 煤炭学报，2004，(1)：31-35.

[224] 王维纲. 高等岩石力学理论[M]. 北京：冶金工业出版社，1996.

[225] 孙吉主，周健，唐春安. 影响岩石声发射的几个因素[J]. 地壳形变与地震，1997，17(2)：2-5.

[226] 陈忠辉，唐春安，徐小荷，等. 岩石声发射 Kaiser 效应的理论和试验研究[J]. 中国有色金属学报，1997，7(1)：9-12.

[227] 徐东强，单晓云，甄在学. 双向压缩下岩石声发射特性损伤力学分析[J]. 矿山压力与顶板管理，2000，(3)：82-84.

[228] 孙继平. 煤矿安全生产监控与通信技术[J]. 煤炭学报，2010，35(11)：1925-1929.

[229] 孙继平. 煤矿信息化与智能化要求与关键技术[J]. 煤炭科学技术，2014，42(9)：22-25.

[230] 孙继平. 现代化矿井通信技术与系统[J]. 工矿自动化, 2013, 39(3): 1-5.
[231] 孙继平. 安全高效矿井监控关键技术研究[J]. 工矿自动化, 2012, 38(12): 1-5.
[232] 孙继平. 矿井宽带无线传输技术研究[J]. 工矿自动化, 2013, 39(2): 1-5.